"十三五"国家重点出版物出版规划项目

海洋机器人科学与技术丛书

封锡盛　李　硕　主编

自主水下滑翔机

俞建成　陈质二　王振宇 等　著

科学出版社
龍門書局
北　京

内 容 简 介

自主水下滑翔机（简称水下滑翔机）是一种将传统浮标技术和水下机器人技术结合起来的新概念水下机器人，目前被广泛应用于海洋观测和探测领域。本书根据水下滑翔机的特点，系统深入地总结了作者近年来在水下滑翔机技术领域的主要研究成果，针对水下滑翔机独特的新原理、新方法、新理论、新应用进行了重点阐述和探讨。本书内容主要包括水下滑翔机的机理分析、优化设计、动力学建模、航行效率建模、路径规划及应用分析。

本书可供海洋机器人、海洋工程、海洋观测、海洋开发、海洋科学等领域的研究生和相关科研人员阅读。

图书在版编目（CIP）数据

自主水下滑翔机 / 俞建成等著. —北京：龙门书局，2020.12

(海洋机器人科学与技术丛书 / 封锡盛，李硕主编)

“十三五”国家重点出版物出版规划项目 国家出版基金项目

ISBN 978-7-5088-5894-4

Ⅰ. ①自… Ⅱ. ①俞… Ⅲ. ①水下作业机器人 Ⅳ. ①TP242.2

中国版本图书馆 CIP 数据核字(2020)第 255917 号

责任编辑：姜 红 张 震 狄源硕 / 责任校对：樊雅琼
责任印制：师艳茹 / 封面设计：无极书装

科学出版社
龍門書局 出版

北京东黄城根北街 16 号
邮政编码：100717
http://www.sciencep.com

中国科学院印刷厂 印刷

科学出版社发行 各地新华书店经销

*

2020 年 12 月第 一 版 开本：720 × 1000 1/16
2020 年 12 月第一次印刷 印张：18 3/4 插页：12
字数：378 000

定价：148.00 元

(如有印装质量问题，我社负责调换)

“海洋机器人科学与技术丛书”

编辑委员会

丛书前言一

浩瀚的海洋蕴藏着人类社会发展所需的各种资源，向海洋拓展是我们的必然选择。海洋作为地球上最大的生态系统不仅调节着全球气候变化，而且为人类提供蛋白质、水和能源等生产资料支撑全球的经济发展。我们曾经认为海洋在维持地球生态系统平衡方面具备无限的潜力，能够修复人类发展对环境造成的伤害。但是，近年来的研究表明，人类社会的生产和生活会造成海洋健康状况的退化。因此，我们需要更多地了解和认识海洋，评估海洋的健康状况，避免对海洋的再生能力造成破坏性影响。

我国既是幅员辽阔的陆地国家，也是广袤的海洋国家，大陆海岸线约 1.8 万千米，内海和边海水域面积约 470 万平方千米。深邃宽阔的海域内潜含着的丰富资源为中华民族的生存和发展提供了必要的物质基础。我国的洪涝、干旱、台风等灾害天气的发生与海洋密切相关，海洋与我国的生存和发展密不可分。党的十八大报告明确提出："提高海洋资源开发能力，发展海洋经济，保护海洋生态环境，坚决维护国家海洋权益，建设海洋强国。"①党的十九大报告明确提出："坚持陆海统筹，加快建设海洋强国。"②认识海洋、开发海洋需要包括海洋机器人在内的各种高新技术和装备，海洋机器人一直为世界各海洋强国所关注。

关于机器人，蒋新松院士有一段精彩的诠释：机器人不是人，是机器，它能代替人完成很多需要人类完成的工作。机器人是拟人的机械电子装置，具有机器和拟人的双重属性。海洋机器人是机器人的分支，它还多了一重海洋属性，是人类进入海洋空间的替身。

海洋机器人可定义为在水面和水下移动，具有视觉等感知系统，通过遥控或自主操作方式，使用机械手或其他工具，代替或辅助人去完成某些水面和水下作业的装置。海洋机器人分为水面和水下两大类，在机器人学领域属于服务机器人中的特种机器人类别。根据作业载体上有无操作人员可分为载人和无人两大类，其中无人类又包含遥控、自主和混合三种作业模式，对应的水下机器人分别称为无人遥控水下机器人、无人自主水下机器人和无人混合水下机器人。

---

① 胡锦涛在中国共产党第十八次全国代表大会上的报告. 人民网，http://cpc.people.com.cn/n/2012/1118/c64094-19612151.html

② 习近平在中国共产党第十九次全国代表大会上的报告. 人民网，http://cpc.people.com.cn/n1/2017/1028/c64094-29613660.html

无人水下机器人也称无人潜水器，相应有无人遥控潜水器、无人自主潜水器和无人混合潜水器。通常在不产生混淆的情况下省略“无人”二字，如无人遥控潜水器可以称为遥控水下机器人或遥控潜水器等。

世界海洋机器人发展的历史大约有 70 年，经历了从载人到无人，从直接操作、遥控、自主到混合的主要阶段。加拿大国际潜艇工程公司创始人麦克法兰，将水下机器人的发展历史总结为四次革命：第一次革命出现在 20 世纪 60 年代，以潜水员潜水和载人潜水器的应用为主要标志；第二次革命出现在 70 年代，以遥控水下机器人迅速发展成为一个产业为标志；第三次革命发生在 90 年代，以自主水下机器人走向成熟为标志；第四次革命发生在 21 世纪，进入了各种类型水下机器人混合的发展阶段。

我国海洋机器人发展的历程也大致如此，但是我国的科研人员走过上述历程只用了一半多一点的时间。20 世纪 70 年代，中国船舶重工集团公司第七〇一研究所研制了用于打捞水下沉物的“鱼鹰”号载人潜水器，这是我国载人潜水器的开端。1986 年，中国科学院沈阳自动化研究所和上海交通大学合作，研制成功我国第一台遥控水下机器人“海人一号”。90 年代我国开始研制自主水下机器人，“探索者”、CR-01、CR-02、“智水”系列等先后完成研制任务。目前，上海交通大学研制的“海马”号遥控水下机器人工作水深已经达到 4500 米，中国科学院沈阳自动化研究所联合中国科学院海洋研究所共同研制的深海科考型 ROV 系统最大下潜深度达到 5611 米。近年来，我国海洋机器人更是经历了跨越式的发展。其中，“海翼”号深海滑翔机完成深海观测；有标志意义的“蛟龙”号载人潜水器将进入业务化运行；“海斗”号混合型水下机器人已经多次成功到达万米水深；“十三五”国家重点研发计划中全海深载人潜水器及全海深无人潜水器已陆续立项研制。海洋机器人的蓬勃发展正推动中国海洋研究进入“万米时代”。

水下机器人的作业模式各有长短。遥控模式需要操作者与水下载体之间存在脐带电缆，电缆可以源源不断地提供能源动力，但也限制了遥控水下机器人的活动范围；由计算机操作的自主水下机器人代替人工操作的遥控水下机器人虽然解决了作业范围受限的缺陷，但是计算机的自主感知和决策能力还无法与人相比。在这种情形下，综合了遥控和自主两种作业模式的混合型水下机器人应运而生。另外，水面机器人的引入还促成了水面与水下混合作业的新模式，水面机器人成为沟通水下机器人与空中、地面机器人的通信中继，操作者可以在更远的地方对水下机器人实施监控。

与水下机器人和潜水器对应的英文分别为 underwater robot 和 underwater vehicle，前者强调仿人行为，后者意在水下运载或潜水，分别视为“人”和“器”，海洋机器人是在海洋环境中运载功能与仿人功能的结合体。应用需求的多样性使得运载与仿人功能的体现程度不尽相同，由此产生了各种功能型的海洋机器人，如观察型、作业型、巡航型和海底型等。如今，在海洋机器人领域 robot 和 vehicle 两词的内涵逐渐趋同。

信息技术、人工智能技术特别是其分支机器智能技术的快速发展，正在推动海洋机器人以新技术革命的形式进入“智能海洋机器人”时代。严格地说，前述自主水下机器人的“自主”行为已具备某种智能的基本内涵。但是，其“自主”行为泛化能力非常低，属弱智能；新一代人工智能相关技术，如互联网、物联网、云计算、大数据、深度学习、迁移学习、边缘计算、自主计算和水下传感网等技术将大幅度提升海洋机器人的智能化水平。而且，新理念、新材料、新部件、新动力源、新工艺、新型仪器仪表和传感器还会使智能海洋机器人以各种形态呈现，如海陆空一体化、全海深、超长航程、超高速度、核动力、跨介质、集群作业等。

海洋机器人的理念正在使大型有人平台向大型无人平台转化，推动少人化和无人化的浪潮滚滚向前，无人商船、无人游艇、无人渔船、无人潜艇、无人战舰以及与此关联的无人码头、无人港口、无人商船队的出现已不是遥远的神话，有些已经成为现实。无人化的势头将冲破现有行业、领域和部门的界限，其影响深远。需要说明的是，这里“无人”的含义是人干预的程度、时机和方式与有人模式不同。无人系统绝非无人监管、独立自由运行的系统，仍是有人监管或操控的系统。

研发海洋机器人装备属于工程科学范畴。由于技术体系的复杂性、海洋环境的不确定性和用户需求的多样性，目前海洋机器人装备尚未被打造成大规模的产业和产业链，也还没有形成规范的通用设计程序。科研人员在海洋机器人相关研究开发中主要采用先验模型法和试错法，通过多次试验和改进才能达到预期设计目标。因此，研究经验就显得尤为重要。总结经验、利于来者是本丛书作者的共同愿望，他们都是在海洋机器人领域拥有长时间研究工作经历的专家，他们奉献的知识和经验成为本丛书的一个特色。

海洋机器人涉及的学科领域很宽，内容十分丰富，我国学者和工程师已经撰写了大量的著作，但是仍不能覆盖全部领域。“海洋机器人科学与技术丛书”集合了我国海洋机器人领域的有关研究团队，阐述我国在海洋机器人基础理论、工程技术和应用技术方面取得的最新研究成果，是对现有著作的系统补充。

“海洋机器人科学与技术丛书”内容主要涵盖基础理论研究、工程设计、产品开发和应用等，囊括多种类型的海洋机器人，如水面、水下、浮游以及用于深水、极地等特殊环境的各类机器人，涉及机械、液压、控制、导航、电气、动力、能源、流体动力学、声学工程、材料和部件等多学科，对于正在发展的新技术以及有关海洋机器人的伦理道德社会属性等内容也有专门阐述。

海洋是生命的摇篮、资源的宝库、风雨的温床、贸易的通道以及国防的屏障，海洋机器人是摇篮中的新生命、资源开发者、新领域开拓者、奥秘探索者和国门守卫者。为它“著书立传”，让它为我们实现海洋强国梦的夙愿服务，意义重大。

本丛书全体作者奉献了他们的学识和经验，编委会成员为本丛书出版做了组织和审校工作，在此一并表示深深的谢意。

本丛书的作者承担着多项重大的科研任务和繁重的教学任务，精力和学识所限，书中难免会存在疏漏之处，敬请广大读者批评指正。

中国工程院院士 封锡盛

2018年6月28日

丛书前言二

改革开放以来，我国海洋机器人事业发展迅速，在国家有关部门的支持下，一批标志性的平台诞生，取得了一系列具有世界级水平的科研成果，海洋机器人已经在海洋经济、海洋资源开发和利用、海洋科学研究和国家安全等方面发挥重要作用。众多科研机构和高等院校从不同层面及角度共同参与该领域，其研究成果推动了海洋机器人的健康、可持续发展。我们注意到一批相关企业正迅速成长，这意味着我国的海洋机器人产业正在形成，与此同时一批记载这些研究成果的中文著作诞生，呈现了一派繁荣景象。

在此背景下“海洋机器人科学与技术丛书”出版，共有数十分册，是目前本领域中规模最大的一套丛书。这套丛书是对现有海洋机器人著作的补充，基本覆盖海洋机器人科学、技术与应用工程的各个领域。

“海洋机器人科学与技术丛书”内容包括海洋机器人的科学原理、研究方法、系统技术、工程实践和应用技术，涵盖水面、水下、遥控、自主和混合等类型海洋机器人及由它们构成的复杂系统，反映了本领域的最新技术成果。中国科学院沈阳自动化研究所、哈尔滨工程大学、中国科学院声学研究所、中国科学院深海科学与工程研究所、浙江大学、华侨大学、东华理工大学等十余家科研机构和高等院校的教学与科研人员参加了丛书的撰写，他们理论水平高且科研经验丰富，还有一批有影响力的学者组成了编辑委员会负责书稿审校。相信丛书出版后将对本领域的教师、科研人员、工程师、管理人员、学生和爱好者有所裨益，为海洋机器人知识的传播和传承贡献一份力量。

本丛书得到2018年度国家出版基金的资助，丛书编辑委员会和全体作者对此表示衷心的感谢。

“海洋机器人科学与技术丛书”编辑委员会

2018年6月27日

前　言

海洋是人类赖以生存与可持续发展的强大依靠，关系民族生存发展和国家兴衰安危。对海洋现象、海洋资源、海洋战场的认识和利用，离不开海洋数据，而数据源于科学合理的观测。海洋观测是研究、开发、利用海洋的基础。尤其是近几年，备受关注的气候变化、频发的自然灾害、风云变幻的国际局势对海洋观测提出了新要求。2017 年，联合国教科文组织发布的《全球海洋科学报告》将“海洋观测和海洋数据”列入高优先级主题，支撑海洋综合交叉研究。2020 年，欧洲海事委员会（European Marine Board，EMB）发布的《展望未来 V：海洋十年的建议》报告以安全的海洋作为六大规划目标之一，强调提高预测海洋灾害和极端气候事件的能力。海洋观测离不开海洋观测平台技术。世界海洋观测平台技术经历了科考船观测时代、卫星观测时代、浮潜标观测时代的发展，正悄然迎来机器人化观测新时代。尤其是20世纪末21世纪初诞生的自主水下滑翔机（以下简称“水下滑翔机”）为海洋观测提供了新技术手段。水下滑翔机将传统海洋观测技术与新一代信息技术相结合，实现海洋信息的智能感知，是国际海洋观测技术领域的研究和发展热点。水下滑翔机作为一项海洋高技术装备，具有成本低、航行可控、实时性强、噪声低等特点，有着很强的民用和军用需求。

第一作者所在单位中国科学院沈阳自动化研究所是国内较早从事水下滑翔机研发的单位之一，研制出了我国首台水下滑翔机原理样机和工程样机，首次突破国内最远航程记录和首次打破国际最大下潜深度记录。通过近二十年坚持不懈的自主研发，我国水下滑翔机已经达到工程化和实用化要求，在科学研究、资源调查等领域开展了一定规模的应用，目前已具备了产品化小规模批产能力。本书正是作者多年来研究成果的系统总结和梳理，旨在通过专著的形式对水下滑翔机的基础理论和最新技术进行全面总结与展示，促进国内外同行之间的学术交流及合作，推动我国水下滑翔机和相关海洋装备的技术进步。

水下滑翔机是一个复杂的技术平台，具有多学科特点，涉及控制、机械、电气、能源、材料、流体等多个学科。支撑水下滑翔机研发的相关理论包括复杂系统的多目标优化、多功能系统运动和控制等，关键技术包括大深度浮力调节技术、高精度姿态调节技术、轻质可控型耐压技术、高效能源利用技术、综合水动力优化技术、远程数据传输技术等。相关基础理论是支撑水下滑翔机工程技术实现的基础，是提升水下滑翔机性能的关键。水下滑翔机的运动原理、建模方法、运动特性及其控制相关问题与传统水下机器人差别较大。因此，本书基于国内外现有水下滑翔机研发基础，全面系统地阐述从水下滑翔机概念到平台研制过程中所涉及的国内外发展现状、运动机理、数学建模、路径规划及工程应用等内容，将水下滑翔机相关的理论、技术进行系统梳理，供广大读者参考。

特别感谢国家出版基金(2018T-011)对本书出版的资助；本书内容相关研究得到了国家自然科学基金项目(51179183、61233013、U1709202、41706112、41976183)、国家 863 计划项目（2006AA09Z157、2012AA091003）、国家重点研发计划项目(2016YFC0301201)、中国科学院战略性先导科技专项课题(XDB06040200、XDA13030200)等资助，在此特向以上资助机构及其评审专家表示衷心感谢。

本书在撰写过程中得到了中国科学院沈阳自动化研究所机器人学国家重点实验室的大力支持。特别感谢多年来一起合作的美国佐治亚理工学院的张福民教授在水下滑翔机相关的基础理论创新方面的宝贵建议。特别感谢张艾群研究员在水下滑翔机技术发展过程中的敏锐洞察力和正确指导。感谢张奇峰研究员、谷海涛研究员、田宇研究员、金文明副研究员、黄琰副研究员、王旭副研究员、罗业腾助理研究员、谭智铎助理研究员等同事在水下滑翔机工程实践中的重要贡献。感谢江磊副研究员、舒业强研究员、邱春华副教授、徐洪周研究员等广大同行为本书凝练和挖掘的基于水下滑翔机的重要应用成果。

本书由俞建成负责整体结构设计和大纲制订，陈质二统稿，俞建成定稿。陈质二负责撰写第 1、4 章和第 6 章主要内容，并参与撰写第 2、3 章部分内容，孙朝阳参与撰写第 1 章部分内容，王振宇负责撰写第 2、3 章主要内容，张少伟参与撰写第 3 章部分内容，周耀鉴负责撰写第 5 章主要内容，刘世杰参与撰写第 5、6 章部分内容，孙洁参与撰写第 6 章部分内容。

由于作者水平有限，书中难免存在不足之处，欢迎读者批评指正。

俞建成

2020 年 8 月于沈阳

目　录

丛书前言一
丛书前言二
前言
1 绪论 ······ 1
1.1 引言 ······ 1
1.2 水下滑翔机发展与应用现状 ······ 5
1.2.1 常规水下滑翔机发展现状 ······ 5
1.2.2 特种水下滑翔机发展现状 ······ 8
1.2.3 水下滑翔机应用现状 ······ 14
1.3 水下滑翔机发展趋势 ······ 17
1.4 本章小结 ······ 19
参考文献 ······ 20
2 水下滑翔机实现机理与优化设计 ······ 23
2.1 引言 ······ 23
2.2 水下滑翔机运动机理 ······ 24
2.2.1 水下滑翔机滑翔运动机理 ······ 24
2.2.2 水下滑翔机转向运动机理 ······ 26
2.2.3 水下滑翔机混合驱动机理 ······ 27
2.3 水下滑翔机外形优化 ······ 29
2.3.1 回转体外形水下滑翔机机翼布局优化 ······ 29
2.3.2 翼身融合外形水下滑翔机外形优化 ······ 42
2.4 水下滑翔机用可折叠螺旋桨推进器建模与分析 ······ 72
2.4.1 可折叠螺旋桨推进器实现机理与力平衡模型 ······ 72
2.4.2 可折叠螺旋桨推进器水动力性能分析 ······ 78
2.4.3 物理实验验证 ······ 89
2.5 本章小结 ······ 91
参考文献 ······ 91
3 水下滑翔机动力学建模与分析 ······ 93
3.1 引言 ······ 93

3.2 常规水下滑翔机动力学建模与分析 …… 94
3.2.1 常规水下滑翔机动力学建模 …… 94
3.2.2 水动力系数与附加质量估计 …… 106
3.2.3 稳态滑翔特性分析 …… 111
3.2.4 迭代算法反解滑翔运动参数 …… 124
3.3 混合驱动水下滑翔机动力学建模与分析 …… 127
3.3.1 可折叠螺旋桨推进器水动力模型 …… 128
3.3.2 混合驱动水下滑翔机动力学模型 …… 133
3.3.3 仿真实验 …… 146
3.4 本章小结 …… 150
参考文献 …… 151
4 水下滑翔机航行效率建模与分析 …… 153
4.1 引言 …… 153
4.2 水下滑翔机续航力评估模型 …… 153
4.3 基于力分析法的水下滑翔机理想航行效率建模 …… 155
4.3.1 理想推进效率 …… 157
4.3.2 螺旋桨驱动模式理想航行效率 …… 159
4.3.3 浮力驱动模式理想航行效率 …… 160
4.3.4 混合驱动模式理想航行效率 …… 165
4.3.5 理想航行效率对比分析 …… 167
4.4 基于能量法的水下滑翔机实际航行效率建模 …… 172
4.4.1 螺旋桨驱动模式实际航行效率 …… 173
4.4.2 浮力驱动模式实际航行效率 …… 176
4.4.3 混合驱动模式实际航行效率 …… 181
4.4.4 实际航行效率对比分析 …… 185
4.5 本章小结 …… 192
参考文献 …… 193
5 水下滑翔机局部流场估计与路径规划 …… 194
5.1 引言 …… 194
5.2 基于水下滑翔机运动模型的深平均流估计方法 …… 195
5.2.1 水下滑翔机运动模型 …… 195
5.2.2 深平均流估计方法 …… 198
5.2.3 估计结果 …… 199
5.3 深平均流预测 …… 202
5.3.1 时序建模 …… 202

5.3.2 预测方法 …… 202
5.3.3 结果与分析 …… 206
5.4 局部流场下的水下滑翔机路径规划 …… 221
5.4.1 局部流场重构 …… 222
5.4.2 水下滑翔机局部路径规划方法 …… 223
5.4.3 水下滑翔机路径跟踪模型 …… 233
5.5 本章小结 …… 238
参考文献 …… 238
6 水下滑翔机应用分析 …… 240
6.1 引言 …… 240
6.2 水下滑翔机系统组成 …… 240
6.2.1 水下滑翔机系统介绍 …… 240
6.2.2 水下滑翔机载荷 …… 242
6.3 面向环境观测的数据质量控制 …… 243
6.3.1 热滞后校正 …… 243
6.3.2 数据质量测试 …… 245
6.3.3 数据质量控制结果 …… 248
6.4 基于水下滑翔机的声学特性分析 …… 249
6.4.1 基于 CFD 的流噪声计算 …… 251
6.4.2 消声水池实验噪声分析 …… 255
6.4.3 南海实验噪声影响分析 …… 258
6.4.4 海试数据中自噪声滤除 …… 266
6.5 典型应用场景 …… 268
6.5.1 海洋环境观测应用 …… 268
6.5.2 海洋声场观测应用 …… 273
6.5.3 水下目标探测应用 …… 275
6.6 本章小结 …… 277
参考文献 …… 277
索引 …… 280
彩图

1 绪　论

1.1 引言

自古以来，海洋就与人类的生产、生活及军事活动密切相关。海洋观测技术作为海洋科学与技术的重要组成部分，在维护海洋权益、保障国防安全、开发海洋资源、预测预警海洋灾害等方面有着十分重要的作用，是展示国家综合实力的重要标志。海洋观测是当前全球海洋界共同关注的主题，被列为联合国教科文组织发布的《全球海洋科学报告》8个高优先级主题之一。世界海洋观测技术已经完成了三代发展历程：第一代，科考船观测时代，起源于19世纪70年代，开启了人工现场海洋观测历史；第二代，卫星观测时代，开启了从全球看海洋时代；第三代，浮潜标观测时代，起源于20世纪50年代，掀起了海洋观测技术革新。21世纪是海洋的世纪，世界各国对海洋的重视达到了前所未有的高度，投入了大量物力、财力进行海洋观测，采用的观测方式主要为船载传感器、卫星传感器、漂流浮标、锚系潜标等。大规模观测获得了大量现场观测数据，但其观测分辨率、数据维度及覆盖程度等方面还无法满足科学家对海洋研究和认知的需求。随着自动化技术和传统海洋观测技术的深度结合与发展，海洋观测正悄然迎来机器人化观测新时代，尤其是20世纪末21世纪初诞生的自主水下滑翔机（autonomous underwater glider，以下简称“水下滑翔机”）为海洋观测提供了新技术手段。美国早在2003年就提出将当时刚刚兴起的水下滑翔机纳入美国的自主海洋采样网（Autonomous Ocean Sampling Network，AOSN）和综合海洋观测系统（Integrated Ocean Observing System，IOOS）等观测计划中，并持续开展水下滑翔机技术攻关，推进水下滑翔机在观测计划中的应用。欧盟在2006年成立了欧洲水下滑翔机观测网（European Gliding Observatories，EGO），建立欧盟水下滑翔机协作观测框架，制定水下滑翔机观测数据共享标准，加速推进水下滑翔机在欧盟海洋观测计划中的应用。目前，美国、欧盟、澳大利亚的水下滑翔机已融入其业务化海洋观测系统中[1, 2]。

水下滑翔机将传统海洋观测技术与新一代信息技术相结合,将显著提升海洋立体观测能力，实现海洋信息的智能感知，是国际海洋观测技术领域的研究和发展热点。水下滑翔机是一种将浮潜标技术与自主水下机器人技术相结合而研制出的新型特种水下机器人,是当前国际海洋观测领域先进的自主观测平台[3-5]。水下滑翔机依靠浮力调节装置、俯仰调节装置及航向调节装置分别实现对净浮力、俯仰角和航向角的有效控制，从而实现水中滑翔运动[6-8]。地面操控人员可通过卫星通信实现对水下滑翔机的远程运动控制，因此水下滑翔机可按照控制指令完成锯齿状剖面滑翔运动、虚拟锚系运动和自主跟踪运动等，实现大范围设定观测断面的连续往复观测、虚拟锚系潜标的连续实时剖面观测及针对动态目标的自主识别探测与跟踪观测等任务[9]。在锯齿状剖面滑翔运动模式下，水下滑翔机沿着一系列路点航行，并进行剖面重复取样。在虚拟锚系运动模式下，水下滑翔机停留在目标位置，通过航向调节保持位置近乎不变，上升和下降进行剖面的往复测量，具有相对传统科考船更好的费效比。此外，水下滑翔机还可结合锯齿状剖面滑翔运动模式和虚拟锚系运动模式，针对某一感兴趣的海洋现象(如海洋中尺度涡、锋面等)进行跟踪测量。除了以上三种常见的最重要的运动模式，水下滑翔机的水面漂浮模式、水下多周期滑翔模式和水中悬浮模式也有特定应用场景。水面漂浮模式用于通信定位和数据传输。水下多周期滑翔模式是指水下滑翔机在浮出水面之前进行多个周期的水下剖面滑翔运动，一方面有助于避免水下滑翔机遇水面紧急情况(如台风、船舶)时丢失或受损，另一方面可减少水面停留时间，从而缩短相邻两个观测剖面间的时间间隔，提高观测效率。水中悬浮模式是指让水下滑翔机在水下具有中性浮力定深能力，该模式多用于目标声学探测场景。

一般而言，水下滑翔机质量保持不变，利用自身净浮力作为驱动力，通过浮力调节系统动态地改变自身排水体积来调节载体自身浮力，为载体提供上浮和下潜的动力。载体的俯仰调节通过调节机构的运动，改变系统重心与浮心的轴向相对位置，使系统具有一定的俯仰角，从而使其能够保持一定的俯仰角进行上浮和下潜滑翔运动。水下滑翔机在正负浮力及俯仰调节的共同作用下通过滑翔翼板产生水平方向的驱动力，并且根据岸基或船基的控制指令完成预先设定的滑翔周期。相比浮标等观测平台，水下滑翔机在航向的可控性上有绝对的优势。当前水下滑翔机系统的航行调节方式基本上可以分为两种：第一种是通过改变整个载体的横滚角来改变水下滑翔机的航向，一般通过旋转一个不对称的电池质量块来实现；第二种是通过转向舵结构来实现转向。水下滑翔机在水面漂浮时使用卫星接收器来确定当前位置，并与岸基控制系统进行通信，将采集到的数据传送回岸基系统，并且获得下一周期的任务指令，获得任务后，水下滑翔机重新下潜直到设定深度后上浮，如图 1.1 所示。两次正常上浮到表面的时间间隔称作一个滑翔周期，水下滑翔机一个周期内在空间上完成一个剖面。在下潜期间，除配有声学装置的水下滑翔机，一般不能与岸基取得通信联系。载体控制系统采用姿态与深度的闭环控制来执行预编程任务。在一些水下滑翔机的控制系统中还会执行某种算法来预估水下滑翔机在水底的位置，比如航位推算法等。水下滑翔机的天线通常集成在艉部一根长杆的顶端，通过控制水下滑翔机在出水后的姿态将天线接收端最大限度地抬离水面，使得载体能够与卫星建立稳定的通信。除了本身的位置、姿态和状态等信息，水下滑翔机通过科学传感器来收集海洋特征数据，搭载的典型传感器有温盐深测量仪(conductivity temperature depth system，CTD)。根据具体科学任务的需求，已经有多种测量各种海洋环境参数的传感器搭载到水下滑翔机上，进一步拓宽了水下滑翔机的工作能力。当然，传感器的增多导致采样时间增大，数据的增多又意味着通信时间变长，这些都会导致更多的能量消耗，也使得任务的执行时间变短。

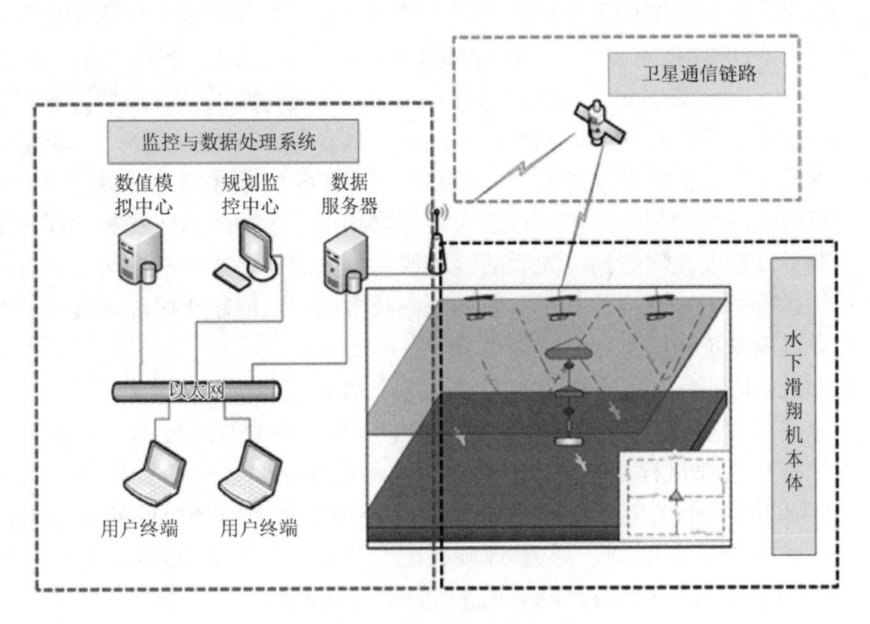

图 1.1　水下滑翔机系统组成

水下滑翔机具有低噪声、低能耗、可重复利用、布放回收方便、制造成本和作业费用低、作业周期长、作业范围广等特点，已逐渐成为一种通用的水下监测手段。水下滑翔机主要功能包括海洋环境参数测量功能(可以根据测量需求，搭载各种海洋参数测量传感器)、自主滑翔运动控制功能、测量路径规划功能、测量数据存储与远距离传输功能等。水下滑翔机的应用可有效提高海洋环境的空间和时间观测密度，增强海洋环境的综合监测能力。水下滑翔机主要用于海洋科学调查、海洋资源勘探和海洋安全保障三个方面。可测量海水温度、盐度、密度、海流、pH、含氧量、叶绿素浓度等海洋水文环境信息，还可测量海洋背景噪声、声信号传播规律等海洋声环境信息，这些信息是海洋预报、资源勘探、水下探测、安全航行、海上活动等的关键。水下滑翔机按照作业深度可分为浅海滑翔机、深海滑翔机等，按照能源供给方式可分为电能水下滑翔机、温差能水下滑翔机、盐差能水下滑翔机等，按照驱动方式可分为浮力驱动水下滑翔机、浮力-螺旋桨混合驱动水下滑翔机、浮力-喷水混合驱动水下滑翔机等，按照外形可分为回转体型水下滑翔机、翼型水下滑翔机、蝶形水下滑翔机等，按功能用途可分为水文观测型水下滑翔机、声学探测型水下滑翔机等。

水下滑翔机的概念起源于 20 世纪 60 年代，Gongwer[10]首次提出利用浮力和重力作为水下潜器的推动力的想法。1974 年，Baz 等[11]首次提出水下滑翔机概念，并开展了水下滑翔机相关的理论研究工作。1989 年，Stommel[12]首次提出利用水下滑翔机进行海洋观测的工作模式构想。此后，水下滑翔机进入快速发展时期。经过约十年的持续技术攻关和应用探索，2001 年，美国三款典型水下滑翔机 Slocum、Seaglider 和 Spray 相继问世并用于海洋环境观测[13-15]，这标志着水下滑翔机单机技术已基本成熟并开始走向实用化。随着单机技术的成熟，水下滑翔机集群组网观测技术也得到快速发展，AOSN 和 IOOS 的重要组成部分即为由多水下滑翔机组成的移动观测网。EGO 也大规模采用水下滑翔机执行各种海洋观测任务，为获得高精度观测数据，先后陆续布放了超过 300 台水下滑翔机，目前该网仍在持续运行中。水下滑翔机集群组网观测技术已广泛应用于国际上几乎所有重要的海洋观测系统和海洋观测计划中[16]。

从 2003 年开始，我国开始大力投入国产水下滑翔机研发工作。“十一五”期间国家高技术研究发展计划(863 计划)在“海洋环境监测技术”专题支持第一个水下滑翔机海试样机的研制，由中国科学院沈阳自动化研究所牵头组织研发并取得成功。“十二五”期间 863 计划大幅增加水下滑翔机的研发投入，组织多家单位开展了电能型、浮力-螺旋桨混合驱动型、浮力-喷水混合驱动型及声学探测型水下滑翔机工程样机研制和海试，研制出了“海翼”号、“海燕”号等多型性能优异的国产水下滑翔机。通过社会各界的共同努力，国产水下滑翔机技术水平不断攀升。“十三五”期间，围绕加快建设海洋强国战略的需求，在科技部、中国科学院等相关部门的支持下，国产水下滑翔机续航性能得到明显提升，“海翼”号和“海燕”号长航程水下滑翔机目前单次巡航里程均已突破 3000km[17]。

本章综述国内外现有水下滑翔机发展现状，重点介绍水下滑翔机单机技术研究进展，并对水下滑翔机开发过程中涉及的支撑理论和技术进行归纳；此外，依据国内外代表性的水下滑翔机应用成果，本章对水下滑翔机应用现状进行概述；最后，从水下滑翔机平台、载荷、应用等领域，对水下滑翔机技术未来的发展趋势进行展望。

1.2 水下滑翔机发展与应用现状

1.2.1 常规水下滑翔机发展现状

本书定义常规水下滑翔机为浮力驱动水下滑翔机。浮力驱动水下滑翔机起源于美国，且发展和成熟于美国。自 2001 年，美国率先研制出可用于海洋观测的水下滑翔机工程样机以来，美国在该领域一直处于国际领先的水平。具有代表性的成果有 Teledyne Webb Research 公司的 Slocum、Scripps 海洋研究所的 Spray 和华盛顿大学的 Seaglider 水下滑翔机（图 1.2）。Slocum 水下滑翔机按照浮力驱动系统的等级已有 30m、100m、200m、350m、1000m 等多种规格的系列产品，是当前应用最为广泛的一款水下滑翔机产品。Spray 水下滑翔机是目前投入实际应用潜深最大的水下滑翔机，工作深度为 1500m。Seaglider 水下滑翔机使用与海水压缩率相似的材料作为耐压壳体，可以有效地减小水下滑翔机的浮力改变量，更节省能源。目前，这三款水下滑翔机已经实现产品化，分别由 Teledyne Webb Research、Kongsberg 和 Bluefin 三家公司负责生产，并应用于各种水下环境观测和水下目标探测等任务，军民两用，是海洋科学考察与海洋安全保障系统装备中的重要组成部分。

(a) Slocum

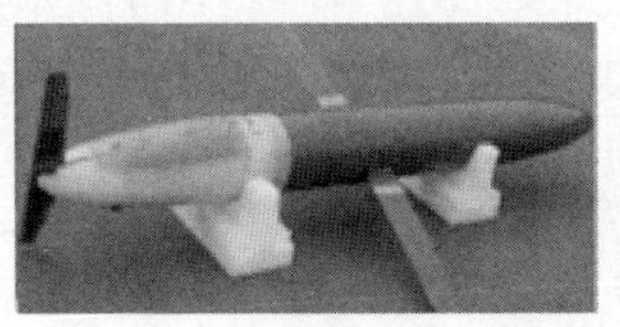
(b) Spray

(c) Seaglider

图 1.2　国外三款有代表性的高水平水下滑翔机

2009 年法国 ACSA 公司开发成功水下滑翔机 SeaExplorer，目前也已经达到实用化和商品化[18]。此外，国际上一些海洋强国包括加拿大、英国、澳大利亚、日本、韩国等也先后开展了水下滑翔机的技术开发和应用工作，并在不同程度上取得了成功[19]。

2003 年我国研制出首台水下滑翔机原理样机。从 2007 年开始在国家 863 计划的支持下，我国相关科研单位开始水下滑翔机试验样机的研制工作[17]，2008 年研制成功我国首台水下滑翔机海试样机，并于国家“十一五”末在我国南海成功开展了海上试验验证工作。2012 年开始，我国组织实施 863 计划项目“深海滑翔机研制及海上试验研究”，进行多型水下滑翔机的工程样机开发，加速推进水下滑翔机技术工程化，并成功研制出多种型号的水下滑翔机工程样机。此后我国相关单位一直致力于水下滑翔机的推广应用，同时不断突破水下滑翔机的续航力和下潜深度，目前已初步形成小规模水下滑翔机的生产和应用。图 1.3 为我国水下滑翔机的发展历程。

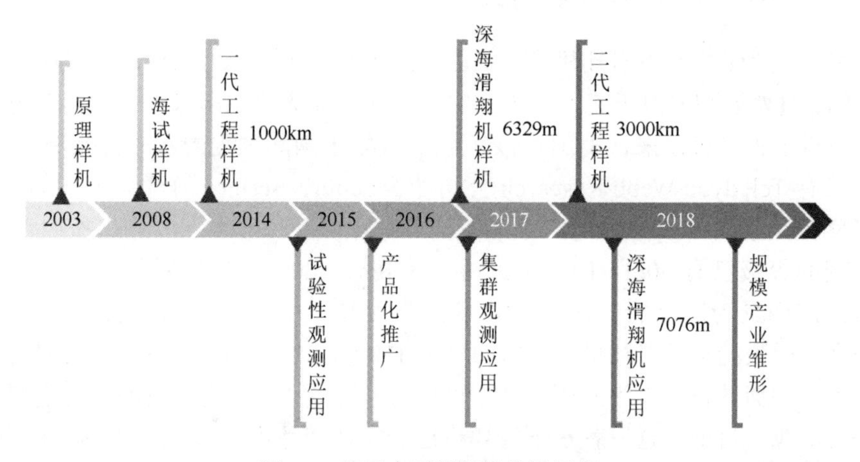

图 1.3　我国水下滑翔机发展历程

近年来，以“海翼”号、“海燕”号等为代表的国产水下滑翔机(图 1.4)研究团队致力于探索深海科学奥秘，在研发、应用等方面取得一系列新进展，助力我国深海科学研究不断取得新成果。2018 年 9～10 月，两台“海翼 7000”在马里亚纳海沟连续工作 46 天，观测断面 1448km，获得 102 条剖面数据，“海翼 7000”

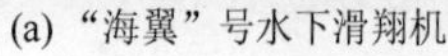
(a)“海翼”号水下滑翔机

(b)“海燕”号水下滑翔机

图 1.4　两款国产品牌水下滑翔机

是目前国际上唯一完成 7000m 深连续观测应用的深海滑翔机[17, 20]。2018 年 4 月，“海燕-X”万米级深海滑翔机在马里亚纳海沟下潜至 8213m[21]。针对不同海上观测任务需求，历经多年优化升级，“海翼”号已经拥有了 300m 级、1000m 级、3000m 级、4500m 级和 7000m 级等不同下潜深度的谱系化水下滑翔机，同时“海燕”号也形成了不同深度水下滑翔机生产和研发能力，为适应不同用户需求，可搭载各种不同传感器，在海洋观测、海洋生物、海洋化学及资源勘探等领域中发挥着越来越重要的作用。

总体而言，经过国内水下滑翔机团队十余年自主研发，我国多型水下滑翔机海上试验样机已经达到工程化和实用化要求，相关团队自发组织开展了小规模多水下滑翔机海上协同及组网观测实验的探索。总之，我国水下滑翔机在科学研究、生态调查、军民融合等领域开展了一定规模的应用[22-24]，部分型号具备了产品化批产能力，形成了“海燕”“海翼”等国内自主品牌。国内外成熟水下滑翔机产品主要技术指标对比情况见表 1.1。目前，国内牵头开展水下滑翔机研发的单位主要有中国科学院沈阳自动化研究所、天津大学、华中科技大学、国家海洋技术中心、中国船舶重工集团有限公司第七一〇研究所和第七〇二研究所、上海交通大学、浙江大学、中国海洋大学、大连海事大学和西北工业大学等[25]。

表 1.1　国内外主要型号水下滑翔机技术指标对比

名称	研发单位	国家	主要技术指标
Slocum	Teledyne Webb Research 公司	美国	• 大小：机身长 1.5m，直径 0.22m，净重 55～70kg • 深度：30m/100m/200m/350m/1000m • 续航：600～13000km，4～18 个月@0.5kn
Spray	Scripps 海洋研究所	美国	• 大小：机身长 2m，翼展 1.2m，净重 51kg • 深度：1500m • 续航：4800km，6 个月@0.5kn
Seaglider	华盛顿大学应用物理实验室	美国	• 大小：机身长 1.8m，直径 0.3m，翼展 1m，净重 52kg • 深度：1000m • 续航：4600km，10 个月@0.5kn
SeaExplorer	ACSA 公司	法国	• 大小：机身长 2m，直径 0.25m，净重 59kg • 深度：700m • 续航：3200km，5 个月@0.5kn
“海翼”号	中国科学院沈阳自动化研究所	中国	• 大小：机身长 2m，直径 0.22m，净重小于 75kg • 深度：300m/1000m/3000m/4500m/7000m • 续航：3000km，5 个月@0.5kn
“海燕”号	天津大学	中国	• 大小：机身长 2m，直径 0.22m，净重小于 75kg • 深度：200m/1000m/1500m/4000m/10000m • 续航：3000km，5 个月@0.5kn

注：@0.5kn 表示水下滑翔机以 0.5kn 的速度航行。

1.2.2 特种水下滑翔机发展现状

在水下滑翔机发展过程中，常规水下滑翔机在海洋环境高时空分辨率的精细观测方面体现出了优势。随着应用的不断深入，人们发现常规水下滑翔机很难适应近岸浅水、强流区、复杂地形、人类活动频繁的特定海域的大范围、长期、连续观测需求。因此一些高速水下滑翔机、海洋能驱动的水下滑翔机陆续被研制成功，并在一些特殊的海洋观测场合崭露头角。本书作者认为除了常规水下滑翔机之外，其他类型水下滑翔机均统称为特种水下滑翔机，包括高速水下滑翔机、温差能水下滑翔机、混合驱动水下滑翔机、翼型水下滑翔机、小型水下滑翔机和仿生水下滑翔机等。

1. 高速水下滑翔机

为应对水下滑翔机在浅海海域应用的航速慢、抗流能力弱等技术难题，近年来，在美国海军研究办公室的资助下，美国 Exocetus 公司耗时 6 年为海军先后研发了 ANT Littoral Glider 和 Exocetus Coastal Glider 的高速水下滑翔机(图 1.5)。其中，Exocetus Coastal Glider 的浮力系统容量可达 5L，航速达到 2kn，与其他水下滑翔机比较，快速性优势明显[26-28]。在 6 年中 Exocetus 公司共向美国海军交付了 18 台水下滑翔机，这些水下滑翔机共进行了 4500h 的作业。

图 1.5 Exocetus Coastal Glider 高速水下滑翔机

2. 温差能水下滑翔机

温差能水下滑翔机是一种热动力驱动的水下滑翔机，从海水温度梯度变化中获取体积变化所需的能量。热驱动装置核心是一种相变材料(phase change material，PCM)，利用不同深度海水温度梯度实现相变材料物理形态的变化从而改变水下滑翔机体积和浮力。温差能水下滑翔机利用相变材料的热胀冷缩获取海洋热能，并将其转化为机械能或电能，以实现浮力驱动。美国 Slocum 温差能水下滑翔机就是利用石蜡作为相变材料，在温暖的表层水中石蜡熔化，而在寒冷的深层水中石蜡冻结。石蜡的熔化和冻结分别导致膨胀和收缩过程，从而驱动液压油在内外油囊之间流动改变油囊体积产生驱动浮力。从 1988 年首次被提出，Slocum 温差能水下滑翔机至今已走过了 30 余年的研发历程，历经了四代样机的研制(图 1.6)。第一代样机为原理样机，于 1998 年首次被研制出，并通过水域试验验证了温差能水下滑翔机方案的可行性；2005 年，第二代 Slocum 温差能水下滑翔机工程样机研制成功，具备连续俘获海洋温差能、执行远航任务能力，续航时间突破 120 天，航程达 3000km；2008 年，第三代 Slocum 温差能水下滑翔机工程样机研制成功，其温差能换热器性能有了较大提升，换热器基本定型，续航时间进一步提升达到 160 天；2013 年，第四代 Slocum 温差能水下滑翔机工程样机研制成功，其具有里程碑意义，可将温差能转化为电能，从而为系统供电，其续航力严格来说不受其他因素限制。

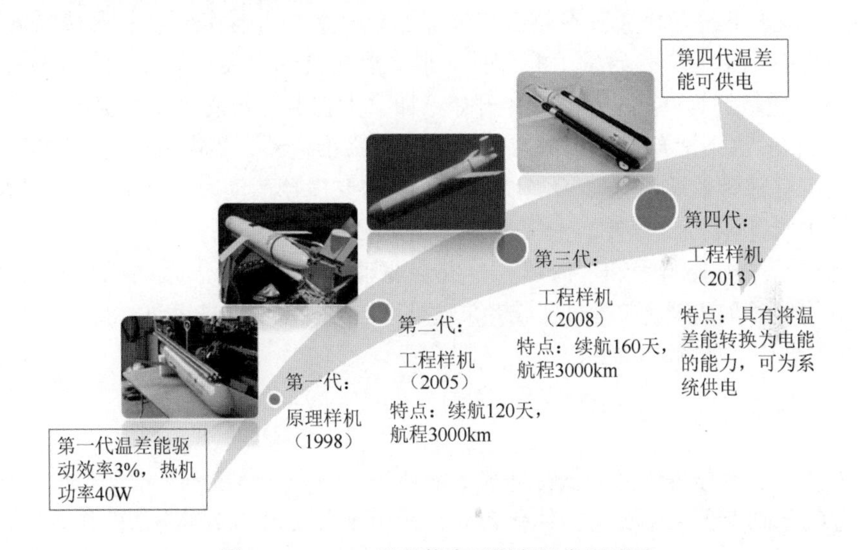

图 1.6 Slocum 温差能水下滑翔机发展历程

国内天津大学自 2002 年开始开展温差能水下滑翔机的关键技术攻关[29]，对温差能水下滑翔机进行了数学建模和动力学分析，为温差能水下滑翔机的技术进步提供了理论支撑。目前，天津大学已研发出温差能水下滑翔机的工程样机，并在 2015 年实现了连续 700 余公里、200 余剖面的海上应用。温差能水下滑翔机目前应用进程缓慢，关键在于相变材料的研制和选型，由于海洋中海表和深层海水温度差变化缓慢且具有可逆性，而目前相变材料的弱温差、逆温差相变性能较弱，因此温差能驱动效率较低。同时，相变材料寿命短，需要频繁更换相变材料，导致温差能水下滑翔机易用性较差，因此针对相变材料的研究也是目前这一领域的研究热点。

3. 混合驱动水下滑翔机

为增强水下滑翔机的机动能力，拓展其应用范围和海域，国际上通常的做法是在常规滑翔机基础上增加螺旋桨或者泵喷等外挂推进装置，从而使水下滑翔机具有浮力驱动和外挂推进装置混合驱动的功能，实现了既具有常规滑翔机垂直剖面的锯齿状航行能力，也具有自主水下机器人［也称自治式潜水器（autonomous underwater vehicle，AUV）］的水平航行能力，这种新型水下滑翔机即为混合驱动水下滑翔机。

2004 年，美国普林斯顿大学的 R. Bachmayer 和 N. E. Leonard 等率先提出混合驱动水下滑翔机的概念。2009 年，法国 ACSA 公司开发成功 SeaExplorer 混合驱动水下滑翔机，已经实现商品化，得到一定程度的应用。2009 年，北约水下研究中心（NATO Undersea Research Centre，NURC）开始研发混合驱动水下滑翔机 Folaga，该水下滑翔机通过在艏部和艉部加装喷水推进器实现水平驱动。同年，法国国立海军工程学院研发了混合驱动水下滑翔机 Sterne，其长度为 4.5m，外径 0.6m，质量约为 990kg。2010 年开始，加拿大纽芬兰纪念大学和美国 TWR 公司在 Slocum 水下滑翔机艉部加装可折叠螺旋桨推进器，当需要推进运动时，水下滑翔机艉部螺旋桨展开，增加航行速度；需要滑翔运动时，艉部螺旋桨折叠，从而减少滑翔阻力。另外，中国科学院沈阳自动化研究所和天津大学也分别成功研制出了“海翼”号和“海燕”号混合驱动水下滑翔机。这些混合驱动水下滑翔机均通过加装螺旋桨推进器或者泵喷推进器实现水平推进运动。混合驱动水下滑翔机发展历程如图 1.7 所示。

4. 翼型水下滑翔机

翼型水下滑翔机作为一款特种水下滑翔机，在保留传统水下滑翔机低功耗、长航程的基础上，采用翼身一体化布局，适用于大攻角、小姿态角的作业模式，在海洋环境参数获取和军事应用等方面具有广泛的应用空间。翼型水下滑翔机属于大型浅海滑翔机，适用于浅海海域，具有较大的负载能力和较快的滑翔速度，同时由于构型奇异复杂，其水动力布局和内部布局难度较大，是世界上已知体积和重量最大的水下滑翔机[30, 31]。

2003 年美国成功研制翼型水下滑翔机 X-Ray［图 1.8（a）］，重量大约为 1500kg，经济航速为 2kn，设计最高滑翔速度为 3kn，翼展可达 6m，是当前世界上航速最快、尺寸最大的水下滑翔机[30]。与传统水下滑翔机相比，翼型水下滑翔机整个载体为一个升力面，这样就最大限度地提高了水下滑翔机的水动力特性，同时提高了其负载能力，配合升降舵的使用，可以大幅度地提高水下滑翔机的速度[32]。2010 年，美

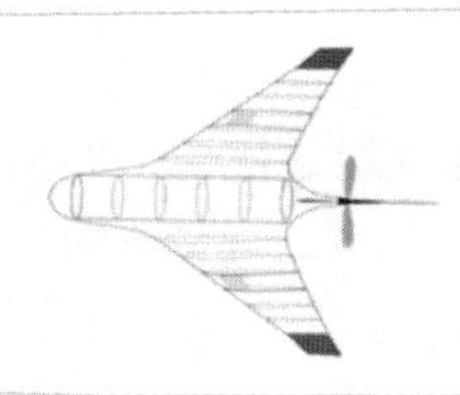

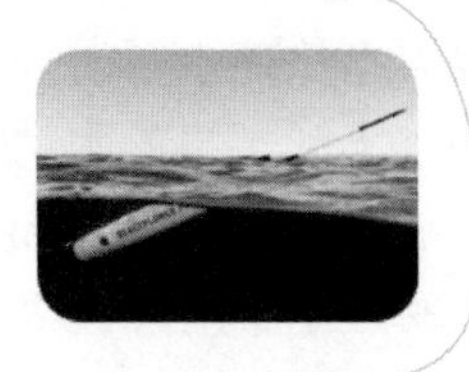

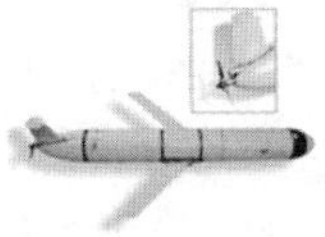

图 1.7　混合驱动水下滑翔机发展历程

国研制出新一代翼型水下滑翔机 Z-Ray［图 1.8(b)］，Z-Ray 较上一代 X-Ray 增加了襟翼系统，这样就提高了载体的稳定性和操控性。同时优化了载体的水动力外形，Z-Ray 的升阻比大于 35。外部蒙皮用丙烯腈-丁二烯-苯乙烯（acrylonitrile butadiene styrene，ABS）材质，内部的框架结构为钛合金材质，这样大大降低了载体的重量，同时优化了载体内部的布置结构。X-Ray 和 Z-Ray 两款翼型水下滑翔机与传统水下滑翔机相比具有大展弦比的机翼，具有更高的升阻比，提升了能源利用效率，但降低了内部空间利用率。因此，在提高翼型水下滑翔机水动力性能的基础上，尽可能地增加内部空间，是翼型水下滑翔机的设计难点和需要突破的技术方向[16]。

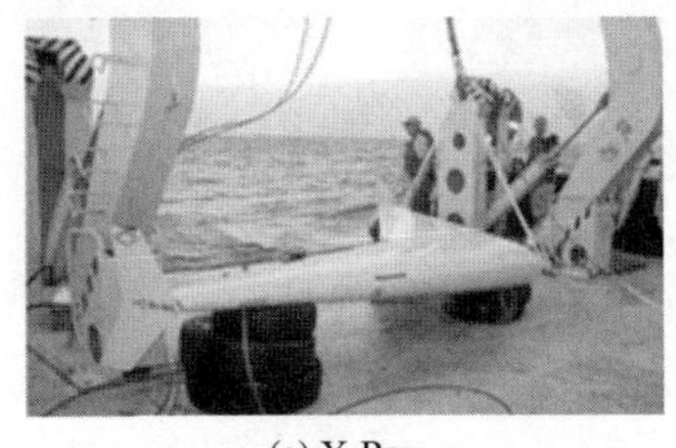
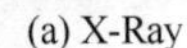

(a) X-Ray

(b) Z-Ray

图 1.8　翼型水下滑翔机

国内对翼型水下滑翔机的研究起步较晚，2010 年中国科学院沈阳自动化研究所结合海洋科学研究和军事应用对水下滑翔机快速性、大负载、多功能等方面的实际需求，开展翼型快速水下滑翔机研究，重点解决翼型水下滑翔机运动原理、外形优化及操纵性、总体技术、驱动原理、低功耗控制等关键技术问题，最终形成翼型快速水下滑翔机总体技术研究[31]。Sun 等[32]通过建立代理模型的方法对翼型水下滑翔机的水动力外形进行优化研究，经过优化的翼型水下滑翔机的水动力性能提升了 7%；Wang 等[33]对翼型水下滑翔机的运动学特性进行了研究，其结果对翼型水下滑翔机机身结构优化设计具有一定工程参考价值。

5. 小型水下滑翔机

水下滑翔机是一种低成本的移动观测平台，但是价格依然相对较高，应用成本较高，为进一步降低应用成本，小型化抛弃式是未来水下滑翔机发展的一个新技术途径。通过简化水下滑翔机的平台功能和搭载适配的小型测量传感器，可以降低水下滑翔机的重量和成本。2019 年挪威奥斯陆城市大学公布了一款小型水下滑翔机原理样机，用于进行自主海洋观测，同时降低人工干预，可以通过无人机或无人水面机器人进行布放、回收、电池充电和中继通信。水下滑翔机主要由无刷电机驱动油囊活塞改变浮力，另有充电锂电池提供能源，浮力系统可以在 2MPa 测试压力下正常工作，实现最大 200m 水深科学探测。小型水下滑翔机原理样机如图 1.9，样机质量 2.6kg，直径 7cm，长 56cm。从相关介绍来看，这款水下滑翔机结构极其简单，依靠浮力调节系统，可在实现上浮下沉的同时改变水中姿态。

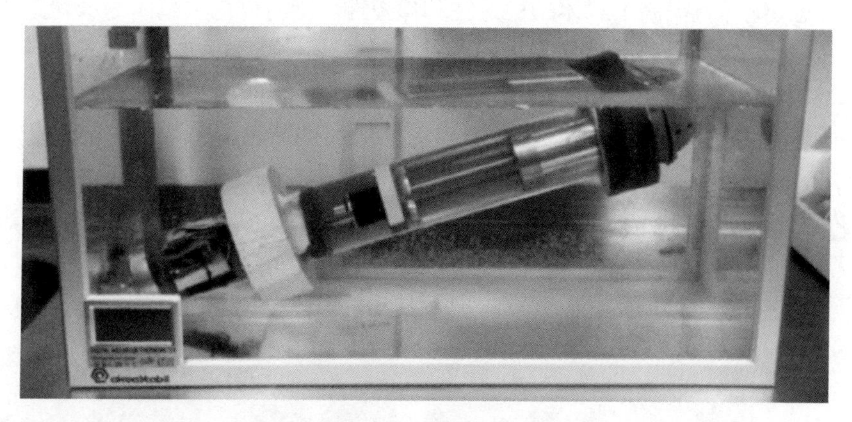

图 1.9　小型水下滑翔机原理样机

2018 年，中国科学院沈阳自动化研究所开展了小型水下滑翔机“海翼 1000^{mini}”的研制，设计指标包括机身长度 1.1m，直径 0.15m，重量小于 12.5kg，最大作业水深 1000m，航行速度 0.5～1kn，设计航程不小于 1000km，续航时间不少于 45 天，基本配置传感器为 CTD。“海翼 1000^{mini}” 的研制计划主要分为两个阶段：第一阶段实现水下滑翔机的小型化；第二阶段实现小型水下滑翔机的多平台部署（包括母船布放、载机空投和潜器发射等）。2020 年 8 月，研究团队已完成第一阶段水下滑翔机工程样机小型化研制任务(图 1.10)，这也是国际首台小型水下滑翔机工程样机，目前正在进行海上试验。

图 1.10 “海翼 1000^{mini}” 小型水下滑翔机（左）与“海翼 1000”（右）对比

6. 仿生水下滑翔机

基于仿生学与多学科融合，仿生水下滑翔机将成为传统水下滑翔机逐步智能化的“中间环节”[16]。目前国际上针对仿生水下滑翔机的研究主要包括两个方向：一是针对水下滑翔机的核心水动力部件机翼开展仿生机翼研究；二是针对水下滑翔机的本体开展整个系统的仿生研究。中国科学院沈阳自动化研究所研制出了一种基于飞鱼胸鳍折展原理的柔性可折叠翼，如图 1.11(a)所示，实验证明在巡航速度 1kn 左右柔性翼具有与传统固定翼相当的升阻比，说明采用柔性翼作为水下滑翔机的升降翼具有可行性。Angilella 等[34]提出了一种基于形状记忆合金的可变柔性弧面翼。

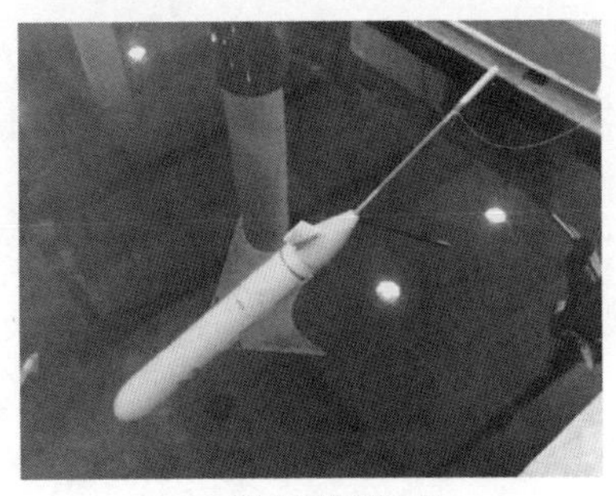

(a) 仿飞鱼胸鳍机翼

(b) 仿蝠鲼水下滑翔机

图 1.11 仿生水下滑翔机

德国 EvoLogics 公司采用智能设计，按照蝠鲼进行仿生设计，研制出一款仿生水下滑翔机 SubSeaglider，如图 1.11(b)所示。西北工业大学朱崎峰等[35]根据水下滑翔机运动原理设计了一种仿海龟扑翼水下滑翔机。中国科学院自动化研究所的 Wu 等[36]提出了一种仿海豚水下滑翔机。现有仿生水下滑翔机的功能特性仍然与真实生物存在很大差距，但随着仿生结构、仿生材料、仿生控制、仿生能量和生物信息智能感知等领域的持续发展，在融合仿生技术和人工智能技术的基础上，水下滑翔机将能够智能自主或协作完成各种复杂任务。

1.2.3 水下滑翔机应用现状

随着水下滑翔机技术的不断成熟、应用面不断扩大，目前国际上水下滑翔机技术强国已将水下滑翔机发展重心由单机技术向集群技术调整，基于水下滑翔机集群的观测更能体现水下滑翔机的优势。国际上几乎所有重要的海洋观测系统和海洋观测计划中，都存在水下滑翔机编队和网络构建的研究任务和应用试验。目前水下滑翔机集群已经完成了多次示范，取得了显著成果，显示了水下滑翔机集群在海洋监测和探测方面的重要作用。

水下滑翔机搭载的载荷能力有限，一般不超过 5kg，为提升水下滑翔机海洋采样、测绘、监视和通信等任务的作业效率和应用效果，通常需要同一时空下的高分辨率观测数据，单台水下滑翔机往往不具备这种能力，为拓展水下滑翔机的单机功能，水下滑翔机集群组网观测是有效途径，成为水下滑翔机重要应用方向。在一个典型的水下滑翔机集群部署中，多个水下滑翔机可在相同的空间和时间以适当的频率对一个多变的海洋区域进行观测与探测[16]。为此，Leonard 等[37]提出了一个多水下滑翔机的协调和分布式控制框架。Fiorelli 等[38]则描述了一种多水下滑翔机协作控制方法，并在蒙特雷湾进行了海上试验。Paley 等[39]在反馈控制协调水下滑翔机轨迹采样经验的基础上，设计出了一套水下滑翔机协调控制系统(glider coordinated control system，GCCS)。

水下滑翔机能够快速发展和广泛应用是因其具有复杂海洋环境影响下按需可控的机动能力。因此，如何充分发挥其可控机动能力，实现其根据科考任务要求、自身状态及海洋环境状态的动态变化适应性地最优调整其探测策略、位置、路径和行为，以及在载荷能力和海洋环境约束下获取满足任务要求的最优数据，是应用水下滑翔机进行海洋探测的关键。因此，突破水下滑翔机的编队与协作观测技术的难点，可使得多水下滑翔机协作/协调的水下滑翔机集群组网得到广泛的应用。

1. 自主海洋采样网

20 世纪 90 年代开始，美国海军研究办公室的自主海洋采样网(AOSN)项目启动，其可用于观测大范围近海及沿海区域内各种重要海洋现象[40]。在美国海军研究办公室支持下，AOSN 分别于 2000 年、2003 年和 2006 年在蒙特雷湾进行了一系列海洋观测的试验。在这些海洋试验中，多台水下滑翔机作为移动分布式的海洋参数自主采样网络节点，在海洋环境参数采样应用中显示出卓越的优势和广阔的应用前景。AOSN 项目结合多水下滑翔机进行了区域覆盖和动态特征追踪两个典型海洋观测作业任务，在观测数据效用评估、观测策略优化、海洋状态估计预测、水下滑翔机观测路径规划和协同运动控制等取得了一些研究结果。AOSN 的研究工作为智能海洋观测和探测技术发展奠定了重要基础，其发展的“数据采集—数据同化—海洋预测—探测决策—路径规划—平台控制—数据采集”的闭环反馈海洋探测范式，成为目前水下滑翔机技术发展和应用模式的基本思想。

2. 综合海洋观测系统

美国国家海洋和大气管理局（National Oceanic and Atmospheric Administration，NOAA）主持的综合海洋观测系统（IOOS）非常重视水下滑翔机在海洋采样网中的作用。自 2005 年，南加州近海观测系统（Southern California Coastal Ocean Observing System，SCCOOS，为 IOOS 子系统）在加利福尼亚南部海岸沿线布置水下滑翔机观测网。该网络通过采集海洋参数变化，研究其对内陆造成的影响。该网共使用 4 台 Spray 水下滑翔机对南加州近海海域的温度、盐度、深度、叶绿素浓度和反向散射等参数进行采样。自 2010 年起，墨西哥湾沿岸海洋观测系统（the Gulf of Mexico Coastal Ocean Observing System，GCOOS，为 IOOS 子系统）开始设计利用滑翔机网络进行赤潮观测。2012 年秋季，GCOOS 的组织机构与南佛罗里达大学海洋科学学院和 Mote 海洋实验室合作，在佛罗里达大陆架利用水下滑翔机编队对短凯伦藻（*Karenia brevis*）进行了观测研究，观测结果对研究埃克曼层底部上涌的上升流特性具有重要作用。2014 年 1 月提出正式的“U.S. IOOS® Underwater Glider Network Plan”（美国 IOOS 水下滑翔机网络计划）[41]，旨在搭建一个初步的水下滑翔机网络，建立数据管理和传输中心，提高水下滑翔机编队和数据管理能力。

3. 欧洲水下滑翔机观测网

为了实现全球性、区域性及近海岸等不同范围内的长期海洋观测任务，英国、法国、德国、意大利、西班牙和挪威等国家组成了欧洲水下滑翔机观测网（EGO）。自 2005 年至 2014 年 4 月底，EGO 陆续布放了大约 300 台水下滑翔机执行各种海洋观测任务，用于实时采集大西洋海域内的海洋剖面数据信息[42]。

4. 澳大利亚综合海洋观测系统

基于美国和欧洲商品化的水下滑翔机产品，澳大利亚也进行了水下滑翔机的网络构建技术研究，成立了澳大利亚综合海洋观测系统（the Australian Integrated Marine Observing System，IMOS）。该项目 2012 年至 2013 年共布放了包括 Seaglider

和 Slocum 在内的数十台水下滑翔机，共计执行调查任务超过 150 个，主要集中用于观测澳大利亚东部、南部和西部边界流，促进了澳大利亚在水下滑翔机协作组网应用技术方面的迅速发展。ANFOG(Australian National Facility for Ocean Gliders，澳大利亚国家海洋滑翔机)[43]是 IMOS 的子观测网，负责水下滑翔机编队的运行和维护。ANFOG 的水下滑翔机编队可用来对澳大利亚周边海洋进行观测。

5. 近海水下持续监视网络

美国近海水下持续监视网络[44](Persistent Littoral Undersea Surveillance Network，PLUSNet)是一种半自主控制的海底固定节点加水中机动节点的网络化设施(图 1.12)。该网络由携带半自主任务传感器的多个通信节点组成，其包括 35 个节点：1 个“海马”和 6 个蓝翼-21UUV①、1 个 X-Ray 翼型水下滑翔机、18 个“Seaglider”常规水下滑翔机和 9 个固定阵元节点。水下机器人间可以互相通信、自主决策，实现多种任务执行功能，可密切监视并预测海洋环境参数变化。其中水下滑翔机等的主要任务为水文测量、海洋噪声和水下目标噪声侦测，并快速生成濒海环境态势变化图。该网络系统主要功能包括：部署海底固定和移动传感器；

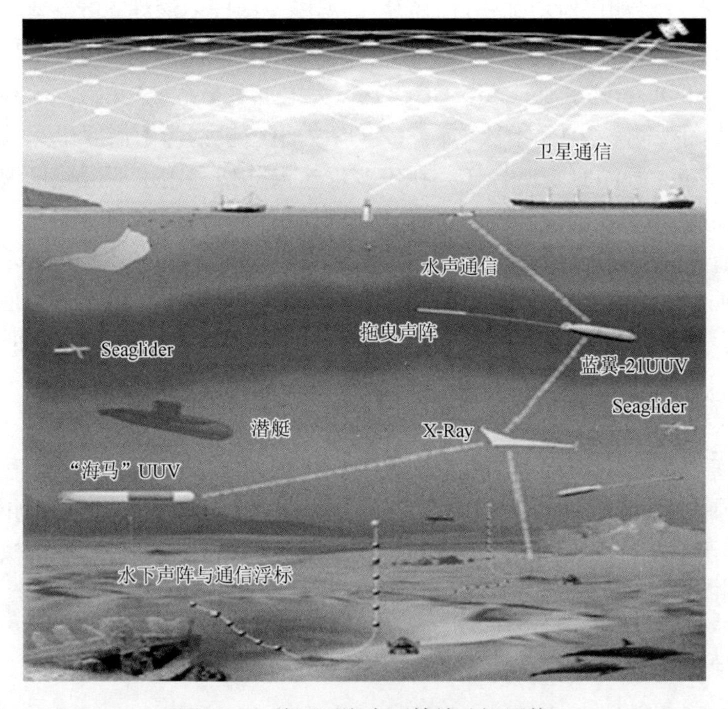

图 1.12　美国近海水下持续监视网络

① UUV(unmanned underwater vehicle)为无人水下机器人

通过声学和无线电方式在传感器间通信；监视传感器自身状态和健康状态；持续监视环境；调整传感器的数量和位置，以获得最有用信息或替换故障传感器。

6. 国产水下滑翔机应用现状

2013 年 7 月，中国科学院沈阳自动化研究所在南海实现了 1 台水下滑翔机横穿中尺度涡的观测应用，标志着我国水下滑翔机开始进入实用阶段。2014 年 9 月，天津大学在我国西沙群岛附近海域最早实现了 3 台水下滑翔机的编队与协作观测作业，开展了初步尝试。中尺度涡是最重要的海洋动力过程，主导海洋物质能量输运。2017 年，中国科学院沈阳自动化研究所利用 12 台“海翼 1000”在南海东北部开展中尺度涡集群同步观测，如图 1.13(a)所示，累计观测天数 416 天，观测距离 9700 多公里，获得 8200 多条剖面数据，此次应用是我国首次开展中尺度涡高分辨率立体观测，首次刻画了涡旋立体时空精细结构，揭示了涡旋能量耗散过程。天津大学依托青岛海洋科学与技术试点国家实验室，联合中国海洋大学、中船重工第七一〇研究所、中山大学、复旦大学等高校和研究机构，完成了面向海洋“中尺度涡”现象的立体综合观测网的构建任务，如图 1.13(b)所示。通过不断进行高强度大规模应用，水下滑翔机实现了多种类水面和水下移动平台、定点与固定平台相结合的协作观测，有效提高了我国海洋观测与探测及相关数据获取的能力和水平。

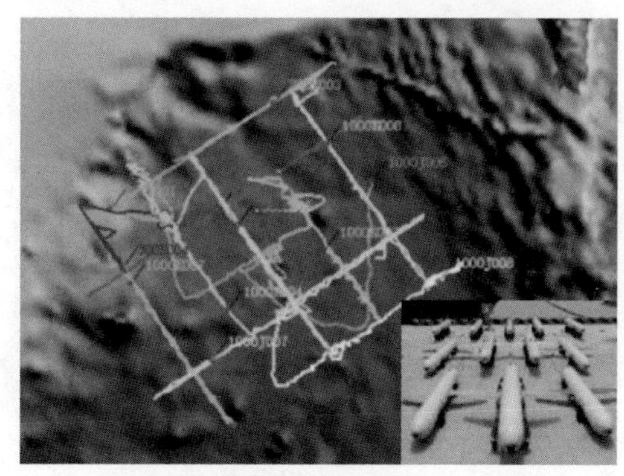

(a)“海翼 1000”号集群组网海上观测路径

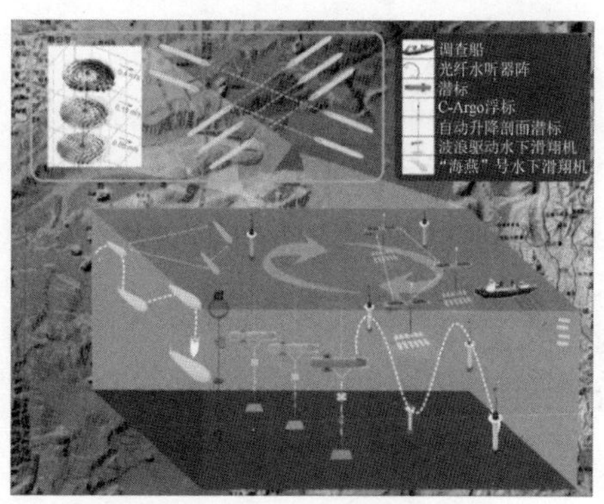

(b)“海燕”号协同观测方案示意图

图 1.13　国产多水下滑翔机观测应用

1.3　水下滑翔机发展趋势

目前来看，我国水下滑翔机在发展中尚存在一些亟待解决的问题，下面从技术和应用两个方面阐述存在的主要问题。

技术方面：从水下滑翔机单机技术来看，我国水下滑翔机的工作深度单项技术国际领先，但航程与国外存在较大差距。从水下滑翔机集群组网方面来看，目前水下滑翔机的集群规模较小，超大规模异构机器人协同能力不足。从适配的传感器技术方面来看，基于水下滑翔机之类的小平台多传感器集成能力不足。从观测数据来看，目前通过水下滑翔机获得的观测数据处理方法不完善、共享机制不成熟。

应用方面：目前我国水下滑翔机近海应用居多，远海较少；规模化应用不突出，规模较小，获得的观测数据有限，比较零散；目前水下滑翔机的主要应用领域依然是以水文为主，在目标探测方面较弱。

当前在世界范围内，水下滑翔机的单机技术已经成熟，美国、法国等均有多型水下滑翔机产品，实用性和可靠性通过大量的实际应用试验得到了充分验证。根据美国、澳大利亚、欧洲等国家和地区当前技术发展和研究热点分析，在水下滑翔机众多关键技术领域中，结构优化技术、轻质耐压技术、新型能源技术、高效通信技术、智能防腐技术、远程交互技术、健康状态评估技术、环境适应技术、信号管理技术、集群协同控制技术是未来水下滑翔机重点发展技术方向。未来水下滑翔机的发展趋势主要集中在以下几个方面。

1. 长续航

长续航是国内外水下滑翔机永远追求的指标，国际研制水下滑翔机的初衷就是为了弥补利用自动剖面浮标大范围、全深度、长时间组网观测所带来的缺陷，以便能在特定海域针对特殊海洋现象进行加密观测，这就要求水下滑翔机具备像自动剖面浮标一样的长续航力。目前国际上续航力最强的水下滑翔机为第三代 Slocum 水下滑翔机，采用锂电池驱动，续航里程已达 13000km、续航时间达 18 个月。而我国最先进的水下滑翔机品牌“海翼”号和“海燕”号续航里程仅 3000km、续航时间也刚突破 7 个月，与国外还存在一定差距。

2. 多功能

水下滑翔机目前已在海洋中小尺度过程观测中发挥了明显优势，在声学探测方面已体现其应用价值，大量应用表明水下滑翔机是一个理想的多传感器搭载平台。未来水下滑翔机可通过搭载更多种类传感器，具备多种测量功能、应用于多种场景，除了传统的物理海洋领域，还将为海洋生物地球化学和海洋声学等领域的应用提供支撑。水下滑翔机单机技术成熟，拓展应用是其研究热点之一。如果没有测量载荷(即测量传感器)，就无法实现水下滑翔机本身的应用价值。当前在美国和法国，水下滑翔机研究已经成功跨过可靠性和工程化阶段，主要研究热点集中在通过装载和集成不同种类的传感器拓展水下滑翔机的应用价值。水下滑翔机的功能很大程度上依赖搭载的传感器，由于水下滑翔机本身重量和能耗的限制，其搭载的传感器受外形大小、海流干扰的限制，同时对传感器的重量和能耗方面也有严格的要求。针对水下滑翔机的使用条件，有些研究团队在传感器的体积、重量和能耗方面进行了专门的开发和改进，以实现与水下滑翔机的有效集成；有些则对水下滑翔机平台进行改进，以适于传感器的测量。

3. 集群化

水下滑翔机集群组网的功能强大，编队与组网是重要发展方向。水下滑翔机集群组网大大扩展了单机探测的覆盖区域，同时可提供时变的次表层海洋物理、化学、生物、光学数据信息。水下滑翔机编队和集群组网能够有效拓展单机能力，具有更大的应用价值，是当前的研究热点和重要发展方向，各海洋强国均在大力发展相关技术。通过在不同单机上分布式部署不同类型测量传感器，形成集群化的集中式多学科综合观测能力，是未来发展趋势。

4. 多样化

特种水下滑翔机形式多样，相关研究人员在前沿技术方面逐渐探索。在常规水下滑翔机之外，美国也开展了特种水下滑翔机平台的研究，比较有代表性的为利用海洋环境能源驱动的水下滑翔机系统，包括利用海洋波浪能的波浪驱动水下滑翔机、利用海洋温差能驱动的温差能水下滑翔机等。当前波浪驱动水下滑翔机已经达到实用水平，温差能水下滑翔机也开展了多次应用研究，显示了良好的应用前景。同时，美国军方结合水下滑翔机的声学应用，也开展了声学水下滑翔机 X-Ray 和 Z-Ray 的技术研究。此外，极限潜深水下滑翔机、仿生水下滑翔机等也是水下滑翔机技术的重要发展方向，有科研人员开展了先期研究。

1.4　本章小结

本章综述了现有的水下滑翔机，重点从技术发展和应用方面分别介绍了不同类型水下滑翔机的国内外发展现状。目前国际上大多数水下滑翔机的工作深度为1000m，有效载荷小于 25kg，我国和美国的水下滑翔机工作深度突破了 6000m，并且我国水下滑翔机工作深度指标目前领先世界其他各国。水下滑翔机已被大规模集群组网应用于海洋观测和目标探测领域，目前世界上最大组网规模为 50 台，新一轮的更大集群组网规模的水下滑翔机应用正在酝酿之中，未来有望取得重大突破。

经过20多年的发展，水下滑翔机技术已经成熟，基于水下滑翔机的海洋观测应用也越来越广泛，全球几乎所有的大型海洋观测系统都使用过或正在使用水下滑翔机作为观测的重要成员。欧美国家和地区已经提出了用水下滑翔机覆盖全球海洋的宏大计划，水下滑翔机的应用将继续扩大。近些年，在国家的强力支持下，我们已经掌握了水下滑翔机的核心技术，开发了多种水下滑翔机样机，开展了多次湖试和海试。在水下滑翔机的应用和组网观测方面，我国正在进行积极地探索，水下滑翔机也将为我国周边海域的观测做出更多的贡献。

预计未来10～15年，水下滑翔机伴随着我国全水深实时观测技术、深海环境模拟预报技术、全球海洋环境噪声预报技术、海洋中小尺度过程的环境保障技术、多源海洋数据融合与无缝集成技术、海洋“互联网＋”关键技术、深远海海洋观测信息流技术等海洋技术不断发展将会得到更广泛应用，为海洋智慧化、透明化提供有效观测手段。

参 考 文 献

[1] Rudnick, Daniel L. Ocean research enabled by underwater gliders[J]. Annual Review of Marine Science, 2016, 8: 519-541.

[2] Viglione G A, Thompson A F, Flexas M M, et al. Abrupt transitions in submesoscale structure in Southern Drake Passage: glider observations and model results[J]. Journal of Physical Oceanography, 2018, 48(9): 2011- 2027.

[3] Yu J C, Zhang A Q, Jin W M, et al. Development and experiments of the sea-wing underwater glider[J]. China Ocean Engineering, 2011, 25(1): 721-736.

[4] Wang S X, Sun X J, Wang Y H, et al. Dynamic modeling and motion simulation for a winged hybrid-driven underwater glider[J]. China Ocean Engineering, 2011, 25(1): 97-112.

[5] 任强，于非，李硕，等. 国产水下滑翔机2014年南海海试实验数据分析[J]. 海洋技术学报, 2017, 36(1): 52-57.

[6] 俞建成, 张奇峰, 吴利红, 等. 水下滑翔机器人运动调节机构设计与运动性能分析[J]. 机器人, 2005, 27(5): 390-395.

[7] 王树新, 李晓平, 王延辉, 等. 水下滑翔器的运动建模与分析[J]. 海洋技术, 2005(1): 5-9.

[8] 胡克, 俞建成, 张奇峰. 水下滑翔机器人载体外形设计与优化[J]. 机器人, 2005, 27(2): 108-112.

[9] Shu Y Q, Xiu P, Xue H J, et al. Glider-observed anticyclonic eddy in northern South China Sea[J]. Aquatic Ecosystem Health & Management, 2016, 19(3): 233-241.

[10] Gongwer C A. Some aspects of underwater jet propulsion systems[J]. ARS Journal, 1960, 30(12): 1148-1151.

[11] Baz A, Seireg A. Optimum design and control of underwater gliders[J]. Journal of Engineering for Industry，1974, 96(1): 304-310.

[12] Stommel H. The Slocum mission[J]. Oceanography, 1989, 2(1): 22-25.

[13] Webb D C, Simonetti P J, Jones C P. Slocum: an underwater glider propelled by environmental energy[J]. IEEE Journal of Oceanic Engineering, 2001, 26(4): 447-452.

[14] Eriksen C C, Osse T J, Light R D, et al. Seaglider: a long-range autonomous underwater vehicle for oceanographic research[J]. IEEE Journal of Oceanic Engineering, 2001, 26(4): 424-436.

[15] Sherman J, Davis R E, Owens W B, et al. The autonomous underwater glider “Spray”[J]. IEEE Journal of Oceanic

Engineering, 2001, 26(4): 437-446.

[16] 沈新蕊, 王延辉, 杨绍琼, 等. 水下滑翔机技术发展现状与展望[J]. 水下无人系统学报, 2018, 26(2): 89-106.

[17] 钱洪宝, 卢晓亭. 我国水下滑翔机技术发展建议与思考[J]. 水下无人系统学报, 2019, 27(5): 474-479.

[18] ALSEAMAR. Subsea gliders for any environment [EB/OL]. [2020-08-02].https://www.alseamar-alcen.com/sites/alseamar-alcen/files/products/pdf/ALSEAMAR-SEA_EXPLORER_X2-18x30_WEB.pdf.

[19] Javaid M Y, Ovinis M, Nagarajan T, et al. Underwater gliders: a review[C]//MATEC Web of Conferences, EDP Sciences, 2014, 13: 02020.

[20] Yu J C, Jin W M, Tan Z, et al. Development and experiments of the Sea-Wing7000 underwater glider[C]//OCEANS 2017-Anchorage, IEEE, 2017: 1-7.

[21] Li H Z, Wang Y H, Wang S X. Underwater glider Petrel-X—glider rated to 10000m for hadal zone research[J]. Sea Technology, 2019, 60(4): 18-22.

[22] Li S F, Wang S X, Zhang F M, et al. Observing an anticyclonic eddy in the South China Sea using multiple underwater gliders[C]//OCEANS 2018 Charleston Online Proceedings, 2018.

[23] Shu Y Q, Chen J, Li S, et al. Field-Observation for an anticyclonic mesoscale eddy consisted of twelve gliders and sixty-two expendable probes in the Northern South China Sea during summer 2017[J]. Science China Earth Sciences, 2019, 62(2): 451-458.

[24] Qiu C H, Mao H B, Yu J C, et al. Sea Surface cooling in the Northern South China Sea observed using Chinese sea-wing underwater glider measurements[J]. Deep Sea Research. Part I: Oceanographic Research Papers, 2015, 105: 111-118.

[25] 陈质二, 俞建成, 张艾群. 面向海洋观测的长续航力移动自主观测平台发展现状与展望[J]. 海洋技术学报, 2016, 35(1): 122-130.

[26] 俞建成, 刘世杰, 金文明, 等. 深海滑翔机技术与应用现状[J]. 工程研究: 跨学科视野中的工程, 2016, 8(2): 208-216.

[27] Imlach J, Mahr R. Modification of a military grade glider for coastal scientific applications[C]//OCEANS, IEEE, 2012: 1-6.

[28] Verfuss U K, Aniceto A S, Harris D V, et al. A review of unmanned vehicles for the detection and monitoring of marine fauna[J]. Marine Pollution Bulletin, 2019, 140: 17-29.

[29] 王树新, 王延辉, 张大涛, 等. 温差能驱动的水下滑翔机设计与实验研究[J]. 海洋技术学报, 2006, 25(1): 1-5.

[30] Woolsey C A. Internally actuated lateral-directional maneuvering for a blended wing-body underwater glider[R]. Virginia Polytechnic inst and State Univ Blacksburg Office of Sponsored Programs, 2009.

[31] 王振宇, 王亚兴, 俞建成, 等. 基于改进 LHS 方法的翼型水下滑翔机水动力外形优化[J]. 海洋技术学报, 2017, 36(3): 50-56.

[32] Sun C Y, Song B W, Wang P. Parametric geometric model and shape optimization of an underwater glider with blended-wing-body[J]. International Journal of Naval Architecture & Ocean Engineering, 2015, 7(6): 995-1006.

[33] Wang Z H, Li Y, Wang A B, et al. Flying wing underwater glider: design, analysis, and performance prediction[C]//International Conference on Control, Automation and Robotics, IEEE, 2015: 74-77.

[34] Angilella A J, Gandhi F, Lear M. Wing camber variation of an autonomous underwater glider[C]//Aiaa/ahs Adaptive Structures Conference, Kissimmee, 2018.

[35] 朱崎峰, 宋保维, 丁浩, 等. 一种仿海龟扑翼推进机构设计[J]. 机械设计, 2011, 28(5): 30-33.

[36] Wu Z X, Yu J Z, Yuan J, et al. Analysis and verification of a miniature dolphin-like underwater glider[J]. Industrial Robot, 2016, 43(6): 628-635.

[37] Leonard N E, Paley D A, Lekien F, et al. Collective motion, sensor networks, and ocean sampling[J]. Proceedings of the IEEE, 2007, 95(1): 48-74.

[38] Fiorelli E, Leonard N E, Bhatta P, et al. Multi-AUV control and adaptive sampling in Monterey Bay[J]. IEEE Journal of Oceanic Engineering, 2006, 31(4): 935-948.

[39] Paley D A, Zhang F, Leonard N E. Cooperative control for ocean sampling: the glider coordinated control system[J]. IEEE Transactions on Control Systems Technology, 2008, 16(4): 735-744.

[40] Fratantoni D M, Haddock S H D. Introduction to the Autonomous Ocean Sampling Network (AOSN-Ⅱ) program[J]. Deep Sea Research. Part Ⅱ: Topical Studies in Oceanography, 2009, 56(3-5): 61.

[41] Willis Z S.Toward a U.S. IOOS® Underwater Glider Network Plan: part of a comprehensive subsurface observing system[EB/OL]. (2014-8-29) [2020-8-3]. https://cdn.ioos.noaa.gov/media/2017/12/glider_network_whitepaper_final.pdf.

[42] EGO. Glider activity[EB/OL]. (2017-02-20) [2020-08-10]. https: //www.ego-network.org/dokuwiki/doku.php?id = public: glideractivity.

[43] IMOS.Integrated Marine Observing System[EB/OL]. [2020-09-10]. https: //anfog.ecm.uwa.edu.au/index.php?page= global_gliders.

[44] Grund M, Freitag L, Preisig J, et al. The PLUSNet underwater communications system: acoustic telemetry for undersea surveillance[C]//OCEANS, IEEE, 2006: 1-5.

2 水下滑翔机实现机理与优化设计

2.1 引言

水下滑翔机是一种无外挂推进装置的自主水下机器人。顾名思义，水下滑翔机主要通过滑翔运动的方式向前航行。水下滑翔机与空中滑翔机的运动原理相似。空中滑翔机在空中飞行时的速度方向与机身中轴线方向不共线，两者之间存在一个夹角，即攻角。正是由于攻角的存在，对机身产生了垂直于速度方向的升力，使得滑翔机可以保持一定高度向前飞行。

文献[1]、[2]指出经过二十多年的发展，水下滑翔机的技术已经较为成熟。近年来针对水下滑翔机路径规划、低功耗控制及内部结构优化的研究较多。文献[3]指出为进一步降低水下滑翔机功耗，很多学者又将目光重新转移到水下滑翔机外形优化上。文献[4]～[7]指出随着仿生学、机器人学、流体力学、新型材料科学、自动控制理论等学科的不断进步，以及海洋经济的发展和军事需求的增加，科研工作者把目光投向了长期生活在水下的各种生物运动原理的研究上。文献[8]指出水下生物由于其具有高效率、低噪声、高速度、高机动性等特点，成为科学家研制新型高速、低噪声、机动灵活的仿生水下机器人模仿的对象。经过亿万年的进化，蝠鲼的胸鳍与身体完美地融合在一起，文献[9]指出这种外形有效地降低了阻力，同时提高了滑翔速度和抗流能力，可以很好地适应海洋的特殊环境。仿蝠鲼外形的水下滑翔机可以有效地提高水下滑翔机的滑翔效率，使水动力载荷的分布达到最佳，同时提升了有效装载空间。

本章介绍水下滑翔机滑翔、转向、混合驱动机理，分析不同外形布局水下滑翔机的运动特性及适用场景，并以回转体外形水下滑翔机机翼和翼型水下滑翔机为代表，开展水下滑翔机外形优化。此外，针对浮力-螺旋桨混合驱动水下滑翔机的附加推进器会增加载体的阻力问题，本书采用可折叠螺旋桨推进器代替传统固定翼螺旋桨推进器提供螺旋桨驱动模式的动力，并通过计算分析可折叠螺旋桨推进器的水动力性能[10]。

2.2 水下滑翔机运动机理

2.2.1 水下滑翔机滑翔运动机理

对于无外挂推进装置的水下滑翔机，主要是通过净浮力作为运动的驱动力，对重心与浮心相对位置改变实现姿态的调整，进而实现其在水下的锯齿滑翔运动。净浮力的正负决定了水下滑翔机做上浮或下潜运动；重心和浮心在轴向的相对位置决定了水下滑翔机滑翔过程中的俯仰角度。净浮力调节装置作为水下滑翔机滑翔运动的驱动装置，直接决定了水下滑翔机的可靠性与性能。国内外科研团队针对该项技术开展了大量的研究，由于水下滑翔机作业深度、所需净浮力调节量、功耗大小与内部空间尺寸等差异，不同水下滑翔机所设计的浮力调节装置也有所差异[11, 12]。

水下滑翔机实现净浮力改变通常有两种途径：①通过改变自身的排水体积，其重量保持不变；②通过改变自身的重量，其排水体积保持不变。这两种途径对应着两种浮力调节装置：①可变体积式浮力调节装置；②可调压载式浮力调节装置。可变体积式浮力调节装置，在保持载体重量不变的情况下，通过调节载体的排水体积实现净浮力的改变，一般采用调节油囊(气囊)或者活塞体积实现。该种方式受到油囊延展性和活塞行程的限制，一般净浮力调节范围较小，但易于实现调节量的准确控制。按照泵油方式进行区分，可变体积式浮力调节装置又可分为单冲程柱塞式、液压油泵式和温差驱动式等。可调压载式浮力调节装置通过调节压载水舱水量来调节设备整体的重量，从而改变设备净浮力，实现沉浮运动，具有调节能力强、浮力变化范围大的优势，但由于高压海水泵小型化、耐腐蚀等一系列问题亟待解决，这种方法多用于大型潜水设备中，如潜艇、载人潜水器。对于剖面浮标和水下滑翔机等中小型水下航行器而言，可变体积式浮力调节装置是应用最为广泛的方案。净浮力可以通过改变重力或浮力或同时改变两者来实现。改变重力可以通过电机带动活塞吸收海水，增加水下滑翔机整体质量实现；改变浮力可以通过电机带动泵改变外油囊体积实现。

水下滑翔机在海面接收卫星指令后，在垂直面滑翔过程主要是在制定的下潜深度和上浮深度之间沿着锯齿状轨迹周期性地滑翔，直到完成指令任务上浮至水面，接收下一次卫星指令。图 2.1 展示了垂直剖面一次接收运动指令后的一个周期滑翔运动的示意图。

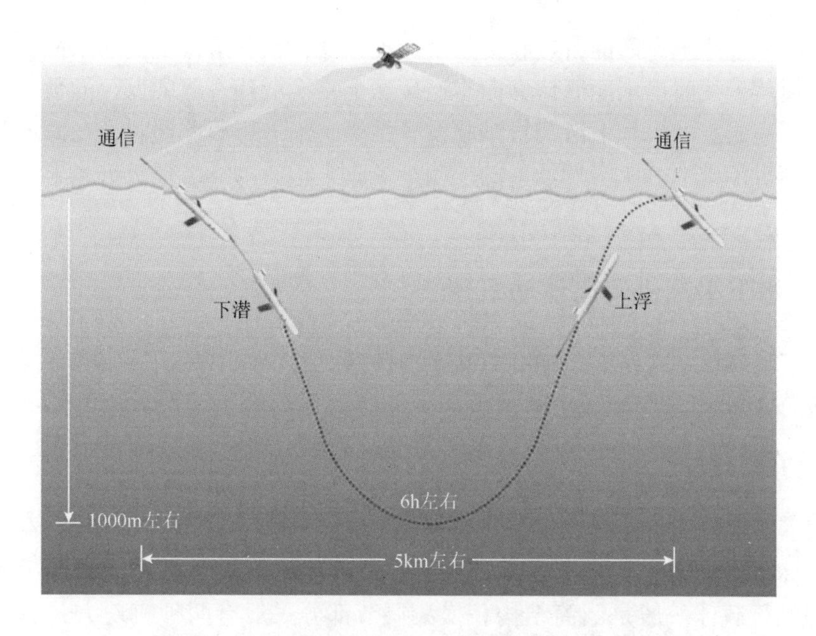

图 2.1　水下滑翔机垂直剖面滑翔单周期运动示意图

在水下滑翔机下水前需要做好配平工作，最佳的配平状态为水下滑翔机在全湿状态下处于零浮力状态，且此时姿态角全部为零，此时重心和浮心在同一铅垂线上。下面给出水下滑翔机单个剖面的滑翔运动过程。

(1) 水下滑翔机入水后，通过浮力调节使其在水平面上处于漂浮状态，通过俯仰调节使其俯艏，尽量多地露出艉部卫星天线便于通信——顺畅地接收岸站发送的控制指令。

(2) 任务指令接收完毕，水下滑翔机通过浮力调节系统减小外油囊的体积使其在负浮力作用下开始下潜运动。在下潜过程中，调整可移动质量块移向水下滑翔机艏部，水下滑翔机重心前移，俯仰角度在质量块提供的重力矩和水动力矩的合作用下变化直至力和力矩达到平衡状态，水下滑翔机进入稳定的下潜滑翔状态。

(3) 水下滑翔机在保持较长距离的稳态下潜滑翔运动过程中，可以使用携带的传感器获取运动姿态数据定时进行航行姿态和轨迹矫正，同时获取并存储有价值的海洋数据。

(4) 当水下滑翔机到达预定下潜深度时，通过浮力调节系统增大外油囊的体积，水下滑翔机开始减速下潜直至下潜趋势消失，调整可移动质量块移向水下滑翔机艉部，水下滑翔机仰首过程中进一步增大油囊的体积，使其处于正浮力状态开始上浮，并最终达到上浮的稳定滑翔运动状态，到达指令指定的出水位置范围，水下滑翔机上浮至海面准备接收下一次运动指令，水下滑翔机到达水面，调整姿态，使通信天线露出水面通信，向岸站传送上一次滑翔过程中保存的数据，一次滑翔任务完成。如果水下滑翔机试验没有结束，不进行载体回收，在海面时，对水下滑翔机传送下一次滑翔任务的控制指令，完毕后水下滑翔机进入下一次滑翔任务周期。

2.2.2 水下滑翔机转向运动机理

水下滑翔机实现转向运动的方法主要包括三种：横滚转向、垂直舵转向和襟翼舵转向。

1. 横滚转向

水下滑翔机通过旋转内部偏心滑块的角度而使载体机身产生横滚，在机翼升力和载体重力的合力作用下产生向心力，从而使水下滑翔机产生转向运动。鉴于水下航行载体一般是圆筒结构，横滚调节部分一般有两种实现方式：一种是类似轴向驱动，使滑块 m_3 侧向平移，如图 2.2(a)所示；另一种则是将 m_3 部分设计成偏心形式，通过旋转偏心质量块来实现重心的侧移，如图 2.2(b)所示。平移运动形式简单，但不能充分利用圆筒的内部空间，旋转方式充分利用了圆筒结构。

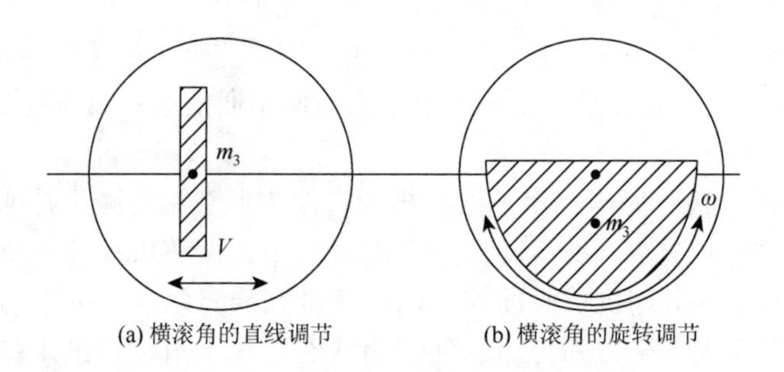

图 2.2 水下滑翔机横滚运动的两种调节方式

美国的 Spray、Seaglider 及我国的“海翼 4500”“海翼 7000”“海燕”号均采用横滚转向方式，这种方式转弯半径通常为 20～30m，比较适用于深海滑翔机。

2. 垂直舵转向

垂直舵转向方式是改变水下滑翔机艉部垂直舵的舵角产生相对于载体浮心的摇艏力矩，从而使水下滑翔机实现转向运动的转向方式。美国的 Slocum 和我国的

“海翼 1000” 均是利用垂直舵来改变航向，转弯半径为 7～10m。垂直舵转向方式一般比较适用于浅海滑翔机。

3. 襟翼舵转向

襟翼舵转向方式是通过改变水下滑翔机两侧襟翼舵的摆角产生相对于载体浮心的摇艏力矩从而使水下滑翔机实现转向运动的转向方式。美国的 Z-ray 翼型水下滑翔机采用布置于其两翼后缘的襟翼舵来改变航向。

翼型水下滑翔机的转向方式采用襟翼控制法，该种方法借鉴蝠鲼的游动方式，蝠鲼采用胸鳍波动的推进模式，通过胸鳍的柔性变形产生行波并向后传播实现向前游动。翼型水下滑翔机通过改变自身净浮力作为滑翔运动的驱动力，将机翼的艉缘设计成可以自由转动的襟翼，用于提高翼型水下滑翔机的机动性，当两侧襟翼同向转动时，通过增加机翼的弯度来实现翼型水下滑翔机升力的提升；当两侧襟翼差动时，作用在两侧襟翼的升力变化方向相反，从而使翼型水下滑翔机两侧产生升力差，这个升力差使翼型水下滑翔机产生了绕其重心的横滚力矩，从而实现翼型水下滑翔机的回转运动。采用襟翼的设计可以实现转向，同时在直向滑翔时可以起到增加升力的作用。翼型水下滑翔机概念设计方案如图 2.3 所示。

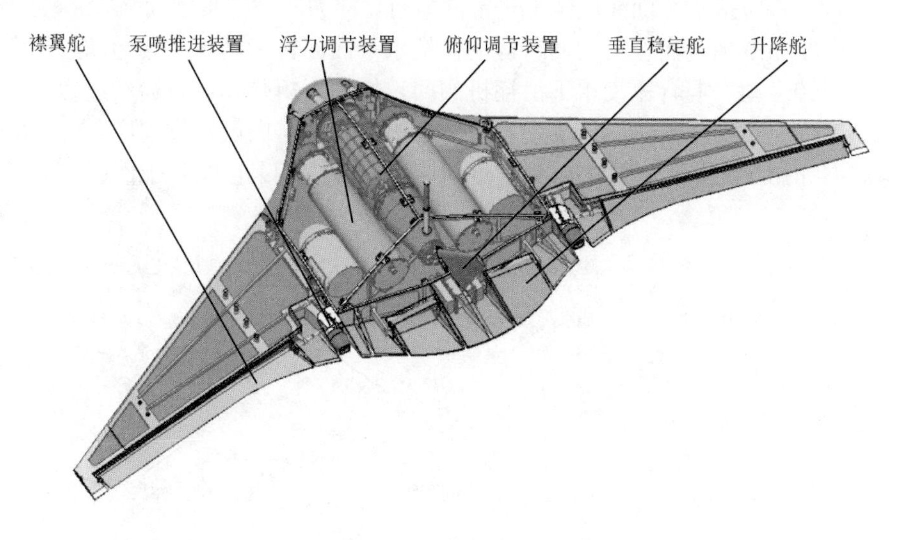

图 2.3　翼型水下滑翔机概念设计方案

2.2.3　水下滑翔机混合驱动机理

混合驱动水下滑翔机通过创新设计，组合水下滑翔机浮力系统和 AUV 的螺旋桨系统两种驱动装置，达到在保留水下滑翔机长续航力基础上，增加水平航行运动功能的目的，使其既具有 AUV 的直线航行轨迹又具有水下滑翔机的锯齿航行轨迹。

为实现混合驱动水下滑翔机的水平面和垂直面的复合运动功能，浮力调节装置和螺旋桨推进装置必须同时使用，航向控制装置采用垂直舵。俯仰调节装置包括两种工作模式——高速模式，采用水平舵以增加响应速度和灵活性；低速模式，采用内置的俯仰调节装置以达到节能的目的。

处于滑翔时附加螺旋桨减阻目的，本书提出基于可折叠螺旋桨推进器的混合驱动水下滑翔机方案，该方案主要驱动装置包括可折叠螺旋桨推进器、垂直舵、水平滑翔翼、浮力调节装置、俯仰调节装置。当水下滑翔机需要执行水平航行观测任务时，艉部可折叠螺旋桨推进器提供前进推力，垂直舵提供航向控制回转力矩，浮力调节装置控制水下滑翔机处于中性浮力状态，俯仰调节装置控制水下滑翔机的俯仰角度；当水下滑翔机要执行垂直锯齿状滑翔观测任务时，浮力调节装置控制水下滑翔机的浮力状态，提供滑翔运动所需的驱动浮力，俯仰调节装置控制水下滑翔机滑翔角度，垂直舵提供航向控制力矩，必要时艉部螺旋桨驱动装置还将提供推力，提高滑翔速度，以提高水下滑翔机的抗流能力。

混合驱动水下滑翔机主要包括三种定向航行模式和两种回转运动模式，其中定向航行模式包括水平面螺旋桨推进定向航行、浮力驱动滑翔定向航行、螺旋桨/浮力混合驱动滑翔定向航行，回转运动包括水平面回转运动和滑翔运动过程中空间螺旋回转运动。混合驱动水下滑翔机的回转控制力矩是在航行运动过程中，控制垂直舵的舵角实现的。混合驱动水下滑翔机的各种定向航行过程中，对应的控制量状态如图 2.4 所示（图中 θ_d 为设定俯仰角，ΔB_d 为设定净浮力量）。

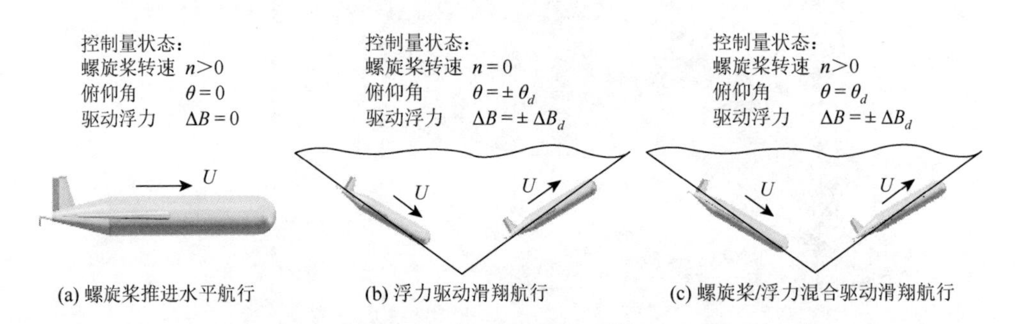

图 2.4　混合驱动水下滑翔机定向航行实现机理

通过上文的介绍可知，混合驱动水下滑翔机具有三种航行模式，因此能满足各项综合海洋动力环境作业需求。当需要对某一特定深度进行连续水平观测时，可以采用螺旋桨驱动模式；当需要在垂直剖面进行大尺度观测时，可以采用锯齿状滑翔运动模式；当需要快速上浮/下潜和穿越海流较大的水域时，可以采用混合运动模式。混合驱动水下滑翔机一般在水面通过铱星与控制中心进行通信连接，实现水下滑翔机的导航与定位，以及原地实现命令数据的下载和上传。

由上文分析可知，混合驱动水下滑翔机作业模式的选择依赖作业任务的性质，在整个作业任务中，究竟是否存在一种作业模式相对于其他航行模式更节省能耗，从而达到更大的航行距离，将在第 4 章进行阐述。

2.3 水下滑翔机外形优化

2.3.1 回转体外形水下滑翔机机翼布局优化

水下滑翔机要进行周期性的上浮滑翔与下潜滑翔，机翼的形状与布局是影响其滑翔性能的决定性因素，在机翼有效面积为设计约束的条件下，设计目标为：获得最大的升阻比，同时降低不稳定的水动力矩。水下滑翔机机翼几何模型的参数化如图 2.5 所示。

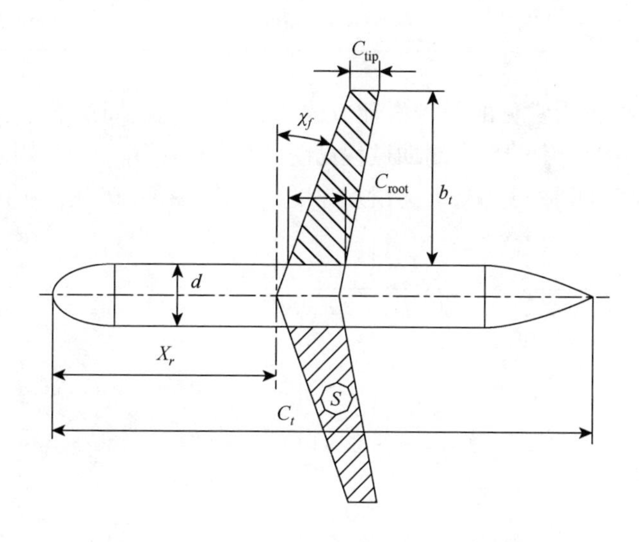

图 2.5 水下滑翔机机翼几何模型的参数化

水平机翼的平面布局选择梯形拓扑结构，各参数定义见表 2.1。表 2.1 中定义的状态变量为机翼形状的几何参数，这些变量将直接驱动 CATIA 参数化造型程序完成水下滑翔机的几何建模；而 4 个设计变量则是机翼设计理论中表征机翼拓扑构形的基本参数，将有效面积不变作为约束条件，对机翼的形状展开设计优化研究。

表 2.1　水下滑翔机的机翼平面构形参数

符号	数值或表达式	参数类型
机身长度 C_t	2000mm	常量
机身直径 d	220mm	常量
翼梢弦长 C_{tip}	$2\,S/L(\eta+1)$	状态变量
翼根弦长 C_{root}	$\eta\times C_{tip}$	状态变量
平均弦长 C	$0.5\times(C_{root}+C_{tip})$	状态变量
机翼展长 b_t	$(\lambda\times S)^{0.5}$	状态变量
机翼纵向位置 X_r	$x_r\times C_t$	状态变量
相对位置 $x_r = X_r/L_B$	[0.38, 0.5]	设计变量
展弦比 $\lambda = l/C$	[1, 8]	设计变量
根梢比 $\eta = C_{root}/C_{tip}$	[1, 8]	设计变量
前缘后掠角 χ_f	[−15°, 30°]	设计变量
有效面积 S	90000mm^2	约束条件

水下滑翔机较为常见的两种滑翔方式为锯齿状轨迹周期潜浮和空间螺旋滑翔。锯齿状周期滑翔中的单个周期过程见图 2.6（图中 D_v 为一个周期下潜深度，$2D_h$ 为一个滑翔周期水平距离，V 为滑翔速度，γ 为滑翔角，θ 为俯仰角，α 为攻角）。

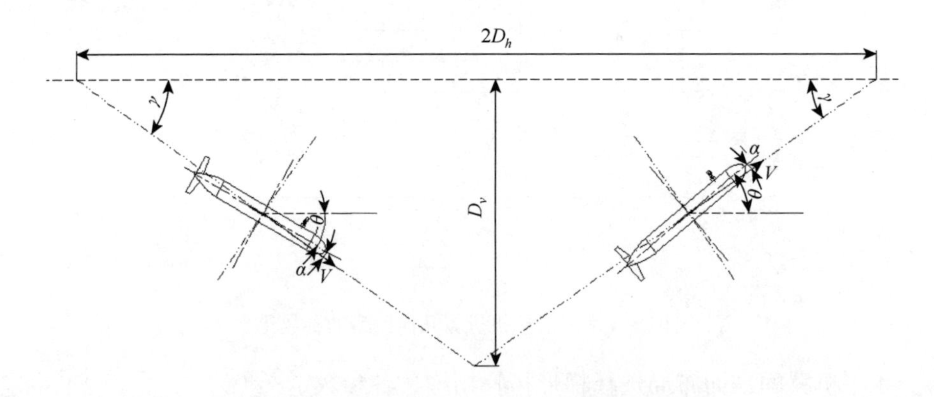

图 2.6　锯齿状周期下潜上浮滑翔过程示意图

基于计算流体力学(computational fluid dynamics，CFD)理论高精度流体数值模拟分析是评价水下滑翔机形状优劣的有效手段。选取水下滑翔机的浮心为坐标系 $Oxyz$ 的原点，当水下滑翔机在垂直面内以一定的滑翔速度 V 和攻角 α 滑翔时，其水动力受力分析如图 2.7 所示(为便于观察，在水平方向建立模拟流域)。

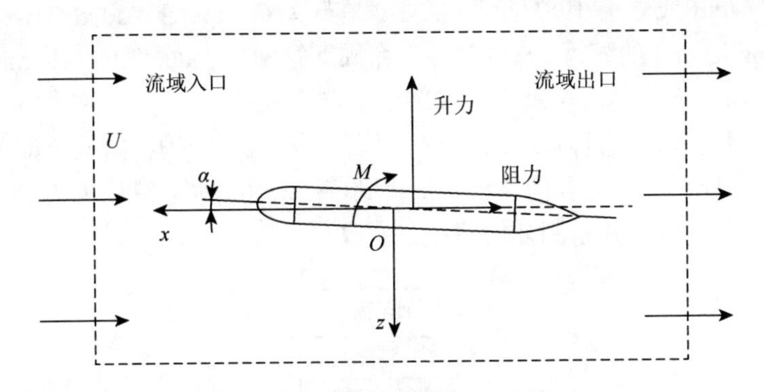

图 2.7　流体数值模拟分析示意图

水下滑翔机的流体数值模拟相关参数见表 2.2，流体数值模拟的具体计算方法参见文献[13]。

表 2.2　水下滑翔机的流体数值模拟相关参数

符号	物理意义	定义	参数类型
U	来流速度	$U=0.257$m/s	速度常量
α	攻角	3°	姿态常量
L	升力	CFD 计算	状态变量
D	阻力	CFD 计算	状态变量
L/D	升阻比	升力与阻力之比	目标变量
$\lvert M \rvert$	俯仰力矩的绝对值	CFD 计算	目标变量

在优化过程中，除获取尽可能大的升阻比外，还需要降低水动力对水下滑翔机 Oy 轴的俯仰力矩。在以上描述的基础上，采用加权系数法将多目标优化问题定义如下：

$$\begin{aligned}
&\max\left\{\omega_1\frac{L(X)}{D(X)}+\omega_2\frac{1}{|M_{\text{pitch}}(X)|}\right\}\\
&\text{s.t.}\ \ X_{\text{LB}}\leqslant X\leqslant X_{\text{UB}}\\
&X=\{x_r,\lambda,\eta,\chi_f\}\\
&\omega_1=0.6,\omega_2=0.4
\end{aligned}\tag{2.1}$$

式中，$L(X)$为升力；$D(X)$为阻力；$M_{\text{pitch}}(X)$为俯仰力矩。

为提高试验设计的采样效率，采用 ISIGHT 软件构建了整个试验设计过程的自动化分析流程，相关数值分析软件及其数据流程如图 2.8 所示。

CATIA 是法国 Dassault System 公司旗下的 CAD/CAE/CAM 一体化软件，Dassault System 成立于 1981 年，CATIA 是英文 Computer Aided Tri-Dimensional Interface Application 的缩写。作为产品生命周期管理（product lifecycle management，PLM）协同解决方案的一个重要组成部分，它帮助制造厂商设计他们未来的产品，并支持从项目前阶段、具体设计、分析、模拟、组装到维护在内的全部工业设计流程。CATIA 在航空航天的几何建模领域得到广泛应用。水下滑翔机的参数化几何建模采用 CATIA 完成，并录制几何建模过程文件。

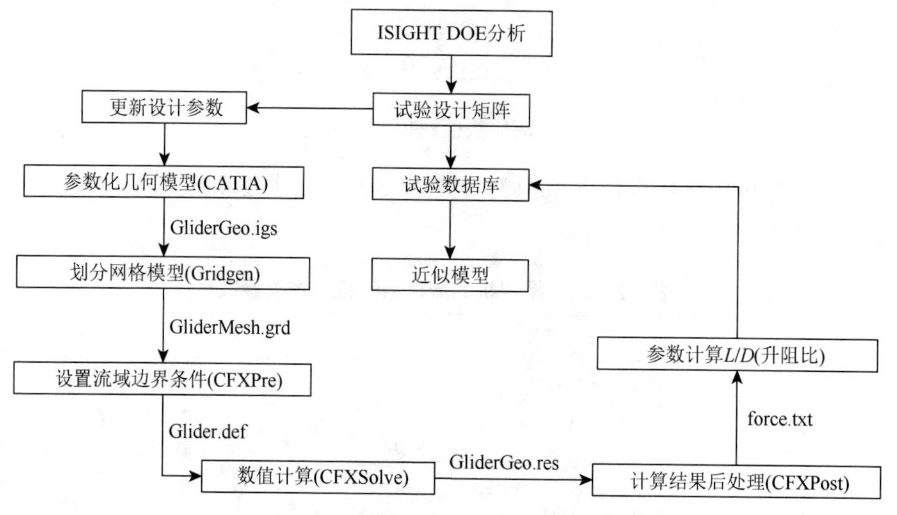

图 2.8　数值模拟试验的自动化分析流程图

Gridgen 前身是美国空军和宇航局出资，由通用动力公司在研制 F16 战机的过程中于 20 世纪 80 年代开发的产品，后由美国空军免费发放给美国各研究机构和公司使用。由于各用户要求继续开发该产品，Gridgen 的编程人员在 1994 年成立了 Pointwise 公司，推出了商用化的后续产品。本节采用该软件及其过程录制功能完成水下滑翔机的网格划分。

CFX 是全球第一个通过 ISO9001 质量认证的大型商业 CFD 软件，是英国 AEA Technology 公司为解决其在科技咨询服务中遇到的工业实际问题而开发的。诞生在工业应用背景中的 CFX 一直将精确的计算结果、丰富的物理模型、强大的用户扩展性作为其发展的基本要求，并以其在这些方面的卓越成就，引领着 CFD 技术的不断发展。目前，CFX 的应用已经遍及航空航天、旋转机械、能源、石油化工、机械制造、汽车、生物技术、水处理、火灾安全、冶金、环保等领域，为全球 6000 多个用户解决了大量的实际问题。

在前期的相关研究中，本书作者对 CFX 的使用积累了一定的计算经验，保证了计算过程及计算结果的相对准确性，满足设计方案的优化评估需求。因此，本书选用 CFX 作为水下滑翔机水动力分析和计算的 CFD 工具。

ISIGHT 是 Engineous Software 公司的产品，是目前国际上优秀的综合性计算机辅助工程软件之一。ISIGHT 软件将大量需要人工完成的工作进行自动化处理，从而替代工程设计者进行重复性、易出错的数字和设计处理工作，因此 ISIGHT 被称为“软件机器人”。

基于 ISIGHT 平台构造的集成设计与分析环境如图 2.9 所示。

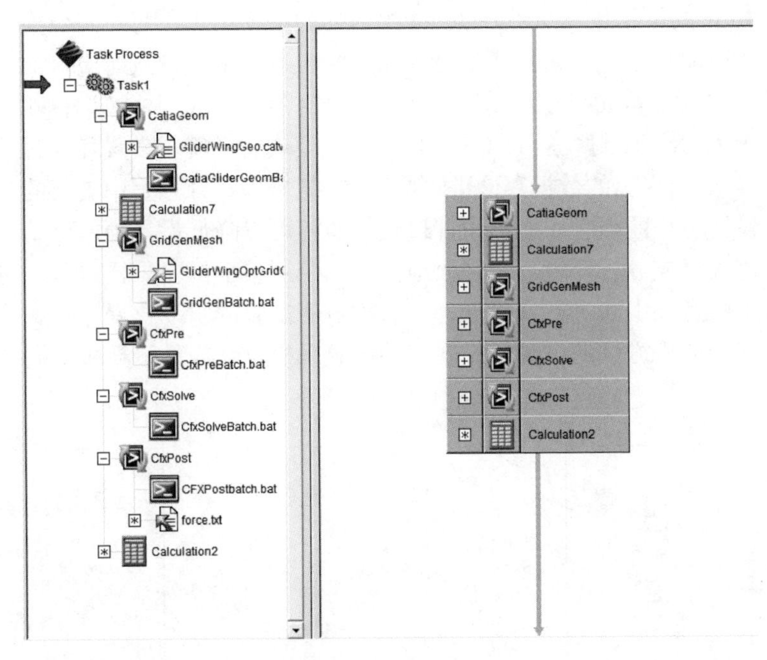

图 2.9　基于 ISIGHT 平台构造的集成设计与分析环境

为探讨试验设计方法与代理模型之间的匹配策略，我们将结合不同的因素数和水平数，分别采用全因子设计、正交设计、拉丁方设计及均匀设计进行机翼设计优化代理模型的构建。

试验设计的内容见表 2.3，其中 2 因素 16 水平的均匀设计试验参照文献[14]、[15]中的均匀设计表构造。总计进行 5 类 128 次试验，构建 2 类 18 个代理模型。试验设计过程在构建的集成分析环境下自动完成，无须人工干预，所有运算均在一台工作站上完成，累计耗时约 36h，完成 1 次高精度数值分析平均耗时约 15min。

表 2.3　试验设计内容

试验方法	因素数 F_s	水平数 L_s	试验次数	时间 t/min
正交设计	4	4	16	249
全因子设计	2	8	64	947

续表

试验方法	因素数 F_s	水平数 L_s	试验次数	时间 t/min
正交设计	2	4	16	233
拉丁方设计	2	16	16	233
均匀设计	2	16	16	240

图 2.10 记录了 2 因素 8 水平共 64 组数据的采样历程，每一组数据的采样过程都是在构建的自动化分析集成环境中完成的，每一个设计点对应自动完成一次 CATIA 几何建模，GridGen 自动读取几何模型，然后生成网格模型，随后将设计数据传递给 CFX，由封装后的 CFX 自动处理模块完成流域设置和求解过程，最终将 CFX 后处理提出的数据存储进数据库，并把试验设计过程中更新的升阻比结果显示在设计历程曲线上。试验设计过程的监控可以降低设计师的劳动强度，他们可以在完成集成分析环境后，轻松地监视和控制整个试验采样过程，对自动分析过程产生的意外中断进行恢复处理，这种数值试验的自动化操作形式将成为以后计算机辅助分析方法的主要形式。多种试验采样点对应的滑翔机机翼外形图如图 2.11 所示。

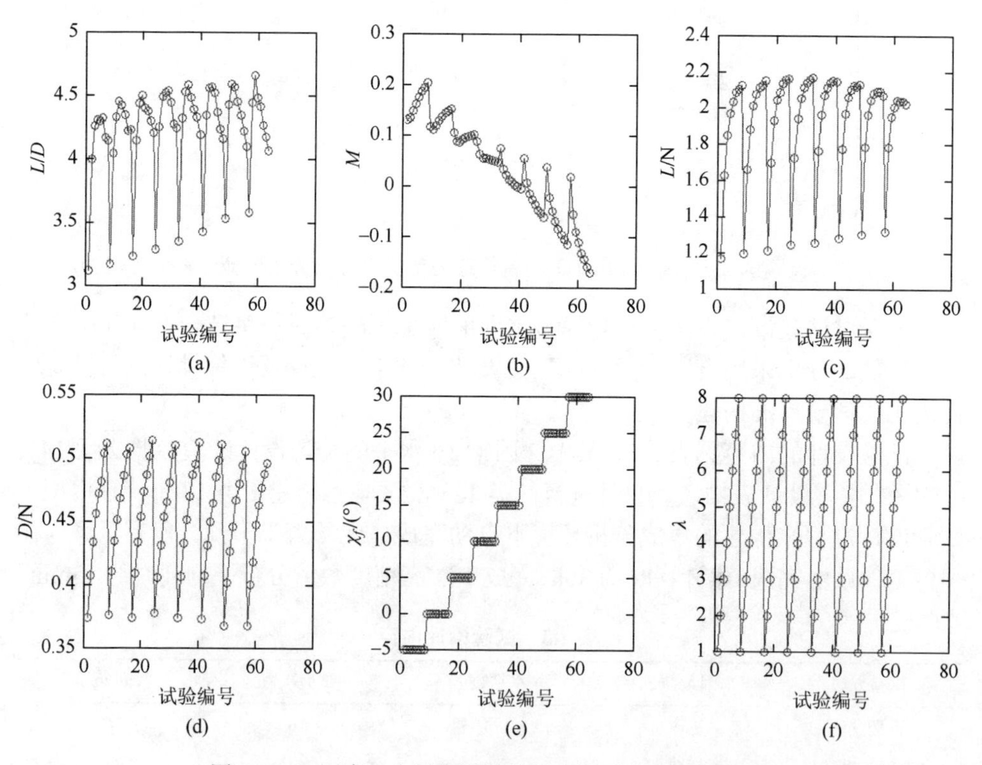

图 2.10　2 因素 8 水平的设计空间全因子试验设计历程

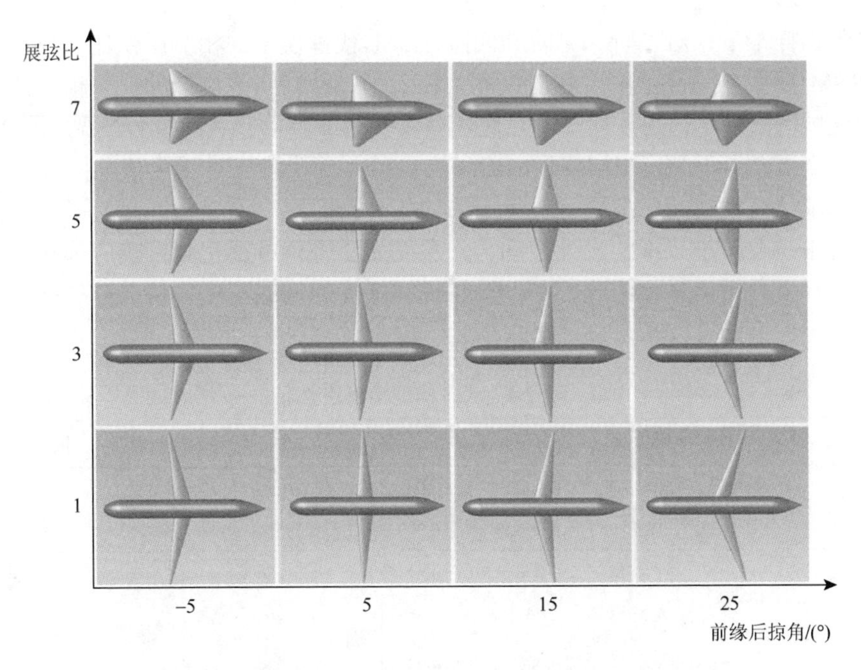

图 2.11　多种试验采样点对应的水下滑翔机机翼外形图

在试验设计采样数据的基础上，通过统计学分析，获得升阻比对四个设计变量的主效应分析结果见图 2.12。

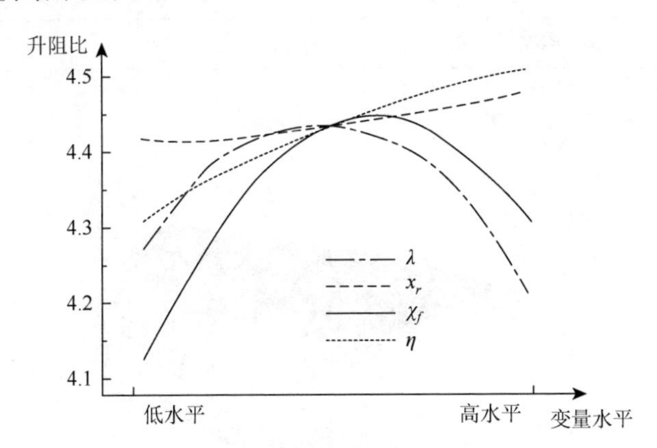

图 2.12　升阻比对四个设计变量的主效应分析

由结果分析发现，展弦比 λ 和前缘后掠角 χ_f 是影响升阻比的主要因素，由此将另外两个因素暂时改为状态变量，进而将设计空间的维数降低至二维。

以设计空间的采样数据为样本，利用最小二乘方法，拟合获得响应面法(response surface method，RSM)及径向基函数(radial basis function，RBF)代理模型的多项式函数，代理模型的精度检验结果见表 2.4。在 2 因素全因子试验设计的相同数据样本下，对二阶、三阶和四阶 RSM 代理模型的相对误差比较发现，随着 RSM 阶数的提高，精度相应提高。在二维设计空间下构造的代理模型能够以可视化的图形表示，并且直观地对比代理模型对试验采样点的拟合情况。图 2.13、图 2.14 给出升阻比的 2 因素四阶 RSM 与 RBF 代理模型。对寻优结果再进行 CFD 数值验证计算发现，代理模型寻优结果的相对误差均小于 2%。

对于维数超过二维的设计空间，一般就无法进行可视化观察响应值相对设计空间的梯度分布信息，因此，本例为了说明梯度的近似程度，将设计空间维数降低至二维，恰好可以满足设计要求。

表 2.4　代理模型精度检验

试验设计	代理模型	均方根方差	误差	L/D 最优解	L/D 验证值	相对误差/%
4 因素正交设计	二阶 RSM	0.000910	0.989657	4.601224	4.54551	1.226
	RBF	0.000000	0.999957	4.51239	4.50369	0.193
2 因素全因子设计	二阶 RSM	0.006457	0.893873	4.61106	4.52947	1.8
	三阶 RSM	0.001126	0.982311	4.64893	4.58215	1.5
	四阶 RSM	0.000402	0.993721	4.61650	4.60083	0.3
	RBF	0.000000	0.999999	4.58534	4.55993	0.6
2 因素正交设计	四阶 RSM	0.000222	0.996602	4.60458	4.56605	0.8
2 因素拉丁方设计	四阶 RSM	0.000105	0.995817	4.61423	4.60818	0.1
2 因素均匀设计	四阶 RSM	0.000324	0.991188	4.63396	4.57842	1.2

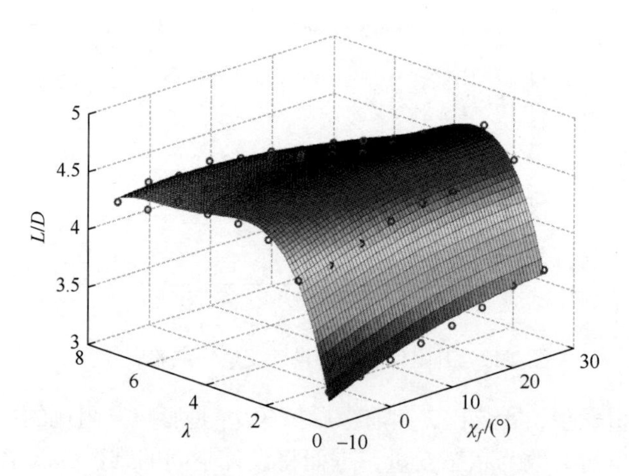

图 2.13　升阻比的 2 因素四阶 RSM 代理模型

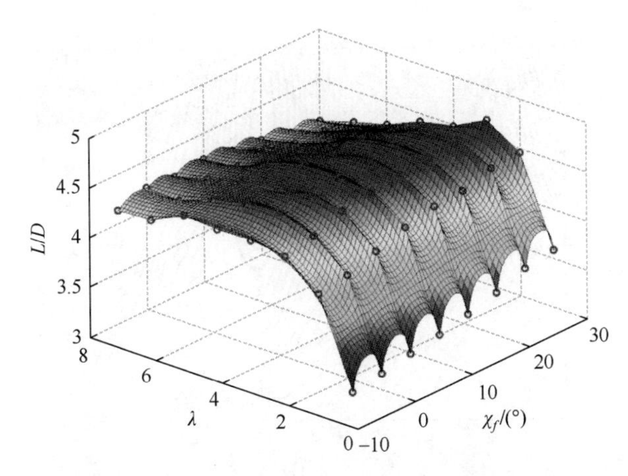

图 2.14　升阻比的 2 因素四阶 RBF 代理模型

从表 2.4 中还可发现，与全因子设计方法相比，正交设计、拉丁方设计及均匀设计都能够以较少的试验次数获取同等质量的代理模型。在 2 因素的试验设计对比中，用拉丁方设计获得的模型相对误差最小。

代理模型构造完成后，即可获得设计空间的梯度信息。在进行设计寻优之前，升阻比和俯仰力矩在二维设计空间下的梯度分布情况分别如图 2.15、图 2.16 所示。

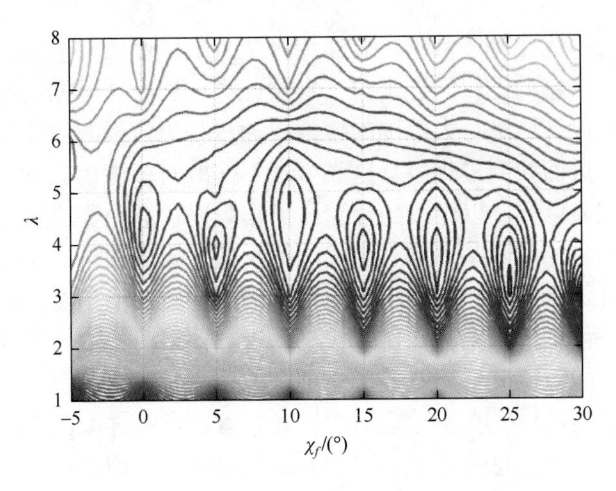

图 2.15　升阻比的 RBF 代理模型梯度分布

从梯度分布图来看，在设计空间内无论是升阻比还是俯仰力矩的 RBF 代理模型都存在多个极值点，并且极值点的分布区域不相吻合，为了完成多目标的全局寻优，需要综合利用梯度搜索方法与遗传算法。

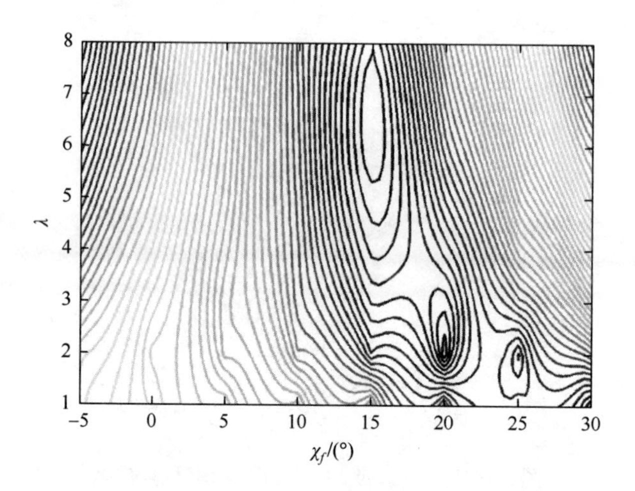

图 2.16　俯仰力矩的 RBF 代理模型梯度分布

从是否依赖优化模型梯度的角度，可将优化方法分为基于梯度的优化算法和不基于梯度的优化算法。

基于梯度的优化算法包括准则法、可行方向法、惩罚法、序列线性/二次规划方法等。根据当前的响应在局部区域内计算使目标函数下降最快的方向和设计变量扰动步长。

不基于梯度的优化算法常见的有遗传算法、响应面法、模拟退火方法等。对于无法得到梯度信息的优化问题来说，常用此类方法。这类方法基于枚举技术或概率搜索技术对设计域进行大范围的搜索，通过相当数量的样本数值试验结果获取足够的信息，进而找到最优解。这类方法不需要对梯度信息进行计算，但是需要大量的数值试验设计，以样本的计算结果作为搜索最优解的判断依据。

这类优化算法相对于基于梯度的优化算法适用面更广，它在整个设计域内通过某种策略进行随机搜索，更容易找到结构的最优解。但是在实际应用中也存在一定问题：一是计算量很大，优化迭代是基于数值试验积累的信息来执行的，因此必须进行足够的数值分析才能更快、更好地搜索全局最优解；二是最优解的搜索依赖数值试验的设计，在实际应用中，如果数值试验样本的选取不适当，将无法找到结构的最优解。总体来说，这类方法比较适用于连续和离散变量组合优化设计问题。

在本章应用研究中，对比分析以下几种优化方法：可行方向法(method of feasible direction，MFD)、修正可行方向法(modified method of feasible direction，MMFD)、多岛遗传算法(multi-island genetic algorithm，MGA)与序列二次规划(sequential quadratic programming，SQP)等。详细寻优结果见表 2.5。

表 2.5 基于代理模型的优化结果

试验方法	代理模型	初始值	优化算法	迭代步	时间/s	最优点
4 因素正交设计	二阶 RSM	(0.38, 1, 1, −15°)	MGA&SQP	1000	115	(0.4312, 4.2314, 7.9731, 23.96°)
	RBF	(0.38, 1, 1, −15°)	MGA&SQP	1114	125	(0.5, 3.9975, 5.9999, 30°)
2 因素全因子设计	二阶 RSM	(1, −5°)	MGA&SQP	1003	104	(4.8488, 17.51°)
	三阶 RSM	(1, −5°)	MGA&SQP	1009	127	(3.7127, 20.05°)
	四阶 RSM	(1, −5°)	MFD	41	5	(3.4297, 17.31°)
	四阶 RSM	(1, −5°)	MMFD	123	11	(3.3721, 17.98°)
	四阶 RSM	(1, −5°)	MGA&SQP	1009	93	(3.3225, 19.68°)
	RBF	(1, −5°)	MGA&SQP	1036	117	(3.9987, 15.00°)
2 因素正交设计	四阶 RSM	(1, −5°)	MGA&SQP	1023	105	(3.7469, 17.22°)
2 因素拉丁方设计	四阶 RSM	(1, −5°)	MGA&SQP	1037	120	(3.3149, 17.72°)
2 因素均匀设计	四阶 RSM	(1, −5°)	MGA&SQP	1070	111	(3.2630, 17.77°)

注：MGA&SQP 表示 MGA 与 SQP 的组合算法。

MGA 与 SQP 构成的组合算法对 RBF 代理模型进行了全局优化，1036 步迭代寻优轨迹见图 2.17，迭代收敛过程见图 2.18。

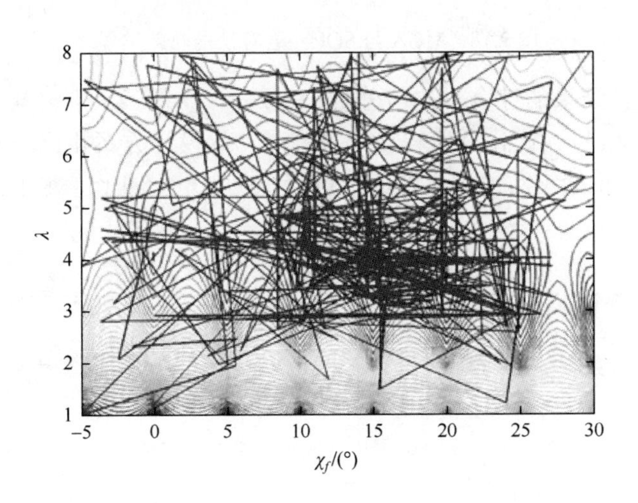

图 2.17 MGA 与 SQP 组合算法的寻优轨迹

对于四阶 RSM 模型，升阻比和俯仰力矩的梯度分布显示它们设计空间内均有唯一极值，采用 MMFD 的梯度寻优算法，仅经过 123 步就收敛到最优解，见图 2.19 和图 2.20。

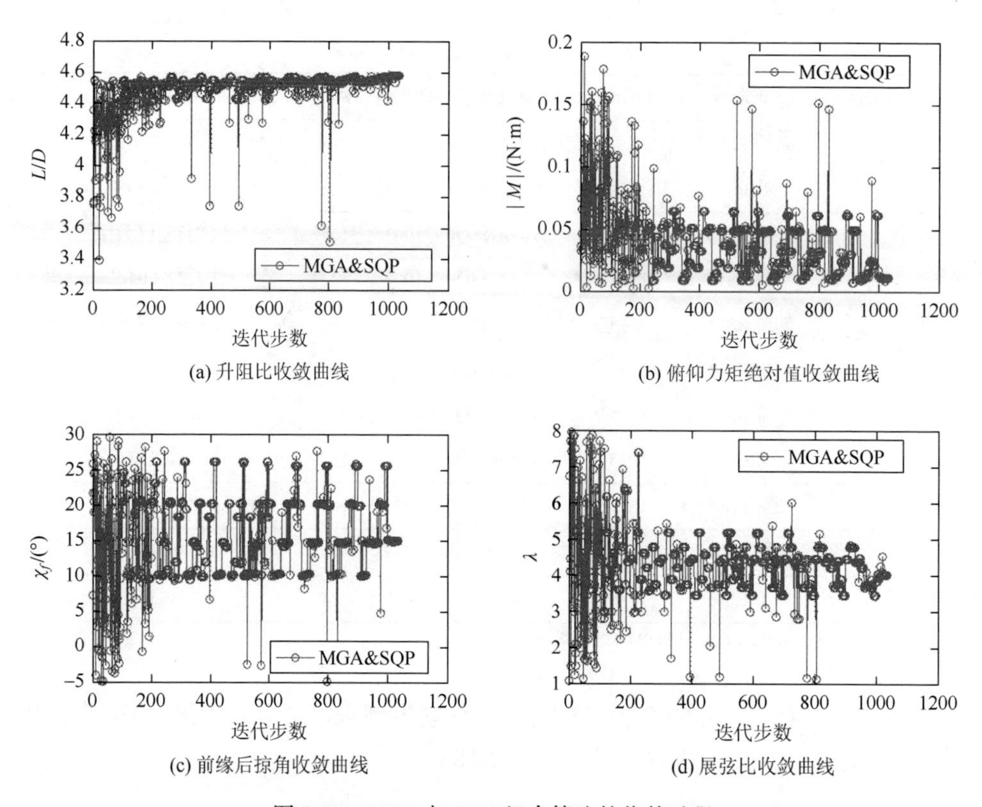

(a) 升阻比收敛曲线　(b) 俯仰力矩绝对值收敛曲线

(c) 前缘后掠角收敛曲线　(d) 展弦比收敛曲线

图 2.18　MGA 与 SQP 组合算法的收敛过程

经过对设计结果的综合对比与分析(表 2.6)，获得了水下滑翔机机翼的平面最佳构形(图 2.21)。优化后所得设计方案与初始设计方案相比，升阻比提高了 6.76%，俯仰力矩的绝对值由 0.2764N·m 降低为 0.0015N·m，水下滑翔机获得了更好的滑翔性能。

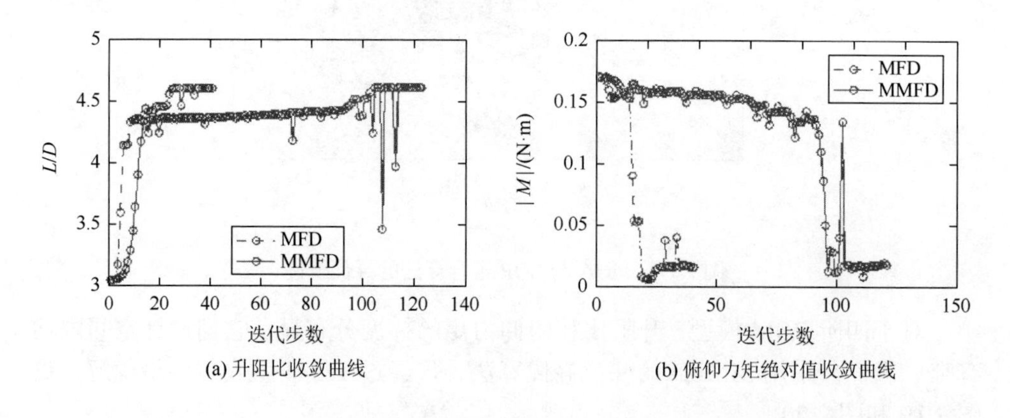

(a) 升阻比收敛曲线　(b) 俯仰力矩绝对值收敛曲线

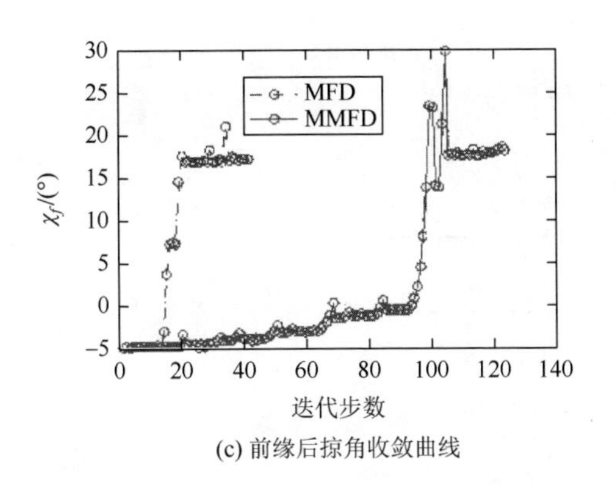

(c) 前缘后掠角收敛曲线

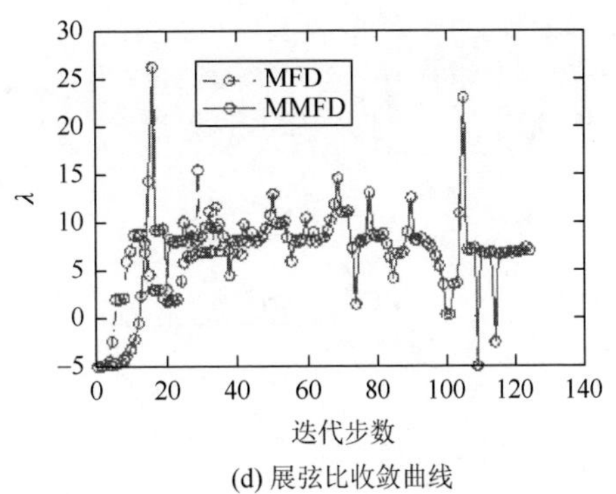

(d) 展弦比收敛曲线

图 2.19 MFD 和 MMFD 的收敛过程对比

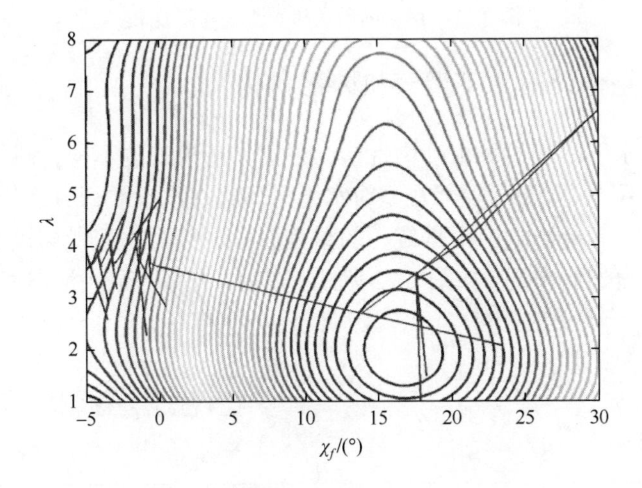

图 2.20 MMFD 梯度算法的寻优轨迹

表 2.6 设计优化结果

设计参数	初始设计值	寻优起点	优化结果
x_r	0.5	0.4312	0.4312
λ	4	1	3.3149
η	2	7.9731	7.9731
χ_f / (°)	15	–5	17.72
L/D	4.31649	3.04008	4.60818
$\|M\|$/(N·m)	0.2764	0.1704	0.0015

基于试验设计理论构建的代理模型提供了设计空间的梯度信息，在满足精度要求的条件下，将单个方案的评价时间由 15min 缩短为 0.1s 左右(相同的计算机硬件资源)，有效地化解了概念设计中精度与效率之间的矛盾，为水下滑翔机总体设计阶段的设计空间搜索寻优开拓了新思路。

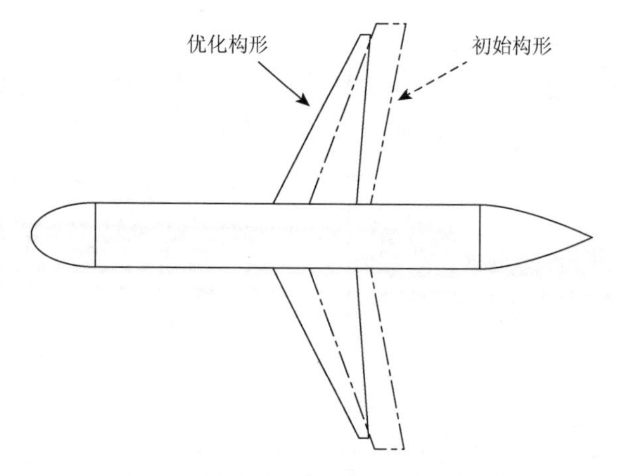

图 2.21　优化前后的机翼平面构形比较

2.3.2　翼身融合外形水下滑翔机外形优化

为了改善水下滑翔机的水动力性能，依据作业模式的不同，科学家追求最佳的外形布局。不同的艏部、艉部线型对水下滑翔机在水下航行时受到的摩擦阻力、压差阻力、升力等有影响。根据统一的湿表面积，针对水下滑翔机的外部线型设计了四种水动力外形布局，如图 2.22 所示。图中，方案一采用潜艇船体外形布局，

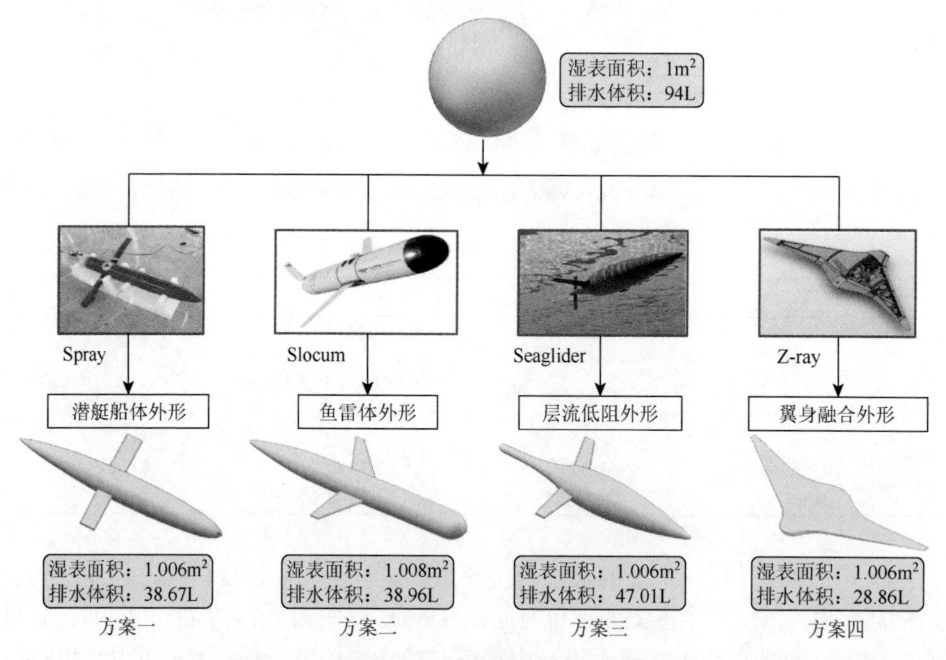

图 2.22　不同水动力外形布局方式几何特征对比

以 Spray 水下滑翔机的外形为基准模型，由近似椭圆的艏部和近似抛物线的艉部线型构成；方案二采用鱼雷体外形布局，以 Slocum 水下滑翔机的外形为基准模型，由球形艏部、平行舯段和锥形艉部的线型构成；方案三采用层流低阻外形布局，以 Seaglider 水下滑翔机的外形为基准模型，由近似于水滴的线型构成；方案四采用翼身融合外形布局，以 Z-Ray 水下滑翔机的外形为基准模型，采用翼身一体化线型。由于水下滑翔机需要有足够的升力面提供升力，所以前三种方案在回转体外形的基础上加入固定翼用以提供升力，固定翼体积算入排水体积。

由图 2.22 可以看出，四种水动力外形布局的湿表面积都在 $1m^2$ 左右，其中层流低阻外形布局方式具有最大的排水体积；潜艇船体外形与鱼雷体外形布局方式的排水体积相近，比层流低阻外形布局方式的排水体积小；翼身融合外形由于采用翼身融合技术，具有最小的排水体积。

为了评估不同水动力外形布局方式在垂直剖面内的水动力性能，首先建立水下滑翔机垂直剖面的运动模型，通过 CFX 数值仿真计算得出不同方案在垂直剖面内的水动力系数，通过分析对比得出水下滑翔机不同水动力外形布局方案的特性。

根据水下滑翔机稳态滑翔过程，建立水下滑翔机垂直剖面稳态滑翔运动模型，用以描述运动参数与稳态滑翔的关系，如图 2.23 所示。

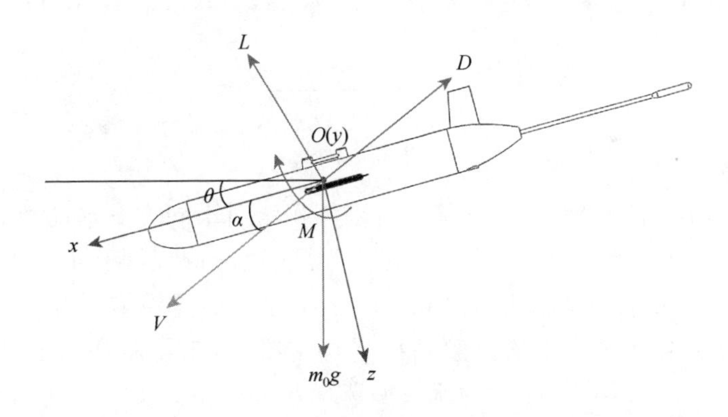

图 2.23 水下滑翔机垂直剖面稳态滑翔运动模型

坐标系的原点设置在浮心位置，其中当水下滑翔机向下航行时，滑翔角 γ 和俯仰角 θ 定义为负值，攻角 α 定义为正值，稳态滑翔的力平衡关系可以表示为

$$\gamma = \theta + \alpha \tag{2.2}$$

$$\Delta B \cos\gamma = -L \tag{2.3}$$

$$\Delta B \sin\gamma = -D \tag{2.4}$$

$$x_G \cos\theta - z_G \sin\theta = M \tag{2.5}$$

$$D=-(K_{D0}+K_D\alpha^2)V^2=-0.5C_D\rho AV^2 \tag{2.6}$$

$$L=-(K_{L0}+K_L\alpha)V^2=-0.5C_L\rho AV^2 \tag{2.7}$$

$$M=-(K_{M0}+K_M\alpha)V^2=-0.5C_M\rho AV^2 \tag{2.8}$$

式中，ΔB 表示翼型水下滑翔机的净浮力；x_G 和 z_G 表示重心在载体坐标系下的坐标；K_{D0} 和 K_D 代表阻力系数；K_{L0} 和 K_L 代表升力系数；K_{M0} 和 K_M 代表扭矩系数；C_D 为阻力系数；C_L 为升力系数；C_M 为扭矩系数；ρ 为海水密度；A 为投影面积；V 为滑翔速度。

由式(2.3)和式(2.4)得

$$\tan\gamma=\frac{D}{L}=\frac{K_{D0}+K_D\alpha^2}{K_{L0}+K_L\alpha} \tag{2.9}$$

即

$$\tan(\theta+\alpha)=\frac{D}{L}=\frac{K_{D0}+K_D\alpha^2}{K_{L0}+K_L\alpha} \tag{2.10}$$

给定θ，由计算得到的升阻力系数可以得到α值，代入式(2.11)可以得到滑翔速度：

$$V=\sqrt{\frac{\Delta B\cos\gamma}{K_{L0}+K_L\alpha}} \tag{2.11}$$

本部分采用商业软件 CFX 基于有限体积法对不同方案水动力布局的水动力参数进行数值模拟计算。流体材料选择为液态水，假设液态水是不可压缩的，密度为998.2kg/m^3，运动黏度为$1.003\times10^{-3}\text{Pa}\cdot\text{s}$，边界模型选择标准壁面函数法。对流场采用有限体积法求解雷诺平均纳维-斯托克斯(Reynolds averaged Navier-Stokes，RANS)方程，湍流模型选择k-ε模型。RANS 方程如式(2.12)所示。

$$\frac{\partial(\rho\boldsymbol{U})}{\partial t}+\nabla\cdot(\rho\boldsymbol{U}\otimes\boldsymbol{U})=\rho f+\nabla\cdot\left(-p\boldsymbol{\delta}+\mu\left(\nabla\boldsymbol{U}+\frac{1}{3}(\nabla\boldsymbol{U})^{\mathrm{T}}\right)\right)-\nabla\cdot(\rho\bar{\boldsymbol{U}}\otimes\bar{\boldsymbol{U}}) \tag{2.12}$$

式中，ρ 为海水密度；t 为时间；$\boldsymbol{U}$ 为流体的绝对流动速度；$\bar{\boldsymbol{U}}$ 为流体的绝对流动速度的平均值；f 为单位质量的体积力；p 为压力；μ 为动力黏度；$\boldsymbol{\delta}$ 为单位矩阵；∇ 为哈密顿算子；$\otimes$ 为张量积；上标 T 代表转置。

计算域选择长方形，使用跨度(b_t)为参考长度域。计算域大小为$[-10b_t,15b_t]\text{m}\times[-10b_t,10b_t]\text{m}\times[-5b_t,5b_t]\text{m}$，在计算域内共有 2 万～2.5 万个六面体单元格，如图 2.24 所示。

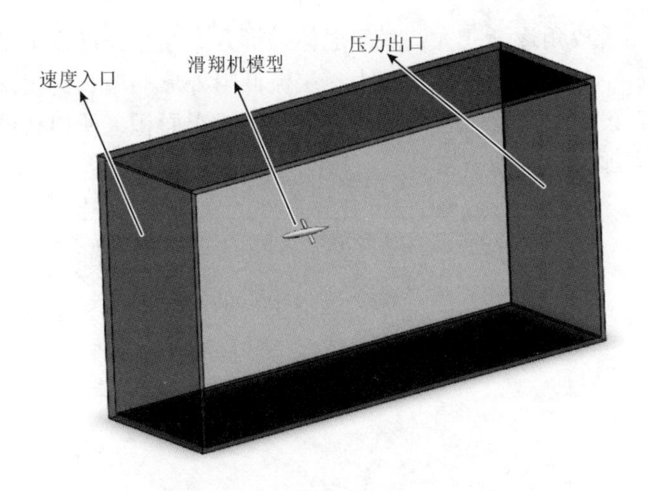

图 2.24　计算域

计算域的边界条件设定如下：

(1) 入口设置为速度边界类型，选择笛卡儿坐标系速度分量定义方式；

(2) 出口设置为压力边界类型；

(3) 水下滑翔机模型壁面设置为无滑移壁面；

(4) 边界壁面设置为自由滑移边界。

在航速为 1kn、攻角为 0～20° 的工况下，对四种水动力布局方案模型进行 CFD 数值计算，对比分析结果如图 2.25～图 2.27 所示。

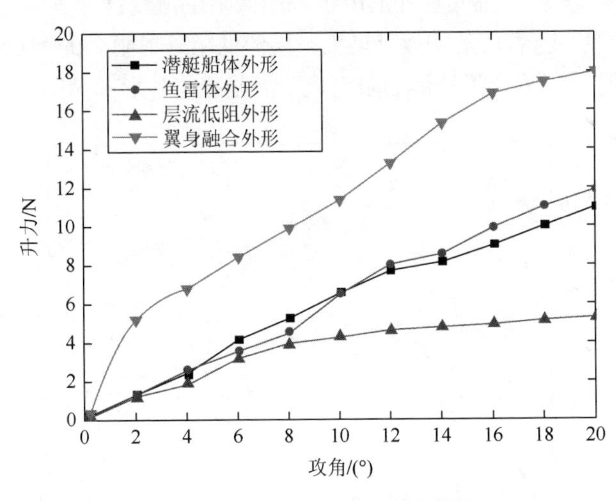

图 2.25　升力随攻角的变化曲线

由图 2.25 可以看出，四种方案的升力均随着攻角的增大而增大。潜艇船体外形与鱼雷体外形的升力相差较小，当攻角小于 10°时潜艇船体外形的升力略大于鱼雷体外形，随着攻角逐渐变大，潜艇船体外形升力增长速度逐渐变慢。层流低阻外形的升力最小，而且随着攻角变大，层流低阻外形的增长速度逐渐变慢。由于采用翼身融合设计，翼身融合外形具有最大的投影面积，所以相同攻角下翼身融合外形的升力远大于其他方案。

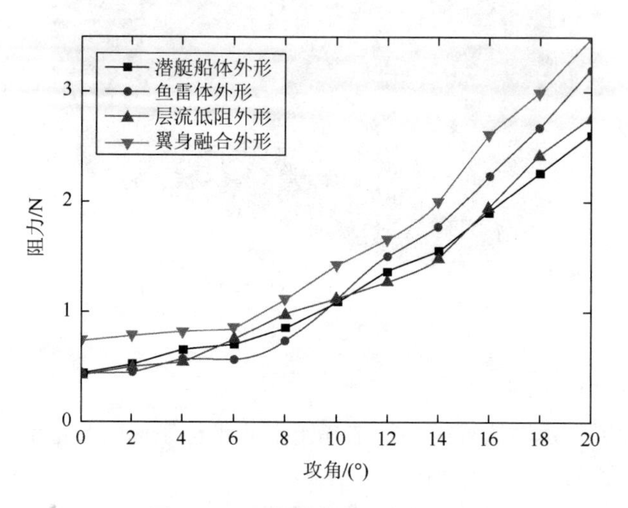

图 2.26 阻力随攻角的变化曲线

由图 2.26 可以看出，四种方案的阻力随攻角的变化趋势类似，都与攻角呈二次函数关系。在 0°攻角下，由于翼身融合外形的迎流面积大于其他方案，所以其阻力也明显大于其他方案；层流低阻外形由于采用低阻层流设计，其阻力也最小，具有非常好的减阻特性。随着攻角的逐渐增大，层流低阻外形阻力的增长速度逐渐变快，当攻角大于 16°时，层流低阻外形的阻力大于潜艇船体外形和鱼雷体外形。

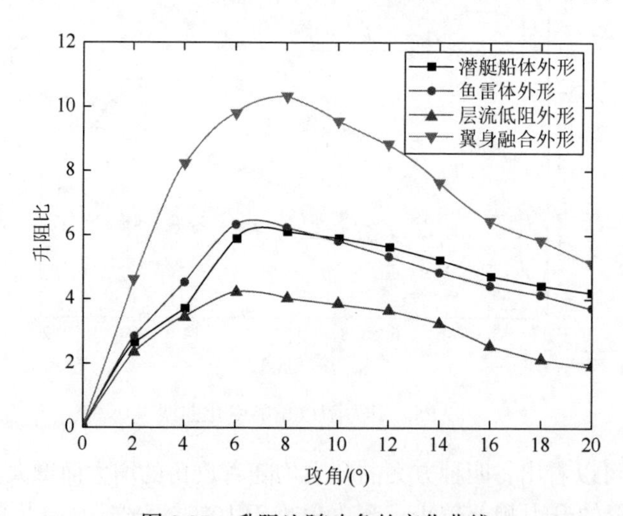

图 2.27 升阻比随攻角的变化曲线

由图 2.27 可以看出，四种方案的升阻比均随着攻角的增大先增大后减小，翼身融合外形的变化率最大。潜艇船体外形在攻角 7°左右时达到最大，而翼身融合外形在攻角 8°左右时达到最大，水下滑翔机在升阻比最大附近时具有最大的滑翔经济性。由于翼身融合外形既具有较好的升力特性又具有良好的阻力特性，所以翼身融合外形的升阻比接近潜艇船体外形、鱼雷体外形的 2 倍，接近层流低阻外形的 3 倍，适宜在攻角较大的状态下滑翔。

本节主要针对翼身融合外形水下滑翔机性能数值优化开展研究，提出了基于改进拉丁超立方抽样(Latin hypercube sampling，LHS)方法对水下滑翔机外剖面形状进行优化[16]。分别应用中值拉丁超立方抽样方法和改进拉丁超立方抽样方法从水下滑翔机参数化模型中进行二次抽样，利用 CFD 方法计算其在水中做匀速运动时的升力系数和阻力系数，获得水下滑翔机优化模型。在剖面优化结果的基础上通过建立代理模型的方法对水下滑翔机的三维水动力外形进行优化研究，在保证计算精度的前提下减少了计算时间。采用试验设计方法，通过构建参数化模型、网格划分和计算流体力学的应用，运用高斯核函数方法建立了水下滑翔机多目标设计优化问题的代理模型。通过粒子群优化算法(particle swarm optimization algorithm，PSO)来搜索全局最优值，对各变量的相对敏感度进行分析。

在四种水下滑翔机水动力外形中，翼身融合外形最复杂，需要优化的参数较多，优化难度也最大。因此，本节将以翼型水下滑翔机为代表进行水下滑翔机外形优化研究，在此过程中采用的优化方法和理论均适用于其他类型水下滑翔机。

1. 基于改进拉丁超立方抽样方法的水动力外形优化

1)基于改进拉丁超立方抽样方法的试验设计方法研究

优化过程首先采用中值拉丁超立方抽样(midian Latin hypercube sampling，MLHS)方法对变化范围内的设计变量进行一次抽样。综合考虑抽样密度和模型水动力参数计算时间确定抽取样本的数量。对抽取样本进行水动力参数仿真计算，根据一次抽样仿真结果的分布对抽取的样本进行分析筛选。对筛选后的样本空间应用改进拉丁超立方抽样方法进行二次抽样，对抽取的样本进行水动力参数计算，得出优化后的翼型水下滑翔机外形。

(1)一次抽样。

应用 MLHS 方法对设计变量的样本空间进行一次抽样，抽样过程中假定各变量之间相互独立。中值拉丁超立方抽样方法是一种多维分层实验设计方法。假设抽样空间维数为 n， $x_i \in [l_i, u_i], i = 1, 2, \cdots, n$；其中， x_i 为第 i 维变量， l_i、 u_i 分别

为第 i 维变量的下界和上界，拉丁超立方在抽样空间 $\prod_{i=1}^{n}[l_i,u_i]$ 中产生 n_0 个样本点的具体做法如下。

a. 确定抽样规模 n_0；

b. 将每一维变量 x_i 的定义区间 $[l_i,u_i]$ 等分为 n_0 个相等区间：$l_i = x_{i0} < x_{i1} < \cdots < x_{ij} < x_{i(j+1)} < \cdots < x_{in_0} = u_i$，这样就将原来 n 维的抽样空间划分为 n_0^n 个小超立方体；

c. 产生一个 $n_0 \times n$ 的矩阵 $\boldsymbol{Q}$，$\boldsymbol{Q}$ 的每一列均为 $\{1,2,3,\cdots,n_0\}$ 的一个随机全排列，$\boldsymbol{Q}$ 称为拉丁超立方阵；

d. $\boldsymbol{Q}$ 的每一行都对应一个被选中的小超立方体，在每一个被选中的小超立方体中随机产生一个样本点，这样就得到 n_0 个样本点。MLHS 方法抽取每个小超立方体内的中间点作为样本点。

(2)二次抽样。

二次抽样过程应用改进 LHS 方法，通过对输入随机变量分层后最靠近其期望值的超立方体边界作为样本点。选择原则是：在期望均值左半平面选取超立方体的右边界，右半平面选取超立方体的左边界。MLHS 方法的关键在于区间内取点，仅体现了“分层”的思想，而改进 LHS 方法的关键在于选取趋近期望值的边界顶点，综合了“分层”和“重要性”的思想，从而使改进 LHS 方法的收敛性具有独有的特征。

一次抽样过程中假定各设计变量相互独立。实际各设计变量之间存在相关性，二次抽样过程中依据一次抽样计算结果建立变量协方差矩阵，作为二次抽样的变量相关性输入。

n 维随机变量 (X_1, X_2, L, X_n) 的两个随机变量 X_i 和 X_j 之间的协方差定义为

$$\mathrm{Cov}(X_i,X_j) = E\{(X_i - E[X_i])(X_j - E[X_j])\} \qquad i,j=1,2,\cdots,n \tag{2.13}$$

式中，$E[X_i]$ 和 $E[X_i]$ 分别代表随机变量 X_i 和 X_j 的期望。

协方差表示两个变量总体误差的期望。如果两个变量的变化趋势一致，那么两个变量之间的协方差就是正值；如果两个变量的变化趋势相反，那么两个变量之间的协方差就是负值。如果 X_i 和 X_j 是相互独立的，那么二者之间的协方差就是 0。随机变量 $(X_1, X_2, \cdots, X_n)$ 的协方差矩阵定义为

$$\boldsymbol{\Sigma} = \begin{bmatrix} \mathrm{Cov}(X_1,X_1) & \mathrm{Cov}(X_1,X_2) & L & \mathrm{Cov}(X_1,X_n) \\ \mathrm{Cov}(X_2,X_1) & \mathrm{Cov}(X_2,X_2) & L & \mathrm{Cov}(X_2,X_n) \\ M & M & 0 & M \\ \mathrm{Cov}(X_n,X_1) & \mathrm{Cov}(X_n,X_2) & L & \mathrm{Cov}(X_n,X_n) \end{bmatrix} \tag{2.14}$$

2) 水下滑翔机参数化模型及水动力计算

美国海军研究办公室研制的 Z-Ray 水下滑翔机采用了翼身一体化布局，试验证明 Z-Ray 具有较好的水动力效率。本书将 Z-Ray 的外形作为基准外形(图 2.28)，在此基础上进行优化[17]。为了便于与基准外形进行对比，翼型水下滑翔机参数化模型的翼展和弦长与基准外形一致，其中翼展 $l = 5\text{m}$，中心弦长 $b_1 = 2\text{m}$，翼梢弦长 $b_2 = 0.12\text{m}$，选定前缘半径、后缘半径、翼梢距、翼前缘角、翼后缘角为设计变量。为了保证不会出现奇异外形，外形参数设计变量及其基准值和取值范围如表 2.7 所示。

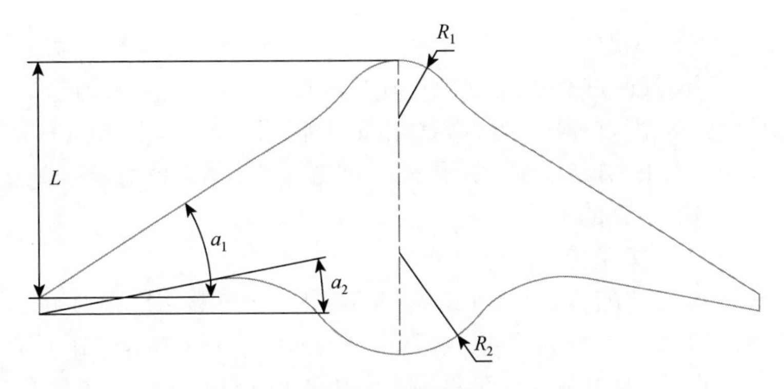

图 2.28　翼型水下滑翔机基准外形

表 2.7　设计变量的基准值与变化范围

参数	最小值	基准值	最大值
前缘半径（R_1）/mm	50	400	600
后缘半径（R_2）/mm	200	700	1250
翼梢距（L）/mm	1100	1580	1700
翼前缘角（a_1）/(°)	25	31	35
翼后缘角（a_2）/(°)	−3	10	15

数值仿真计算采用有限体积法求解 RANS 方程，湍流模型选择 k-ε 模型，选择标准壁面函数。为使计算更加准确，收敛更快，使用结构化网格对流场进行划分，为避免流域边界对流场产生影响，流场应足够大，整个外域采用长方体。流场的总长度取载体弦长的 10 倍，流场宽度取载体翼展的 6 倍。建立翼型水下滑翔机的参数化模型，将模型自动导入 CFD 程序迭代计算。为了对不同模型的计算结果进行比较，对 CFD 的计算结果进行无量纲化处理。与常规水下滑翔机的回转体外形不同，翼型水下滑翔机采用翼身融合技术，参照飞行器选取机翼面积为参考

面积，无量纲化表达式为

$$C_L = \frac{2L(\alpha,U)}{\rho S U^2} \tag{2.15}$$

$$C_D = \frac{2D(\alpha,U)}{\rho S U^2} \tag{2.16}$$

式中，C_L是升力系数；C_D是阻力系数；L是升力；D是阻力；ρ是海水密度；S是参考面积；U是来流速度。升力L和阻力D是关于攻角α和来流速度U的函数。

对翼型水下滑翔机的优化过程分两步：首先通过 MLHS 方法一次抽样来缩小样本空间；然后通过改进 LHS 方法对优化后的样本空间进行二次抽样，取得翼型水下滑翔机优化模型。在保证抽样数量相同的前提下，将采用改进 LHS 方法的优化结果与采用 MLHS 方法的优化结果进行对比，对比结果证明采用改进 LHS 方法的优化结果具有明显的提升。

(1) MLHS 方法模型初步优化。

通过 MLHS 方法随机抽取 50 组模型参数，通过参数化模型水动力参数仿真计算对这 50 组模型进行性能评估，仿真模型的网格数为 150 万～200 万。为了便于各组模型间的相互性能评估，计算中来流速度取$0.5144\mathrm{m/s}$，攻角取$3°$。

图 2.29 为对 50 组抽样模型水动力性能计算结果进行无量纲化处理后升力系数和阻力系数的分布图，图 2.30 为 MLHS 方法初步优化升阻比分布图［在同一攻角α下的升力(L)与阻力(D)的比值，也是升力系数(C_L)与阻力系数(C_D)的比值］。

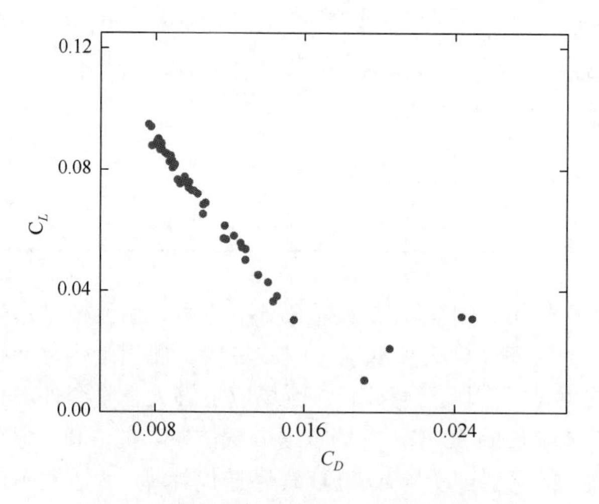

图 2.29　模型升力系数和阻力系数的分布图

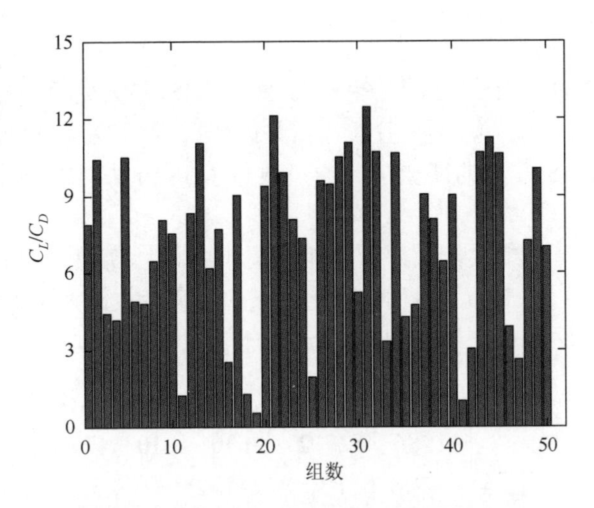

图 2.30　MLHS 方法初步优化升阻比分布图

表 2.8 为优化前后升阻比的对比，对一次抽样的仿真结果进行分析，选出升阻比大于 10 的参数模型用于改进 LHS 方法的二次抽样。表 2.9 为通过 MLHS 方法对翼型水下滑翔机外形优化后选取的模型参数。

表 2.8　优化前后升阻比对比

模型	升阻比	升阻比提升率
基准模型	11.8	—
MLHS 方法初步优化结果	12.4	5%

表 2.9　初步优化选取模型参数

模型	前缘半径/mm	后缘半径/mm	翼梢距/mm	翼前缘角/(°)	翼后缘角/(°)
模型 1	496.01	833.05	1554.43	32.11	2.57
模型 2	290.71	802.43	1630.55	34.03	7.23
模型 3	236.94	852.44	1623.22	32.52	1.66
模型 4	317.78	654.46	1582.42	32.66	0.51
模型 5	167.35	626.05	1626.12	33.15	4.24
模型 6	445.66	979.13	1614.81	34.09	4.88
模型 7	204.73	719.62	1678.56	34.38	1.62
模型 8	419.03	896.24	1631.47	33.43	4.51
模型 9	259.27	519.53	1612.51	31.58	1.98
模型 10	396.68	1220.44	1534.79	32.46	3.70

(2)改进 LHS 方法模型优化。

将 MLHS 方法初步优化的结果作为改进 LHS 方法优化的输入量。通过建立各设计变量之间协方差矩阵引入“相关因子”，将初步优化最优模型的变量参数作为改进 LHS 方法的期望值，通过改进 LHS 方法对翼型水下滑翔机外形进行优化。

将筛选后的模型参数代入协方差矩阵得出各设计变量之间的协方差矩阵如式(2.17)所示。将 MLHS 方法初步优化结果的变量参数作为期望值，将式(2.17)作为改进 LHS 方法的输入量，抽取 50 组样本，对抽取样本进行 CFD 计算。

$$\boldsymbol{\Sigma}=\begin{bmatrix} 16239 & 11286 & -1708 & 31 & 50 \\ 11286 & 52712 & -630 & -10 & 47 \\ -1708 & -630 & 2440 & 29 & 5 \\ 31 & -10 & 29 & 1 & 1 \\ 50 & 47 & 5 & 1 & 3 \end{bmatrix} \tag{2.17}$$

对样本仿真结果进行无量纲化处理后升力系数和阻力系数的分布如图 2.31 所示，图 2.32 为二次优化升阻比分布图，与图 2.30 对比可以看出，改进 LHS 方法的优化结果比 MLHS 方法初步优化结果更加趋近于最优模型。表 2.10 为优化前后升阻比对比，可以看出通过优化翼型水下滑翔机升阻比提升11%。图 2.33 为翼型水下滑翔机优化后最优模型与基准模型的对比图。

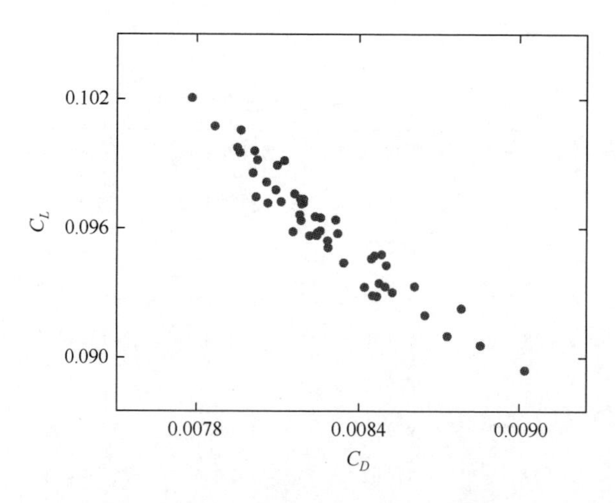

图 2.31　二次优化模型升力系数和阻力系数的分布图

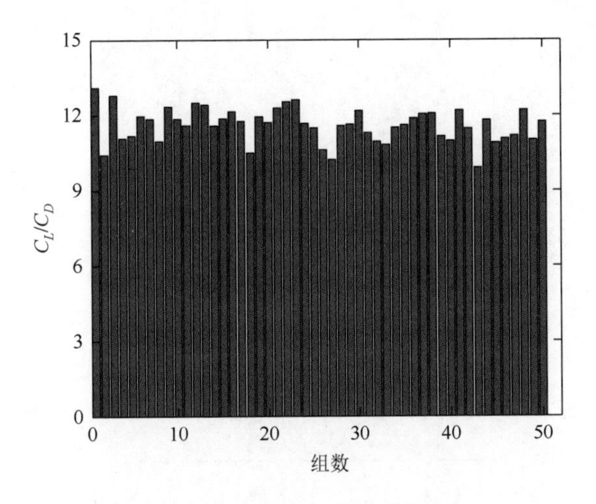

图 2.32 二次优化升阻比分布图

表 2.10 基准模型与优化模型升阻比对比

模型	升阻比	升阻比提升率
基准模型	11.8	—
MLHS 方法初步优化模型	12.4	5%
改进 LHS 方法优化模型	13.1	11%

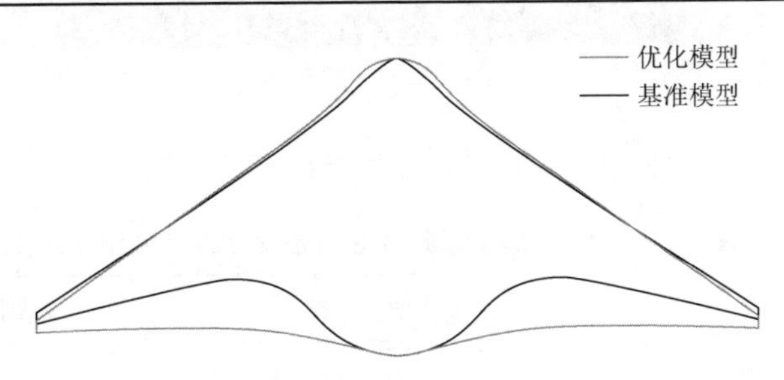

图 2.33 优化后最优模型与基准模型对比

(3)改进 LHS 方法与 MLHS 方法结果对比。

应用 MLHS 方法从样本空间抽取 100 组样本，对样本进行 CFD 计算，图 2.34 为 MLHS 方法优化后升力系数和阻力系数分布图，图 2.35 为 MLHS 方法优化后升阻比分布图。表 2.11 为 MLHS 方法和改进 LHS 方法优化模型的升阻比对比，可以看出改进 LHS 方法的优化效果好于 MLHS 方法。

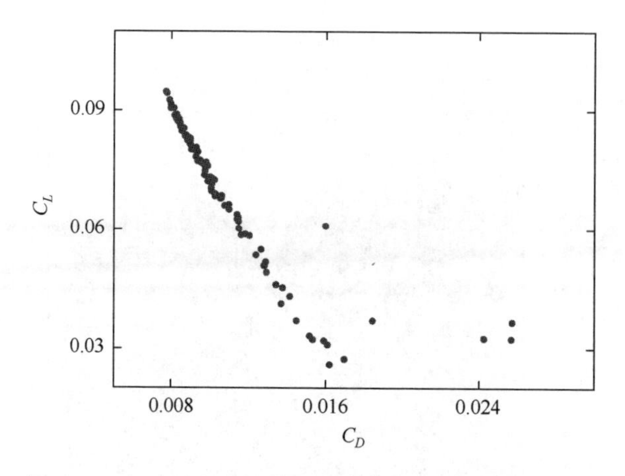

图 2.34　MLHS 方法优化后升力系数和阻力系数分布图

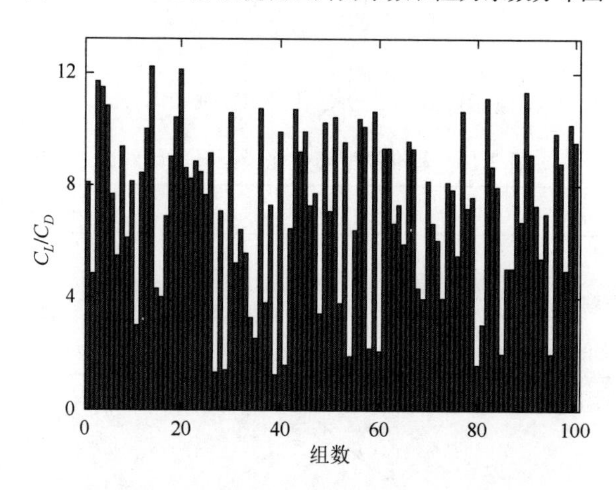

图 2.35　MLHS 方法优化后升阻比分布图

表 2.11　MLHS 方法和改进 LHS 方法优化模型升阻比对比

模型	升阻比	升阻比提升率
MLHS 方法优化模型	12.2	—
改进 LHS 方法优化模型	13.1	7%

2. 基于代理模型的水动力外形优化研究

1) 翼型水下滑翔机参数化几何模型和数值仿真研究

翼型水下滑翔机滑翔速度较低，滑翔过程中表面摩擦阻力为阻力的主要模式，而湿表面积是影响表面摩擦阻力大小的重要因素。相比传统回转体外形，相同体积下盘式外形可以减少 11%的湿表面积，如图 2.36 所示。翼型水下滑翔机的几何外形是将盘式外形结构与稳定翼通过圆滑过渡融合到一起，减少了表面摩擦阻力同时提供较大的升力(图 2.37)。

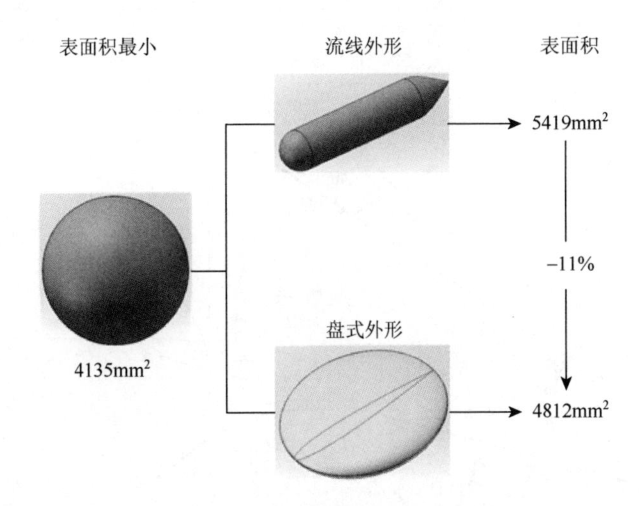

图 2.36　外形结构对湿表面积的影响

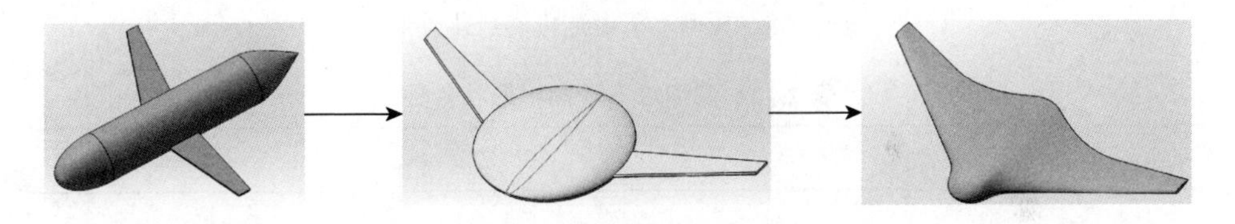

图 2.37　翼型水下滑翔机的几何概念外形

图 2.38 给出了翼型水下滑翔机的参数化外形（图中 C_t 为机身长度，C_{root} 为机翼长度，C_{tip} 为翼梢长度，a 为后掠角，b 为翼身距离，R_f 为前缘半径，R_b 为后缘半径，b_t 为翼展），其中舯体外形包括前缘鼻和后缘鼻，将 NACA0012 标准翼型作为翼型基线。翼型水下滑翔机稳定翼的厚度随着 NACA0012 翼型基线的变化而变化(相对厚度 =12%c，c 是基线位置处的弦长)，中心厚度为(t_1c)，边缘厚度为(t_2c)，过渡位置的厚度为($t_{\text{body}}c$)，其中 t_{body} 通过式(2.18)定义：

$$t_{\text{body}} = \omega \cdot t_1 + (1-\omega) \cdot t_2 \quad (0 < \omega < 1) \tag{2.18}$$

为了减少设计变量的数量，定义了 9 个形状参数(表 2.12)。

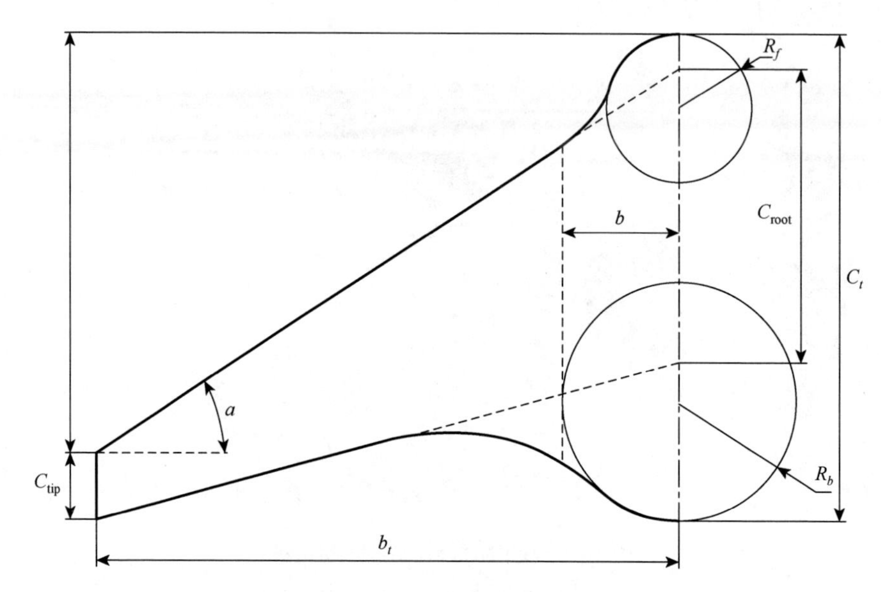

图 2.38　翼型水下滑翔机参数化外形

表 2.12　翼型水下滑翔机形状参数

	变量	含义	表达式
平面参数	AR	展弦比	$\mathrm{AR}=b_t/C_t$
	GR	机翼梯度比	$\mathrm{GR}=C_{root}/C_{tip}$
	CR	机身弧度比	$\mathrm{CR}=R_f/R_b$
	DL	艏部与翼尖的相对距离	$\mathrm{DL}=L/C_t$
	DS	机翼与机身展长比	$\mathrm{DS}=b/b_t$
	A	后掠角	$A=a$
截面参数	t_1	机身相对厚度	—
	t_2	翼梢相对厚度	—
	ω	增长率	—

图 2.39 为翼型水下滑翔机三维结构网格分布。

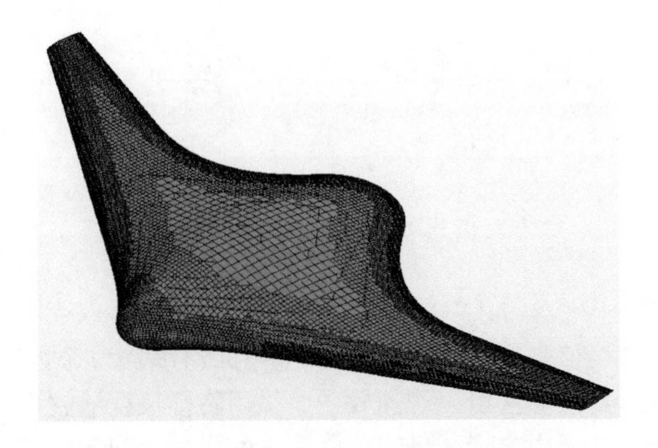

图 2.39 翼型水下滑翔机三维结构网格分布

2) 基于高斯核函数的翼型水下滑翔机代理模型研究

代理模型是一种结合实验设计和近似方法的综合建模技术。目前常用的建立代理模型的方法为响应面法(RSM)、径向基函数(RBF)和神经网络(neural network，NN)法，但这三种方法中参数的数量随着变量的增加成线性增长。翼型水下滑翔机包括 9 个形状变量，如果采用上面三种方法计算量将非常大，本部分采用高斯核函数的方法，该方法的变量数不依赖输入变量的维度。高斯核函数的代理函数为

$$f_{\theta}(\boldsymbol{x})=\sum_{j=1}^{m}\theta_{j}K(\boldsymbol{x},\boldsymbol{c}) \tag{2.19}$$

式中，

$$K(\boldsymbol{x},\boldsymbol{c})=\exp\left(-\frac{\|\boldsymbol{x}-\boldsymbol{c}\|}{2h^{2}}\right) \tag{2.20}$$

$$\|\boldsymbol{x}-\boldsymbol{c}\|=\sqrt{(\boldsymbol{x}-\boldsymbol{c})^{\mathrm{T}}(\boldsymbol{x}-\boldsymbol{c})} \tag{2.21}$$

其中，$\boldsymbol{x}=(x_1,x_2,\cdots,x_n)$ 为一个 n 维向量（n 为设计变量）；$K(\boldsymbol{x},\boldsymbol{c})$ 为高斯核函数模型；$\boldsymbol{c}=(c_1,c_2,\cdots,c_n)$ 为每个设计变量的中值向量；h 为高斯核函数的宽域。

为了保证代理模型的精度，代价函数定义为

$$J(\boldsymbol{\theta})=\frac{1}{2m}\sum_{i=1}^{m}(f_{\theta}(\boldsymbol{x}^{(i)})-\boldsymbol{y}^{(i)})^{2} \tag{2.22}$$

式中，$\boldsymbol{\theta}=(\theta_1,\theta_2,\cdots\theta_j,\cdots,\theta_m)$ 为一个 m 维的向量；$\boldsymbol{y}$ 为通过 CFX 仿真计算结果。

运用梯度算法保证代价函数的最小化：

$$\theta_j := \theta_j - \alpha \frac{\partial}{\partial \theta_j} J(\boldsymbol{\theta}) \tag{2.23}$$

由式(2.22)和式(2.23)可得

$$\theta_j := \theta_j - \alpha \frac{1}{m} \sum_{i=1}^{m} (f_\theta(\boldsymbol{x}^{(i)}) - \boldsymbol{y}^{(i)}) x_j^{(i)} \tag{2.24}$$

式中，θ_j 为代理模型函数 $f_\theta(\boldsymbol{x})$ 的参数；α 为增长率；$:=$ 为替换方程（$a := b$ 代表在 b 中取值并用这个值来覆盖 a 中的值）；上角标 i 代表第 i 个仿真数据。

为了保证梯度下降算法可以快速收敛，采用特征尺度缩放算法将各参数的变化范围控制在相同范围内，特征尺度缩放算法如式(2.25)所示：

$$x_i := \frac{x_i - c_i}{s_i} \tag{2.25}$$

式中，c_i 为训练样本 x_i 的平均值；s_i 为 x_i 的标准差。

在优化过程中，将升阻比和扭矩作为优化目标，期望得到尽可能大的升阻比同时减小扭矩。加权后的目标函数如式(2.26)所示：

$$Y(x) = \omega_1 \frac{F_L}{F_D} + \omega_2 \frac{1}{|M_\mathrm{p}|} \tag{2.26}$$

式中，M_p 为扭矩。

PSO 保证优化值为全局最优值。PSO 中，每个优化问题的潜在解都是搜索空间中的一只鸟，称之为粒子。所有的粒子都有一个由被优化的函数决定的适值，还有一个由速度决定的飞翔方向和距离。然后粒子们就追随当前的最优粒子在解空间中搜索。

PSO 初始化为一群随机粒子(随机解)，然后通过迭代找到最优解。在每一次迭代中，粒子通过跟踪两个极值来更新自己：第一个极值是粒子本身所找到的最优解，这个解称为个体极值；另一个极值是整个种群目前找到的最优解，这个极值是全局极值。另外也可以不用整个种群而只是用其中一部分作为粒子的邻居，那么在所有邻居中的极值就是局部极值。假设在一个 D 维的目标搜索空间中，有 D 个粒子组成一个群落，其中第 i 个粒子表示为一个 D 维的向量：

$$\boldsymbol{X}_i = (x_{i1}, x_{i2}, \cdots, x_{iD}) \quad (i = 1, 2, \cdots, N) \tag{2.27}$$

第 i 个粒子的“飞行”速度也是一个 D 维的向量，记为

$$\boldsymbol{V}_i = (v_{i1}, v_{i2}, \cdots, v_{iD}) \quad (i = 1, 2, \cdots, N) \tag{2.28}$$

第 i 个粒子迄今为止搜索到的最优位置称为个体极值，记为

$$\boldsymbol{p}_\mathrm{best} = (p_{i1}, p_{i2}, \cdots, p_{iD}) \quad (i = 1, 2, \cdots, N) \tag{2.29}$$

整个粒子群迄今为止搜索到的最优位置为全局极值，记为

$$\boldsymbol{g}_{\text{best}} = (g_{i1}, g_{i2}, \cdots, g_{iD}) \quad (i = 1, 2, \cdots, N) \tag{2.30}$$

在找到这两个最优值时，粒子根据式(2.29)来更新自己的速度和位置：

$$\begin{cases} v_{id} = \omega v_{id} + c_1 r_1 (p_{id} - x_{id}) + c_2 r_2 (g_{id} - x_{id}) \\ x_{id} = x_{id} + v_{id} \end{cases} \quad (i = 1, 2, \cdots, N; d = 1, 2, \cdots, D) \tag{2.31}$$

式中，c_1 和 c_2 为学习因子，也称加速常数(acceleration constant)；r_1 和 r_2 为[0, 1]范围内的均匀随机数。式(2.31)右边由三部分组成：第一部分为“惯性(inertia)”或“动量(momentum)”部分，反映了粒子的运动“习惯(habit)”，代表粒子有维持自己先前速度的趋势；第二部分为“认知(cognition)”部分，反映了粒子对自身历史经验的“记忆(memory)”或“回忆(remembrance)”，代表粒子有向自身历史最佳位置逼近的趋势；第三部分为“社会(social)”部分，反映了粒子间协同合作与知识共享的群体历史经验。

粒子群算法流程如下(图 2.40)。

(1)初始化粒子群（包括群体规模 N）中每个粒子的位置 $\boldsymbol{X}_i$ 和速度 $\boldsymbol{V}_i$；

(2)计算每个粒子的适应度值 $F_{it}[i]$；

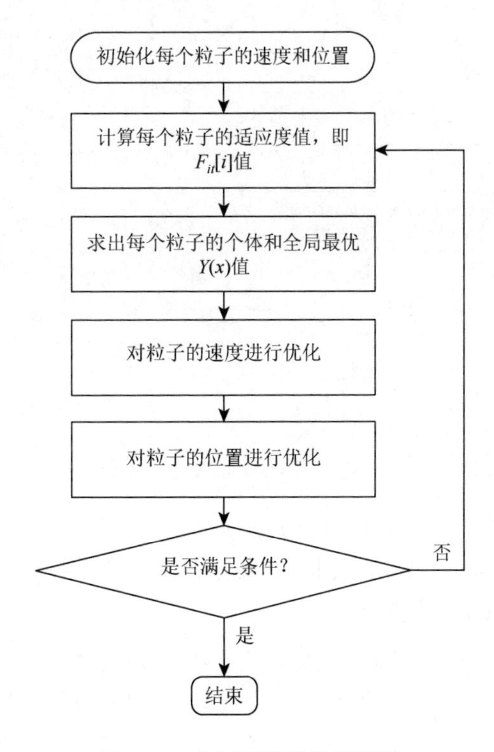

图 2.40　粒子群算法流程框图

(3) 对每个粒子，用它的适应度值 $F_{it}[i]$ 和个体极值 $p_{\text{best}}(i)$ 比较，如果 $F_{it}[i] > p_{\text{best}}(i)$，则用 $F_{it}[i]$ 替换掉 $p_{\text{best}}(i)$；

(4) 对每个粒子，用它的适应度值 $F_{it}[i]$ 和全局极值 $\boldsymbol{g}_{\text{best}}$ 比较，如果 $F_{it}[i] > p_{\text{best}}(i)$ 则用 $F_{it}[i]$ 替 $\boldsymbol{g}_{\text{best}}$；

(5) 根据式(2.27)和式(2.28)更新粒子的速度 v_{id} 和位置 x_{id}；

(6) 如果满足结束条件(误差足够好或达到最大循环次数)退出，否则返回(2)。

图 2.41 为翼型水下滑翔机建立代理模型的优化过程。首先，使用拉丁超立方试验设计方法在形状参数空间内抽取 N 个样本模型，通过 CFX 软件计算出 N 个样本模型的水动力参数；其次，基于 n 个样本数据构建代理模型，使用梯度下降算法，通过控制代价函数的误差保证代理模型的精度。

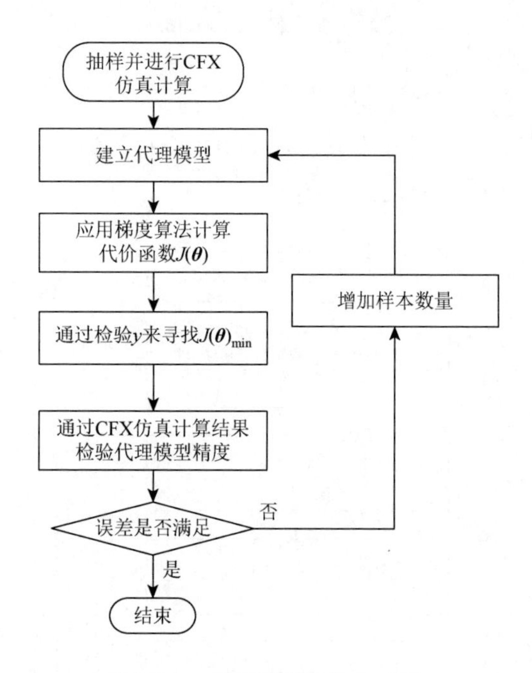

图 2.41　代理模型的优化过程

3) 翼型水下滑翔机外形参数相对灵敏度分析

本部分通过建立各变量间的矩阵 $\boldsymbol{T}$ 来分析各外形参数的相对灵敏度。依据翼型水下滑翔机的代理模型建立下式：

$$\boldsymbol{T}=\begin{bmatrix} x_1^{(1)} & x_2^{(1)} & L & x_{11}^{(1)} & Y(x^{(1)}) \\ x_1^{(2)} & x_2^{(2)} & L & x_{11}^{(1)} & Y(x^{(2)}) \\ M & M & 0 & M & M \\ x_1^{(n)} & x_2^{(n)} & L & x_{11}^{(n)} & Y(x^{(n)}) \end{bmatrix} \tag{2.32}$$

式(2.32)的协方差矩阵为

$$\boldsymbol{\Sigma}=\begin{bmatrix} \operatorname{cov}(x_1,x_1) & \operatorname{cov}(x_1,x_2) & \cdots & \operatorname{cov}(x_1,x_{11}) & \operatorname{cov}(x_1,Y(x)) \\ \operatorname{cov}(x_2,x_1) & \operatorname{cov}(x_2,x_2) & \cdots & \operatorname{cov}(x_2,x_{11}) & \operatorname{cov}(x_2,Y(x)) \\ \vdots & \vdots & \ddots & \vdots & \vdots \\ \operatorname{cov}(x_{11},x_1) & \operatorname{cov}(x_{11},x_2) & \cdots & \operatorname{cov}(x_{11},x_{11}) & \operatorname{cov}(x_{11},Y(x)) \\ \operatorname{cov}(Y(x),x_1) & \operatorname{cov}(Y(x),x_1) & \cdots & \operatorname{cov}(Y(x),x_{11}) & \operatorname{cov}(Y(x),Y(x)) \end{bmatrix} \tag{2.33}$$

两个随机变量之间的协方差定义为

$$\operatorname{cov}(x_i,x_j)=E\{(x_i-E[x_i])(x_j-E[x_j])\} \quad (i,j=1,2,\cdots,11) \tag{2.34}$$

式中，$E[x_i]$为变量x_i的期望。

对式(2.34)进行标准变换，得出相对于$Y(x)$的各变量的相对灵敏度为

$$R(x_i,Y(x))=\left|\frac{\operatorname{cov}(x_i,Y(x))}{\sqrt{\operatorname{cov}(x_i,x_i)\cdot\operatorname{cov}(Y(x),Y(x))}}\right| \quad (i=1,2,\cdots,11) \tag{2.35}$$

为保证不会出现奇异形状，翼型水下滑翔机形状参数基准及取值范围如表 2.13 所示。

表 2.13 形状参数设计空间范围

参数	最小值	最大值
AR	1	1.7
GR	2.5	10
CR	0.14	1.2
DL	0.5	1.2
DS	0.17	0.33
$A/(°)$	30	50
t_1	0.1	0.3
t_2	0.2	0.3
ω	0.1	0.4

在 CFX 计算过程中，流体计算域的入口设置为速度边界条件，速度大小相当于翼型水下滑翔机的速度 1m/s，出口设置为压力边界条件，压力大小为 0Pa，采用增强避免函数法，边界层数设置为 12 层，计算攻角设置为 3°。本书将 Z-Ray 的外形作为基准外形。

样本点的数量和分布是影响代理模型准确性的重要因素。最初的 50 个样本数据从拉丁超立方试验设计方法在样本空间中选出，通过 CFX 软件计算出这 50 个样本的水动力参数，目标函数表示如下：

$$Y(x)=0.6\times\frac{F_L}{F_D}+0.4\times\frac{1}{\left|M_{\mathrm{p}}\right|} \tag{2.36}$$

经过 57 步迭代，$J(\boldsymbol{\theta})$ 的下降率小于设定的10^{-5}，图 2.42 为 $J(\boldsymbol{\theta})$ 梯度下降的变化过程。代理模型最初样本数设计为 50 组，经过 13 步迭代，代理模型的精度满足 2%的精度要求。基于高斯核函数和 RSM 的代理模型的优化结果如表 2.14 所示，一阶和二阶 RSM 代理模型的误差过大。高斯核函数代理模型的误差接近三阶 RSM 替代模型的误差，但其多项式次数减少了 2/3，这样可以大大减少计算时间。翼型水下滑翔机水动力外形优化结果如表 2.15 所示。

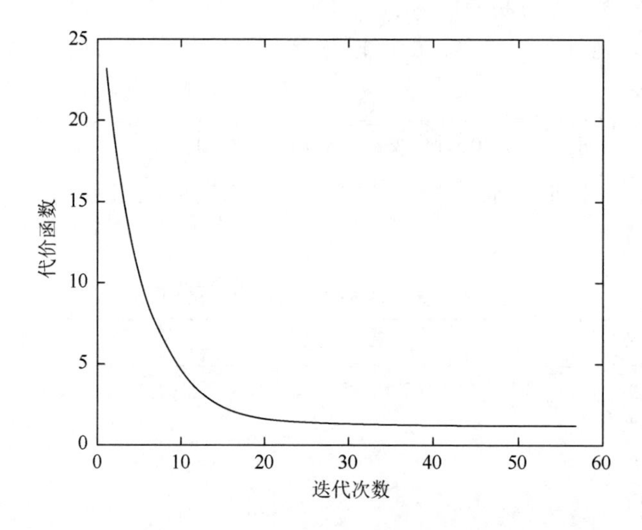

图 2.42　梯度下降 $J(\boldsymbol{\theta})$ 的收敛性

表 2.14　代理模型的优化结果

代理模型方法	多项式项数	误差/%
一阶 RSM	10	24.95
二阶 RSM	55	11.73
三阶 RSM	184	1.83
高斯核函数法	63	1.78

表 2.15　翼型水下滑翔机水动力外形优化结果

	初始模型	优化后模型	优化率/%
$Y(x)$	7.08	7.73	9.1

图 2.43 为优化前后翼型水下滑翔机的压力分布。可以看出优化前后有类似的压力分布，即在机翼前缘出现负压区，在机身前部和机翼后缘出现正压区。但可以看出优化前机翼后缘有较强的压力湍动，优化后机翼后缘处的压力等值线变得平滑，这有效地增加了翼型水下滑翔机的稳定性。图 2.44 为翼型水下滑翔机几何参数外形的相对灵敏度。

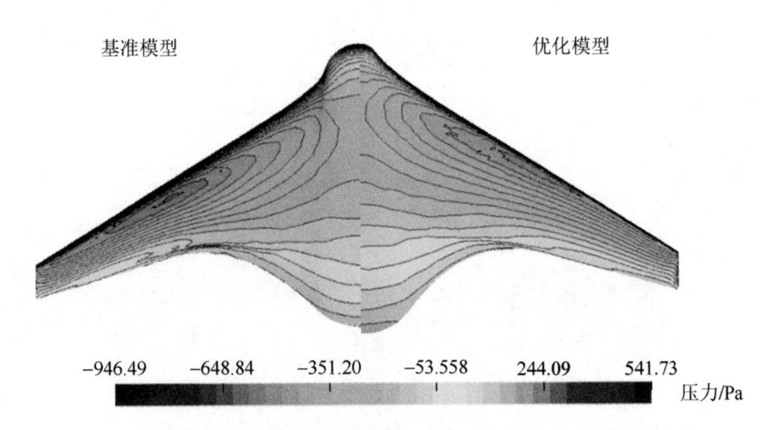

图 2.43　优化前后翼型水下滑翔机的压力分布（见书后彩图）

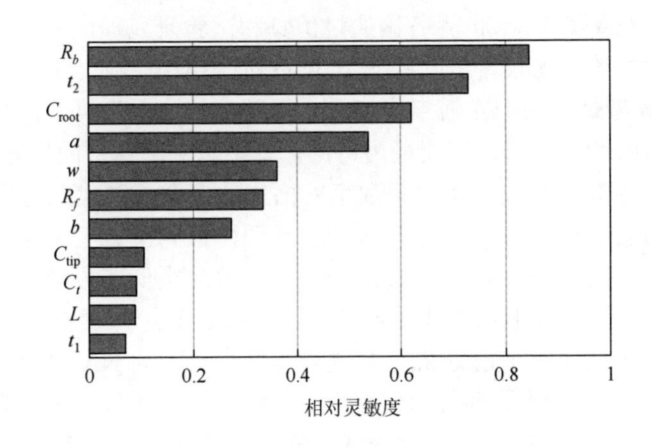

图 2.44　翼型水下滑翔机几何参数外形的相对灵敏度

3. 基于重叠网格技术的襟翼水动力特性研究

1）襟翼功能实现与外形参数化设计

翼型水下滑翔机在水下航行时受到各种力的作用，载体的航行状态由所受的这些力的大小和分布状况决定。对于水下滑翔机主线型的设计主要考虑的是在满足内部机构布置的前提下，尽量降低航行时的阻力。载体所受的力及力矩要满足操纵性的要求，对于升力和力矩的限制是在襟翼设计中来重点考虑的。应用于翼型水下滑翔机的襟翼机构通过改变襟翼的转角和翼型剖面的拱度，实现对载体升力和力矩的限制作用。如图 2.45 所示，当襟翼向上下摆动时，翼型后面由对称逐渐变为非对称形状，如同鱼尾一样，翼艉拱度的作用使翼上下表面产生压力差，进而提高舵效。

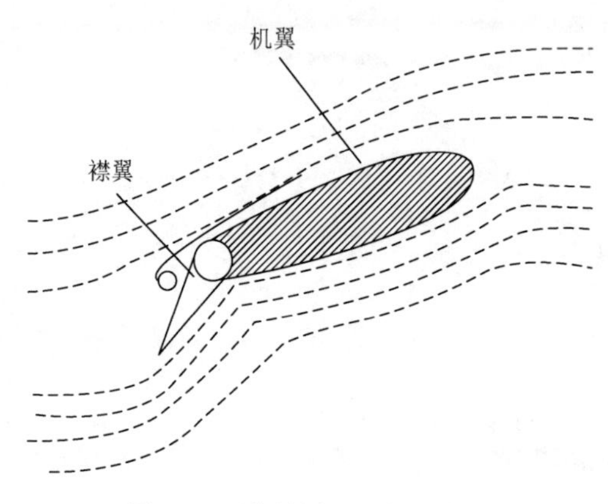

图 2.45　襟翼周围流场示意图

为了提高舵翼的性能，世界各国通过仿真和试验研究提出了多种舵翼剖面形状及其水动力特性。比较著名的有 NACA 系列、TMB 系列、JFS 系列等。其中 NACA 系列翼型是美国国家航空咨询委员会开发的一系列翼型，其普遍具有大升力、小阻力的特点，因而使用最为广泛。其中每一个翼型的代号由“NACA”四个字母与一串数字组成，将这串数字所描述的集合参数代入特定方程中即可得到翼型的精确形状。NACA 系列翼型包括四位数翼型、五位数翼型、六位数翼型，其中四位数翼型是美国 NACA 最早建立的一个低速翼型系列。这一系列翼型的前缘半径较大、艏部饱满，艉部过渡圆滑，利于减缓前缘分离现象的发生，适合应用于低速水下滑翔机。四位数翼型表示式为 NACA XYZZ，其中 X 表示相对弯度、Y 表示最大弯曲位置、ZZ 表示相对厚度，本书选取的翼型剖面为对称翼型，X、Y 都取零。对于翼型的升力系数和阻力系数可按式(2.37)、式(2.38)计算得出。

$$C_L = \frac{2L}{\rho C U^2} \tag{2.37}$$

$$C_D = \frac{2D}{\rho C U^2} \tag{2.38}$$

式中，L 为翼型升力；D 为翼型阻力；C 为翼型弦长；U 为来流速度。

翼型水下滑翔机机身与机翼通过两个圆弧平滑过渡，机身由艏部和艉部两个圆弧构成。翼型水下滑翔机的初始化模型为无襟翼的模型，如图 2.46 所示，初始化模型各变量的取值如表 2.16 所示。

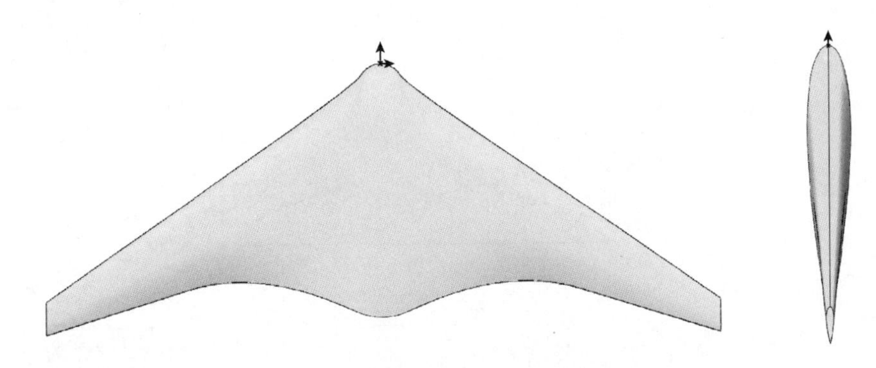

图 2.46 翼型水下滑翔机初始化模型

表 2.16 初始化模型各变量取值

变量	取值	变量	取值
C_t	1474.2mm	b	581mm
b_t	2000mm	C_{tip}	191.7mm
R_f	264.2mm	C_{root}	940.3mm
R_b	763.3mm	t_1	0.16
a_w	34.2°	t_2	0.22
L	1377mm	ω	0.24

翼型水下滑翔机襟翼与机翼部分光滑过渡连接，为了研究不同尾缘襟翼外形参数对翼型水下滑翔机升力及机翼尾部流场的影响，将襟翼的外形进行参数化设计（图 2.47），主要参数包括翼身距离 b_w 、襟翼高度 h 、襟翼弦长 L_w 、襟翼投影面积 S 、襟翼后掠角 a_w 。

为了保证各组模型的可比性，将襟翼投影面积 S 作为约束条件，取 36000mm^2，襟翼后掠角取 17°。由于襟翼的投影外形可以等效为平行四边形，所以襟翼弦长 L_w 的大小为 S/h 。翼身距离 b_w 、襟翼高度 h 及襟翼摆角 θ 作为设计变量。变量的取值见表 2.17。

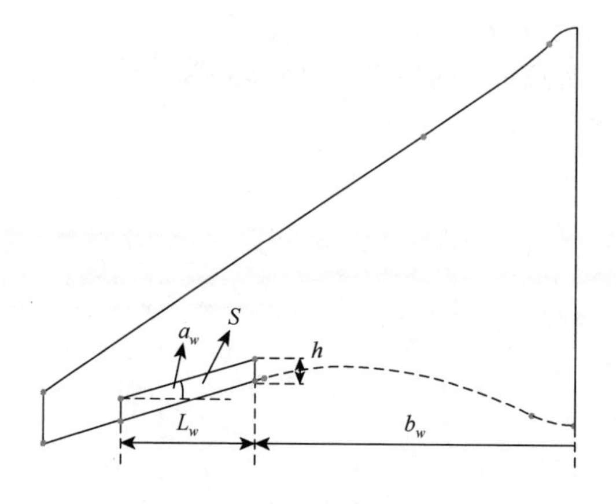

图 2.47　襟翼的外形参数

表 2.17　设计变量的取值

变量	取值
b_w /mm	900, 1000, 1100, 1200, 1300, 1400
h /mm	80, 100, 120, 140, 160, 180
θ /(°)	1, 2, 3, 4, 5, 6, 7, 8, 9, 10

2)襟翼水动力性能分析

(1)湍流模型。

水下滑翔机在水下航行时，流场的流动特性以雷诺数的大小来判别。雷诺数的定义为

$$Re = \frac{\rho U L'}{\mu} \tag{2.39}$$

式中，ρ 为流体密度；U 为流体流动速度；L' 为流体特征尺度；μ 为流体动力黏性系数。对于外流场，当雷诺数小于 5×10^5 时表示为层流边界层，当雷诺数大于 2×10^6 时则表示湍流边界层或者湍流流动占主要部分。经过计算，翼型水下滑翔机在 1kn 速度航行时的雷诺数超过临界雷诺数，故采用湍流模型进行模拟计算。模拟计算时假定流体为不可压缩连续介质。

采用商业软件 CFX 基于有限体积法对翼型水下滑翔机的水动力参数进行数值模拟计算。控制方程选用限体积法求解 RANS 方程。RANS 方法是目前工程实际中应用最广泛的数值模拟方法。其基本原理是：将湍流场中的瞬时量分成脉动值和平均值两部分，通过对 RANS 方程做平均运算，得出雷诺平均方程中的雷诺应力项，它包含了湍流的信息，且使方程组不封闭。依据湍流的理论知识或模拟数值计算结果，假设雷诺数的各种经验或半经验的本构关系，从而使湍流的平均雷诺方程封闭。不同的雷诺应力建模方法可得到不同的湍流模型，构成了湍流模式理论。RANS 方法的网格尺度允许较大，因此对计算机的要求较低。故本书采用 RANS 方法对襟翼的水动力进行数值计算。

本书数值求解采用 k-ε 湍流模型，该模型的定义如下：

$$\frac{\partial}{\partial t}(\rho k)+\frac{\partial}{\partial x_i}(\rho k u_i)=\frac{\partial}{\partial x_j}\left[\alpha_k \mu_{\text{eff}}\frac{\partial k}{\partial x_j}\right]+G_k+G_b-\rho\varepsilon-Y_M \tag{2.40}$$

$$\frac{\partial}{\partial t}(\rho\varepsilon)+\frac{\partial}{\partial x_i}(\rho\varepsilon u_i)=\frac{\partial}{\partial x_j}\left[\alpha_\varepsilon \mu_{\text{eff}}\frac{\partial \varepsilon}{\partial x_j}\right]+C_{1\varepsilon}\frac{\varepsilon}{k}(G_k+C_{3\varepsilon}G_b)-C_{2\varepsilon}\rho\frac{\varepsilon^2}{k}-R_\varepsilon \tag{2.41}$$

式中，G_k 是层流速度梯度产生的湍流动能；G_b 是浮力产生的湍流动能；Y_M 是在可压缩湍流中过渡的扩散产生的波动；$C_{1\varepsilon}=1.42, C_{2\varepsilon}=1.68, C_{3\varepsilon}=1.39$，是常量；$a_k$ 和 a_ε 是 k-ε 方程的湍流普朗特数。

(2) 重叠网格技术。

随着数值计算的快速发展及 CFD 技术进入实用化阶段，在水下滑翔机用滑翔机襟翼设计中引入 CFD 技术，对襟翼的水动力特性进行预估，是襟翼设计的重要方法。本书采用结构化网格技术，结构化网格技术具有技术成熟、壁面黏性模拟能力强等特点。划分网格模型由机翼和襟翼两部分组成，传统网格划分方法需要对襟翼模型及襟翼摆角分别进行网格划分，且在机翼和襟翼间隙网格划分处理上较为困难，随着变量取值的增加，划分网格需要浪费大量的时间，同时该方法解决带附体的结构网格很复杂，需要很高的网格划分技巧。本书采用重叠网格技术，对机身和襟翼分别进行网格生成，利用重叠网格技术将其合并。该方法网格间可以相互移动，灵活性强，在处理不同摆角下的襟翼水动力问题时具有明显的优势，只需利用重叠网格方法对机翼和襟翼分别建立一次模型，在不同的转角下进行合并即可，更好地保证了网格质量，节省了大量的网格划分时间。图 2.48 为重叠网格示意图。

(3) 计算域网格验证。

本书所选计算模型为对称模型，因此选取半模型及半流场进行计算以提高计算效率。根据文献[18]，计算域大小设置为 $[-10b_t, 15b_t]\text{m}\times[0, 10b_t]\text{m}\times[-5b_t, 5b_t]\text{m}$。在保证计算准确性的同时尽量降低网格数量，以缩短计算时间，我们对比了同一模型不同网格数量下升阻比、升力、阻力的变化趋势，对比结果如图 2.49～图 2.51 所示。最终选取计算体网格数目约为 110 万个。

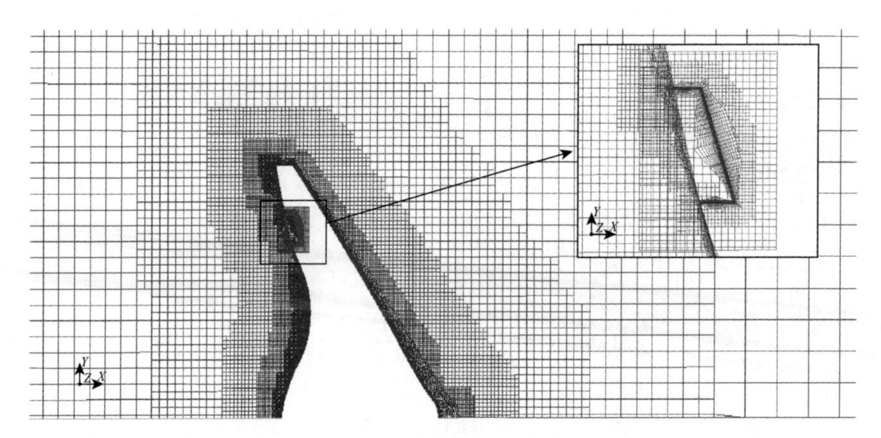

图 2.48　重叠网格示意图

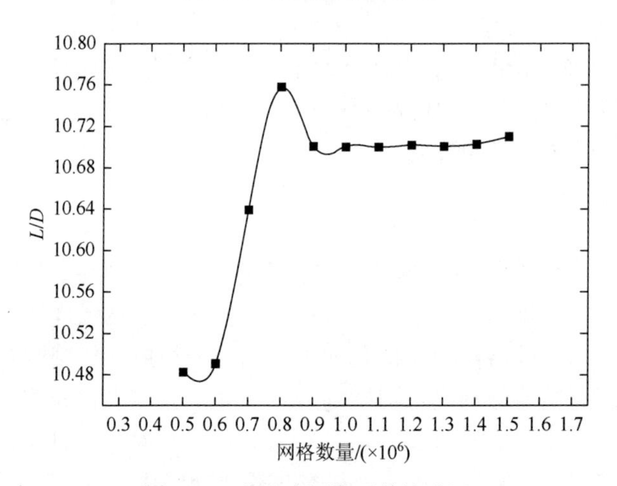

图 2.49　升阻比网格无关性验证

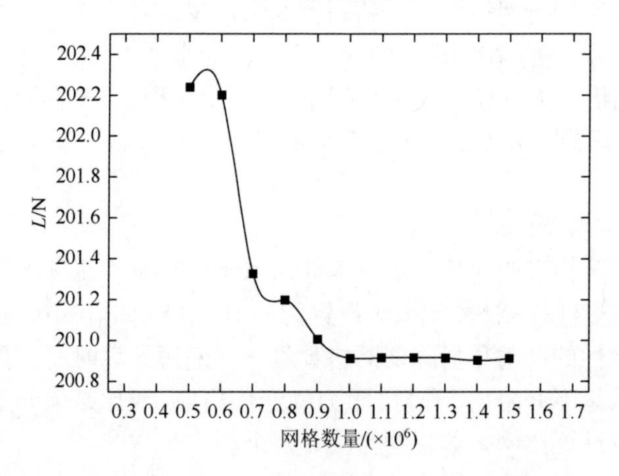

图 2.50　升力网格无关性验证

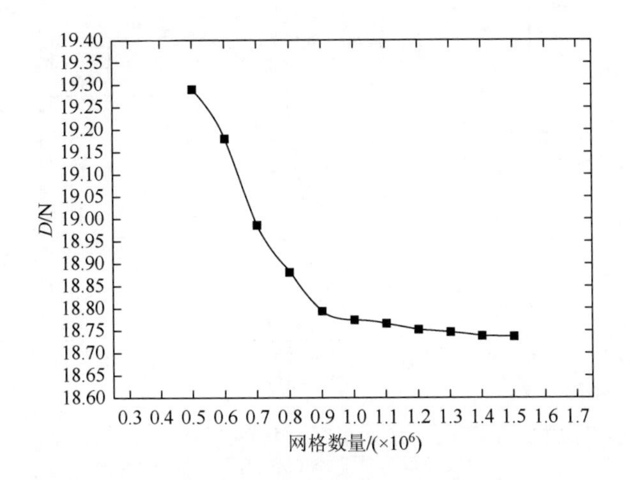

图 2.51　阻力网格无关性验证

3) 襟翼模拟仿真计算结果

根据表 2.17 所示的取值范围，以原始模型为基础，以翼身距离 b_w、襟翼高度 h 及襟翼摆角 θ 为变量建立模型，并分别对模型的水动力特性进行计算。为了确保各组数据的可比性，攻角选取 5°。根据翼身距离 b_w、襟翼高度 h 及襟翼摆角 θ 三个襟翼设计变量将计算模型分为两组，分别讨论翼身距离 b_w 及襟翼高度 h 在不同襟翼摆角 θ 下对翼型水下滑翔机水动力特性的影响。

(1) 不同翼身距离的对比。

翼身距离是评价襟翼水动力性能的一个重要参数，主要用来描述襟翼距离模型中心的距离。图 2.52～图 2.54 显示了襟翼高度为 80mm、攻角为 5°、速度为 2kn 时翼身距离分别为 900mm、1000mm、1100mm、1200mm、1300mm、1400mm 时翼型水下滑翔机模型的升力、阻力及升阻比的变化趋势。

对比发现模型的升力及阻力都随着襟翼摆角的增大而增大。对比可以看出，升阻比随着襟翼摆角的增大先升高后降低，当襟翼摆角在 5°左右时，升阻比达到最大，随着襟翼摆角的继续增大，升阻比会下降，这是由于当襟翼摆角超过 5°时，升力的变化率小于阻力的变化率，随着翼身距离的增大，襟翼厚度逐渐变薄，襟翼上下表面的相对速度差逐渐变小、压力差相应降低，升阻比降低。翼身距离为 900mm 时的升阻比小于 1000mm 时的升阻比，分析认为这是由于当翼身距离为 900mm 时襟翼后缘处于模型机身及机翼的过渡部分，此处流线由机身向机翼侧发散，襟翼的舵效降低。

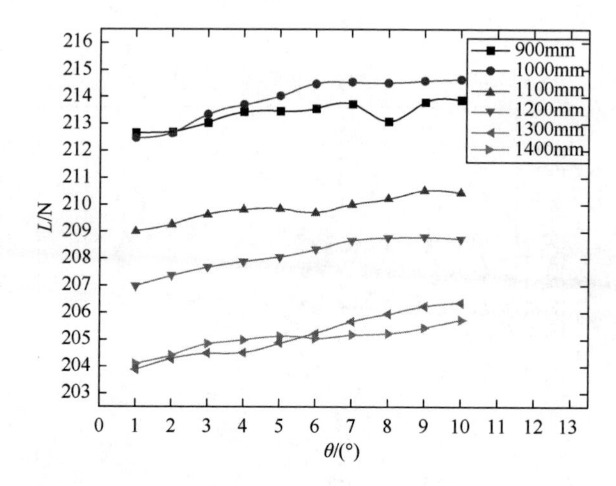

图 2.52　在不同襟翼摆角下翼身距离对模型升力的影响

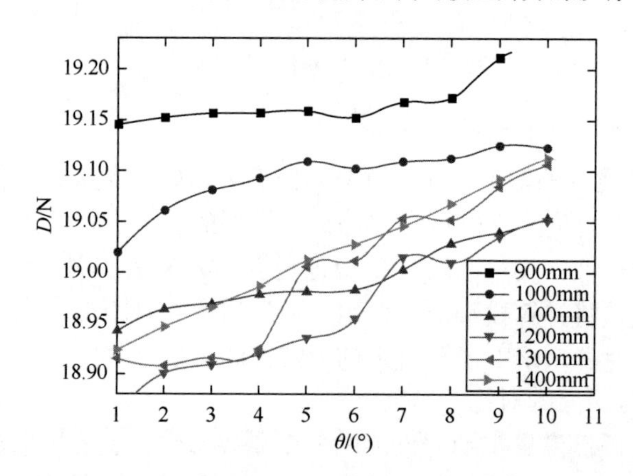

图 2.53　在不同襟翼摆角下翼身距离对模型阻力的影响

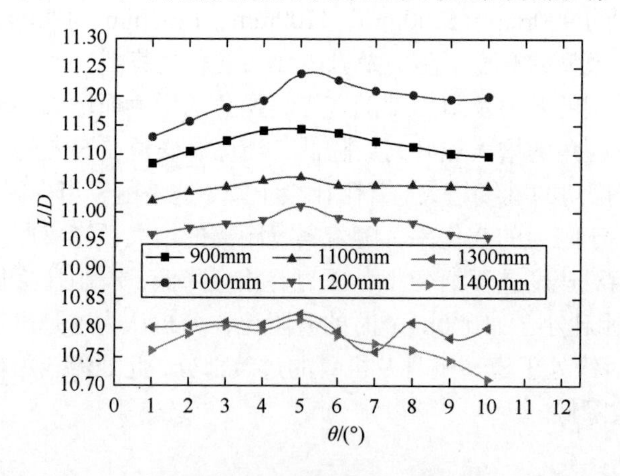

图 2.54　在不同襟翼摆角下翼身距离对模型升阻比的影响

(2)不同襟翼高度的对比。

襟翼高度是评价襟翼水动力性能的一个重要参数，对比分析中将襟翼的投影面积作为定量，所以襟翼长度随着襟翼高度的变化而变化。图 2.55～图 2.57 显示了翼身距离为 1100mm、攻角为 5°、速度为 2kn，襟翼高度分别为 80mm、100mm、120mm、140mm、160mm、180mm 时翼型水下滑翔机模型的升力、阻力及升阻比的变化趋势。

对比发现模型的升力及阻力都随着襟翼摆角的增大而增大。当襟翼摆角在 5°左右时，升阻比达到最大，随着襟翼摆角的继续增大，升阻比在小范围内持续下降，这是由于当襟翼摆角超过 5°时，升力的变化率小于阻力的变化率，升阻比随着襟翼摆角的增大先升高后降低。

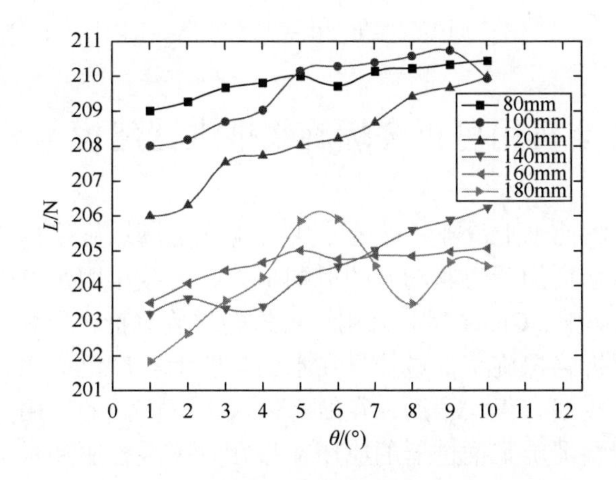

图 2.55　在不同襟翼摆角下襟翼高度对模型升力的影响

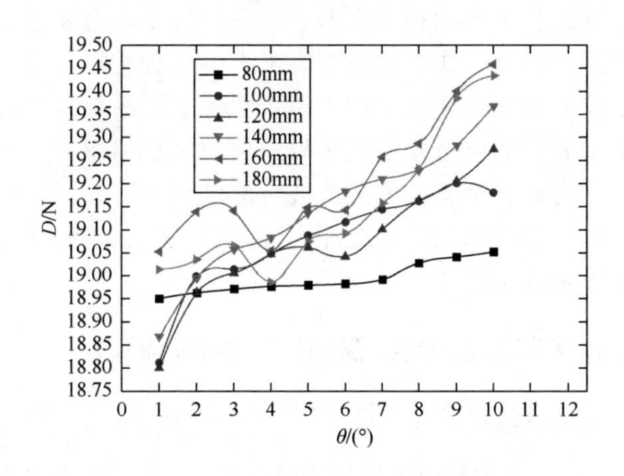

图 2.56　在不同襟翼摆角下襟翼高度对模型阻力的影响

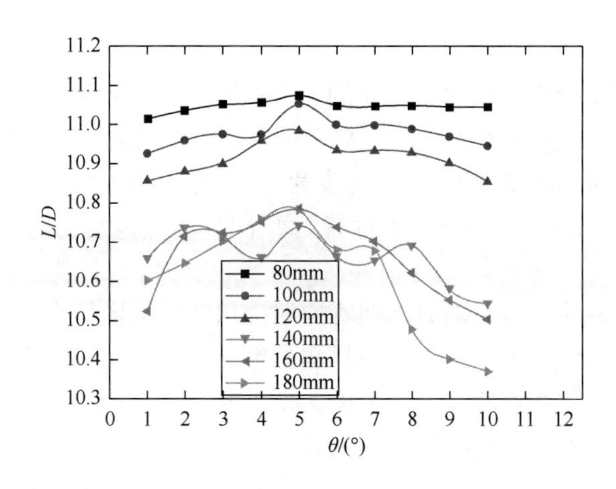

图 2.57 在不同襟翼摆角下襟翼高度对模型升阻比的影响

2.4 水下滑翔机用可折叠螺旋桨推进器建模与分析

国内外混合驱动水下滑翔机普遍采用传统固定翼螺旋桨推进器。传统固定翼螺旋桨推进器会增加浮力驱动时的滑翔阻力，为减小固定翼螺旋桨推进器给载体增加的阻力影响，Claus 等[18]采用了可折叠螺旋桨推进器替代传统固定翼螺旋桨推进器。可折叠螺旋桨推进器早在水面帆船上有广泛应用，实际结果显示其对提高运动员成绩有很大帮助，在航空领域也有广泛的应用，但很少用于水下滑翔机。可折叠螺旋桨推进器的应用，将在改善混合驱动水下滑翔机操纵性的同时提高其续航力，目前还没有针对混合驱动水下滑翔机专用的可折叠螺旋桨推进器进行系统研究工作的相关文献。本书开展了混合驱动水下滑翔机的可折叠螺旋桨推进器的研究工作，主要围绕可折叠螺旋桨推进器的设计、力平衡模型的建立、水动力性能计算及应用于混合驱动水下滑翔机的效果等四个方面进行了阐述。本书研究的可折叠螺旋桨推进器位于载体艉部，可根据任务需求适时展开和折叠。在螺旋桨驱动模式或混合驱动模式时，可折叠螺旋桨推进器桨叶展开并旋转提供前进的动力；在浮力驱动模式时，桨叶闭合从而降低混合驱动水下滑翔机滑翔时的阻力。

2.4.1 可折叠螺旋桨推进器实现机理与力平衡模型

1. 可折叠螺旋桨推进器实现机理

应用于混合驱动水下滑翔机的可折叠螺旋桨推进器由于体积小，所以内部结构比较复杂，尤其是在桨叶由展开到折叠时，由于前向航速较慢，无法仅依靠水流的压力使桨叶闭合，因此必须借助桨叶复位机构使桨叶闭合是该推进器的特点之一。为了使混合驱动水下滑翔机的续航力最大化，本书考虑可折叠螺旋桨推进器必须结构原理简单，桨叶复位机构不消耗水下滑翔机携带的电能。基于此考虑，本书设计的可折叠螺旋桨推进器的工作机理如下：螺旋桨工作时，电机起动并通过电机高速旋转产生的离心力和叶表面的水动力推力使桨叶展开工作；螺旋桨不工作时，桨叶通过内置的复位弹簧机构及叶表面的水动力阻力而折叠。可折叠螺旋桨推进器工作原理图如图 2.58 所示。

(a) 桨叶折叠

(b) 桨叶展开

图 2.58　可折叠螺旋桨推进器工作原理图

考虑到混合驱动水下滑翔机保持长续航优势，需要最大限度降低驱动装置附加的额外功耗，因此本书采用一种内置的复位装置辅助桨叶的折叠，可折叠螺旋桨推进器的设计目标如下：

(1) 桨叶充分展开和折叠；

(2) 无额外功耗；

(3) 具有较好减阻性能；

(4) 复位装置的复位弹簧刚度系数可选条件宽松。

通常螺旋桨的叶数选取为 2 叶或者更多，一般认为，若螺旋桨直径(指可折叠螺旋桨推进器桨叶展开时的直径)和展开面积相同，则叶数少者效率常略高，叶数多者因叶栅干扰作用增大，故效率下降[19]。另外，叶数少者对避免空泡有利[20]。因此根据目前国内外水下滑翔机水动力阻力估算值等一些主要参数[21]，本书设计了一只 2 叶的可折叠螺旋桨推进器。为了满足以上设计要求，可折叠螺旋桨推进器包括电机、复位装置(扭转弹簧等)、桨叶、桨毂，如图 2.59 所示。该推进器具有结构简单、安装容易的优点，但是复位装置的复位弹簧刚度系数选择比较困难，刚度过大，桨叶无法成功展开，刚度过小，则桨叶无法成功折叠，因此需要根据推进器模型参数精确计算求得。

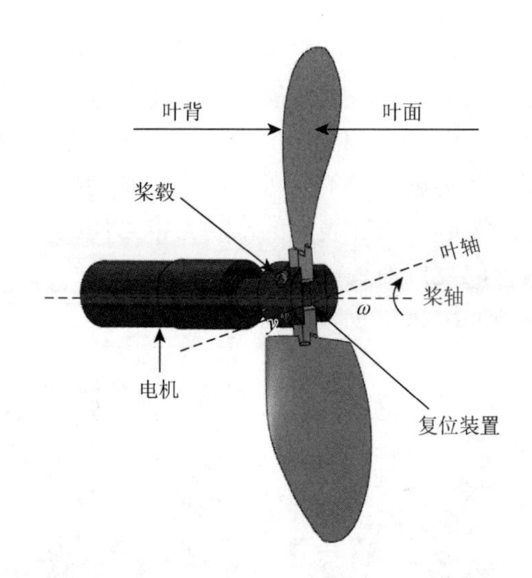

图 2.59　可折叠螺旋桨推进器结构组成

螺旋桨是可折叠螺旋桨推进器的核心部件，其中桨叶的开合实现是整个推进器的关键问题，因此螺旋桨的设计是非常重要的一个环节。

通过上述分析，有必要对推进器机理实现的过程进行专门研究分析，分析可折叠螺旋桨推进器的力平衡特征，并建立其力平衡模型。

2. 桨叶展开过程力平衡分析

当可折叠螺旋桨推进器从折叠到展开工作时，电机带动桨毂旋转，桨叶在离心力和叶表面水动力推力作用下打开，桨叶展开角 θ_p 由 0° 逐渐接近于 90° 。最后螺旋桨在离心力、水动力推力、扭转弹簧弹力及桨叶重力矩作用下达到动平衡。建立如图 2.60 所示的以任意一只桨叶旋转轴中点为原点 O_1 的载体坐标系 $O_1x_1y_1z_1$，其中 x_1 轴与桨毂纵轴线平行且指向叶面方向，y_1 轴与桨叶旋转轴平行指向桨毂的右侧，z_1 轴垂直 $O_1x_1y_1$ 平面且指向桨毂外侧，C 为桨叶质心，其位置矢量 $\boldsymbol{R}_{1C}=(x_{1C},y_{1C},z_{1C})$。桨叶旋转轴与桨毂轴线的垂向距离为 r_{O1}，m_p 为桨叶质量，g 为重力加速度，z_1 轴与竖直方向夹角为 ε，且 $0°\leqslant\varepsilon\leqslant180°$，如图 2.60 所示。

根据以上分析可知使桨叶能展开需满足以下力矩平衡关系：

$$-M_C-M_H+M_S+M_G<0 \tag{2.42}$$

式中，M_C 为作用在桨叶旋转轴上的离心力矩；M_H 为作用在桨叶旋转轴上的水动力推力矩；M_S 为作用在桨叶旋转轴上的弹簧扭矩；M_G 为作用在桨叶旋转轴上的重力矩，其正方向定义遵循右手法则，如图 2.60 所示。

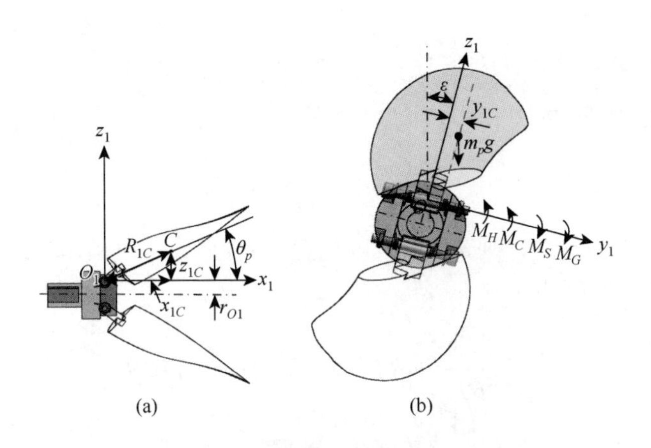

图 2.60 桨叶展开过程力平衡分析

1) 离心力矩

离心力矩 M_C 是桨叶展开的主要驱动力，取桨叶表面一微元体质量 $\mathrm{d}m_p$，该微元体质心坐标为（$x_{1Ci}, y_{1Ci}, z_{1Ci}$），则离心力矩可由下式计算得到

$$M_C = \oint_{m_p} \omega^2 x_{1Ci}(z_{1Ci} + r_{O1})\mathrm{d}m_p \tag{2.43}$$

式中，m_p 为单只桨叶的质量，单位为 kg；ω 为桨毂旋转的角速度，单位为 rad/s，定义从后往前看时螺旋桨桨毂右旋为正，且 $\omega = 2\pi n / 60$，n 为螺旋桨转速，单位为 r / min。

由刚体运动分析可知，可折叠螺旋桨推进器在旋转时可视为刚体的转动，因此可将桨叶的质量看作集中于质心处，并近似认为质心位于 $O_1x_1z_1$ 平面内，则方程(2.43)可转换为

$$M_C = m_p\omega^2(\| \boldsymbol{R}_{1C} \| \sin\theta_p + r_{O1}) \| \boldsymbol{R}_{1C} \| \cos\theta_p \tag{2.44}$$

式中，$\boldsymbol{R}_{1C}$ 为桨叶质心 C 的位置矢量。

通过三角函数变换进一步将方程(2.44)化简为

$$M_C = m_p\omega^2 \| \boldsymbol{R}_{1C} \| \left[\frac{\| \boldsymbol{R}_{1C} \|}{2}\sin(2\theta_p) + r_{O1}\cos\theta_p \right] \tag{2.45}$$

为研究离心力矩 M_C 关于桨叶展开角 θ_p 的变化规律，可将方程(2.45)分解为含自变量 ω 的函数 $f(\omega)$ 和含自变量 θ_p 的函数 $f(\theta_p)$ 的乘积的形式，采用对函数求导的方法判定 M_C 在 $\theta_p \in [0,90°]$ 范围内的单调性，即

$$M_C = f(\omega)f(\theta_p) \tag{2.46}$$

式中，$f(\omega)=m_p\omega^2\|\boldsymbol{R}_{1C}\|$，$f(\theta_p)=\dfrac{\|\boldsymbol{R}_{1C}\|}{2}\sin(2\theta_p)+r_{O1}\cos\theta_p$。

$f(\omega)$ 对 ω 求导得

$$\frac{\mathrm{d}f(\omega)}{\mathrm{d}\omega}=2m_p\omega\|\boldsymbol{R}_{1C}\|$$

假设螺旋桨旋向为右旋，则 $\omega>0$，可判定 $f(\omega)$ 是随 ω 单调递增的函数。

$f(\theta_p)$ 对 θ_p 求导得

$$\frac{f(\theta_p)}{\mathrm{d}\theta_p}=\|\boldsymbol{R}_{1C}\|\cos(2\theta_p)-r_{O1}\sin\theta_p$$

令 $\dfrac{f(\theta_p)}{\mathrm{d}\theta_p}>0$，求得

$$0<\theta_p<\arcsin\left(\frac{1}{4}\left(\sqrt{\left(\frac{r_{O1}}{\|\boldsymbol{R}_{1C}\|}\right)^2+8}-\frac{r_{O1}}{\|\boldsymbol{R}_{1C}\|}\right)\right) \tag{2.47}$$

令 $\dfrac{f(\theta_p)}{\mathrm{d}\theta_p}<0$，求得

$$\arcsin\left(\frac{1}{4}\left(\sqrt{\left(\frac{r_{O1}}{\|\boldsymbol{R}_{1C}\|}\right)^2+8}-\frac{r_{O1}}{\|\boldsymbol{R}_{1C}\|}\right)\right)<\theta_p<90° \tag{2.48}$$

令 $\theta_m=\arcsin\left(\dfrac{1}{4}\left(\sqrt{\left(\dfrac{r_{O1}}{\|\boldsymbol{R}_{1C}\|}\right)^2+8}-\dfrac{r_{O1}}{\|\boldsymbol{R}_{1C}\|}\right)\right)$，则 $f(\theta_p)$ 在 $\theta_p\in[0,\theta_m]$ 是关于 θ_p 的单调递增函数，在 $\theta_p\in[\theta_m,90°]$ 为单调递减函数，由于 $f(\omega)>0$，$f(\theta_p)>0$，由函数单调性判定可知，M_C 单调性与 $f(\theta_p)$ 一致。

由上述分析可知，桨叶离心力矩随着桨叶展开角由 0 逐渐增大到 $90°$ 的过程中，先增大后减小，并且在 $\theta_p=\theta_m$ 时达到最大。

2）水动力推力矩

可折叠螺旋桨推进器的水动力推力矩是一种桨叶展开驱动力，在螺旋桨旋转时作用在螺旋桨盘面法向的推力会产生一种使桨叶展开的力矩，该力矩大小和螺旋桨转速、直径以及进速系数有关。MacKenzie 和 Forrester[22]推导了帆船螺旋桨的水动力推力矩和系数，即

$$\begin{cases}M_H=f(\rho,n,D_p,J)=K_{M_H}\rho n^2D_p^5\\K_{M_H}=K_0^M+K_1^MJ+K_2^MJ^2\end{cases} \tag{2.49}$$

式中，ρ 为海水密度，其值在船舶理论里应取 104.6 $\mathrm{kgf \cdot s^2/m^4}$（1kgf = 9.80665N）；$J$ 为进速系数；K_{M_H} 为水动力矩系数；K_0^M 、K_1^M 、K_2^M 均为水动力系数。

3) 重力矩

重力矩 M_G 的值与 ε 的大小有关，ε 为建立在桨叶上的载体坐标系 $O_1x_1y_1z_1$ 的 z_1 轴与铅垂线之间的夹角，如图 2.60(b) 所示。假设任一时刻桨叶转到如图 2.60(b) 所示的位置，则桨叶的自重绕 y_1 轴的重力矩为

$$M_G = m_p g x_{1C} \cos\varepsilon \tag{2.50}$$

式(2.50)表明，M_G 的大小和方向随着 z_1 轴与竖直方向夹角 ε 改变：

(1) 当 $|\varepsilon| \in [0, 90°]$ 时，则 $M_G > 0$，此时 M_G 相当于一种制动力；

(2) 当 $|\varepsilon| \in [90°, 180°]$ 时，则 $M_G < 0$，此时 M_G 相当于一种驱动力。

因此为了保证本书结论的可信度，在分析桨叶展开过程力平衡时，应取 M_G 最大值。即 $|\varepsilon| = 0$ 时，M_G 取最大（$M_{G\max} = m_p g x_{1C}$）。

4) 弹簧扭矩

弹簧扭矩 M_S 在桨叶展开阶段是一种制动力，该力矩阻碍了桨叶的展开，可由扭转弹簧扭矩计算公式得到：

$$M_S = \frac{E_S I_S \theta_S}{\pi d_{S2} N_S} \tag{2.51}$$

式中，E_S 为弹性模量，单位为 MPa；I_S 为弹簧丝截面轴惯性矩，单位为 $\mathrm{mm^4}$，对于圆截面 $I_S = \pi d_{S1}^4 / 64$，d_{S1} 为弹簧线径，单位为 mm；θ_S 为扭转变形角，单位为 rad；d_{S2} 为弹簧中径，单位为 mm；N_S 为弹簧圈数。

令

$$M_S = K_S(\theta_p + |\theta_{p0}| \operatorname{sgn}(\theta_{p0})) \tag{2.52}$$

式中，$\operatorname{sgn}(\cdot)$ 是符号函数，本书规定复位弹簧预装角（预设桨叶展开角）向内为正，即 $\theta_{p0} > 0$，向外为负，即 $\theta_{p0} < 0$。由几何关系很容易得到复位弹簧扭转变形角 $\theta_S = \theta_p + |\theta_{p0}| \operatorname{sgn}(\theta_{p0})$。定义 K_S 为复位弹簧刚度系数，则

$$K_S = \frac{E_S I_S}{\pi d_{S2} N_S} \tag{2.53}$$

3. 桨叶折叠过程力平衡分析

桨叶由展开到折叠过程中，桨叶在叶背水流压力及恢复弹簧弹力作用下闭合。分析该过程中的力平衡关系得到：

$$M_D + M_S + M_G > 0 \tag{2.54}$$

式中，M_D为叶背上水流压力作用于桨叶旋转轴的水动力阻力矩，该力是使桨叶折叠的一种驱动力，其值可以通过计算流体力学的方法得到。与桨叶展开过程不同的是，在桨叶折叠过程中，M_S是一种驱动力，大小与螺旋桨直径、螺旋桨速度及桨叶展开角有关，其计算方法与桨叶展开过程相同，即

$$M_D = f(r, D_p, V, \theta_p) \tag{2.55}$$

在该过程中，M_G的能动性正好与桨叶展开过程相反，即

(1)当$|\varepsilon| \in [0, 90°]$时，$M_G > 0$，此时$M_G$相当于一种驱动力；

(2)当$|\varepsilon| \in [90°, 180°]$时，$M_G < 0$，此时$M_G$相当于一种制动力。

同样为了保证本书结论的可信度，在分析桨叶折叠过程力平衡时，应取M_G最小值。即$|\varepsilon| = 180°$时，M_G取最小($M_{G\min} = -m_p g x_{1C}$)。

4. 复位弹簧刚度模型

由前面论述可知，可折叠螺旋桨推进器的桨叶同时满足展开和折叠的条件可归纳为

$$\begin{cases} -M_C - M_H + M_S + M_G < 0 \\ M_D + M_S + M_G > 0 \end{cases} \tag{2.56}$$

将该不等式组整理为下式：

$$-M_G - M_D < M_S < M_C + M_H - M_G \tag{2.57}$$

将式(2.45)、式(2.49)～式(2.51)及式(2.55)代入式(2.57)中可得到复位弹簧刚度系数的取值范围数学模型为

$$\begin{aligned} &\left\{ \frac{1}{\theta_p + |\theta_{p0}| \operatorname{sgn}(\theta_{p0})} (-m_p g \| \boldsymbol{R}_{1C} \| \cos\theta_p \cos\varepsilon - M_D) \right\}_{\max} < K_S \\ &< \left\{ \frac{1}{\theta_p + |\theta_{p0}| \operatorname{sgn}(\theta_{p0})} \left[\frac{m_p \| \boldsymbol{R}_{1C} \| n^2}{100} \left(\frac{\| \boldsymbol{R}_{1C} \|}{2} \sin(2\theta_p) + r_{o1} \cos\theta_p \right) \right.\right. \\ &\left.\left. + K_{M_H} \rho n^2 D^5 - m_p g \| \boldsymbol{R}_{1C} \| \cos\theta_p \cos\varepsilon \right] \right\}_{\min}, \theta_p \in [0, \pi/2] \end{aligned} \tag{2.58}$$

2.4.2 可折叠螺旋桨推进器水动力性能分析

1. 推进器的计算模型

当流体流经载体表面时，会在边界层发生黏性湍流，本书采用 RANS 方法来

分析混合驱动水下滑翔机的水动力，利用计算流体力学软件包 CFX14.0 进行水动力数值计算。CFD 数值模拟要求进行合理的网格划分、雷诺数计算、湍动能模型选择及边界条件设置。雷诺数可按下式计算：

$$Re = \frac{\rho V D_p}{\mu} \tag{2.59}$$

式中，海水密度 $\rho = 1025\text{kg/m}^3$；V 是螺旋桨的进速；D_p 为螺旋桨直径；μ 为流体运动黏性系数。

CFD 计算时可折叠螺旋桨推进器的速度范围为 $0.28 \sim 1.68\text{m/s}$，对应的雷诺数范围为 $6.7\times10^4 \sim 4\times10^5$，因此本书采用适用于低雷诺数的 k-ε 湍流模型[23]，该模型在模拟水下滑翔机艉部边界层分离方面具有较高精度。此外，k-ε 模型还能精确仿真螺旋桨叶片附近的流动参数[24]。为获得满意的计算精度，计算中残差设为 10^{-5}。为计算可折叠螺旋桨推进器旋转时的水动力，本书采用多参考坐标系（multiple reference frame，MRF）方法来处理旋转机械的 CFD 数值模拟问题[25]。可折叠螺旋桨推进器的整个计算流域为长方体，长方体左端面为入流边界，右端面为出流边界，四周为流域壁面，如图 2.61（a）所示。计算流域将动流域和静流域分开，动、静流域之间采用能量传递界面连接以传递能量，如图 2.61（b）所示。

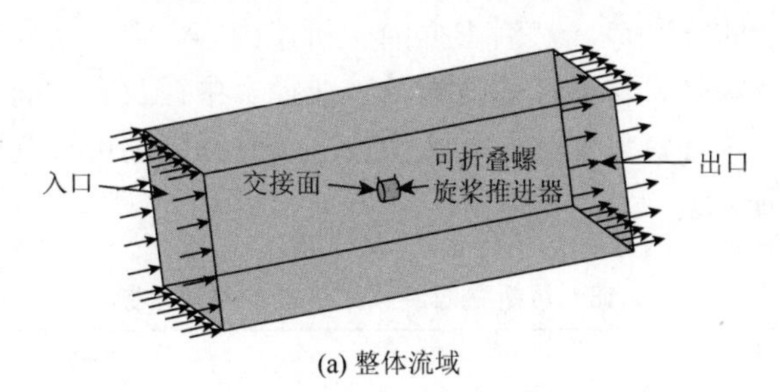

(a) 整体流域

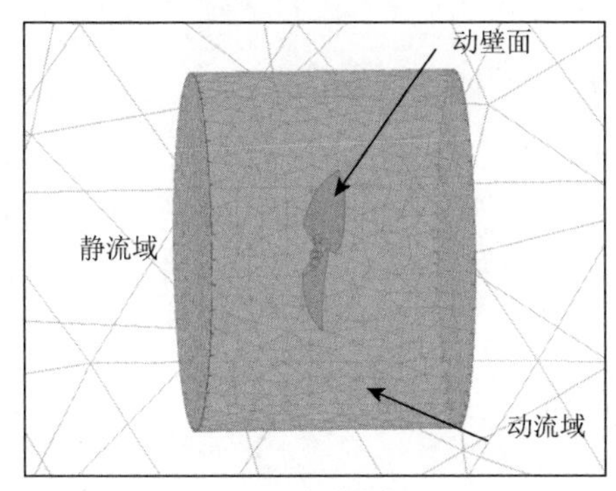

(b) 局部流域放大图

图 2.61　可折叠螺旋桨推进器计算流域

可折叠螺旋桨推进器实体表面设置为非滑移壁面，远离可折叠螺旋桨推进器的四周壁面设置为滑移壁面，为了避免流域的外围壁面对计算结果的影响，本书设置的长方体静流域的长宽高尺寸为$28D_p \times 14D_p \times 10D_p$，圆柱体形动流域尺寸为直径$1.5D_p$、长度$1D_p$（其中$D_p$为螺旋桨直径）。计算中可折叠螺旋桨推进器的转速设置为600r/min，流域的入流速度范围为 0.28～1.68m/s，对应的进速系数为$J=0.1$～0.6（间隔 0.1），桨叶张开角$\theta_p \in [0,90°]$（间隔15°），推进器的推进性能计算模型如图 2.62 所示。

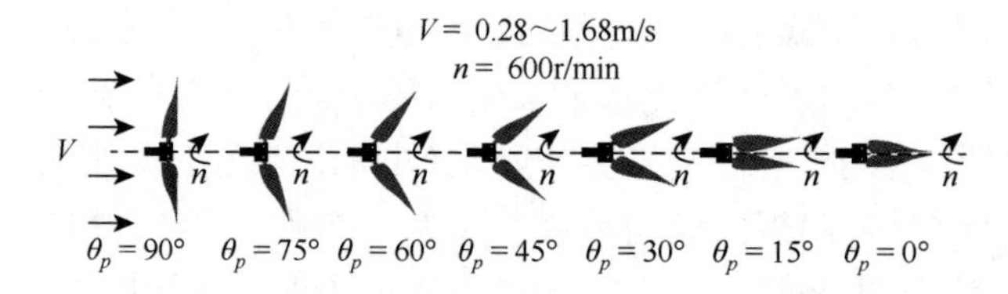

图 2.62　可折叠螺旋桨推进器不同桨叶展开角下的计算模型

结合“海翼 1000”的载体模型的主要参数[26]，首先对混合驱动水下滑翔机的有效功率进行了估算，并根据功率匹配关系和混合驱动水下滑翔机的设计航速求出推进器达到设计航速所需的螺旋桨敞水收到功率，计算出所需的螺旋桨直径、螺距比和敞水性能曲线[27, 28]。然后根据前文所述内容，求出恢复弹簧所需的恢复力矩范围，进而选择弹簧材料、弹性模量、线径、中径及有效圈数，最后根据安装需求和结构特点选择每只桨叶所需弹簧数。最终得到的可折叠螺旋桨推进器物理参数如表 2.18 所示。

表 2.18　可折叠螺旋桨推进器的物理参数

参数名称	物理属性
螺旋桨直径 D_p	0.28m
螺距比 P_p/D_p	0.786
毂径比 d_h/D_p	0.14
桨叶材料	ABS
桨叶质量 m_p	0.022kg
叶数	2
桨毂材料	2024 铝合金
桨毂质量 m_h	0.090kg
弹簧线径 d_{S1}	1mm
弹簧中径 d_{S2}	8mm

续表

参数名称	物理属性
弹簧材料	硅青铜线（silicon bronze wire）
弹性模量 E_S	93.2GPa
弹簧有效圈数 N_S	4
单桨叶弹簧数 Z_S	2

2. 敞水性能

1) 桨叶展开角为90°

首先对可折叠螺旋桨推进器在桨叶展开角 $\theta_p = 90°$ 的敞水性能进行了计算，得到推进器在不同进速系数 J 下的推力 T_p 及扭矩 Q_p，然后根据式(2.60)即可计算得到推进器的推力系数 K_T、转矩系数 K_Q 及推进效率 η_0。将计算结果绘制成曲线，如图 2.63 所示。

$$
\begin{cases}
K_T = \dfrac{T_p}{\rho n^2 D_p^4} \\
10K_Q = \dfrac{10Q_p}{\rho n^2 D_p^5} \\
\eta_0 = \dfrac{J}{2\pi} \cdot \dfrac{K_T}{K_Q} \\
J = \dfrac{V}{nD_p}
\end{cases}
\tag{2.60}
$$

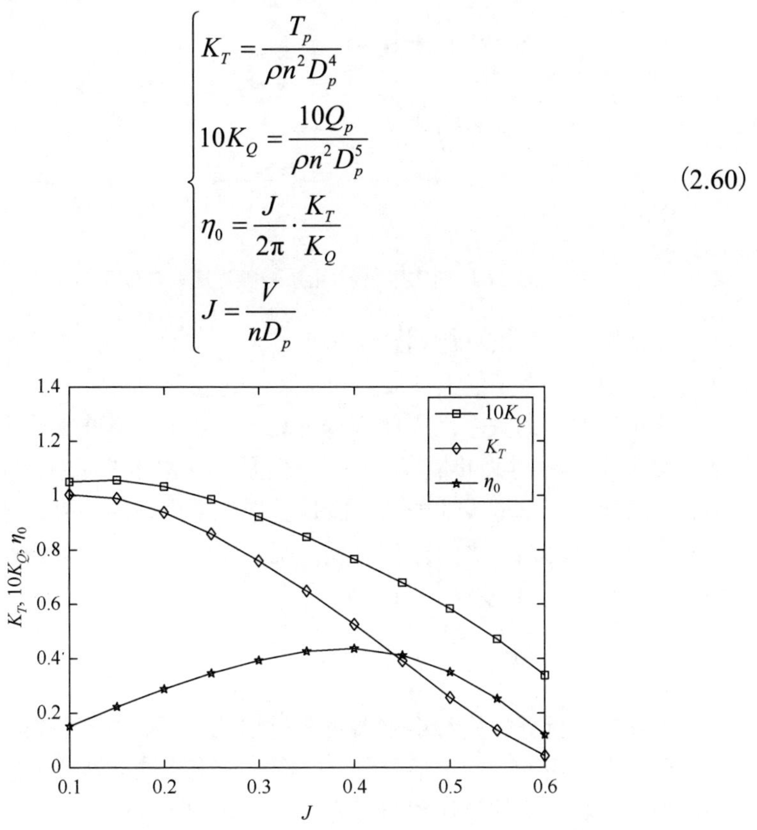

图 2.63　可折叠螺旋桨推进器在桨叶展开角为 90°时的敞水性能曲线

可以发现，图 2.63 中的曲线段是光滑圆顺的，具有很强的规律性。K_T 和 K_Q 分布规律较一致，且随着 J 增大向下弯曲。一般认为 K_T 、K_Q 曲线都近似于抛物线。

2) 桨叶展开角为 0°至 90°

为了动态获得作用在桨叶上水动力推力矩 M_H ，本书计算了不同 J 和不同 θ_p 对应的 M_H ，由式(2.61)可换算出水动力推力矩系数 K_{M_H} ，其曲线随 J 变化规律如图 2.64 所示。

$$K_{M_H}=\frac{M_H}{\rho n^2 D_p^5} \tag{2.61}$$

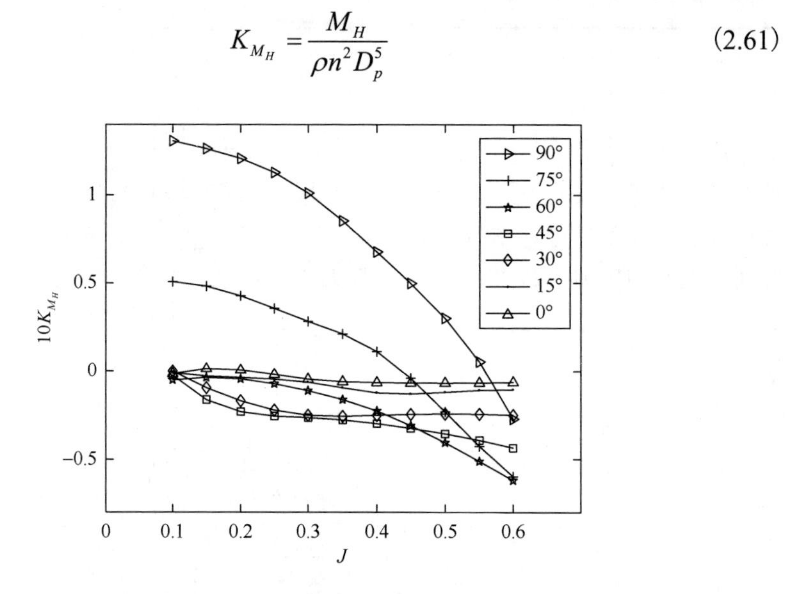

图 2.64 水动力推力矩系数随进速系数变化的曲线

计算结果表明：相同 θ_p 时，J 越小，K_{M_H} 越大，因此进速系数为 0 时作用在桨叶上的水动力推力矩最大，最有利于桨叶的展开；相同 J 时，K_{M_H} 随 θ_p 的增大呈现先减小后增大的关系。因此根据式(2.60)可知，当进速系数越大时，桨叶展开越困难，当 $J=0$ 时桨叶最容易展开。但是对于相同进速系数时，桨叶的展开难易并非与桨叶展开角呈线性关系，而是呈现先难后易的趋势，这是由于当两只桨叶距离比较靠近时相互之间存在流场干扰，因此在设计可折叠螺旋桨推进器时，需要尤其注意 K_{M_H} 值最小时的 θ_p 值。

3. 水动力阻力矩

为了分析可折叠螺旋桨推进器折叠过程的力平衡状态，需要计算方程(2.55)中的水动力阻力矩 M_D ，计算模型与可折叠螺旋桨推进器低阻性能计算的模型相同，区别在于螺旋桨的转速此时为零，进速 $V\in[0,2\text{m/s}]$ ，分别对 $\theta_p\in[0,90°]$ (间隔15°)的范围进行计算，结果如图 2.65 所示。

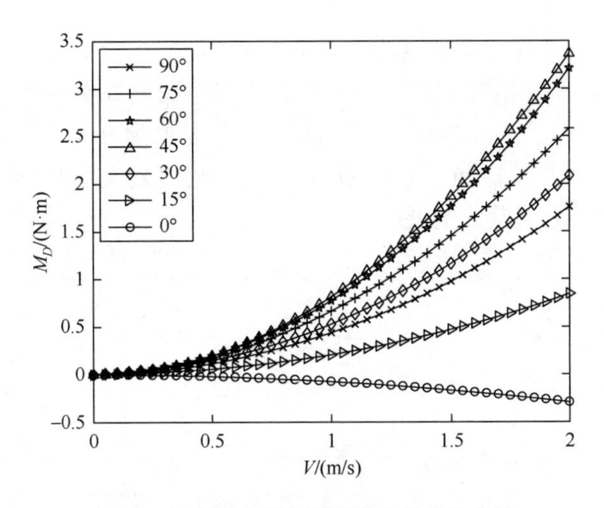

图 2.65 水动力阻力矩随进速的变化曲线

通过计算发现，相同速度下，如分别提取 0.28m/s 和 0.56m/s 两个进速下的水动力阻力矩 M_D 和 θ_p 的数据信息，随着 θ_p 的增大，M_D 先增大后减小，而不是呈现递增的规律，如图 2.66 所示。

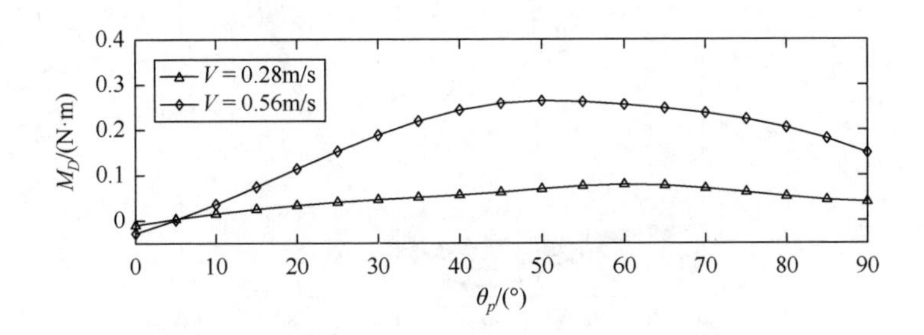

图 2.66 水动力阻力矩随桨叶展开角的变化曲线

产生这种现象的原因是产生 M_D 的力不仅来自前向水流的水动力阻力 D，还来自水动力升力 L，根据机翼理论，入流方向固定，随着 θ_p 的增大，攻角也增大，升力增大，当超过失速攻角时，升力开始逐渐减小。虽然在整个过程中，阻力一直呈现递增的规律(图 2.67)，但二者合力产生的 M_D 就呈现了如图 2.66 所示的先增大后减小的规律。由图 2.66 可发现，失速攻角约为 50°，也就是说，当桨叶由展开到闭合时，使桨叶产生闭合的最大水动力矩并非在桨叶完全张开时，而是 θ_p 大约减小到 50° 时。

4. 螺旋桨转速确定

由前文的分析可知，航行速度是影响可折叠螺旋桨推进器桨叶从闭合到展开的难易程度的因素之一，速度越大展开难度也越大，故为了使本书结论具有可信度，本书只分析在通常的浮力驱动模式切换为螺旋桨驱动模式桨叶的展开情况，而不分析从速度为零时桨叶开始展开的情况。借鉴国内外水下滑翔机的资料，通常滑翔状态下航速为0.5kn，可折叠螺旋桨推进器桨叶展开时水动力推力矩 M_H 随桨叶展开角 θ_p 的变化规律如图 2.68 所示。从图中可以发现，螺旋桨转速越大，M_H 值越大，从而越有利于桨叶的展开。

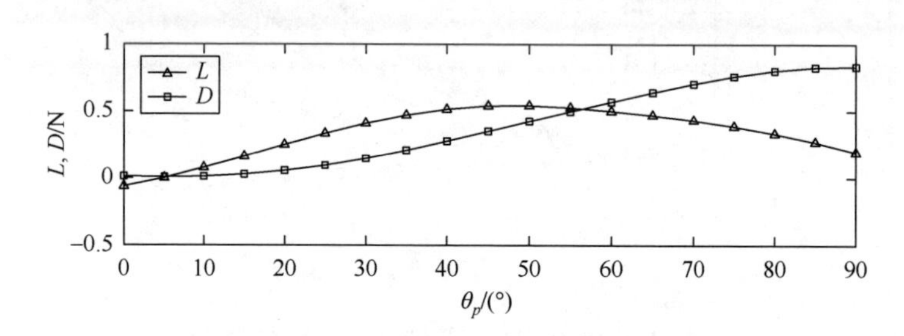

图 2.67　升力和阻力随桨叶展开角的变化曲线

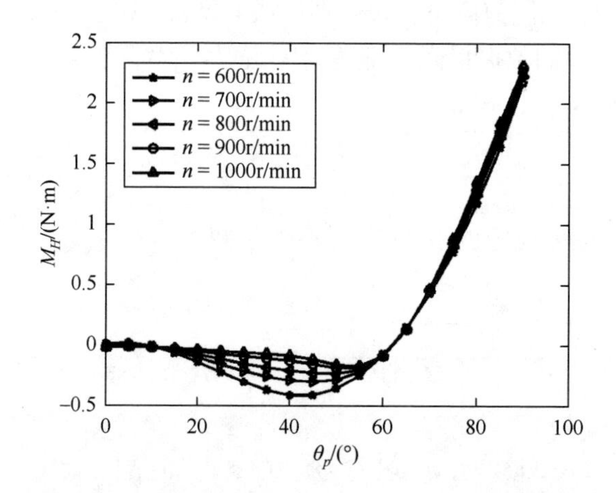

图 2.68　可折叠螺旋桨推进器桨叶展开时水动力推力矩随桨叶展开角的变化曲线

令净力矩 M_U 为

$$M_U = -M_H - M_C + M_S + M_G \tag{2.62}$$

根据不等式(2.48)可知，当且仅当 $M_U < 0$ 时，可折叠螺旋桨推进器的桨叶才能满足对于 $\forall \theta_p \in [0, \pi/2]$ 都能展开。将各项力矩表达式代入式(2.62)得

$$M_U = -M_H - \frac{m_p R_{1C} n^2}{100}\left(\frac{R_{1C}}{2}\sin(2\theta_p) + r_{O1}\cos\theta_p\right) + \frac{E_S I_S \theta_p}{\pi d_{S2} N_S} + m_p g R_{1C}\cos\theta_p \tag{2.63}$$

将可折叠螺旋桨推进器的相关参数代入式(2.63)，可以得到在转速 $n \in [600\text{r/min}, 1000\text{r/min}]$ 时，净力矩 M_U 随桨叶展开角 θ_p 变化的曲线如图 2.69 所示。由图可知，M_U 的曲线在螺旋桨转速 $n < 800\text{r/min}$ 时曲线有部分位于纵坐标轴的正半轴，说明此时不满足桨叶能充分展开要求；而在螺旋桨转速 $n > 800\text{r/min}$ 时，曲线全部位于负半轴，说明此时能满足桨叶充分展开要求。因此只有 $n > 800\text{r/min}$ 时，本书设计的可折叠螺旋桨推进器的桨叶能由零充分展开至 $90°$。

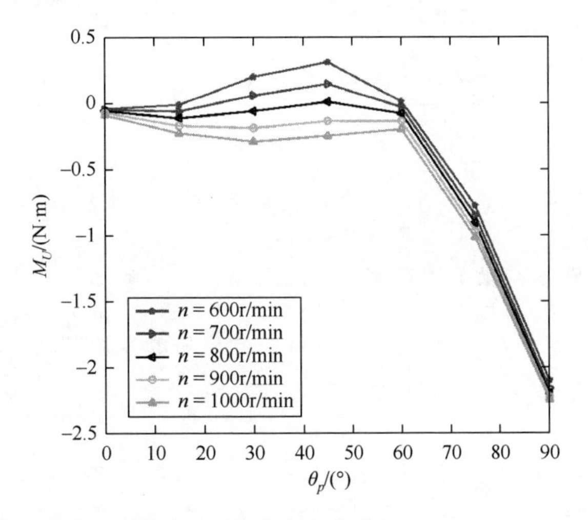

图 2.69　净力矩随桨叶展开角的变化曲线（$n \in [600\text{r/min}, 1000\text{r/min}]$）

5. 预设桨叶展开角确定

令净力矩 M_U 为

$$M_U = M_D + M_S + M_G \tag{2.64}$$

根据不等式(2.54)可知，当且仅当 $M_U > 0$ 时，可折叠螺旋桨推进器桨叶能满足对于 $\forall \theta_p \in [0, \pi/2]$ 都能充分折叠，将相关力矩表达式代入式(2.64)得

$$M_U = M_D + \frac{E_S I_S \theta_p}{\pi d_{S2} N_S} - m_p g \|\boldsymbol{R}_{1C}\| \cos\theta_p \tag{2.65}$$

将可折叠螺旋桨推进器的相关参数代入式(2.65)中，得到净力矩 M_U 随桨叶展开角 θ_p 变化的曲线如图 2.70 所示。

由图 2.70 可知，在桨叶展开角 θ_p 大于 $10°$ 时，净力矩 M_U 均大于 0，说明当预设桨叶展开角大于 $10°$ 时能满足桨叶充分折叠的要求，说明此时本书设计的可折叠螺旋桨推进器桨叶能在滑翔模式下顺利折叠。

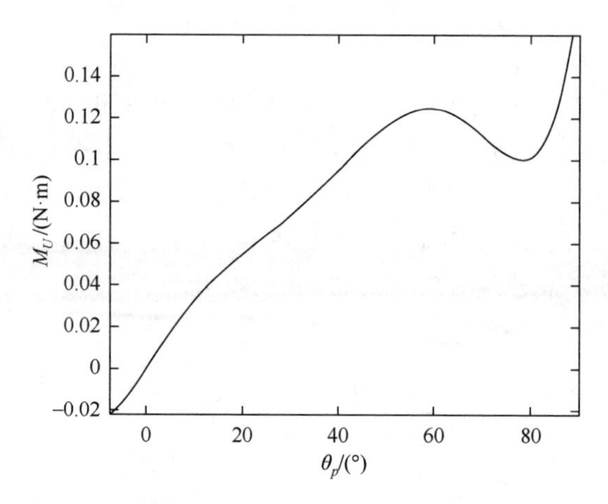

图 2.70　净力矩 M_U 随桨叶展开角的变化关系曲线

6. 复位弹簧刚度系数范围确定

由式(2.58)、式(2.63)及式(2.65)可知，使可折叠螺旋桨推进器桨叶顺利展开和折叠的充要条件为复位弹簧刚度系数 K_S 满足：

$$\left\{\frac{1}{\theta_p}(m_p g\|\boldsymbol{R}_{1C}\|\cos\theta_p\cos\varepsilon - M_D)\right\}_{\max} < K_S$$
$$< \left\{\frac{1}{\theta_p}\left(\frac{m_p\|\boldsymbol{R}_{1C}\|n^2}{100}\left(\frac{\|\boldsymbol{R}_{1C}\|}{2}\sin(2\theta_p) + r_{O1}\cos\theta_p\right) + M_H - m_p g\|\boldsymbol{R}_{1C}\|\cos\theta_p\cos\varepsilon\right)\right\}_{\min},$$
$$\theta_p \in [0, \pi/2] \tag{2.66}$$

将相关参数代入式(2.66)中，并绘制出复位弹簧刚度系数 K_S 随桨叶展开角 θ_p 的变化曲线，如图 2.71 所示，图中实线为上述不等式右边表达式所绘制的曲线，虚线为上述不等式左边表达式所绘制的曲线。从图中找出每条实线的最小值和虚线的最大值，二者之间的值即为 K_S 的取值范围，如表 2.19 所示。

表 2.19 中的数据表示复位弹簧刚度系数的有效取值范围。从表中发现，推进器在不同转速和预设桨叶展开角 θ_{p0} 下，复位弹簧刚度系数 K_S 的取值范围也不一样，相同转速时，θ_{p0} 越大，K_S 取值区间越大；相同 θ_{p0} 时，转速越高，K_S 取值区间越大。这表明了预设桨叶展开角 θ_{p0} 越大，螺旋桨转速越大，复位弹簧刚度系数取值范围越大，可选条件越宽松，反之，复位弹簧取值范围越小，可选条件越苛刻。

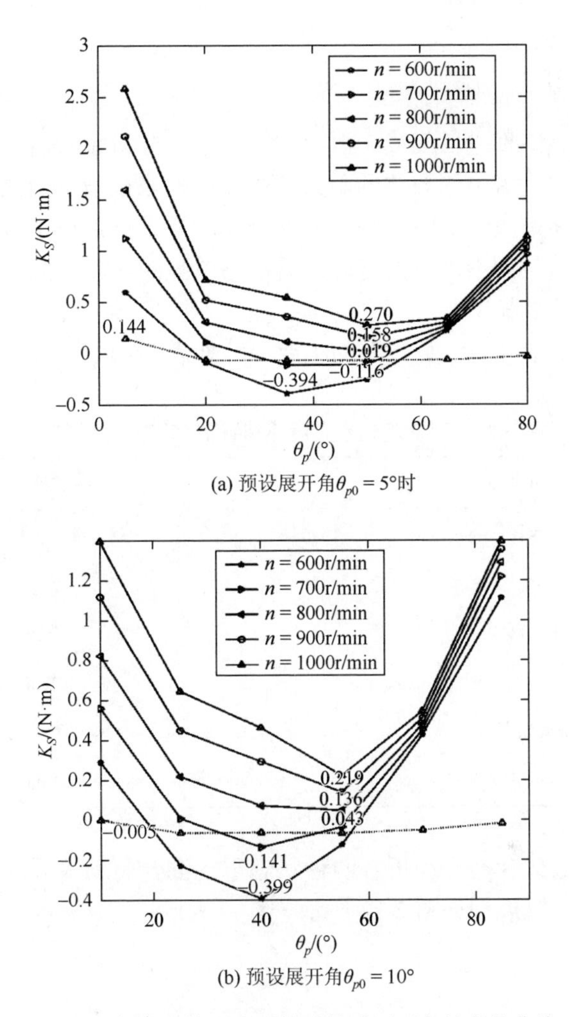

(a) 预设展开角$\theta_{p0}=5°$时

(b) 预设展开角$\theta_{p0}=10°$

图 2.71　复位弹簧刚度系数随桨叶展开角的变化曲线

表 2.19　复位弹簧刚度系数 K_S 的取值范围

螺旋桨转速 n(r/min)	$\theta_{p0}=5°$	$\theta_{p0}=10°$
600	—	—
700	—	—
800	—	[0, 0.043]
900	[0.144, 0.158]	[0, 0.136]
1000	[0.144, 0.270]	[0, 0.219]

7. 低阻性能计算

将可折叠螺旋桨推进器集成于混合驱动水下滑翔机系统后，可折叠螺旋桨推进器的低阻性能的优劣可用载体的阻力减小百分比来衡量，因此为表达可折叠螺旋桨推进器对载体带来的低阻优势，将混合驱动水下滑翔机主载体和推进器作为一个整体进行计算，而不再单独将推进器作为单独的计算模型处理。

1)低阻性能计算模型

混合驱动水下滑翔机计算模型的主要尺寸如表 2.20 所示。

表 2.20　混合驱动水下滑翔机计算模型的主要尺寸

参数名称	数值
长度	2.073m
长径比	9.4
水平翼展	1m
直径	0.22m
螺旋桨直径	0.28m
垂直舵高	0.15m

本书分别针对桨叶展开和折叠两种状态下的混合驱动水下滑翔机整机水动力阻力进行计算，计算模型如图 2.72 所示。

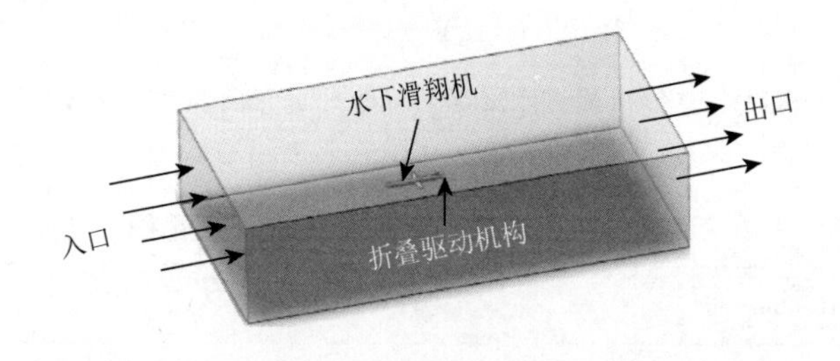

图 2.72　混合驱动水下滑翔机整机低阻性能计算模型

2)阻力减额分数

定义整机的阻力减额分数 τ 为

$$\tau = \frac{D_U - D_F}{D_U} \tag{2.67}$$

式中，D_U 为混合驱动水下滑翔机在可折叠螺旋桨推进器桨叶处于展开状态下的水动力阻力；D_F 为混合驱动水下滑翔机在可折叠螺旋桨推进器桨叶处于折叠状态下的水动力阻力。

由前文论述的可折叠螺旋桨推进器的应用需求可知，桨叶折叠状态只发生在混合驱动水下滑翔机的滑翔航行状态下，通常国内外研究的水下滑翔机航速 V 在 2kn(约 1m/s)以内，因此本算例的航速范围设定为 0～1m/s。计算结果如图 2.73 所示。

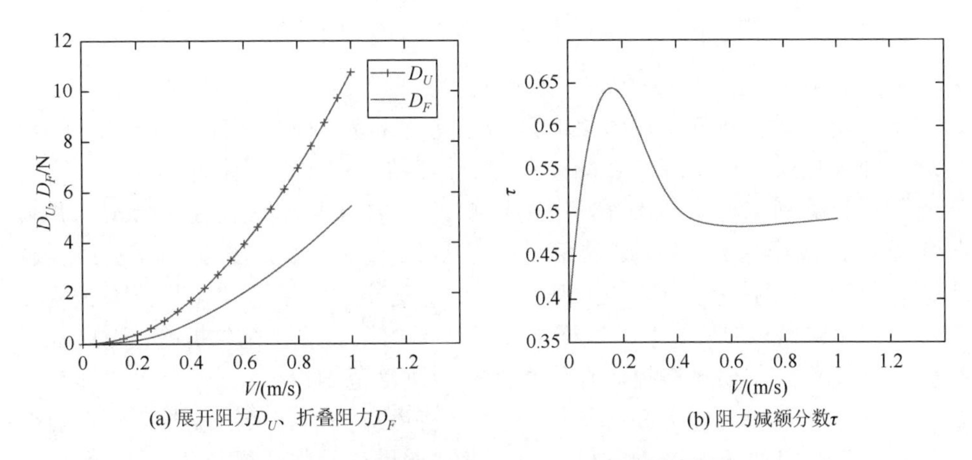

(a) 展开阻力D_U、折叠阻力D_F　　(b) 阻力减额分数τ

图 2.73　混合驱动水下滑翔机的低阻性能计算结果

由以上计算可知，针对目前国内外广泛应用的 Glider 的 0.1～1m/s 的航速范围，拥有可折叠螺旋桨推进器的混合驱动水下滑翔机比拥有固定翼螺旋桨推进器的混合驱动水下滑翔机阻力降低得更明显，阻力减额分数 τ 能达到 45%以上。尤其是在 0.2m/s 左右时更能达到 60%以上。这说明采用可折叠螺旋桨推进器代替传统固定翼螺旋桨推进器来提高混合驱动水下滑翔机低阻性能的方法是有效的。

2.4.3　物理实验验证

本书通过水池实验验证了可折叠螺旋桨推进器的性能。实验中利用相机从固定位置拍摄可折叠螺旋桨推进器在不同转速下的桨叶展开角，螺旋桨的转速从 0° 按照 100r / min 的间隔逐渐增大至 1000r / min 。图 2.74 为可折叠螺旋桨推进器桨叶在不同转速时的桨叶展开角大小，可以发现两只桨叶的夹角可以从 0°逐渐增大到 180° 。

图 2.75 为可折叠螺旋桨推进器桨叶展开角随转速的变化曲线，通过实验发现，当螺旋桨转速从低到高逐渐增大时，当转速高于 800r / min 时桨叶能充分展

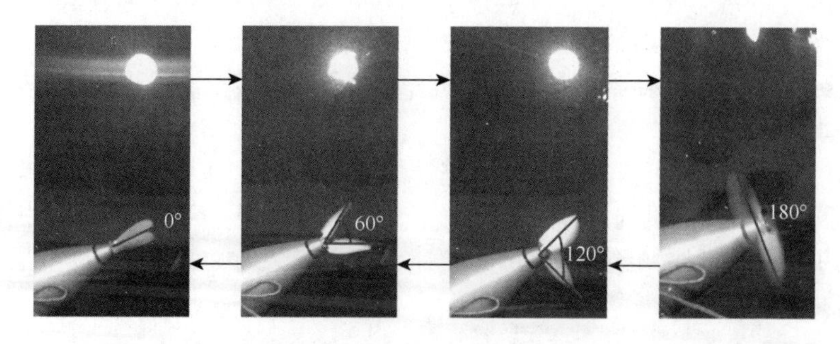

图 2.74　可折叠螺旋桨推进器桨叶实验中的展开过程

开。由图 2.69 和图 2.75(a)可知，水池实验数据与理论计算基本是一致的。实验结果表明在转速较低阶段时桨叶展开角变化平缓，而当桨叶展开角超过 45°后增长速度加快，这个现象在图 2.69 的计算结果中已得到体现。此外，为了探索复位弹簧刚度对桨叶展开情况的影响，实验中采用了线径为 0.8mm 的弹簧替代原 1mm 线径弹簧(其他参数相同)，实验结果如果图 2.75(b)所示，线径越小，复位弹簧的刚度越小。因此从图 2.75(b)的实验结果可知，复位弹簧刚度越小，桨叶越容易展开，但是这样的坏处是不能保证桨叶充分折叠。因此复位弹簧的刚度范围必须严格控制在计算的有效刚度范围以内，否则会无法同时满足桨叶充分展开和充分折叠的条件。最后，将可折叠螺旋桨推进器安装在混合驱动水下滑翔机的艉部进行整机实验，发现如果预设桨叶展开角小于10°，会出现一只桨叶能展开而另一只桨叶无法展开的现象，只有当预设桨叶展开角大于10°时才能使两只桨叶都充分展开，这个结果进一步证明了图 2.71 计算结果的正确性。

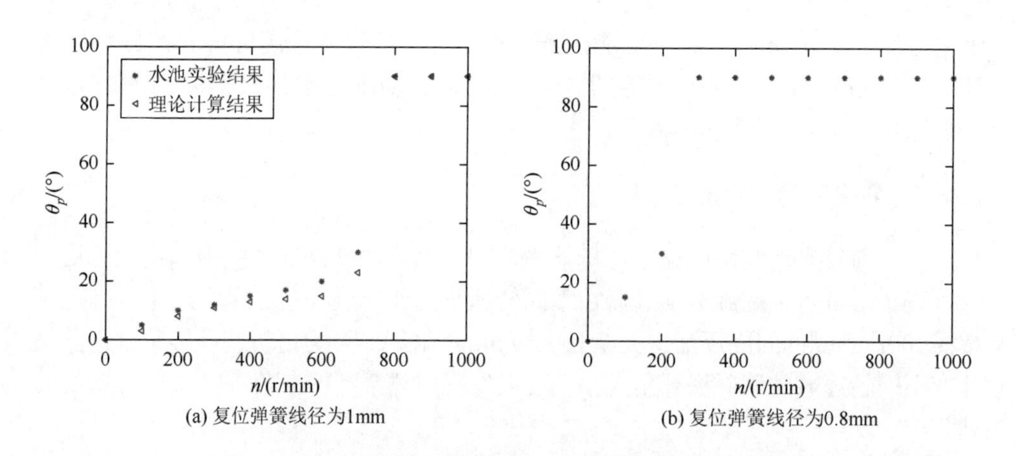

图 2.75　可折叠螺旋桨推进器桨叶展开角随转速的变化曲线

2.5 本章小结

本章以翼型水下滑翔机为例，针对水下滑翔机水动力外形开展了优化研究，提出了基于改进拉丁超立方抽样方法对水下滑翔机外剖面形状进行优化；在剖面优化结果的基础上通过建立代理模型的方法对水下滑翔机的三维水动力外形进行优化研究；采用试验设计方法，通过构建参数化模型、网格划分和计算流体力学的应用，运用高斯核函数方法建立了水下滑翔机多目标设计优化问题的代理模型；通过粒子群算法来搜索全局最优值，对各变量的相对敏感度进行分析，将水下滑翔机优化后水动力外形作为基准模型，以襟翼厚度、布置位置及摆动角度为变量，探索了不同尾缘襟翼外形参数对翼型水下滑翔机垂直面内水动力特性的影响；建立了可折叠螺旋桨推进器的力平衡模型，并采用 CFD 数值模拟的方法获得了定常稳态条件下可折叠螺旋桨推进器的水动力性能曲线；获得了在不同的进速系数下推进器的推力系数、转矩系数及敞水效率，并对不同桨叶展开角下的水动力推力矩进行了计算。结果表明可折叠螺旋桨推进器低阻优势非常明显，具有研究和应用价值。

参考文献

[1] 程雪梅. 水下滑翔机研究进展及关键技术[J]. 鱼雷技术，2009，17(6)：1-6.

[2] 于茂升，韩雷，宋大雷. 水下滑翔机路径显示与规划系统的设计与实现[J]. 电子设计工程, 2016, 24(7): 4-7.

[3] 甄春博，刘兆瑞，王天霖，等. 基于遗传算法的碟型水下滑翔机结构优化[J]. 海洋技术学报，2017，36(2)：10-15.

[4] 李永成. 水下滑翔机高效滑翔及仿生推进水动力学特性研究[D]. 北京：中国舰船研究院, 2017.

[5] 李成进. 仿生型水下航行器研究现状及发展趋势[J]. 鱼雷技术, 2016, 24(1): 1-7.

[6] 王扬威. 仿生墨鱼机器人及其关键技术研究[D]. 哈尔滨：哈尔滨工业大学, 2011.

[7] 聂东豪. 大摆幅变截面柔性仿生机器鱼的研究[D]. 哈尔滨：哈尔滨工业大学, 2017.

[8] 戴坡. 仿生机器鱼的控制系统设计与实验研究[D]. 哈尔滨：哈尔滨工业大学, 2006.

[9] 刘金萍. 海中“蝙蝠侠”二三事[J]. 海洋世界, 2011(9): 50-52.

[10] 陈质二. 混合驱动水下滑翔机系统效率与运动建模问题研究[D]. 北京：中国科学院大学, 2016.

[11] Potter I J . A systematic experimental and analytical investigation of the autonomous underwater vehicle design process with particular regard to power system integration[D]. Calgary: University of Calgary, 1997.

[12] Paster D L. Importance of hydrodynamic considerations for underwater vehicle design[C]//OCEANS, IEEE, 1986.

[13] 胡志强. 海洋机器人水动力数值计算方法及其应用研究[D]. 北京：中国科学院大学, 2013.

[14] Mckay M D, Beckman R J, Conover W J. A comparison of three methods for selecting values of input variables in the analysis of output from a computer code[J]. Technometrics，2000, 42(1): 55-61.

[15] Ma C, Fang K T. A new approach to construction of nearly uniform designs[J]. International Journal of Materials &

Product Technology, 2004, 20(20): 115-126.

[16] 方开泰. 均匀试验设计的理论、方法和应用——历史回顾[J]. 数理统计与管理, 2004(3): 69-80.

[17] Sun C Y, Song B W, Wang P. Parametric geometric model and shape optimization of an underwater glider with blended-wing-body[J]. International Journal of Naval Architecture & Ocean Engineering, 2015, 7(6): 995-1006.

[18] Claus B, Bachmayer R, Williams C D. Development of an auxiliary propulsion module for an autonomous underwater glider[J]. Journal of Engineering for the Maritime Environment, 2010, 224(4): 224-255.

[19] 沈阅. 螺旋桨非正常工作状态时的水动力性能研究[D]. 哈尔滨: 哈尔滨工程大学, 2007.

[20] 盛振邦, 刘应中. 船舶原理[M]. 上海: 上海交通大学出版社, 2004.

[21] 张少伟, 俞建成, 张艾群. 水下滑翔机垂直面运动优化控制[J]. 控制理论与应用, 2012(1): 19-26.

[22] MacKenzie P M, Forrester M A. Sailboat propeller drag[J]. Ocean Engineering, 2008, 35: 28-40.

[23] Jagadeesh P, Murali K, Idichandy V. Experimental investigation of hydrodynamic force coefficients over AUV hull form[J]. Ocean Engineering, 2009, 36(1): 113-118.

[24] Hayati A, Hashemi S, Shams M. A study on the effect of the rake angle on the performance of marine propellers[J]. Proceedings of the Institution of Mechanical Engineers, Part C: Journal of Mechanical Engineering Science, 2012, 226: 940-955.

[25] Hayati A, Hashemi S, Shams M. A study on the behind-hull performance of marine propellers astern autonomous underwater vehicles at diverse angles of attack[J]. Ocean Engineering, 2013, 59: 152-163.

[26] Yu J C, Zhang F M, Zhang A Q, et al. Motion parameter optimization and sensor scheduling for the sea-wing underwater glider[J]. IEEE Journal of Oceanic Engineering, 2013, 38(2): 243-254.

[27] 盛振邦, 杨家盛, 柴杨业. 中国船用螺旋桨系列试验图谱集[M]. 北京: 中国造船编辑部, 1983.

[28] Huang J F. The ship propeller design system for coupling of CAD, CAE, and CAO[C]. Information Computing and Applications-Third International Conference, 2012.

3 水下滑翔机动力学建模与分析

3.1 引言

传统的水下机器人依靠电能驱动螺旋桨、舵等克服其受到的水动力，实现自身的运动[1, 2]。水下滑翔机是将水动力中的升力、净浮力作为驱动力，实现它的剖面锯齿滑翔和三维螺旋滑翔。传统水下机器人在动力学建模中将稳心高配为正值；而水下滑翔机是通过改变稳心高以改变其滑翔姿态。同时，随着滑翔深度加大，海水深度、盐度变化严重影响其净浮力的大小。以上几点充分表明，水下滑翔机系统的动力学建模和传统水下机器人有很大的不同[3]。文献[4]介绍典型的水下滑翔机(如 Slocum 等)是借助两个电池质量块在其壳体主对称面的长轴、短轴方向上移动。这种情况下，稳心高是在一个矩形区域内移动，可以通过控制两个电池质量块的位置，使其三维滑翔的稳心高、俯仰角保持不变。“海翼”号水下滑翔机是由一个可移动和旋转的电池质量块来控制其转向，对于三维滑翔，稳心高、俯仰角会随电池转动发生相应的变化，水下滑翔机动力学的耦合在于电池的转动影响了俯仰角的变化。水下滑翔机控制时间相对稳态滑翔时间较短，大部分时间处在稳定滑翔状态，典型运动有剖面锯齿滑翔和三维螺旋滑翔[5, 6]。通过对水下滑翔机稳态运动特性的分析，可以了解水下滑翔机的转弯半径，对多水下滑翔机的队形控制、转向操纵性具有指导意义；同时，水下滑翔机的速度分析有助于设定海洋观测的续航时间、分析海流影响等。本章首先建立“海翼”号水下滑翔机动力学模型，并分析水下滑翔机的转向与驱动方式之间的耦合关系，给出水动力系数、附加质量的估算结果；随后，对比动力学仿真和实际海洋试验结果，结合实验数据和海水密度的变化，设计净浮力的补偿方法；最后对水下滑翔机的稳态滑翔特性进行分析，并设计一种迭代方法用于反解水下滑翔机的控制参数[7, 8]。

此外，本书还采用拉格朗日动力学方程建立了基于可折叠螺旋桨推进器的混合驱动水下滑翔机六自由度动力学模型，采用 CFD 计算和最小二乘法拟合出可折叠螺旋桨推进器在桨叶不同开合状态的水动力系数及混合驱动水下滑翔机整机的水动力系数，并对混合驱动水下滑翔机在螺旋桨驱动模式、浮力驱动模式及混合驱动模式下的运动特性分别进行了数值模拟分析，得到了控制输入量和混合驱动水下滑翔机运动特性之间的关系。通过一系列仿真实验初步说明了混合驱动水下滑翔机在浮力驱动模式下可折叠螺旋桨推进器桨叶折叠时较之展开时具有更好的滑翔性能，可折叠螺旋桨推进器能提高传统水下滑翔机的机动性，且在所有期望运动状态下混合驱动水下滑翔机能达到稳态运动状态。

3.2 常规水下滑翔机动力学建模与分析

3.2.1 常规水下滑翔机动力学建模

常规水下滑翔机依靠浮力油囊调节其净浮力，并通过内置质量块移动和转动来改变其姿态，无附加推进器，如图 3.1 所示。本节基于理论力学中的拉格朗日动力学方程建立其模型[9]。为便于描述和后续研究，给定研究水下滑翔机运动使用的坐标系：惯性坐标系、载体坐标系和速度坐标系，用惯性坐标系描述水下滑翔机的姿态，用载体坐标系描述其动力学模型，用速度坐标系描述其水动力特性，具体定义如下。

惯性坐标系 $E_0(i,j,k)$ 的坐标原点 E_0 位于空间某一点，i,j 轴分别为北东坐标系的北向和东向，k 轴指向地心为正。载体坐标系是以固定于水下滑翔机浮心处的右手直角坐标系 $e_0(e_1,e_2,e_3)$。在本书中，坐标原点在水下滑翔机中纵剖面内、距离艏部 885mm 处。纵轴 e_1 平行于水下滑翔机主体基线，指向水下滑翔机艏部为正；横轴 e_2 平行于基线面，指向右舷为正；垂直轴 e_3 位于水下滑翔机主体中纵剖面内，指向水下滑翔机底部为正。水下滑翔机在载体坐标系下的三个线速度分别为纵向速度 V_1、横向速度 V_2、垂向速度 V_3；角速度 $\boldsymbol{\Omega}$ 在载体坐标系上的三个分量分别为横滚角速度 p、纵倾角速度 q、转艏角速度 r。水下滑翔机的运动姿态由载体坐标系相对于惯性坐标系的夹角 ϕ,θ,ψ 来表示[10]，其中 ϕ 为横滚角，右倾为正；θ 为纵倾角，抬艏为正；ψ 为艏向角，右转为正，如图 3.1 所示。速度坐标系与攻角和漂角有关。在载体坐标系下，水下滑翔机的速度矢量为 $[V_1,V_2,V_3]^{\mathrm{T}}$。攻角 α 定义为从矢量 $[V_1,0,V_3]^{\mathrm{T}}$ 旋转到 $[V_1,0,0]^{\mathrm{T}}$，即绕 e_2 轴为正向。漂角 β 定义为从矢量 $[V_1,V_2,V_3]^{\mathrm{T}}$ 旋转到 $[V_1,0,V_3]^{\mathrm{T}}$，当攻角为 0 时，漂角为绕 k 轴负向。速度坐标系即先绕载体坐标系的e_1轴旋转α，然后再绕新坐标系的e_3轴旋转β得到的坐标系即为速度坐标系$\pi_0(\pi_1,\pi_2,\pi_3)$。

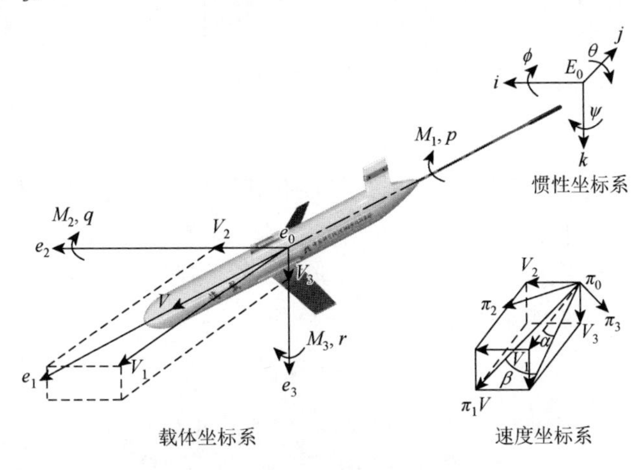

图 3.1　水下滑翔机坐标系

水下滑翔机姿态角和水动力在各个坐标系下的表示如图 3.2 所示，作用在水下滑翔机上的水动力矢量$\boldsymbol{F}$在载体坐标轴上的三个分量分别为纵向力F_1、侧向力F_2、垂向力F_3；作用力$\boldsymbol{F}$对浮心的力矩矢量$\boldsymbol{M}$在载体坐标轴上的三个分量分别为横滚力矩M_1、纵倾力矩M_2、转艏力矩M_3。水动力和水动力矩在速度坐标系下分别表示为升力L、侧向力F_2和阻力D，以及三个力矩M_{DL1}、M_{DL2}、M_{DL3}。

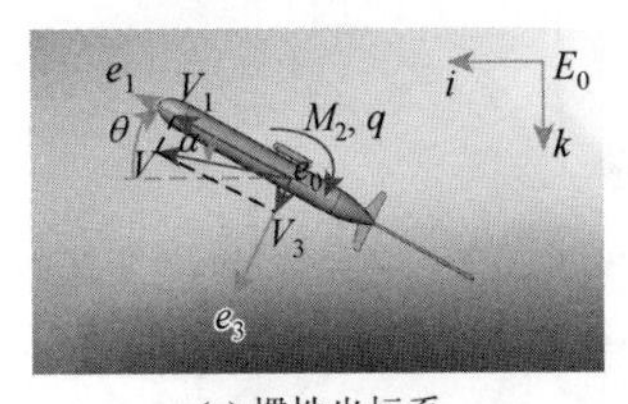

(a) 惯性坐标系

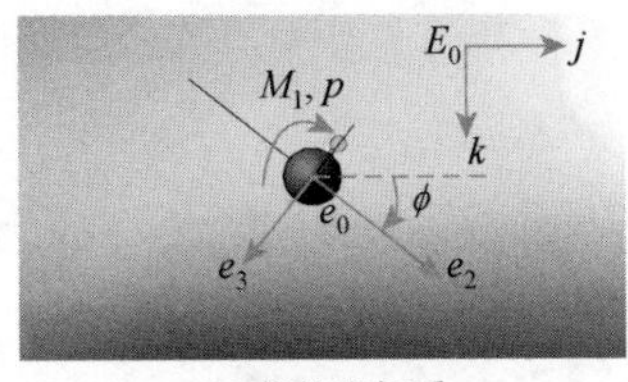

(b) 载体坐标系

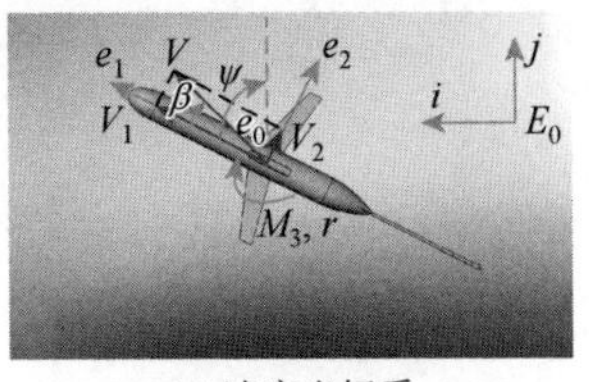

(c) 速度坐标系

图 3.2　滑翔机姿态角和水动力在各个坐标系下的表示

基于拉格朗日动力学方程建模的基本流程如下：首先将水下滑翔机的受力在惯性坐标系下进行描述；其次获取水下滑翔机系统的动能，将系统的动能先对速度求导，以获得动力学系统的动量；再次将动量对时间求导，以获取水下滑翔机系统在载体坐标系下受到的合外力；最后通过坐标变换，将惯性坐标系下的受力导入载体坐标系中，完成建模[11]。

为后续讨论方便，先给出向量积的特性，取向量$\boldsymbol{x}=[x_1,x_2,x_3]^{\mathrm{T}}$对应的向量积矩阵为

$$\hat{\boldsymbol{x}}=\begin{bmatrix}0 & -x_3 & x_2\\ x_3 & 0 & -x_1\\ -x_2 & x_1 & 0\end{bmatrix} \tag{3.1}$$

对向量 $\boldsymbol{y}=[y_1,y_2,y_3]^{\mathrm{T}}$，向量积有如下性质：

$$\hat{\boldsymbol{x}}\boldsymbol{y}=\boldsymbol{x}\times\boldsymbol{y} \tag{3.2}$$

水下滑翔机的坐标系和质量分布示意图如图 3.3 所示，其在惯性坐标系下位置和姿态角为：$\boldsymbol{b}=[x,y,z]^{\mathrm{T}}$，$\boldsymbol{\theta}=[\phi,\theta,\psi]^{\mathrm{T}}$。水下滑翔机在载体坐标系下的速度和角速度分别为$\boldsymbol{V}=[V_1,V_2,V_3]^{\mathrm{T}}$，$\boldsymbol{\Omega}=[p,q,r]^{\mathrm{T}}$。水下滑翔机在载体坐标系和惯性坐标系下的速度和角速度转换关系为

$$\boldsymbol{v}_E=\dot{\boldsymbol{b}}=\boldsymbol{R}_{\mathrm{EB}}\boldsymbol{V} \tag{3.3}$$

$$\dot{\boldsymbol{\theta}}=\begin{bmatrix}1 & \sin\phi\tan\theta & \cos\phi\tan\theta\\ 0 & \cos\phi & -\sin\phi\\ 0 & \sin\phi\sec\theta & \cos\phi\sec\theta\end{bmatrix}\boldsymbol{\Omega} \tag{3.4}$$

式中，$\boldsymbol{R}_{\mathrm{EB}}$ 为旋转矩阵，表示如下：

$$\boldsymbol{R}_{\mathrm{EB}}=\begin{bmatrix}\cos\theta\cos\psi & \sin\phi\sin\theta\cos\psi-\cos\phi\sin\psi & \cos\phi\sin\theta\cos\psi+\sin\phi\sin\psi\\ \cos\theta\sin\psi & \cos\phi\cos\psi+\sin\phi\sin\theta\sin\psi & -\sin\phi\cos\psi+\cos\phi\sin\theta\sin\psi\\ -\sin\theta & \sin\phi\cos\theta & \cos\phi\cos\theta\end{bmatrix} \tag{3.5}$$

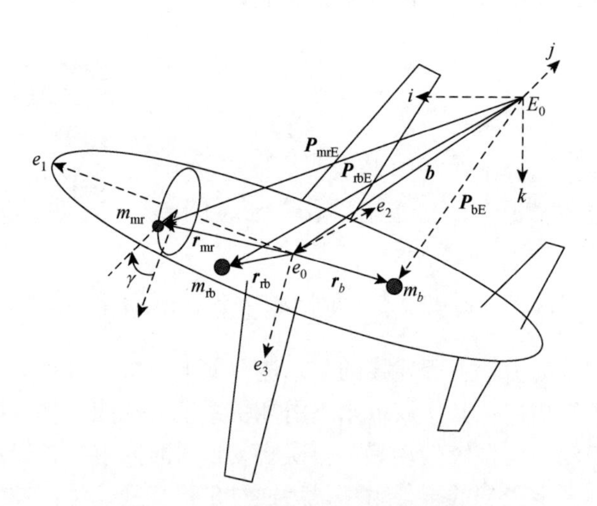

图 3.3 水下滑翔机的坐标系和质量分布图

水下滑翔机的质量分布由以下三部分组成：水下滑翔机壳体静质量块 m_{rb}，可以移动和旋转的电池质量块 m_{mr}，以及浮力调节的内外油囊间可往复移动的液压

油等效质量块 m_b。水下滑翔机的总质量为 m_t，水下滑翔机的排水质量为 m。取液压油等效质量块 m_b 的中心相对于载体坐标系原点 e_0 的偏移为 $\boldsymbol{r}_b$，$m_{\rm rb}$ 的中心相对于 e_0 偏移为 $\boldsymbol{r}_{\rm rb}$，$m_{\rm mr}$ 的中心相对于 e_0 偏移为 $\boldsymbol{r}_{\rm mr}$。下标 rb,mr,b 分别表示壳体静质量块，可移动和回转的电池质量块，液压油等效质量块。水下滑翔机的合质量表达式如下：

$$m_t = m_{\rm rb} + m_{\rm mr} + m_b \tag{3.6}$$

因此，水下滑翔机受到的重力和浮力的合力，即净浮力 $\bar{m}$（用质量差表征净浮力大小）为

$$\bar{m} = m_t - m \tag{3.7}$$

当 $\bar{m} > 0$ 时，水下滑翔机下沉；反之，水下滑翔机上浮。水下滑翔机在实际运动过程中受到的外力有自身的重力、机翼力、对电池质量块的控制力和浮力油囊的浮力。机翼力包括水流对机翼的升力、阻力、侧向力，机翼力矩表示机翼的升力和阻力产生的力矩；对电池质量块的控制力包括电池质量块的移动控制力和回转控制力矩；浮力油囊通过浮力调节装置改变油囊的体积，从而改变整个水下滑翔机受到的浮力。通常情况下，水下滑翔机处在稳定滑翔状态，水下滑翔机的上浮和下潜运动是由净浮力的正负决定的。在油囊浮力不变情况下，上浮和下潜运动的推力由机翼水动力的升力项产生，这样阻力、升力、净浮力三者受力平衡。所以，在水下滑翔机工作的绝大部分时间，液压油等效质量块和电池质量块处在不控制的状态。只有在水下滑翔机需要从上浮切换到下潜状态，或其他不同状态间切换，才需要控制液压油等效质量块和电池质量块。在调节的过程中液压油等效质量块的外力和外力矩较小，只分析电池质量块运动受到的力和力矩。

在惯性坐标系下，我们定义水下滑翔机系统和电池质量块动量距矢量为 $\boldsymbol{\tau}^{\rm T} = [\boldsymbol{p}^{\rm T}, \boldsymbol{\pi}^{\rm T}, \boldsymbol{p}_{\rm mr}^{\rm T}, \boldsymbol{\pi}_{\rm mr}^{\rm T}]^{\rm T}$，水下滑翔机壳体静质量块和电池质量块的合外力和合外力矩在惯性坐标系下表达式如下：

$$\begin{cases} \dot{\boldsymbol{p}} = (m_{\rm mr} + m_{\rm rb} + m_b - m) g\boldsymbol{k} + \sum_{i=1}^{I} \boldsymbol{f}_{\rm exti} \\ \dot{\boldsymbol{\pi}} = \sum_{i=1}^{I} x_i \times \boldsymbol{f}_{\rm exti} + \boldsymbol{p}_{\rm mrE} \times m_{\rm mr} g\boldsymbol{k} + \boldsymbol{p}_{\rm rbE} \times m_{\rm rb} g\boldsymbol{k} + \boldsymbol{p}_{\rm bE} \times m_b g\boldsymbol{k} + \sum_{j=1}^{J} \boldsymbol{\tau}_{\rm extj} \\ \dot{\boldsymbol{p}}_{\rm mr} = m_{\rm mr} g\boldsymbol{k} + \sum_{k=1}^{K} \boldsymbol{f}_{\rm intk} \\ \dot{\boldsymbol{\pi}}_{\rm mr} = \sum_{k=1}^{K} y_k \times \boldsymbol{f}_{\rm intk} + \boldsymbol{p}_{\rm mrE} \times m_{\rm mr} g\boldsymbol{k} + \sum_{s=1}^{S} \boldsymbol{\tau}_{\rm ints} \end{cases} \tag{3.8}$$

式中，$\boldsymbol{f}_{\rm exti}$ 为水下滑翔机机翼的升力、阻力的合外力；x_i 为惯性坐标系下 $\boldsymbol{f}_{\rm exti}$ 的施力点；$\boldsymbol{f}_{\rm intk}, \boldsymbol{\tau}_{\rm ints}$ 分别为水下滑翔机施加到可移动质量块上的力和力矩；$\boldsymbol{\tau}_{\rm extj}$ 为滑翔机机翼的升力、阻力的合外力矩；y_k 为惯性坐标系下 $\boldsymbol{f}_{\rm intk}$ 的施力点；

$\boldsymbol{p}_{\mathrm{rbE}}, \boldsymbol{p}_{\mathrm{mrE}}, \boldsymbol{p}_{\mathrm{bE}}$ 分别为惯性坐标系下壳体静质量块，电池质量块，液压油等效质量块相对原点 E_0 的位置。

水下滑翔机的受力、机翼的受力模型都是在载体坐标系下进行讨论，因此需要将惯性坐标系下的广义力映射到载体坐标系下来进行分析。为方便表达动能，在载体坐标系下水下滑翔机的线动量和角动量取为 $\boldsymbol{P},\boldsymbol{\Pi}$ ，电池质量块的线动量和角动量取为 $\boldsymbol{P}_{\mathrm{mr}},\boldsymbol{\Pi}_{\mathrm{mr}}$ 。取载体坐标系下系统的线动量和角动量为 $\boldsymbol{\eta}^{\mathrm{T}}=[\boldsymbol{P}^{\mathrm{T}},\boldsymbol{\Pi}^{\mathrm{T}},\boldsymbol{P}_{\mathrm{mr}}^{\mathrm{T}},\boldsymbol{\Pi}_{\mathrm{mr}}^{\mathrm{T}}]^{\mathrm{T}}$ 。通过旋转矩阵 $\boldsymbol{R}_{\mathrm{EB}}$ 可以将载体坐标系下广义动量 $\boldsymbol{\eta}$ 转换到惯性坐标系下 $\boldsymbol{\tau}$ ：

$$
\begin{cases}
\boldsymbol{p}=\boldsymbol{R}_{\mathrm{EB}}\boldsymbol{P}\\
\boldsymbol{\pi}=\boldsymbol{R}_{\mathrm{EB}}\boldsymbol{\Pi}+\boldsymbol{b}\times\boldsymbol{p}\\
\boldsymbol{p}_{\mathrm{mr}}=\boldsymbol{R}_{\mathrm{EB}}\boldsymbol{P}_{\mathrm{mr}}\\
\boldsymbol{\pi}_{\mathrm{mr}}=\boldsymbol{R}_{\mathrm{EB}}\boldsymbol{\Pi}_{\mathrm{mr}}+\boldsymbol{b}\times\boldsymbol{p}_{\mathrm{mr}}
\end{cases}
\tag{3.9}
$$

对式(3.9)求导，可以得到广义力的映射关系：

$$
\begin{cases}
\dot{\boldsymbol{p}}=\boldsymbol{R}_{\mathrm{EB}}(\dot{\boldsymbol{P}}+\hat{\boldsymbol{\Omega}}\boldsymbol{P})\\
\dot{\boldsymbol{\pi}}=\boldsymbol{R}_{\mathrm{EB}}(\dot{\boldsymbol{\Pi}}+\hat{\boldsymbol{\Omega}}\boldsymbol{P})+\boldsymbol{R}_{\mathrm{EB}}\boldsymbol{V}\times\boldsymbol{p}+\boldsymbol{b}\times\dot{\boldsymbol{p}}\\
\dot{\boldsymbol{p}}_{\mathrm{mr}}=\boldsymbol{R}_{\mathrm{EB}}(\dot{\boldsymbol{P}}_{\mathrm{mr}}+\hat{\boldsymbol{\Omega}}\boldsymbol{P}_{\mathrm{mr}})\\
\dot{\boldsymbol{\pi}}_{\mathrm{mr}}=\boldsymbol{R}_{\mathrm{EB}}(\dot{\boldsymbol{\Pi}}_{\mathrm{mr}}+\hat{\boldsymbol{\Omega}}\boldsymbol{P}_{\mathrm{mr}})+\boldsymbol{R}_{\mathrm{EB}}\boldsymbol{V}\times\boldsymbol{p}_{\mathrm{mr}}+\boldsymbol{b}\times\dot{\boldsymbol{p}}_{\mathrm{mr}}
\end{cases}
\tag{3.10}
$$

对式(3.10)反解，并代入式(3.8)，可以推导出载体坐标系下的壳体和电池质量块受到的广义外力：

$$
\begin{cases}
\dot{\boldsymbol{P}}=\boldsymbol{P}\times\boldsymbol{\Omega}+\bar{m}g(\boldsymbol{R}_{\mathrm{EB}}^{\mathrm{T}}\boldsymbol{k})+\boldsymbol{R}_{\mathrm{EB}}^{\mathrm{T}}\sum\limits_{i=1}^{I}\boldsymbol{f}_{\mathrm{ext}i}\\
\dot{\boldsymbol{\Pi}}=\boldsymbol{\Pi}\times\boldsymbol{\Omega}+\boldsymbol{P}\times\boldsymbol{V}+(m_{\mathrm{mr}}\boldsymbol{r}_{\mathrm{mr}}+m_{\mathrm{rb}}\boldsymbol{r}_{\mathrm{rb}}+m_b\boldsymbol{r}_b)g\times(\boldsymbol{R}_{\mathrm{EB}}^{\mathrm{T}}\boldsymbol{k})+\boldsymbol{R}_{\mathrm{EB}}^{\mathrm{T}}\left(\sum\limits_{i=1}^{I}(\boldsymbol{x}_i-\boldsymbol{b})\times\boldsymbol{f}_{\mathrm{ext}i}\right)+\boldsymbol{R}_{\mathrm{EB}}^{\mathrm{T}}\sum\limits_{j=1}^{J}\boldsymbol{\tau}_{\mathrm{ext}j}\\
\dot{\boldsymbol{P}}_{\mathrm{mr}}=\boldsymbol{P}_{\mathrm{mr}}\times\boldsymbol{\Omega}+m_{\mathrm{mr}}g(\boldsymbol{R}_{\mathrm{EB}}^{\mathrm{T}}\boldsymbol{k})+\boldsymbol{R}_{\mathrm{EB}}^{\mathrm{T}}\sum\limits_{k=1}^{K}\boldsymbol{f}_{\mathrm{int}k}\\
\dot{\boldsymbol{\Pi}}_{\mathrm{mr}}=\boldsymbol{\Pi}_{\mathrm{mr}}\times\boldsymbol{\Omega}+\boldsymbol{P}_{\mathrm{mr}}\times\boldsymbol{V}+m_{\mathrm{mr}}g(\boldsymbol{R}_{\mathrm{EB}}^{\mathrm{T}}(\boldsymbol{P}_{\mathrm{mrE}}-\boldsymbol{b}))\times(\boldsymbol{R}_{\mathrm{EB}}^{\mathrm{T}}\boldsymbol{k})+\boldsymbol{R}_{\mathrm{EB}}^{\mathrm{T}}\left(\sum\limits_{k=1}^{K}(\boldsymbol{P}_{\mathrm{mrE}}-\boldsymbol{b})\times\boldsymbol{f}_{\mathrm{int}k}\right)+\boldsymbol{R}_{\mathrm{EB}}^{\mathrm{T}}\sum\limits_{s=1}^{S}\boldsymbol{\tau}_{\mathrm{ext}s}\\
\quad=\boldsymbol{\Pi}_{\mathrm{mr}}\times\boldsymbol{\Omega}+\boldsymbol{P}_{\mathrm{mr}}\times\boldsymbol{V}+m_{\mathrm{mr}}g\boldsymbol{r}_{\mathrm{mr}}\times(\boldsymbol{R}_{\mathrm{EB}}^{\mathrm{T}}\boldsymbol{k})+\boldsymbol{R}_{\mathrm{EB}}^{\mathrm{T}}\left(\sum\limits_{k=1}^{K}(\boldsymbol{P}_{\mathrm{mrE}}-\boldsymbol{b})\times\boldsymbol{f}_{\mathrm{int}k}\right)+\boldsymbol{R}_{\mathrm{EB}}^{\mathrm{T}}\sum\limits_{s=1}^{S}\boldsymbol{\tau}_{\mathrm{ext}s}
\end{cases}
\tag{3.11}
$$

对应液压油等效质量块的质量变化关系为

$$
\dot{m}_b=u_b \tag{3.12}
$$

式(3.11)、式(3.12)为在载体坐标系下水下滑翔机受到的广义力。由表达式知，广义力中包含重力项、机翼力、水下滑翔机壳体和电池质量块的相互作用力，以及广义动量与广义速度的交叉项。通常将含重力项的力和力矩整理出来，将受力表示为如下形式：

$$\begin{cases}\dot{\boldsymbol{P}}=\boldsymbol{P}\times\boldsymbol{\Omega}+\bar{m}g(\boldsymbol{R}_{\mathrm{EB}}^{\mathrm{T}}\boldsymbol{k})+\boldsymbol{F}\\ \dot{\boldsymbol{\Pi}}=\boldsymbol{\Pi}\times\boldsymbol{\Omega}+\boldsymbol{P}\times\boldsymbol{V}+(m_{\mathrm{mr}}\boldsymbol{r}_{\mathrm{mr}}+m_{\mathrm{rb}}\boldsymbol{r}_{\mathrm{rb}}+m_b\boldsymbol{r}_b)g\times(\boldsymbol{R}_{\mathrm{EB}}^{\mathrm{T}}\boldsymbol{k})+\boldsymbol{T}\\ \dot{\boldsymbol{P}}_{\mathrm{mr}}=\boldsymbol{U}_{\mathrm{Fmr}}\\ \dot{\boldsymbol{\Pi}}_{\mathrm{mr}}=\boldsymbol{U}_{\mathrm{Tmr}}\\ \dot{m}_b=u_b\end{cases}\tag{3.13}$$

式中，

$$\begin{cases}\boldsymbol{F}=\boldsymbol{R}_{\mathrm{EB}}^{\mathrm{T}}\sum_{i=1}^{I}\boldsymbol{f}_{\mathrm{exti}}\\ \boldsymbol{T}=\boldsymbol{R}_{\mathrm{EB}}^{\mathrm{T}}(\sum_{i=1}^{I}(\boldsymbol{x}_i-\boldsymbol{b})\times\boldsymbol{f}_{\mathrm{exti}})+\boldsymbol{R}_{\mathrm{EB}}^{\mathrm{T}}\sum_{j=1}^{J}\boldsymbol{\tau}_{\mathrm{extj}}\\ \boldsymbol{U}_{\mathrm{Fmr}}=\boldsymbol{P}_{\mathrm{mr}}\times\boldsymbol{\Omega}+m_{\mathrm{mr}}g(\boldsymbol{R}_{\mathrm{EB}}^{\mathrm{T}}\boldsymbol{k})+\boldsymbol{R}_{\mathrm{EB}}^{\mathrm{T}}\sum_{k=1}^{K}\boldsymbol{f}_{\mathrm{intk}}\\ \boldsymbol{U}_{\mathrm{Tmr}}=\boldsymbol{\Pi}_{\mathrm{mr}}\times\boldsymbol{\Omega}+\boldsymbol{P}_{\mathrm{mr}}\times\boldsymbol{V}+m_{\mathrm{mr}}g\boldsymbol{r}_{\mathrm{mr}}\times(\boldsymbol{R}_{\mathrm{EB}}^{\mathrm{T}}\boldsymbol{k})+\boldsymbol{R}_{\mathrm{EB}}^{\mathrm{T}}(\sum_{k=1}^{K}(\boldsymbol{P}_{\mathrm{mrE}}-\boldsymbol{b})\times\boldsymbol{f}_{\mathrm{intk}})+\boldsymbol{R}_{\mathrm{EB}}^{\mathrm{T}}\sum_{s=1}^{S}\boldsymbol{\tau}_{\mathrm{exts}}\end{cases}\tag{3.14}$$

$\boldsymbol{U}_{\mathrm{Fmr}},\boldsymbol{U}_{\mathrm{Tmr}}$ 是水下滑翔机壳体施加到电池质量块的外力，主要包括对电池质量块的推力，使电池质量块回转的扭矩，以及壳体对电池质量块的支撑力及力矩，实际上对电池的可控力只有沿 e_1 轴的推力和绕 e_1 轴转动的扭矩。选取 $u_{\mathrm{Fe1}},u_{\mathrm{Te1}}$ 为电池移动和回转的控制力。

$$\begin{cases}\boldsymbol{R}_{\mathrm{EB}}^{\mathrm{T}}\sum_{k=1}^{K}\boldsymbol{f}_{\mathrm{intk}}=\boldsymbol{e}_1u_{\mathrm{Fe1}}\\ \boldsymbol{R}_{\mathrm{EB}}^{\mathrm{T}}\left(\sum_{k=1}^{K}(\boldsymbol{P}_{\mathrm{mrE}}-\boldsymbol{b})\times\boldsymbol{f}_{\mathrm{intk}}\right)+\boldsymbol{R}_{\mathrm{EB}}^{\mathrm{T}}\sum_{s=1}^{S}\boldsymbol{\tau}_{\mathrm{exts}}=\boldsymbol{r}_{\mathrm{mr}}\times\boldsymbol{e}_1u_{\mathrm{Fe1}}+\boldsymbol{e}_1u_{\mathrm{Te1}}\end{cases}\tag{3.15}$$

式中，$\boldsymbol{e}_1$ 表示沿 e_1 方向的单位向量。将上式代入式(3.14)可以得到电池移动和回转的控制力分别为

$$\begin{cases}u_{\mathrm{Fe1}}=\boldsymbol{e}_1\cdot(\boldsymbol{U}_{\mathrm{Fmr}}-\boldsymbol{P}_{\mathrm{mr}}\times\boldsymbol{\Omega}-m_{\mathrm{mr}}g(\boldsymbol{R}_{\mathrm{EB}}^{\mathrm{T}}\boldsymbol{k}))\\ u_{\mathrm{Te1}}=\boldsymbol{e}_1\cdot(\boldsymbol{U}_{\mathrm{Tmr}}-\boldsymbol{\Pi}_{\mathrm{mr}}\times\boldsymbol{\Omega}-\boldsymbol{P}_{\mathrm{mr}}\times\boldsymbol{V}-m_{\mathrm{mr}}g\boldsymbol{r}_{\mathrm{mr}}\times(\boldsymbol{R}_{\mathrm{EB}}^{\mathrm{T}}\boldsymbol{k})-\boldsymbol{r}_{\mathrm{mr}}\times\boldsymbol{e}_1u_{\mathrm{Fe1}})\end{cases}\tag{3.16}$$

后续章节通过求取水下滑翔机系统的动能，来获得式(3.11)中动量距和动量；具体方法是先求出水下滑翔机固定质量部分 m_{rb}、电池质量块 m_{mr}、液压油等效质

量块 m_b 在载体坐标系下的速度和角速度，得到水下滑翔机的总动能。由于浮心位置和各个质量块的位置不相同，所以水下滑翔机浮心处的速度和各个质量块的速度并不相同。将总动能用载体坐标系下水下滑翔机浮心广义速度和广义角速度表示出来，这样水下滑翔机所有质量块的动能只与浮心处速度、角速度有关。水下滑翔机受到的水动力也可以用其速度、角速度和攻角、漂角表示。浮力油囊只是在下潜和上浮的初始阶段，由油泵进行控制，控制时间相对于整个滑翔周期是非常小的。通过对动能求导，可以得到水下滑翔机系统整体的动量和动量矩；再将动量和动量矩对时间求导数，就可以获得合外力和合外力矩。动能项包括电池质量块、壳体静质量块、液压油等效质量块、水流阻尼力四项，以下分别求解各质量块的动能。

1. 电池质量块的动能

电池质量块 m_{mr} 可以沿 e_1 轴移动和绕 e_1 轴旋转。将电池质量块看作密度分布均匀的质量块，设电池质量块绕 e_1 轴做旋转运动的转弯半径为 R_{mr}。电池质量块在稳定的情况下，与 e_2 轴的夹角为 $\dfrac{\pi}{2}$，因此在电池旋转 γ 角后，m_{mr} 与 e_2 轴的夹角为 $\gamma+\dfrac{\pi}{2}$。设 r_{mrx} 为 m_{mr} 距离 e_0 点在 e_1 轴投影的长度，可以得到 m_{mr} 在载体坐标系下的位置 $\boldsymbol{r}_{\mathrm{mr}}$ 和角速度 $\boldsymbol{\Omega}_{\mathrm{mr}}$ 为

$$\begin{cases}\boldsymbol{r}_{\mathrm{mr}}=r_{\mathrm{mrx}}\boldsymbol{e}_1+R_{\mathrm{mr}}\left(\cos\left(\gamma+\dfrac{\pi}{2}\right)\boldsymbol{e}_2+\sin\left(\gamma+\dfrac{\pi}{2}\right)\boldsymbol{e}_3\right)\\ \boldsymbol{\Omega}_{\mathrm{mr}}=\dot{\gamma}\boldsymbol{e}_1\end{cases}\tag{3.17}$$

对 $\boldsymbol{r}_{\mathrm{mr}}$ 求导可以得到：

$$\begin{aligned}\dot{\boldsymbol{r}}_{\mathrm{mr}}&=\dot{r}_{\mathrm{mrx}}\boldsymbol{e}_1+R_{\mathrm{mr}}\dot{\gamma}\left(-\sin\left(\gamma+\frac{\pi}{2}\right)\boldsymbol{e}_2+\cos\left(\gamma+\frac{\pi}{2}\right)\boldsymbol{e}_3\right)\\&=\dot{r}_{\mathrm{mrx}}\boldsymbol{e}_1-\hat{\boldsymbol{r}}_{\mathrm{mr}}\boldsymbol{\Omega}_{\mathrm{mr}}=\dot{\boldsymbol{r}}_{\mathrm{mrx}}-\hat{\boldsymbol{r}}_{\mathrm{mr}}\boldsymbol{\Omega}_{\mathrm{mr}}\end{aligned}\tag{3.18}$$

式中，

$$-\hat{\boldsymbol{r}}_{\mathrm{mr}}\boldsymbol{\Omega}_{\mathrm{mr}}=R_{\mathrm{mr}}\dot{\gamma}\left(-\sin\left(\gamma+\frac{\pi}{2}\right)\boldsymbol{e}_2+\cos\left(\gamma+\frac{\pi}{2}\right)\boldsymbol{e}_3\right)$$

通过式(3.18)分析知，移动速度 $\dot{\boldsymbol{r}}_{\mathrm{mr}}$ 由平移速度 $\dot{\boldsymbol{r}}_{\mathrm{mrx}}$ 和转向角速度 $\boldsymbol{\Omega}_{\mathrm{mr}}$ 合成。在载体坐标系下，电池质量块相对于原点 e_0 的绝对速度 $\boldsymbol{V}_{\mathrm{mrE}}$。速度在惯性坐标系下和载体坐标系下的表达形式不同，但是所求解的动能是一样的，这两种速度表示

法相差一个模为 1 的旋转矩阵。将$\boldsymbol{V}_{\mathrm{mrE}}$表示为

$$\boldsymbol{V}_{\mathrm{mrE}}=\frac{\dot{\boldsymbol{P}}_{\mathrm{mrE}}}{\boldsymbol{R}_{\mathrm{EB}}} \tag{3.19}$$

从式(3.19)可知，向量$\boldsymbol{L}_{\mathrm{mr}},\boldsymbol{P}_{\mathrm{mrE}},\boldsymbol{b}$有如下关系：

$$\boldsymbol{L}_{\mathrm{mr}}=\boldsymbol{P}_{\mathrm{mrE}}-\boldsymbol{b} \tag{3.20}$$

式中，$\boldsymbol{L}_{\mathrm{mr}}$为电池质量块$m_{\mathrm{mr}}$在惯性坐标系下相对载体坐标系原点$e_0$的位置。对式(3.19)求导有

$$\dot{\boldsymbol{L}}_{\mathrm{mr}}=\dot{\boldsymbol{P}}_{\mathrm{mrE}}-\dot{\boldsymbol{b}}=\dot{\boldsymbol{P}}_{\mathrm{mrE}}-\boldsymbol{R}_{\mathrm{EB}}\boldsymbol{v} \tag{3.21}$$

式中，$\boldsymbol{v}$为电池块的速度矢量。

将$\boldsymbol{L}_{\mathrm{mr}}$映射到载体坐标系下表示有

$$\boldsymbol{r}_{\mathrm{mr}}=\boldsymbol{R}_{\mathrm{EB}}^{\mathrm{T}}\boldsymbol{L}_{\mathrm{mr}} \tag{3.22}$$

对式(3.22)求导有

$$\begin{aligned}\dot{\boldsymbol{r}}_{\mathrm{mr}}&=\dot{\boldsymbol{R}}_{\mathrm{EB}}^{\mathrm{T}}\boldsymbol{L}_{\mathrm{mr}}+\boldsymbol{R}_{\mathrm{EB}}^{\mathrm{T}}(\dot{\boldsymbol{P}}_{\mathrm{mrE}}-\dot{\boldsymbol{b}})\\&=\hat{\boldsymbol{r}}_{\mathrm{mr}}\boldsymbol{\Omega}+\boldsymbol{v}_{\mathrm{mrE}}-\boldsymbol{R}_{\mathrm{EB}}^{\mathrm{T}}\dot{\boldsymbol{b}}\\&=\hat{\boldsymbol{r}}_{\mathrm{mr}}\boldsymbol{\Omega}+\boldsymbol{v}_{\mathrm{mrE}}-\boldsymbol{v}\end{aligned} \tag{3.23}$$

可以得到可移动质量块相对于载体坐标系原点的速度为

$$\boldsymbol{V}_{\mathrm{mrE}}=\boldsymbol{V}-\hat{\boldsymbol{r}}_{\mathrm{mr}}\boldsymbol{\Omega}+\dot{\boldsymbol{r}}_{\mathrm{mr}} \tag{3.24}$$

代入$\dot{\boldsymbol{r}}_{\mathrm{mr}}$后可得

$$\begin{aligned}\boldsymbol{V}_{\mathrm{mrE}}&=\boldsymbol{V}-\hat{\boldsymbol{r}}_{\mathrm{mr}}\boldsymbol{\Omega}+\dot{\boldsymbol{r}}_{\mathrm{mrx}}-\hat{\boldsymbol{r}}_{\mathrm{mr}}\boldsymbol{\Omega}_{\mathrm{mr}}\\\boldsymbol{\Omega}_{\mathrm{mrE}}&=\boldsymbol{\Omega}_{\mathrm{mr}}+\boldsymbol{\Omega}\end{aligned} \tag{3.25}$$

为方便动能计算，将式(3.25)表示为

$$\begin{aligned}\boldsymbol{V}_{\mathrm{mrE}}&=[\boldsymbol{I}\ \ -\hat{\boldsymbol{r}}_{\mathrm{mr}}\ \ \boldsymbol{I}\ \ -\hat{\boldsymbol{r}}_{\mathrm{mr}}]\cdot[\boldsymbol{V}^{\mathrm{T}}\ \ \boldsymbol{\Omega}^{\mathrm{T}}\ \ \dot{\boldsymbol{r}}_{\mathrm{mrx}}^{\mathrm{T}}\ \ \boldsymbol{\Omega}_{\mathrm{mr}}^{\mathrm{T}}]^{\mathrm{T}}\\\boldsymbol{\Omega}_{\mathrm{mrE}}&=[0\ \ \boldsymbol{I}\ \ 0\ \ \boldsymbol{I}]\cdot[\boldsymbol{V}^{\mathrm{T}}\ \ \boldsymbol{\Omega}^{\mathrm{T}}\ \ \dot{\boldsymbol{r}}_{\mathrm{mrx}}^{\mathrm{T}}\ \ \boldsymbol{\Omega}_{\mathrm{mr}}^{\mathrm{T}}]^{\mathrm{T}}\end{aligned} \tag{3.26}$$

将式(3.26)中的速度和角速度用于计算电池质量块的动能。$\boldsymbol{V}_{\mathrm{mrE}},\boldsymbol{\Omega}_{\mathrm{mrE}}$分别为相对于载体坐标系原点在载体坐标系下的速度和角速度。在对电池质量块的转动惯量进行计算时，可以将可移动质量块近似看成一个不完整的偏心圆柱体，得到圆柱体绕e_1轴旋转的转动惯量为

$$\boldsymbol{I}_{\mathrm{mr}}(\gamma)=\boldsymbol{R}_{\mathrm{e1}}^{\mathrm{T}}(\gamma)\boldsymbol{I}_{\mathrm{mr}}\boldsymbol{R}_{\mathrm{e1}}(\gamma) \tag{3.27}$$

式中，$\boldsymbol{I}_{\mathrm{mr}}$为不完整圆柱体对圆心轴线的转动惯量，可以通过 SolidWorks 等软件计算，当电池质量块的旋转角度变化后，整个电池质量块相对于载体坐标系e_1轴

的转动惯量也是变化的；$\boldsymbol{R}_{e1}(\gamma)$为绕圆心轴线的旋转矩阵。

$$\boldsymbol{R}_{e1}(\gamma)=\begin{bmatrix}1 & 0 & 0\\ 0 & \cos\gamma & -\sin\gamma\\ 0 & \sin\gamma & \cos\gamma\end{bmatrix} \tag{3.28}$$

质量块m_{mr}的动能为

$$\boldsymbol{T}_{mr}=\frac{1}{2}m_{mr}\boldsymbol{V}_{mrE}^2+\frac{1}{2}\boldsymbol{I}_{mr}(\gamma)\boldsymbol{\Omega}_{mrE}^2 \tag{3.29}$$

在载体坐标系下取浮心和电池质量块的速度矢量为$\boldsymbol{v}=[\boldsymbol{V},\boldsymbol{\Omega},\dot{\boldsymbol{r}}_{mrx},\boldsymbol{\Omega}_{mr}]^{\mathrm{T}}$，将载体坐标系下系统动量表示为$\boldsymbol{\eta}=[\boldsymbol{P},\boldsymbol{\Pi},\boldsymbol{P}_{mr},\boldsymbol{\Pi}_{mr}]^{\mathrm{T}}$。可得到电池动能为

$$\begin{aligned}\boldsymbol{T}_{mr}&=\frac{1}{2}m_{mr}\boldsymbol{V}_{mrE}^2+\frac{1}{2}\boldsymbol{I}_{mr}(\gamma)\boldsymbol{\Omega}_{mrE}^2\\&=\frac{1}{2}\begin{bmatrix}\boldsymbol{v}\\ \boldsymbol{\Omega}\\ \dot{\boldsymbol{r}}_{mrx}\\ \boldsymbol{\Omega}_{mr}\end{bmatrix}\cdot\left(\boldsymbol{M}_{mrE}\begin{bmatrix}\boldsymbol{v}\\ \boldsymbol{\Omega}\\ \dot{\boldsymbol{r}}_{mrx}\\ \boldsymbol{\Omega}_{mr}\end{bmatrix}\right)=\frac{1}{2}\boldsymbol{v}^{\mathrm{T}}\cdot\boldsymbol{M}_{mrE}\boldsymbol{v}\end{aligned} \tag{3.30}$$

式中，

$$\boldsymbol{M}_{mrE}=\begin{bmatrix}m_{mr}\boldsymbol{I} & -m_{mr}\hat{\boldsymbol{r}}_{mr} & m_{mr}\boldsymbol{I} & -m_{mr}\hat{\boldsymbol{r}}_{mr}\\ m_{mr}\hat{\boldsymbol{r}}_{mr} & \boldsymbol{I}_{mr}(\gamma)-m_{mr}\hat{\boldsymbol{r}}_{mr}\hat{\boldsymbol{r}}_{mr} & m_{mr}\hat{\boldsymbol{r}}_{mr} & \boldsymbol{I}_{mr}(\gamma)-m_{mr}\hat{\boldsymbol{r}}_{mr}\hat{\boldsymbol{r}}_{mr}\\ m_{mr}\boldsymbol{I} & -m_{mr}\hat{\boldsymbol{r}}_{mr} & m_{mr}\boldsymbol{I} & -m_{mr}\hat{\boldsymbol{r}}_{mr}\\ m_{mr}\hat{\boldsymbol{r}}_{mr} & \boldsymbol{I}_{mr}(\gamma)-m_{mr}\hat{\boldsymbol{r}}_{mr}\hat{\boldsymbol{r}}_{mr} & m_{mr}\hat{\boldsymbol{r}}_{mr} & \boldsymbol{I}_{mr}(\gamma)-m_{mr}\hat{\boldsymbol{r}}_{mr}\hat{\boldsymbol{r}}_{mr}\end{bmatrix} \tag{3.31}$$

2. 壳体静质量块的动能

静质量块相对于载体坐标系原点有位置偏移$\boldsymbol{r}_{rb}$，在载体坐标系下，静质量块相对于原点e_0的速度$\boldsymbol{V}_{rbE}$和角速度$\boldsymbol{\Omega}_{rbE}$可以表示为

$$\begin{aligned}&\boldsymbol{V}_{rbE}=\boldsymbol{V}+\boldsymbol{\omega}\times\boldsymbol{r}_{rb}=\boldsymbol{V}-\hat{\boldsymbol{r}}_{rb}\boldsymbol{\Omega}=[\boldsymbol{I}\ \ -\hat{\boldsymbol{r}}_{rb}\ \ 0\ \ 0]\boldsymbol{v}\\&\boldsymbol{\Omega}_{rbE}=\boldsymbol{\Omega}\end{aligned} \tag{3.32}$$

静质量块的动能可表示为

$$\boldsymbol{T}_{rb}=\frac{1}{2}\boldsymbol{v}^{\mathrm{T}}\boldsymbol{M}_{rbE}\boldsymbol{v} \tag{3.33}$$

式中，

$$\boldsymbol{M}_{rbE}=\begin{bmatrix}m_{rb}\boldsymbol{I} & -m_{rb}\hat{\boldsymbol{r}}_{rb} & 0 & 0\\ m_{rb}\hat{\boldsymbol{r}}_{rb} & \boldsymbol{I}_{rb}-m_{rb}\hat{\boldsymbol{r}}_{rb}\hat{\boldsymbol{r}}_{rb} & 0 & 0\\ 0 & 0 & 0 & 0\\ 0 & 0 & 0 & 0\end{bmatrix} \tag{3.34}$$

3. 液压油等效质量块的动能

液压油等效质量块中心和水下滑翔机载体坐标系原点的偏移量为 $\boldsymbol{r}_b$，液压油等效质量块的速度有如下形式：

$$\begin{aligned}\boldsymbol{V}_{\mathrm{bE}} &= \boldsymbol{V} - \hat{\boldsymbol{r}}_b\boldsymbol{\Omega} = [\boldsymbol{I} \ \ -\hat{\boldsymbol{r}}_b \ \ 0 \ \ 0]\boldsymbol{v}^{\mathrm{T}} \\ \boldsymbol{\Omega}_{\mathrm{bE}} &= \boldsymbol{\Omega}\end{aligned} \tag{3.35}$$

液压油等效质量块的动能为

$$\boldsymbol{T}_b = \frac{1}{2}\boldsymbol{v}^{\mathrm{T}}\boldsymbol{M}_{\mathrm{bE}}\boldsymbol{v} \tag{3.36}$$

式中，

$$\boldsymbol{M}_{\mathrm{bE}} = \begin{bmatrix} m_b\boldsymbol{I} & -m_b\hat{\boldsymbol{r}}_b & 0 & 0 \\ m_b\hat{\boldsymbol{r}}_b & \boldsymbol{I}_b - m_b\hat{\boldsymbol{r}}_b\hat{\boldsymbol{r}}_b & 0 & 0 \\ 0 & 0 & 0 & 0 \\ 0 & 0 & 0 & 0 \end{bmatrix} \tag{3.37}$$

4. 水流阻尼力计算

水下滑翔机运动导致周围的水流动加速，对应水流动的能量为水流阻尼力，相应动能为

$$\boldsymbol{T}_f = \frac{1}{2}\boldsymbol{v}^{\mathrm{T}}\boldsymbol{M}_f\boldsymbol{v} \tag{3.38}$$

式中，

$$\boldsymbol{M}_f = \begin{bmatrix} m_f\boldsymbol{I} & \boldsymbol{C}_f & 0 & 0 \\ \boldsymbol{C}_f^{\mathrm{T}} & \boldsymbol{I}_f & 0 & 0 \\ 0 & 0 & 0 & 0 \\ 0 & 0 & 0 & 0 \end{bmatrix} \tag{3.39}$$

该项主要是由附加质量、附加转动惯量、耦合项等项构成。

联立式(3.34)、式(3.37)～式(3.39)可以得到水下滑翔机总动能为水下滑翔机静质量块、电池质量块、液压油等效质量块和水流阻尼的动能之和，并将其表示为

$$\boldsymbol{T} = \frac{1}{2}\boldsymbol{v}^{\mathrm{T}}\boldsymbol{M}_{\mathrm{rbE}}\boldsymbol{v} + \frac{1}{2}\boldsymbol{v}^{\mathrm{T}}\boldsymbol{M}_{\mathrm{mrE}}\boldsymbol{v} + \frac{1}{2}\boldsymbol{v}^{\mathrm{T}}\boldsymbol{M}_{\mathrm{bE}}\boldsymbol{v} + \frac{1}{2}\boldsymbol{v}^{\mathrm{T}}\boldsymbol{M}_f\boldsymbol{v} = \frac{1}{2}\boldsymbol{v}^{\mathrm{T}}\boldsymbol{M}\boldsymbol{v} \tag{3.40}$$

$$\boldsymbol{M} = \begin{bmatrix} \boldsymbol{M}_{\mathrm{rb/mr/}b} + \boldsymbol{M}_f & \boldsymbol{C}_{\mathrm{rb/mr/}b} + \boldsymbol{C}_f & m_{\mathrm{mr}}\boldsymbol{I} & -m_{\mathrm{mr}}\hat{\boldsymbol{r}}_{\mathrm{mr}} \\ \boldsymbol{C}_{\mathrm{rb/mr/}b}^{\mathrm{T}} + \boldsymbol{C}_f^{\mathrm{T}} & \boldsymbol{I}_{\mathrm{rb/mr/}b} + \boldsymbol{I}_f & m_{\mathrm{mr}}\hat{\boldsymbol{r}}_{\mathrm{mr}} & \boldsymbol{I}_{\mathrm{mr}}(\gamma) - m_{\mathrm{mr}}\hat{\boldsymbol{r}}_{\mathrm{mr}}\hat{\boldsymbol{r}}_{\mathrm{mr}} \\ m_{\mathrm{mr}}\boldsymbol{I} & -m_{\mathrm{mr}}\hat{\boldsymbol{r}}_{\mathrm{mr}} & m_{\mathrm{mr}}\boldsymbol{I} & -m_{\mathrm{mr}}\hat{\boldsymbol{r}}_{\mathrm{mr}} \\ m_{\mathrm{mr}}\hat{\boldsymbol{r}}_{\mathrm{mr}} & \boldsymbol{I}_{\mathrm{mr}}(\gamma) - m_{\mathrm{mr}}\hat{\boldsymbol{r}}_{\mathrm{mr}}\hat{\boldsymbol{r}}_{\mathrm{mr}} & m_{\mathrm{mr}}\hat{\boldsymbol{r}}_{\mathrm{mr}} & \boldsymbol{I}_{\mathrm{mr}}(\gamma) - m_{\mathrm{mr}}\hat{\boldsymbol{r}}_{\mathrm{mr}}\hat{\boldsymbol{r}}_{\mathrm{mr}} \end{bmatrix} \tag{3.41}$$

式中，

$$\begin{cases}\boldsymbol{M}_{\mathrm{rb/mr}/b}=\boldsymbol{M}_{\mathrm{mrE}}+\boldsymbol{M}_{\mathrm{rbE}}+\boldsymbol{M}_{\mathrm{bE}}\\ \boldsymbol{C}_{\mathrm{rb/mr}/b}=-m_{\mathrm{rb}}\hat{\boldsymbol{r}}_{\mathrm{rb}}-m_b\hat{\boldsymbol{r}}_b-m_{\mathrm{mr}}\hat{\boldsymbol{r}}_{\mathrm{mr}}\\ \boldsymbol{I}_{\mathrm{rb/mr}/b}=\boldsymbol{I}_b+\boldsymbol{I}_{\mathrm{rb}}+\boldsymbol{I}_{\mathrm{mr}}(\gamma)-m_{\mathrm{rb}}\hat{\boldsymbol{r}}_{\mathrm{rb}}\hat{\boldsymbol{r}}_{\mathrm{rb}}-m_b\hat{\boldsymbol{r}}_b\hat{\boldsymbol{r}}_b-m_{\mathrm{mr}}\hat{\boldsymbol{r}}_{\mathrm{mr}}\hat{\boldsymbol{r}}_{\mathrm{mr}}\\ \boldsymbol{M}_t=\boldsymbol{M}_{\mathrm{mrE}}+\boldsymbol{M}_{\mathrm{rbE}}+\boldsymbol{M}_{\mathrm{bE}}+\boldsymbol{M}_f=\mathrm{diag}[m_{t1}\quad m_{t2}\quad m_{t3}]\\ \boldsymbol{C}_t=-m_{\mathrm{rb}}\hat{\boldsymbol{r}}_{\mathrm{rb}}-m_b\hat{\boldsymbol{r}}_b-m_{\mathrm{mr}}\hat{\boldsymbol{r}}_{\mathrm{mr}}+\boldsymbol{C}_f\\ \boldsymbol{I}_t=\boldsymbol{I}_b+\boldsymbol{I}_{\mathrm{rb}}+\boldsymbol{I}_{\mathrm{mr}}(\gamma)+\boldsymbol{I}_f-m_{\mathrm{rb}}\hat{\boldsymbol{r}}_{\mathrm{rb}}\hat{\boldsymbol{r}}_{\mathrm{rb}}-m_b\hat{\boldsymbol{r}}_b\hat{\boldsymbol{r}}_b-m_{\mathrm{mr}}\hat{\boldsymbol{r}}_{\mathrm{mr}}\hat{\boldsymbol{r}}_{\mathrm{mr}}\end{cases}\tag{3.42}$$

对 $\boldsymbol{T}$ 求相对于 $\boldsymbol{v}$ 的导数，可得到广义动量：

$$\boldsymbol{\eta}=\frac{\partial\boldsymbol{T}}{\partial\boldsymbol{v}}=\boldsymbol{M}\boldsymbol{v}\tag{3.43}$$

再将 $\boldsymbol{\eta}$ 对时间求导，可以得到载体坐标系下水下滑翔机受到的合外力和合外力矩：

$$\dot{\boldsymbol{\eta}}=\dot{\boldsymbol{M}}\boldsymbol{v}+\boldsymbol{M}\dot{\boldsymbol{v}}\tag{3.44}$$

由式(3.44)可以得到载体坐标系下水下滑翔机的加速度和电池质量块的加速度为

$$\dot{\boldsymbol{v}}=\boldsymbol{M}^{-1}(\dot{\boldsymbol{\eta}}-\dot{\boldsymbol{M}}\boldsymbol{v})\tag{3.45}$$

式(3.45)中 $\boldsymbol{M}$ 的变化是由于 $\gamma,\boldsymbol{r}_{\mathrm{mr}},m_b$ 的变化造成。含 γ 的项表达式如下：

$$\dot{\boldsymbol{R}}_{\mathrm{e1}}=\dot{\gamma}\begin{bmatrix}0&0&0\\0&-\sin\gamma&-\cos\gamma\\0&\cos\gamma&-\sin\gamma\end{bmatrix}\tag{3.46}$$

$$\dot{\boldsymbol{I}}_{\mathrm{mr}}(\gamma)=\dot{\boldsymbol{R}}_{\mathrm{e1}}^{\mathrm{T}}(\gamma)\boldsymbol{I}_{\mathrm{mr}}\boldsymbol{R}_{\mathrm{e1}}(\gamma)+\boldsymbol{R}_{\mathrm{e1}}^{\mathrm{T}}(\gamma)\boldsymbol{I}_{\mathrm{mr}}\dot{\boldsymbol{R}}_{\mathrm{e1}}(\gamma)\tag{3.47}$$

联立式(3.13)、式(3.47)可以得到水下滑翔机的动力学模型如下：

$$\begin{aligned}\dot{\boldsymbol{v}}&=\begin{bmatrix}\dot{\boldsymbol{V}}\\ \dot{\boldsymbol{\Omega}}\\ \ddot{\boldsymbol{r}}_{\mathrm{mrx}}\\ \dot{\boldsymbol{\Omega}}_{\mathrm{mr}}\end{bmatrix}=\boldsymbol{M}^{-1}(\dot{\boldsymbol{\eta}}-\dot{\boldsymbol{M}}\boldsymbol{v})\\ &=\boldsymbol{M}^{-1}\left(\begin{bmatrix}\boldsymbol{P}\times\boldsymbol{\Omega}\\ \boldsymbol{\Pi}\times\boldsymbol{\Omega}+\boldsymbol{P}\times\boldsymbol{V}\\ \boldsymbol{P}_{\mathrm{mr}}\times\boldsymbol{\Omega}\\ \boldsymbol{\Pi}_{\mathrm{mr}}\times\boldsymbol{\Omega}+\boldsymbol{P}_{\mathrm{mr}}\times\boldsymbol{V}\end{bmatrix}+\begin{bmatrix}\bar{m}g(\boldsymbol{R}_{\mathrm{EB}}^{\mathrm{T}}\boldsymbol{k})\\ (m_{\mathrm{mr}}\boldsymbol{r}_{\mathrm{mr}}+m_{\mathrm{rb}}\boldsymbol{r}_{\mathrm{rb}}+m_b\boldsymbol{r}_b)g\times(\boldsymbol{R}_{\mathrm{EB}}^{\mathrm{T}}\boldsymbol{k})\\ m_{\mathrm{mr}}g(\boldsymbol{R}_{\mathrm{EB}}^{\mathrm{T}}\boldsymbol{k})\\ m_{\mathrm{mr}}g\boldsymbol{r}_{\mathrm{mr}}\times(\boldsymbol{R}_{\mathrm{EB}}^{\mathrm{T}}\boldsymbol{k})\end{bmatrix}+\begin{bmatrix}\boldsymbol{F}\\ \boldsymbol{T}\\ \boldsymbol{u}_{\mathrm{Fmr}}\\ \boldsymbol{u}_{\mathrm{Tmr}}\end{bmatrix}-\dot{\boldsymbol{M}}\boldsymbol{v}\right)\end{aligned}\tag{3.48}$$

取

$$\begin{cases}\boldsymbol{U}_{\mathrm{Fmr}}=\boldsymbol{P}_{\mathrm{mr}}\times\boldsymbol{\Omega}+m_{\mathrm{mr}}g(\boldsymbol{R}_{\mathrm{EB}}^{\mathrm{T}}\boldsymbol{k})+\boldsymbol{u}_{\mathrm{Fmr}}=\dot{\boldsymbol{P}}_{\mathrm{mr}}\\ \boldsymbol{U}_{\mathrm{Tmr}}=\boldsymbol{\Pi}_{\mathrm{mr}}\times\boldsymbol{\Omega}+\boldsymbol{P}_{\mathrm{mr}}\times\boldsymbol{V}+m_{\mathrm{mr}}g\boldsymbol{r}_{\mathrm{mr}}\times(\boldsymbol{R}_{\mathrm{EB}}^{\mathrm{T}}\boldsymbol{k})+\boldsymbol{u}_{\mathrm{Tmr}}=\dot{\boldsymbol{\Pi}}_{\mathrm{mr}}\end{cases}\tag{3.49}$$

控制量为

$$\begin{cases} \dot{m}_b = u_b \\ u_{\text{Fe1}} = \boldsymbol{e}_1 \cdot (\boldsymbol{U}_{\text{Fmr}} - \boldsymbol{P}_{\text{mr}} \times \boldsymbol{\Omega} + m_{\text{mr}} g(\boldsymbol{R}_{\text{EB}}^{\text{T}} \boldsymbol{k})) \\ u_{\text{Te1}} = \boldsymbol{e}_1 \cdot (\boldsymbol{U}_{\text{Tmr}} - \boldsymbol{\Pi}_{\text{mr}} \times \boldsymbol{\Omega} + \boldsymbol{P}_{\text{mr}} \times \boldsymbol{V} + m_{\text{mr}} g \boldsymbol{r}_{\text{mr}} \times (\boldsymbol{R}_{\text{EB}}^{\text{T}} \boldsymbol{k})) \end{cases} \tag{3.50}$$

式(3.48)中 $\dot{\boldsymbol{M}}$ 的表达式为

$$\dot{\boldsymbol{M}} = \left[\begin{matrix} \dot{m}_b \boldsymbol{I} & -\dot{m}_b \hat{\boldsymbol{r}}_b - m_{\text{mr}} \dot{\hat{\boldsymbol{r}}}_{\text{mr}} \\ \dot{m}_b \hat{\boldsymbol{r}}_b + m_{\text{mr}} \dot{\hat{\boldsymbol{r}}}_{\text{mr}} & \dot{\boldsymbol{I}}_b - \dot{m}_b \hat{\boldsymbol{r}}_b \hat{\boldsymbol{r}}_b + \dot{\boldsymbol{I}}_{\text{mr}}(\gamma) - m_{\text{mr}} \dot{\hat{\boldsymbol{r}}}_{\text{mr}} \hat{\boldsymbol{r}}_{\text{mr}} - m_{\text{mr}} \hat{\boldsymbol{r}}_{\text{mr}} \dot{\hat{\boldsymbol{r}}}_{\text{mr}} \\ 0 & -m_{\text{mr}} \dot{\hat{\boldsymbol{r}}}_{\text{mr}} \\ m_{\text{mr}} \dot{\hat{\boldsymbol{r}}}_{\text{mr}} & \dot{\boldsymbol{I}}_{\text{mr}}(\gamma) - m_{\text{mr}} \dot{\hat{\boldsymbol{r}}}_{\text{mr}} \hat{\boldsymbol{r}}_{\text{mr}} - m_{\text{mr}} \hat{\boldsymbol{r}}_{\text{mr}} \dot{\hat{\boldsymbol{r}}}_{\text{mr}} \end{matrix}\right.$$

$$\left.\begin{matrix} 0 & -m_{\text{mr}} \dot{\hat{\boldsymbol{r}}}_{\text{mr}} \\ m_{\text{mr}} \dot{\hat{\boldsymbol{r}}}_{\text{mr}} & \dot{\boldsymbol{I}}_{\text{mr}}(\gamma) - m_{\text{mr}} \dot{\hat{\boldsymbol{r}}}_{\text{mr}} \hat{\boldsymbol{r}}_{\text{mr}} - m_{\text{mr}} \hat{\boldsymbol{r}}_{\text{mr}} \dot{\hat{\boldsymbol{r}}}_{\text{mr}} \\ 0 & -m_{\text{mr}} \dot{\hat{\boldsymbol{r}}}_{\text{mr}} \\ m_{\text{mr}} \dot{\hat{\boldsymbol{r}}}_{\text{mr}} & \dot{\boldsymbol{I}}_{\text{mr}}(\gamma) - m_{\text{mr}} \dot{\hat{\boldsymbol{r}}}_{\text{mr}} \hat{\boldsymbol{r}}_{\text{mr}} - m_{\text{mr}} \hat{\boldsymbol{r}}_{\text{mr}} \dot{\hat{\boldsymbol{r}}}_{\text{mr}} \end{matrix}\right] \tag{3.51}$$

可以控制的量包括电池质量块的推力、电池质量块的回转扭矩及净浮力的大小，控制量见式(3.51)。$\boldsymbol{U}_{\text{Fmr}}, \boldsymbol{U}_{\text{Tmr}}$ 分别是电池质量块的线动量和角动量的变化率。

$\boldsymbol{F}_{\text{hy}}, \boldsymbol{M}_{\text{hy}}$ 为水下滑翔机机翼在速度坐标系(图 3.4)中受到的升力、阻力及侧向力及其相应力矩：

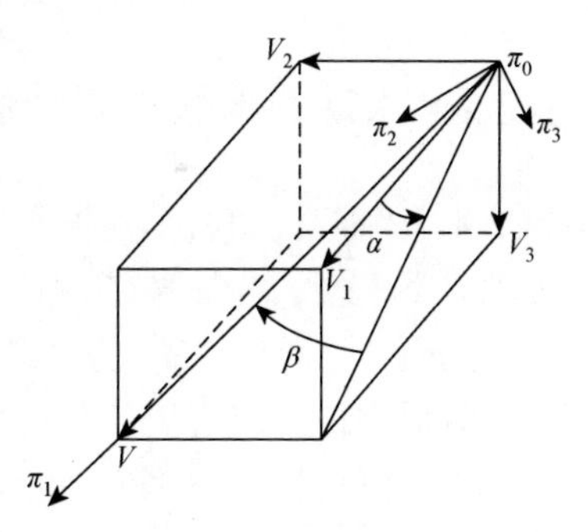

图 3.4　速度坐标系

$$\boldsymbol{F}_{\text{hy}} = \begin{bmatrix} -D \\ \text{SF} \\ -L \end{bmatrix}, \boldsymbol{M}_{\text{hy}} = \begin{bmatrix} M_{\text{DL1}} \\ M_{\text{DL2}} \\ M_{\text{DL3}} \end{bmatrix} \tag{3.52}$$

式中，L 为升力；D 为阻力；SF 为侧向力；$M_{\text{DL1}}, M_{\text{DL2}}, M_{\text{DL3}}$ 为绕速度坐标系各个轴的力矩，其表达式如下：

$$\begin{cases} D = (K_{D0} + K_D \alpha^2) V^2 \\ \text{SF} = K_\beta \beta V^2 \\ L = (K_{L0} + K_L \alpha) V^2 \\ M_{\text{DL1}} = K_{\text{MR}} \beta V^2 + K_p p V^2 \\ M_{\text{DL2}} = (K_{M0} + K_M \alpha + K_q q) V^2 \\ M_{\text{DL3}} = K_{\text{MY}} \beta V^2 + K_r q V^2 \end{cases} \tag{3.53}$$

式(3.53)中的水下滑翔机水动力项是在载体坐标系下表示的，因此需将速度坐标下的水动力转换到载体坐标系下表示。通过旋转矩阵 $\boldsymbol{R}_{\mathrm{BC}}(\alpha,\beta)$ 可将速度坐标系下水下滑翔机的受力转换到载体坐标系下水下滑翔机的受力。

$$\begin{aligned}\boldsymbol{F}&=\boldsymbol{R}_{\mathrm{BC}}(\alpha,\beta)\boldsymbol{F}_{\mathrm{hy}}\\ \boldsymbol{T}&=\boldsymbol{R}_{\mathrm{BC}}(\alpha,\beta)\boldsymbol{M}_{\mathrm{hy}}\end{aligned}\tag{3.54}$$

旋转矩阵 $\boldsymbol{R}_{\mathrm{BC}}(\alpha,\beta)$ 可以通过图 3.4 中两组矢量与速度坐标系之间的关系得到：

$$\boldsymbol{R}_{\mathrm{BC}}(\alpha,\beta)=\boldsymbol{R}_{\alpha}^{\mathrm{T}}\boldsymbol{R}_{\beta}^{\mathrm{T}}=\begin{bmatrix}\cos\alpha\cos\beta & -\cos\alpha\sin\beta & -\sin\alpha\\ \sin\beta & \cos\beta & 0\\ \sin\alpha\cos\beta & -\sin\alpha\sin\beta & \cos\alpha\end{bmatrix}\tag{3.55}$$

最后给出式(3.55)中的水动力项，即可得到完整的水下滑翔机动力学模型。在动力学模型中，我们忽略电池质量块的移动过程和净浮力变化的过程，或将其假定为一个匀速变化的过程。这个过程相比于一个滑翔的周期而言是非常小的，所以可将动力学模型简化为

$$\dot{\boldsymbol{v}}=\begin{bmatrix}\dot{\boldsymbol{V}}\\ \dot{\boldsymbol{\Omega}}\end{bmatrix}=\boldsymbol{M}^{-1}\left(\begin{bmatrix}\boldsymbol{P}\times\boldsymbol{\Omega}\\ \boldsymbol{\Pi}\times\boldsymbol{\Omega}+\boldsymbol{P}\times\boldsymbol{V}\end{bmatrix}+\begin{bmatrix}\bar{m}g(\boldsymbol{R}_{\mathrm{EB}}^{\mathrm{T}}\boldsymbol{k})\\ (m_{\mathrm{mr}}\boldsymbol{r}_{\mathrm{mr}}+m_{\mathrm{rb}}\boldsymbol{r}_{\mathrm{rb}}+m_{b}\boldsymbol{r}_{b})g\times(\boldsymbol{R}_{\mathrm{EB}}^{\mathrm{T}}\boldsymbol{k})\end{bmatrix}+\begin{bmatrix}\boldsymbol{F}\\ \boldsymbol{T}\end{bmatrix}-\dot{\boldsymbol{M}}\boldsymbol{v}\right)\tag{3.56}$$

3.2.2 水动力系数与附加质量估计

水下滑翔机动力学建模是实现航行控制的理论基础，为构建完整的水下滑翔机动力学模型，需获取它的水动力系数。本书基于 CFX 流体软件，开展数值模拟试验的研究。通过 CFX 仿真设计，合理选择工况参数，并采用最小二乘法对所得试验数据进行系统辨识，获得相对完整的水下滑翔机黏性水动力系数。

水下滑翔机稳态水动力参数的计算与拟合：水下滑翔机的黏性水动力与其运动速度相关，即 $F_{\mathrm{viscous}}=f(V_1,V_2,V_3,p,q,r)$。在黏性水动力的泰勒展开式中，称只与线速度 V_1,V_2,V_3 有关的水动力项为位置力，只与角速度 p,q,r 有关的水动力项为旋转力，其他项为耦合水动力项。位置力一般通过拖曳或者斜航试验获得，而旋转力及耦合水动力则通过悬臂水池实验获得。在此，采用计算流体力学方法去模拟这几种情况，通过建立适当的虚拟边界，在虚拟边界与水下滑翔机形成的空间区域内求解 RANS 方程，求取水下滑翔机的受力并拟合其水动力系数。求解条件和雷诺数大小密切相关：

$$Re=\frac{\rho UL'}{\mu}\tag{3.57}$$

雷诺数取温度为 20°时所对应海水的状态，其中 $\rho=1025\mathrm{kg/m^3}$ 为海水的密

度，U 为流速，$L'=1.995\mathrm{m}$ 为流体特征尺度，μ 为流体动力黏性系数，$\mu/\rho=1.0785\times10^{-6}\mathrm{m}^2/\mathrm{s}$。攻角变化情况下(零漂角下)，水下滑翔机受到升阻比与攻角的关系如图 3.5 所示，可知最优升阻比时，攻角为 7°。水下滑翔机速度与阻力的关系如图 3.6 所示，阻力近似与速度的平方成正比。

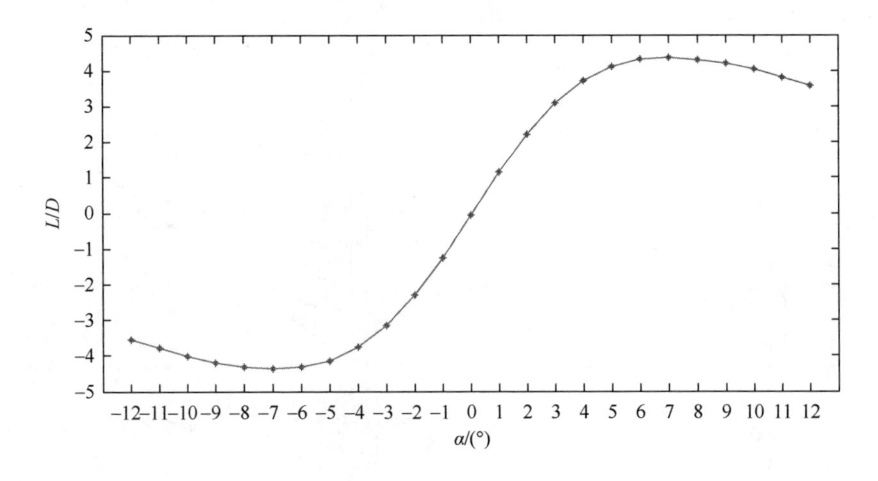

图 3.5 升阻比与攻角关系

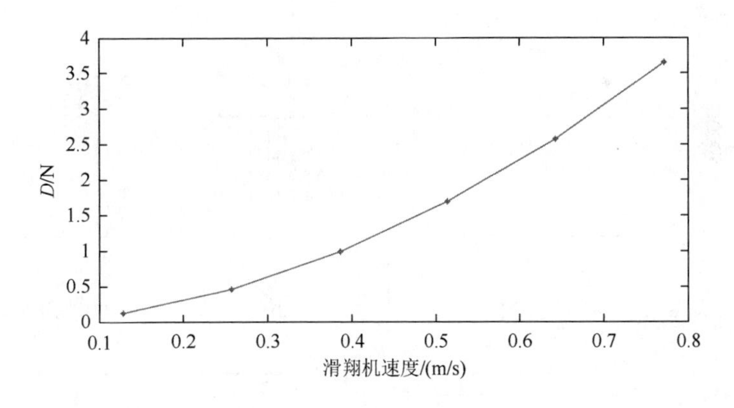

图 3.6 阻力与速度关系

在拟合水动力时，只考虑对应于拟合表达式中各个量均在变化的情况下所对应的水动力计算结果。所以对于拖曳试验得到的计算结果，可以拟合出升力、阻力、侧向力和俯仰力矩。采用最小二乘法对水动力系数进行拟合，拟合曲线如图 3.7 所示，得到的系数为

$K_{D0} = 7.19\text{kg/m}$, $K_D = 386.29\text{kg/(m}\cdot\text{rad}^2)$, $K_\beta = -116.65\text{kg/(m}\cdot\text{rad)}$;

$K_{L0} = -0.36\text{kg/m}$, $K_\alpha = 440.99\text{kg/(m}\cdot\text{rad)}$;

$K_{\text{MR}} = -58.27\text{kg/rad}$, $K_p = -19.83\text{kg}\cdot\text{s/rad}$;

$K_{M0} = 0.28\text{kg}$, $K_M = -65.84\text{kg/rad}$, $K_q = -205.64\text{kg}\cdot\text{s/rad}^2$;

$K_{\text{MY}} = 34.10\text{kg/rad}$, $K_r = -389.30\text{kg}\cdot\text{s/rad}^2$

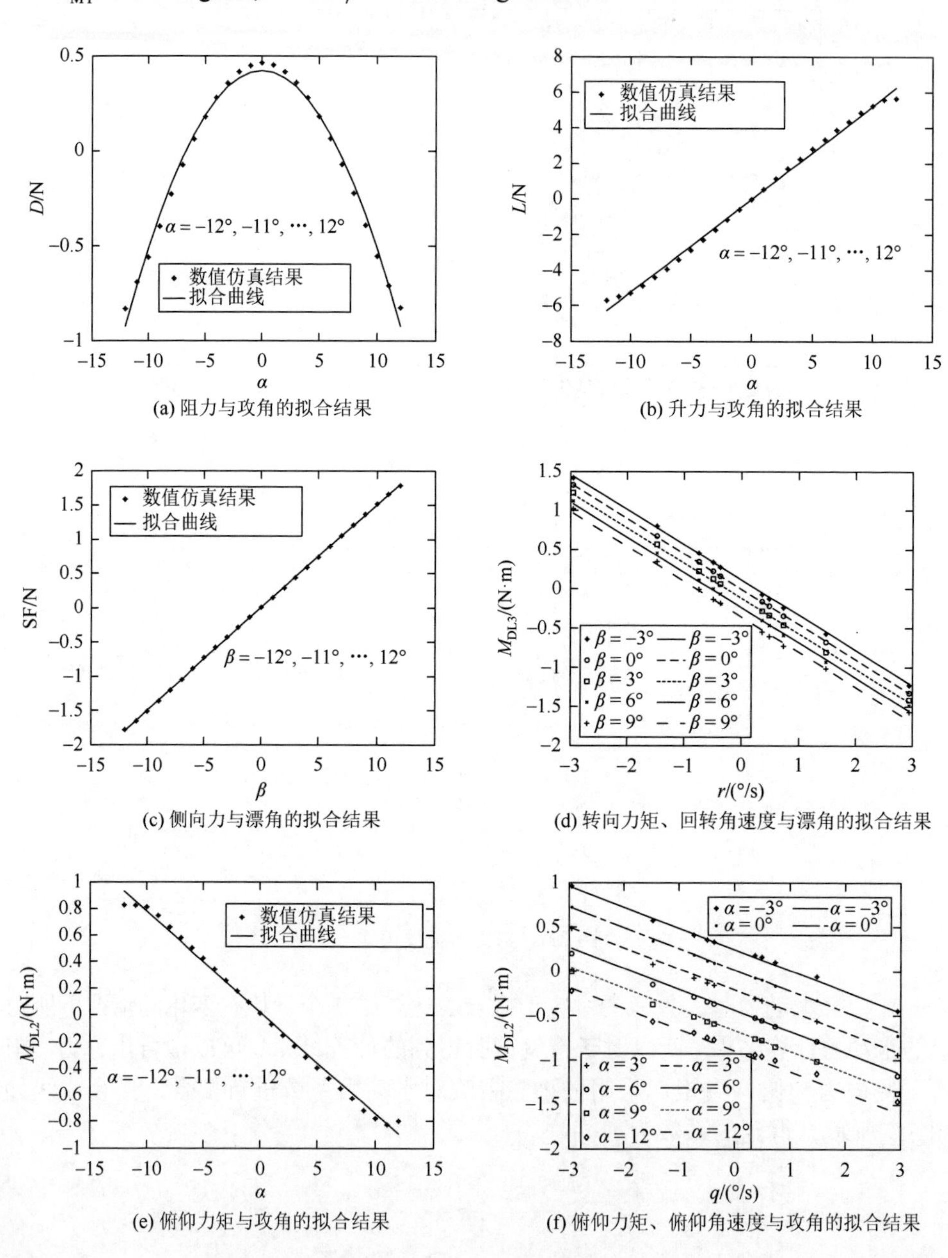

(a) 阻力与攻角的拟合结果

(b) 升力与攻角的拟合结果

(c) 侧向力与漂角的拟合结果

(d) 转向力矩、回转角速度与漂角的拟合结果

(e) 俯仰力矩与攻角的拟合结果

(f) 俯仰力矩、俯仰角速度与攻角的拟合结果

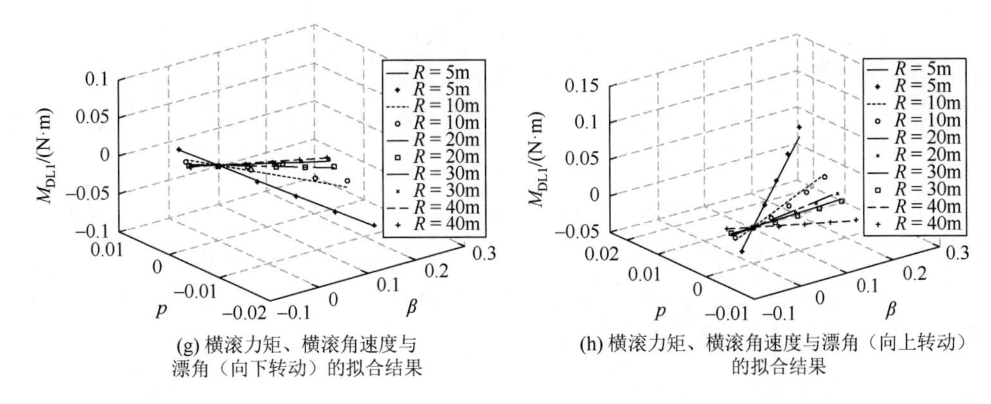

(g) 横滚力矩、横滚角速度与漂角（向下转动）的拟合结果

(h) 横滚力矩、横滚角速度与漂角（向上转动）的拟合结果

图 3.7 水下滑翔机水动力系数拟合

通过数值试验结果拟合得到的是水下滑翔机的黏性力系数。惯性水动力系数与水下滑翔机操纵面主要参数(表 3.1)有关，可通过经验公式估算得到，本节对水下滑翔机惯性水动力系数中的附加质量、附加转动惯量进行估算。水下滑翔机的排水体积$V_{\text{glider}} = 0.065825\text{m}^3$，载体长度$L_{\text{glider}} = 1.9\text{m}$，$B_{\text{glider}} = H_{\text{glider}} = 0.22\text{m}$（$B_{\text{glider}}$为载体宽度，$H_{\text{glider}}$为载体高度）。

表 3.1 操纵面主要参数

附体名称	S/m^2	l /m	b /m	x/m	λ
水平滑翔翼	0.136160	0.6	0.150	−0.1	4
垂直滑翔翼	0.035804	0.25	0.090	−0.97	2.78

注：S 为投影面积，l 为机翼长度，b 为机翼宽度，x 为机翼艏艉长度差值，λ 为展弦比。

1. 主体加速度系数

$\dfrac{L_{\text{glider}}}{B_{\text{glider}}} = 8.64, \dfrac{H_{\text{glider}}}{B_{\text{glider}}} = 1$，查三轴椭球体附加质量系数图谱，可得附加质量系数：

$$K_{11} = 0.03;\quad (X'_{\dot{u}})_{\text{RO}} = -\frac{\pi}{3}\frac{B_1}{L}\frac{H_1}{L}k_{11} = -4.209\times 10^{-4}$$

$$K_{22} = 0.95;\quad (Y'_{\dot{v}})_{\text{RO}} = -\frac{\pi}{3}\frac{B_1}{L}\frac{H_1}{L}k_{22} = -1.33\times 10^{-2}$$

$$K_{33} = 0.95;\quad (Z'_{\dot{w}})_{\text{RO}} = -\frac{\pi}{3}\frac{B_1}{L}\frac{H_1}{L}k_{33} = -1.33\times 10^{-2}$$

$$K_{55} = 0.85;\quad (M'_{\dot{q}})_{\text{RO}} = -\frac{\pi}{60}\frac{B_1}{L}\frac{H_1}{L}\left(1+\frac{B^2}{L^2}\right)k_{55} = -6.047\times 10^{-4}$$

$$K_{66}=0.85；\ (N'_{\dot{r}})_{\mathrm{RO}}=-\frac{\pi}{60}\frac{B_1}{L}\frac{H_1}{L}\left(1+\frac{H^2}{L^2}\right)k_{66}=-6.047\times10^{-4}$$

2. 附体加速度系数

表 3.2 为附体加速系数估算参数表，l,b 分别为机翼的尺寸，通常将机翼处理为矩形。两侧均有附体机翼，所以 n 取为 2。l 为机翼长度，即附体沿坐标 Y 向的宽度，或沿 Z 向的高度。b 为机翼宽度，即附体沿坐标 X 向的长度。x 为附体在滑翔机水动力中心的坐标值，取正或负。展弦比定义为

$$\lambda=\frac{l}{b} \tag{3.58}$$

通过修正系数求出附体的附加质量项 $\mu(\lambda)$：

$$\mu(\lambda)=\frac{\lambda}{\sqrt{1+\lambda^2}}\left(1-0.425\frac{\lambda}{1+\lambda^2}\right) \tag{3.59}$$

表 3.2　附体加速度系数估算参数表

附体名称	①	②	③	④	⑤	⑥	⑦	⑧	⑨
	λ	$\mu(\lambda)$	l/m	b/m	n	$n\mu lb^2$	x/m	⑥x	⑥x^2
水平滑翔翼	4	0.8731	0.6	0.15	2	0.02358	−0.1	−0.002358	0.0002358
垂直滑翔翼	2.78	0.8136	0.25	0.09	2	0.003294	−0.97	−0.003195	0.003099

$$(X'_{\dot{u}})_{\mathrm{FU}}=0$$

$$(Y'_{\dot{v}})_{\mathrm{FU}}=-\frac{\pi}{2L^3}n\mu(\lambda)lb^2=-7.544\times10^{-4}，\ (Z'_{\dot{w}})_{\mathrm{FU}}=-\frac{\pi}{2L^3}n\mu(\lambda)lb^2=-5.400\times10^{-3}$$

$$(Y'_{\dot{r}})_{\mathrm{FU}}=-\frac{\pi}{2L^4}n\mu(\lambda)lb^2x=-3.851\times10^{-4}，\ (Z'_{\dot{q}})_{\mathrm{FU}}=\frac{\pi}{2L^4}n\mu(\lambda)lb^2x=-2.842\times10^{-4}$$

$$(M'_{\dot{q}})_{\mathrm{FU}}=-\frac{\pi}{2L^5}n\mu(\lambda)lb^2x^2=-1.496\times10^{-5}，(N'_{\dot{r}})_{\mathrm{FU}}=-\frac{\pi}{2L^5}n\mu(\lambda)lb^2x^2=-1.966\times10^{-4}$$

3. 全载体附加质量系数

将主体加速度系数与附体加速度系数相加，可得到附加质量系数：$X'_{\dot{u}}=-4.21\times10^{-4}$，$Y'_{\dot{v}}=-1.41\times10^{-2}$，$Z'_{\dot{w}}=-1.87\times10^{-2}$，$N'_{\dot{v}}=Y'_{\dot{r}}=-3.85\times10^{-4}$，$M'_{\dot{w}}=Z'_{\dot{q}}=-2.84\times10^{-4}$，$M'_{\dot{q}}=-6.1965\times10^{-4}$，$N'_{\dot{r}}=-8.013\times10^{-4}$。

3.2.3 稳态滑翔特性分析

当水下滑翔机在水中处于静止状态时，其壳体质心的位置、液压油等效质量块的位置决定了电池质量块的初始平衡状态，即它们三者通过质量配置，构成一个稳心高为 5mm 的系统。三维螺旋滑翔运动更关注其转弯半径，并且水下滑翔机可以通过螺旋滑翔来绕开障碍物；通过三维稳态滑翔分析，研究各个控制参数变化对转弯半径、速度水平分量的影响，对水下滑翔机的工作能力和路径规划、续航力、操纵性有重要意义；滑翔速度的垂直分量的大小，影响了观测采样的频率。对于二维锯齿滑翔，当电池从平衡点移动时，需要分析水下滑翔机质量块配置、俯仰力矩、净浮力对剖面滑翔速度、俯仰角的影响。在实际应用中，水下滑翔机稳态滑翔过程相对于动态滑翔过程较长，因此稳态滑翔的图谱对于水下滑翔机前期的设计、水下滑翔机的规划有很大的意义。本节主要是基于水下滑翔机的动力学模型，分析稳态滑翔时水下滑翔机各个状态与控制量之间的关系。图 3.8 为水下滑翔机垂直面运动参数。

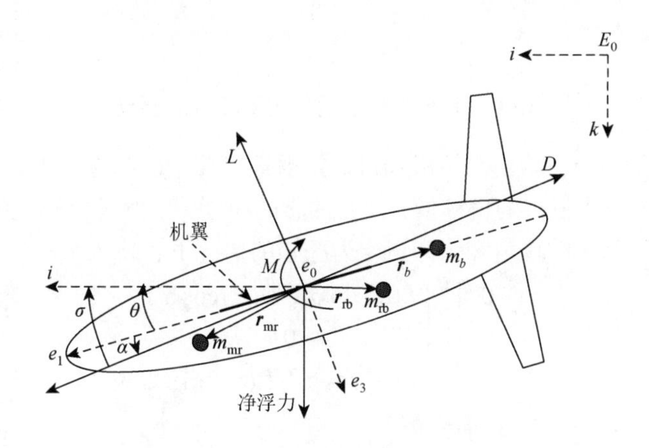

图 3.8 水下滑翔机垂直面运动参数

1. 垂直面稳态滑翔特性分析

在锯齿滑翔过程中，电池质量块并不转动，因此在垂直面上具有 3 个自由度。当稳态滑翔时，净浮力和升力、阻力在垂直方向的分量相平衡，升力、阻力在水平方向的分量相平衡。这三个力构成一个三力平衡的系统。图 3.9 给出了水下滑翔机垂直面在上浮和下潜两个过程中的受力图，在这两个过程中，净浮力的方向是相反的，同时升力的方向也是相反的；阻力一直背向水下滑翔机的头部，与滑翔的合速度方向是相反的。当锯齿滑翔处在稳定状态时，水下滑翔机在各个方向均不旋转，即有 $\boldsymbol{\Omega}=0$。忽略侧向速度，且重力和机翼方向垂直，即 $(\boldsymbol{R}_{\mathrm{EB}}^{\mathrm{T}}\boldsymbol{k})\boldsymbol{e}_2=0$，有 $\beta=0,\phi=0$。将动力学模型化简，可以得到：

$$0=\bar{m}g(\boldsymbol{R}_{\mathrm{EB}}^{\mathrm{T}}\boldsymbol{k})+\begin{bmatrix}-D(\alpha)\cos\alpha+L(\alpha)\sin\alpha\\0\\-D(\alpha)\sin\alpha-L(\alpha)\cos\alpha\end{bmatrix} \tag{3.60}$$

$$0=\boldsymbol{M}_{\mathrm{rb/mr}/b/f}\boldsymbol{V}\times\boldsymbol{V}+(m_{\mathrm{mr}}\boldsymbol{r}_{\mathrm{mr}}+m_{\mathrm{rb}}\boldsymbol{r}_{\mathrm{rb}}+m_{b}\boldsymbol{r}_{b})\times(\boldsymbol{R}_{\mathrm{EB}}^{\mathrm{T}}\boldsymbol{k})+\begin{bmatrix}0\\M_{\mathrm{DL2}}\\0\end{bmatrix} \tag{3.61}$$

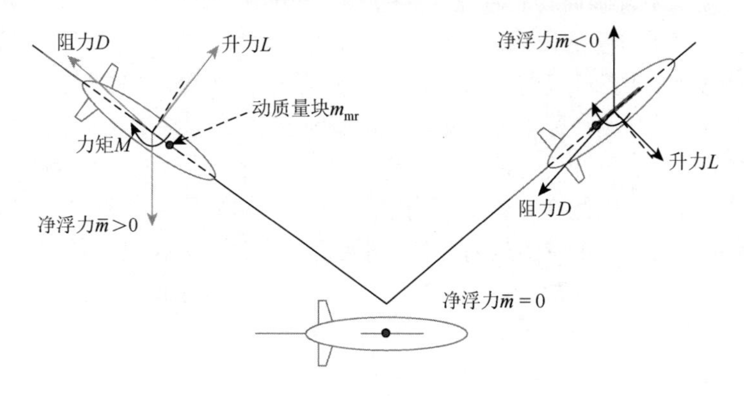

图 3.9　水下滑翔机垂直面下潜和上浮运动

垂直面的稳态分析给出水下滑翔机稳定滑翔时攻角的范围，对该范围内的每一个攻角，分析电池质量块的偏移量、浮力油囊的净浮力、水下滑翔机的速度之间的关系。在水下滑翔机的攻角和俯仰角均为已知的情况下，代入$\phi=0,\psi=0$，可知：

$$\begin{bmatrix}0\\0\\\bar{m}g\end{bmatrix}=\begin{bmatrix}L(\alpha)\sin\sigma+D(\alpha)\cos\sigma\\0\\L(\alpha)\cos\sigma-D(\alpha)\sin\sigma\end{bmatrix} \tag{3.62}$$

式中，航迹角$\sigma=\theta-\alpha$，化简求解有

$$\begin{bmatrix}0\\0\\\bar{m}g\end{bmatrix}=\begin{bmatrix}\cos\sigma&0&\sin\sigma\\0&1&0\\-\sin\sigma&0&\cos\sigma\end{bmatrix}\begin{bmatrix}D(\alpha)\\0\\L(\alpha)\end{bmatrix}=\begin{bmatrix}\cos\sigma&0&\sin\sigma\\0&1&0\\-\sin\sigma&0&\cos\sigma\end{bmatrix}\begin{bmatrix}(K_{D0}+K_{D}\alpha^{2})\\0\\(K_{L0}+K_{L}\alpha)\end{bmatrix}(V_{w1}^{2}+V_{w3}^{2}) \tag{3.63}$$

式中，V_{w1}、V_{w3}分别表示水平和垂直方向上的速度分量大小。

假定$\sigma\neq\frac{\pi}{2},V_{w1}^{2}+V_{w3}^{2}\neq0$，在$\alpha$有解的情况下，对式(3.63)的第一行化简，可以获得α与σ的关系如下：

$$\alpha^{2}+\frac{K_{L}}{K_{D}}\alpha\tan\sigma+\frac{K_{D0}+K_{L0}\tan\sigma}{K_{D}}=0 \tag{3.64}$$

在α有解的情况下，可以求解σ的范围：

$$\left(\frac{K_L}{K_D}\tan\sigma\right)^2-\frac{4}{K_D}(K_{D0}+K_{L0}\tan\sigma)\geqslant 0 \tag{3.65}$$

相应σ的范围为

$$\sigma\in\left(\arctan\left(2\frac{K_D}{K_L}\left(\frac{K_{L0}}{K_L}+\sqrt{\left(\frac{K_{L0}}{K_L}\right)^2+\frac{K_{D0}}{K_D}}\right)\right),\frac{\pi}{2}\right)$$
$$\bigcup\left(\frac{-\pi}{2},\arctan\left(2\frac{K_D}{K_L}\left(\frac{K_{L0}}{K_L}-\sqrt{\left(\frac{K_{L0}}{K_L}\right)^2+\frac{K_{D0}}{K_D}}\right)\right)\right) \tag{3.66}$$

攻角的正值和负值分别代表向上滑翔和向下滑翔两种情况。向下滑翔，攻角为正；向上滑翔，攻角为负。对式(3.66)中的任意σ，可以求得相应的攻角：

$$\alpha=\frac{K_L\tan\sigma}{2K_D}\left(-1+\sqrt{1-4\frac{K_D}{K_L^2\tan\sigma}\left(\frac{K_{D0}}{\tan\sigma}+K_{L0}\right)}\right) \tag{3.67}$$

在已知α,σ情况下，可根据$\theta=\sigma+\alpha$可以求得θ。将式(3.67)代入式(3.63)，可以求出需要的净浮力：

$$\bar{m}=m-m_{\mathrm{rb}}-m_{\mathrm{mr}}+\frac{1}{g}(-\sin\sigma(K_{D0}+K_D\alpha^2)+\cos\sigma(K_{L0}+K_L\alpha))(V_{w1}^2+V_{w3}^2) \tag{3.68}$$

将式(3.63)第一行和第三行进行平方相加，可得水下滑翔机的合速度为

$$V_{\mathrm{eqr}}=\frac{\sqrt{|\bar{m}|g}}{\left((K_{D0}+K_D\alpha_{\mathrm{eq}}^2)^2+(K_{L0}+K_L\alpha_{\mathrm{eq}})^2\right)^{\frac{1}{4}}} \tag{3.69}$$

选取满足式(3.66)的σ_{eq}，可以求出该稳定状态下的攻角、俯仰角与速度有如下关系：

$$\begin{cases}\theta_{\mathrm{eq}}=\arctan\left(\dfrac{L(\alpha_{\mathrm{eq}})\sin\alpha_{\mathrm{eq}}-D(\alpha_{\mathrm{eq}})\cos\alpha_{\mathrm{eq}}}{L(\alpha_{\mathrm{eq}})\cos\alpha_{\mathrm{eq}}+D(\alpha_{\mathrm{eq}})\sin\alpha_{\mathrm{eq}}}\right)\\ \alpha_{\mathrm{eq}}=-\dfrac{K_L}{2K_D}\tan\sigma_{\mathrm{eq}}+\sqrt{\left(\dfrac{K_L}{2K_D}\tan\sigma_{\mathrm{eq}}\right)^2-\dfrac{K_{D0}+K_{L0}\tan\sigma_{\mathrm{eq}}}{K_D}}\\ V_{\mathrm{eqr}}=\dfrac{\sqrt{|\bar{m}|g}}{((K_{D0}+K_D\alpha_{\mathrm{eq}}^2)^2+(K_{L0}+K_L\alpha_{\mathrm{eq}})^2)^{\frac{1}{4}}}\end{cases} \tag{3.70}$$

展开式(3.61)中沿e_2轴受到的力矩，即在俯仰自由度上的力矩，可以求得实际的电池质量块位置为

$$r_{\text{mrx}} = \frac{1}{m_{\text{mr}} g \cos\theta}((m_{t3} - m_{t1})V_1V_3 + (K_{M0} + K_M\alpha)(V_1^2 + V_3^2)$$
$$- m_b g r_{bx} \cos\theta - m_{\text{mr}} g r_{\text{mrz}} \sin\theta - m_{\text{rb}} g (r_{\text{rbx}} \cos\theta + r_{\text{rbz}} \sin\theta)) \quad (3.71)$$

式中，m_{t3}表示水下滑翔机总质量沿V_3速度方向上的分质量；m_{t1}表示水下滑翔机总质量沿V_1速度方向上的分质量。

由式(3.71)可知，电池质量块的初始平衡位置取决于壳体静质量块、液压油等效质量块的位置，这个时候水下滑翔机的速度为0，所以不受俯仰力矩的影响。在滑翔过程中，电池的移动会影响水下滑翔机的速度和水动力中俯仰力矩项。

图3.10给出了当净浮力$|\bar{m}| = 0.15\text{kg}$时，水下滑翔机的攻角范围及对应的俯仰角、滑翔角的关系；同时给出了水下滑翔机在惯性坐标系下的水平速度V_x，垂直速度V_z和合速度V_{all}之间的关系。水下滑翔机的合速度随着σ的增加而增加；水平速度随着σ的增加，先增大后变小。实际中的攻角范围为0～8°。

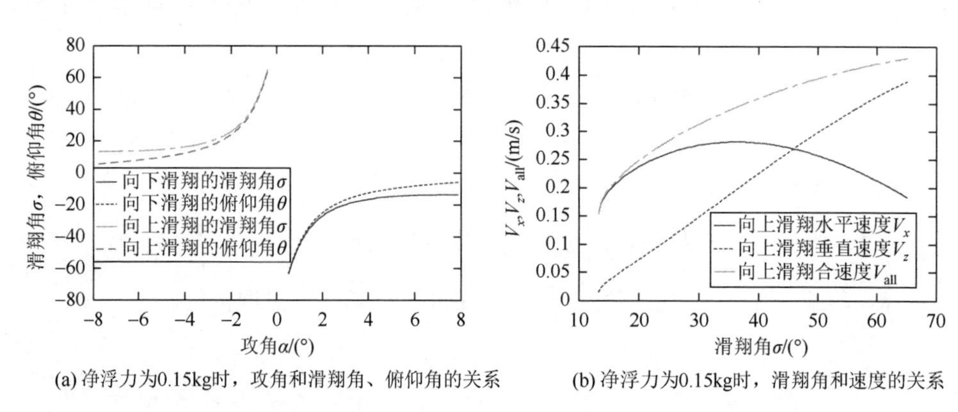

(a) 净浮力为0.15kg时，攻角和滑翔角、俯仰角的关系　　(b) 净浮力为0.15kg时，滑翔角和速度的关系

图3.10　平衡滑翔状态时，攻角、俯仰角、滑翔角和速度之间的关系(见书后彩图)

2. 三维螺旋稳态滑翔特征分析

水下滑翔机通过转动偏心电池质量块使机身产生横滚角ϕ，从而使升力产生水平方向的分量，最终实现水下滑翔机的偏航。水下滑翔机在稳态情况下的横滚和偏航之间的变化关系取决于水下滑翔机的水动力矩特性，并受到水下滑翔机几何外形、水平滑翔翼位置和垂直稳定翼位置的影响。作用在水下滑翔机上的俯仰力矩取决于水平滑翔翼的大小及其相对于水下滑翔机水动力中心的位置，机翼的大小和位置直接影响水下滑翔机垂直面水动力中心的位置。水动力中心即升力和阻力的作用点。当水下滑翔机的水动力中心在重心位置之前时，纵倾水动力矩是不稳定力矩，当水下滑翔机的水动力中心在重心位置之后时，纵倾水动力矩是稳定力矩。

图3.11是依靠一个电池质量块的转动使机身横滚，从而使升力产生水平分量，

最终实现水下滑翔机的转向；图 3.12 是依靠两个电池质量块分别沿机翼方向和垂直于机翼方向的移动来实现机身的横滚，最终产生升力的分量来实现转向，现有文献多基于这种驱动模式建立动力学模型。对比图 3.11 和图 3.12，后者的设计方法为改变稳心高提供了更多的便利。因为前者的设计中，电池的转动尽管产生了升力的水平分量，但伴随的结果是稳心高变小；此时，系统的稳心高在一条线上移动，在电池转动时，系统的稳心高会一直变化，并对俯仰角有影响，即俯仰和横滚是耦合的；由横滚引起的稳心高变小的问题，可以将电池质量块适当往平衡位置移动，从而减小对俯仰角变化的影响。而后者的驱动方式上，两个电池质量块均可以沿各自的方向移动，系统的稳心高在一个矩形区域内变化，这样可以在保持稳心高为常值的同时，使机身发生横滚，即俯仰和横滚不耦合。当然，如果水下滑翔机的转向是采用舵驱动或泵喷驱动，那么操纵的灵活性就更强，耦合性也就更小，控制相对灵活，这里暂不做讨论。

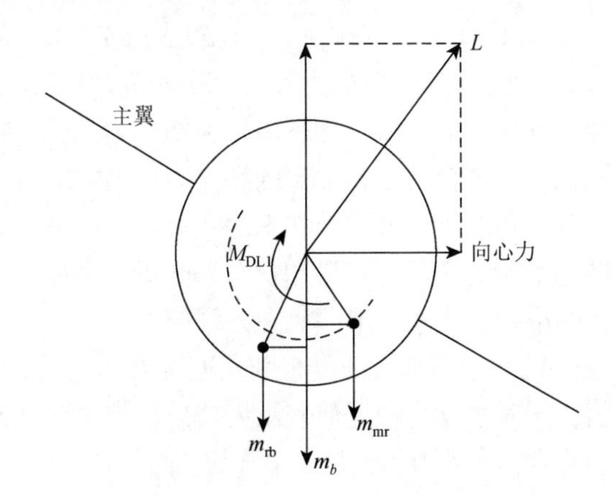

图 3.11　水下滑翔机回转运动采用一个电池质量块旋转

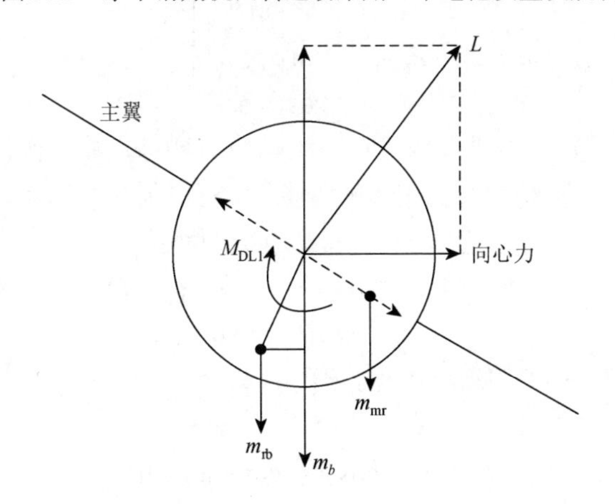

图 3.12　水下滑翔机回转运动采用两个电池质量块控制

水下滑翔机的转向角速度与机翼的设计、位置的布置，以及内部电池质量块的转动方向有关。在上浮和下潜的过程中，如果电池转动方向一定，在横滚力矩影响较小的情况下，水下滑翔机的横滚角和电池转动方向相反；同时，在上浮和下潜的过程中，升力的方向是相反的，这个问题需要在研究中引起注意。因此，在上浮、下潜的过程中，在电池质量块偏转角度一定情况下，向心力水平分量的方向是相反的，最终水下滑翔机偏航的方向是相反的。相对于一个周期的三维滑翔，如果前半周期下滑，后半周期上滑，保持电池的旋转角度不变，最终会出现如图 3.12 所示的情况，即在保证一个滑翔周期初始点和终止点不变的情况下，实现剖面锯齿滑翔与三维螺旋滑翔间的相互切换。这种剖面锯齿滑翔与三维螺旋滑翔间的切换，可以通过运动控制切换实现，并达到绕开海底障碍的目的。

水下滑翔机的稳态动力学方程如下：

$$\boldsymbol{P}\times\boldsymbol{\Omega}+\bar{m}g(\boldsymbol{R}_{\mathrm{EB}}^{\mathrm{T}}\boldsymbol{k})+\boldsymbol{F}=0 \tag{3.72a}$$

$$\boldsymbol{\Pi}\times\boldsymbol{\Omega}+\boldsymbol{P}\times\boldsymbol{V}+(m_{\mathrm{mr}}\boldsymbol{r}_{\mathrm{mr}})g\times(\boldsymbol{R}_{\mathrm{EB}}^{\mathrm{T}}\boldsymbol{k})+\boldsymbol{T}=0 \tag{3.72b}$$

由式(3.72)知，水下滑翔机所受到的力和力矩除去重力和回转阻尼力矩外，其他各个力和力矩都是合速度$\boldsymbol{V}$的表达式，回转阻尼力矩的表达式是攻角、漂角的平方项。对于三维稳态滑翔，本节分析了在给定的净浮力、固定的可移动质量块位置、固定的可移动质量块偏转角度下系统各个状态的变化与控制量之间的关系。通过解出在不同的控制量情况下所对应的稳态滑翔状态来分析各个控制参数对水下滑翔机稳定的三维滑翔运动的影响。当水下滑翔机在三维稳态滑翔时，电池质量块的速度为 0，即有$v_{\mathrm{mrx}}=\Omega_{\mathrm{mrx}}=0$，水下滑翔机速度$\boldsymbol{V}$和角速度$\boldsymbol{\Omega}$为常值，即有$\dot{\boldsymbol{V}}=0,\ \dot{\boldsymbol{\Omega}}=0$，攻角和漂角也是常值。同时水动力项近似表示为攻角、漂角和合速度的函数，所以水下滑翔机受到的水动力和水动力矩也是一个常数。由式(3.72)可知，除去$\boldsymbol{R}_{\mathrm{EB}}^{\mathrm{T}}\boldsymbol{k}$项，其他所有的项都为常数。因为式(3.72)恒为 0，所以$\boldsymbol{R}_{\mathrm{EB}}^{\mathrm{T}}\boldsymbol{k}$为常数，有

$$\boldsymbol{R}_{\mathrm{EB}}^{\mathrm{T}}\boldsymbol{k}=\begin{bmatrix}-\sin\theta\\ \sin\phi\cos\theta\\ \cos\phi\cos\theta\end{bmatrix} \tag{3.73}$$

由式（3.73）可知，水下滑翔机在三维螺旋滑翔运动中，俯仰角θ和横滚角ϕ是恒定的。角速度在载体坐标系和惯性坐标系下的转换关系为

$$\dot{\boldsymbol{\theta}}=\begin{bmatrix}1 & \sin\phi\tan\theta & \cos\phi\tan\theta\\ 0 & \cos\phi & -\sin\phi\\ 0 & \sin\phi\sec\theta & \cos\phi\sec\theta\end{bmatrix}\boldsymbol{\Omega} \tag{3.74}$$

通过反解式(3.74)中的角速度项，有

$$\boldsymbol{\Omega}=\begin{bmatrix}1 & 0 & -\sin\theta\\ 0 & \cos\phi & \cos\theta\sin\phi\\ 0 & -\sin\phi & \cos\theta\cos\phi\end{bmatrix}\dot{\boldsymbol{\theta}} \tag{3.75}$$

由于$\boldsymbol{\Omega},\phi,\theta$是常值，所以由式(3.75)可以得出，水下滑翔机在惯性坐标系下的角速度$\omega_3=\dot{\psi}$为常值。因此滑翔机在稳定滑翔时，$\boldsymbol{\Omega}_{\mathrm{eq}},\phi_{\mathrm{eq}},\theta_{\mathrm{eq}},\dot{\psi}_{\mathrm{eq}}$为常值。当$\boldsymbol{\Omega}_{\mathrm{eq}}=0$时，对应的状态是水下滑翔机在垂直面的锯齿运动。通过以上分析，可知水下滑翔机在三维滑翔的稳定状态具有以下特征：

(1)水下滑翔机以恒定的速度做三维螺旋运动，角速度为ω_3。

(2)水下滑翔机螺旋滑翔时，横滚角和俯仰角为常值，偏航角速度为常值。

(3)水下滑翔机的攻角和漂角为常值，其对应的水动力和水动力矩也是常值。

(4)在惯性坐标系下，三维螺旋运动的角速度ω_3和重力方向平行。

剖面滑翔和三维滑翔之间的切换如图3.13所示。

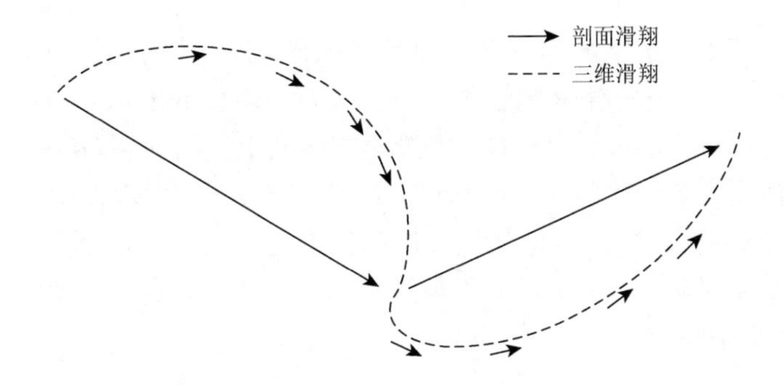

图3.13　剖面滑翔和三维滑翔之间的切换

将水下滑翔机的稳态滑翔运动近似分解为沿垂直面的上升(或下降)速度和做螺旋运动的向心速度，定义转弯半径和垂向速度为

$$R=\frac{V\cos(\theta-\alpha)}{\omega_3} \tag{3.76}$$

$$V_{\mathrm{vertical}}=V\sin(\theta-\alpha) \tag{3.77}$$

水下滑翔机在惯性坐标系下的三维运动轨迹如图3.14所示。定义三维滑翔的周期为

$$T=\frac{2\pi}{\omega_3} \tag{3.78}$$

定义水下滑翔机的三维螺旋滑翔运动的导程为水下滑翔机在一个周期内在垂直方向上移动的距离：

$$P=V_{\mathrm{vertical}}T \tag{3.79}$$

可以用以上四个参数分析水下滑翔机在惯性坐标系下的一些运动特性，为多水下滑翔机规划提供条件。

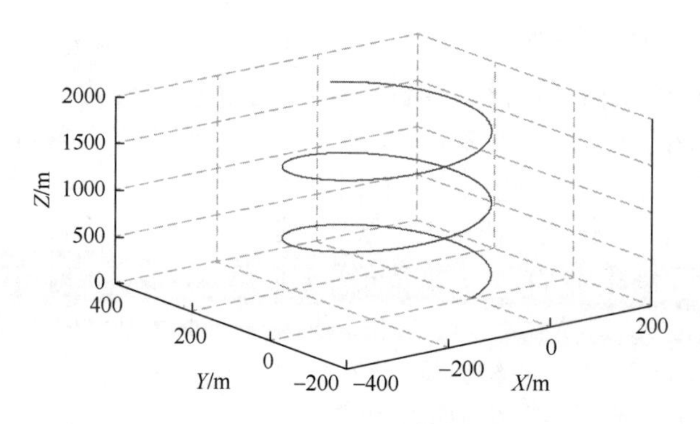

图 3.14　水下滑翔机三维运动轨迹

在三维滑翔中，水下滑翔机有 4 种滑翔状态：A——滑翔方向向下，向左转（dive D, turn L）；B——滑翔方向向下，向右转（dive D, turn R）；C——滑翔方向向上，向左转（dive U, turn L）；D——滑翔方向向上，向右转（dive U, turn R）。滑翔状态包括速度 V，攻角 α，漂角 β，净浮力 $\bar{m}$，电池移动距离(即 m_{mr} 距离 e_0 点在 e_1 轴投影的长度) r_{mrx}，电池质量块偏转角度 γ，三维滑翔运动的角速度 ω_3，俯仰角 θ，横滚角 ϕ，采用实际的正负号来描述这些控制量、运动状态等变量的方向，相应状态关系如表 3.3 所示。

表 3.3　水下滑翔机三维滑翔各个状态的符号

滑翔状态	V	α	β	$\bar{m}$	r_{mrx}	γ	ω_3	θ	ϕ
D，L	+	+	+	+	+	−	−	+	−
D，R	+	+	−	+	+	+	+	−	−
U，R	+	−	+	−	−	+	+	−	+
U，L	+	−	−	−	−	−	−	+	+

然后分析控制量的变化对水下滑翔机稳态滑翔时各个状态的影响。首先通过三维运动仿真，给出控制量 $\bar{m}=0.5\text{kg}, r_{mrx}=0.4216\text{m}, \gamma=45°$，初始位置为 $x(0)=0, y(0)=0, z(0)=0$, 对应的滑翔轨迹如图 3.14 所示。水下滑翔机的各个状态为

速度：$V_1=0.629\text{m/s}, V_2=-0.011\text{m/s}, V_3=0.014\text{m/s}$

角速度：$p=0.0018\text{rad/s}, q=-0.0005\text{rad/s}, r=0.0025\text{rad/s}$

也可将其表示为：$V=0.630\text{m/s}, \alpha=0.023\text{rad}, \beta=-0.018\text{rad}$

对应的姿态角：$\phi=-0.1968\text{rad}, \theta=-0.62\text{rad}, \dot{\psi}=0.003\text{rad/s}$

该状态下对应的转弯半径为 $R=164\text{m}$。水下滑翔机的速度和角速度如图 3.15 所示。接下来分析在给定不同控制量的情况下，各个状态的变化。对于一组给定

的控制量 $\bar{m}=0.5\text{kg}, r_{\text{mrx}}=0.4216\text{m}, \gamma=45°$，可以固定其中的两个量，分析第三个量变化的情况下水下滑翔机的运动状态。

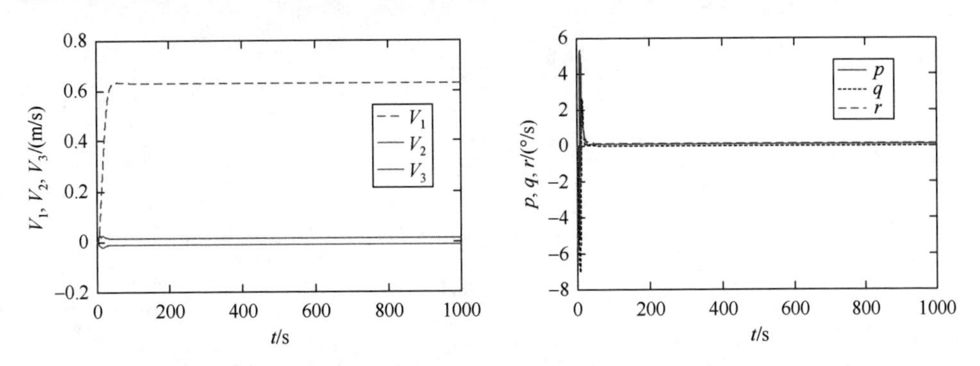

图 3.15　水下滑翔机的速度和角速度(见书后彩图)

(1)电池质量块偏转角度变化：$\bar{m}=0.5\text{kg}, r_{\text{mrx}}=0.4216\text{m}, -90° \leqslant \gamma \leqslant 90°$。

由图 3.16 可知，当电池质量块的偏转角度发生变化时，水下滑翔机的各个状态有一定的对称性。当 $\gamma=0$ 时，水下滑翔机的转弯半径 $R \to \infty$，此时三维螺旋滑翔运动退化为在垂直面的直线滑翔运动。当电池质量块偏转角度$|\gamma|$变大时，稳心高变小，水下滑翔机的速度也逐渐变大。由水动力与净浮力的平衡关系知道，净浮力、攻角、速度主要影响水下滑翔机受到的水动力，当净浮力一定时，攻角变小，相应的速度变大，这个关系可以用二维剖面滑翔运动中的关系式近似地定性分析。

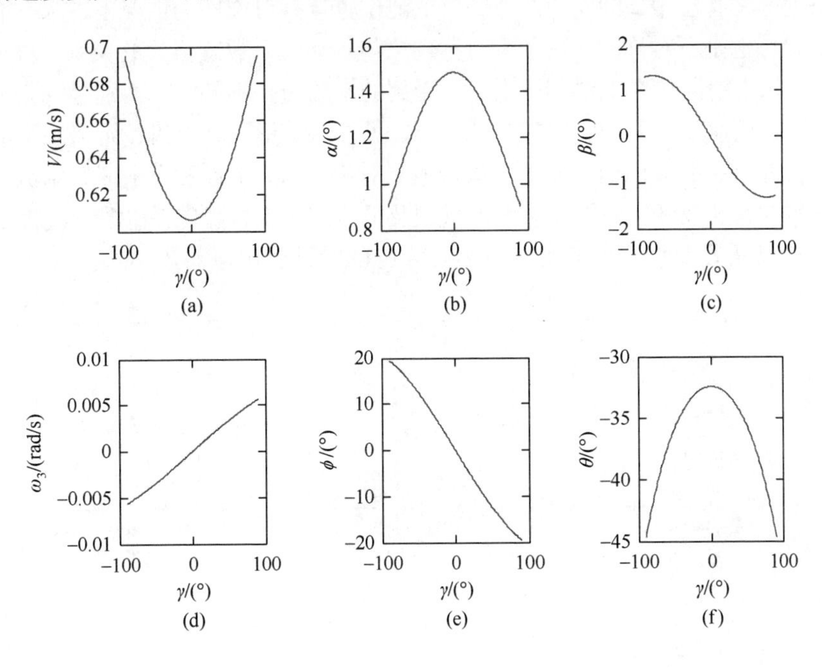

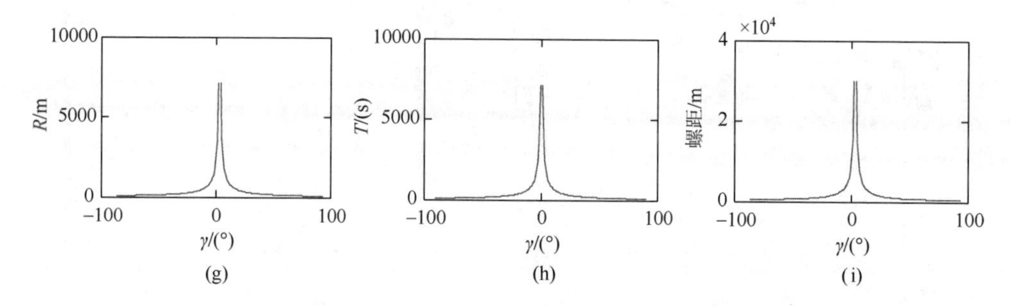

图 3.16 水下滑翔机状态变化($\bar{m}=0.5\text{kg}, r_{\text{mrx}}=0.4216\text{m}, -90°\leqslant\gamma\leqslant 90°$)

漂角 β 受电池质量块偏转角度 γ 的影响，γ 越大，漂角也越大。漂角的正负是由水下滑翔机受到的净浮力 $\bar{m}$ 和 γ 决定的：当 $\bar{m},\gamma$ 符号相反时，漂角为正；反之，漂角为负。漂角对三维滑翔的运动形式影响较小，只是带来了三维运动轨迹在水平面上的漂移。

(2)电池质量块偏转角度变化：$\bar{m}=-0.5\text{kg}, r_{\text{mrx}}=0.3816\text{m}, -90°\leqslant\gamma\leqslant 90°$ 。

图 3.17 给出了净浮力为负时向下滑翔运动。可知，各个状态与横滚角的关系并不总是单调的，即存在合速度、漂角的极值。同时，对比图 3.16 和图 3.17，在上浮和下潜两种状态中，即使在净浮力、电池位置具有对称性的情况下，水下滑翔机的各个状态也是不对称的，这种不对称现象与水动力系数有很大的关系。对于同样的姿态，水下滑翔机在上浮和下潜时，受到的水动力是不同的，特别是升力项不同时，速度、角速度也不同，有较小的差异。另外从外形设计上讲，希望水下滑翔机尽量以机翼所在的截面为中心面，保持上下对称。因为上浮和下潜时，水流对机翼的冲击方向是相反的。如果外形设计只顾及下滑的稳定，就会恶化上滑过程中的稳定性，这点从翼型水下滑翔机 X-ray、Z-ray 的设计就可以看出。

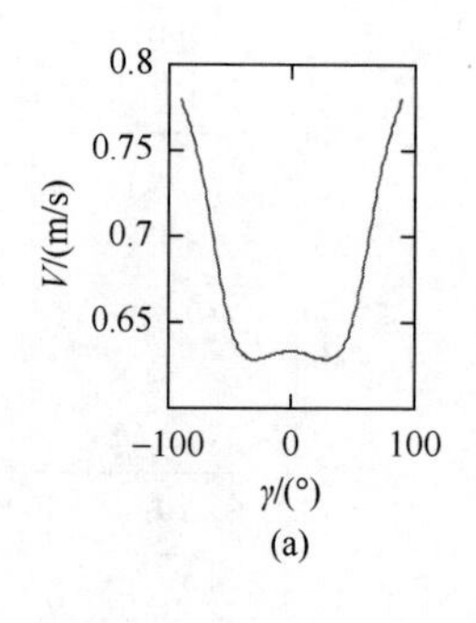

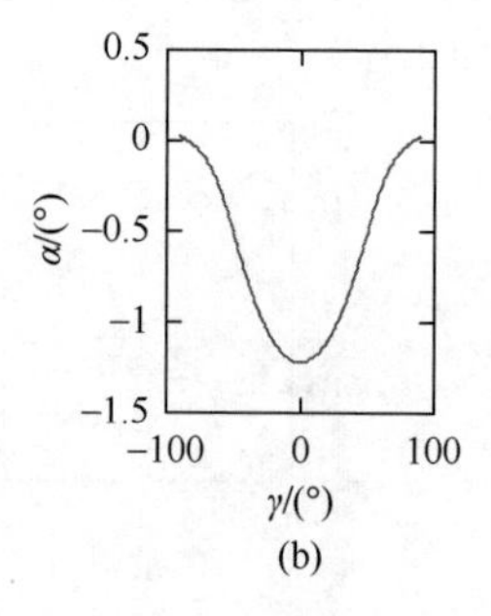

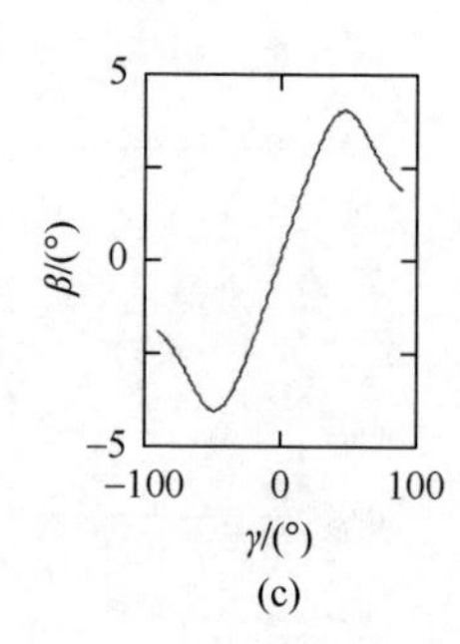

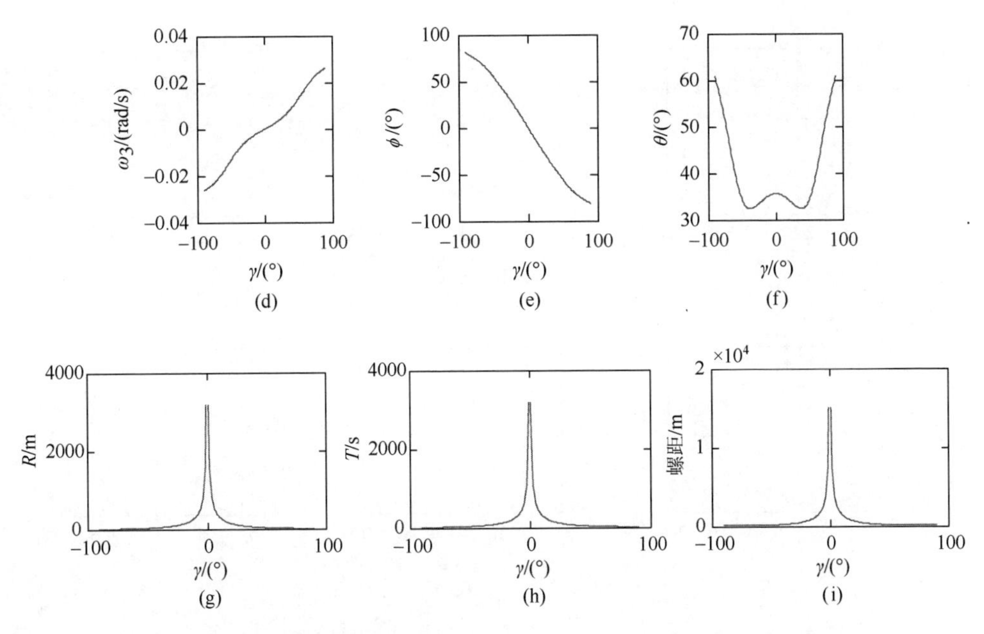

图 3.17　水下滑翔机状态变化($\bar{m}=-0.5\text{kg}, r_{\text{mrx}}=0.3816\text{m}, -90°\leqslant\gamma\leqslant 90°$)

(3)净浮力的变化： $r_{\text{mrx}}=0.4216\text{m}, \gamma=45°, 0\leqslant\bar{m}\leqslant 0.8\text{kg}$ 。

净浮力的大小决定了水下滑翔机合速度的大小，升力、阻力平衡了净浮力，三者是一个等比例缩放的关系，这个关系可以在图 3.18 中看出来，较大的净浮力对应较大的升力和阻力；如果水下滑翔机的姿态不变，净浮力变大，则相应的速度也会变大，此时攻角和漂角有一个小幅度增加，近似可以看作不变。速度和转弯半径都随净浮力变大而变大，但是转弯半径的变化更大，相对的角速度 ω_3 变小。图 3.19 为净浮力变化对水下滑翔机各个状态的影响。水下滑翔机的二维运动可以看成是三维滑翔运动的特例或退化，即二维滑翔运动对应于三维运动中电池质量块偏转角度为 0 的情况。

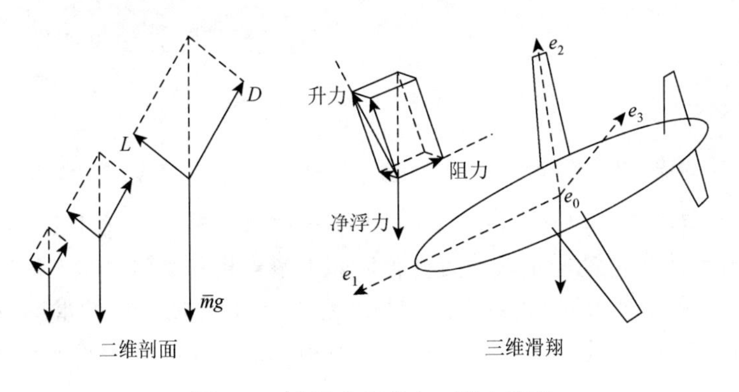

图 3.18　净浮力和升力、阻力关系

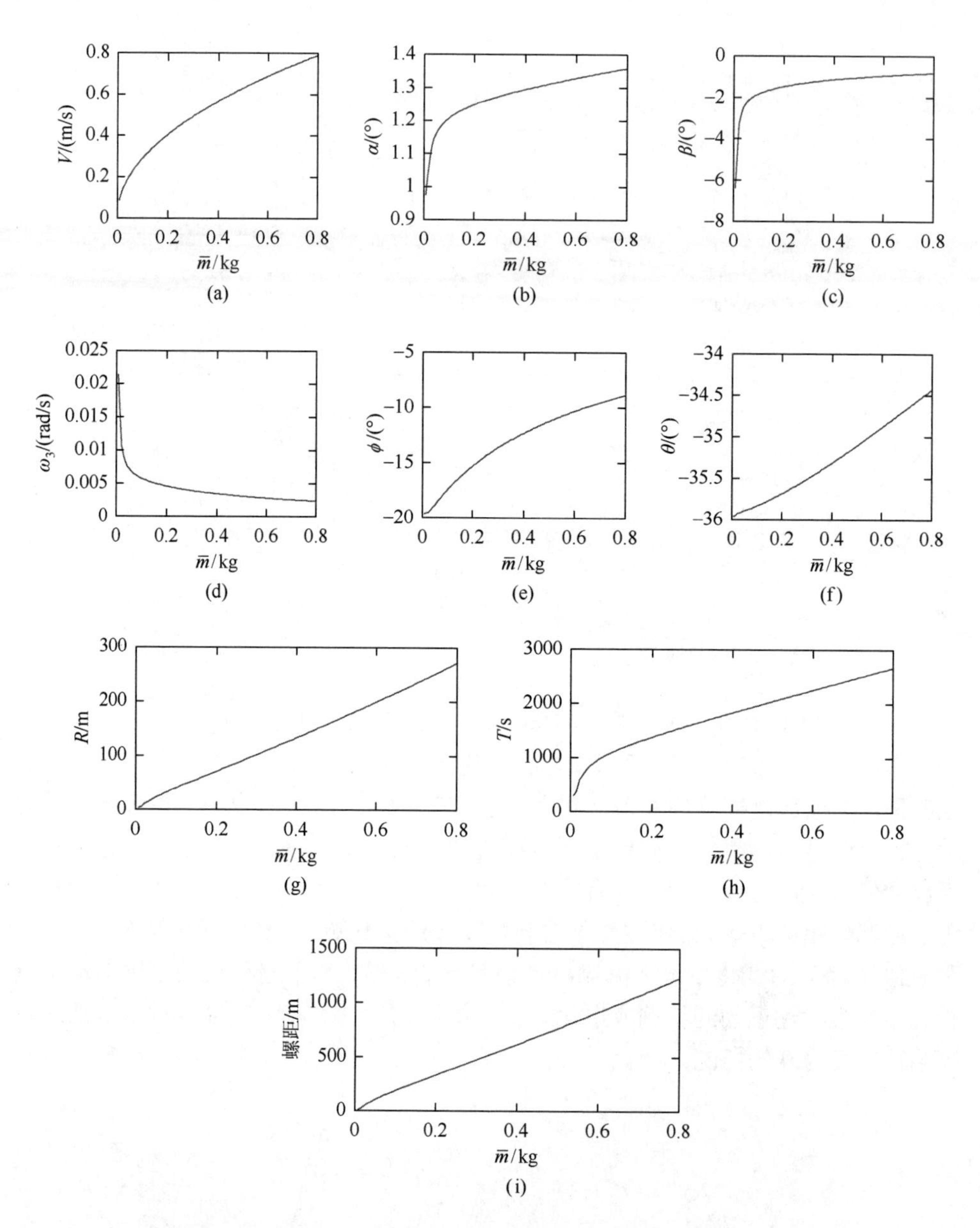

图 3.19 水下滑翔机状态变化($r_{mrx} = 0.4216\text{m}, \gamma = 45°, 0 \leqslant \bar{m} \leqslant 0.8\text{kg}$)

(4)电池质量块移动： $\gamma = 45°, \bar{m} = 0.5\text{kg}, 0.4016\text{m} \leqslant r_{mrx} \leqslant 0.4516\text{m}$ 。

图 3.20 给出了电池质量块位置变化对水下滑翔机各个滑翔状态的影响。当电池移动的距离逐渐变大时，相对应的攻角就变小；攻角小所对应的水动力中含 α 项就较小，最终速度会较大。回转角速度 ω_3 有极小值，对应的转弯半径有极大值。

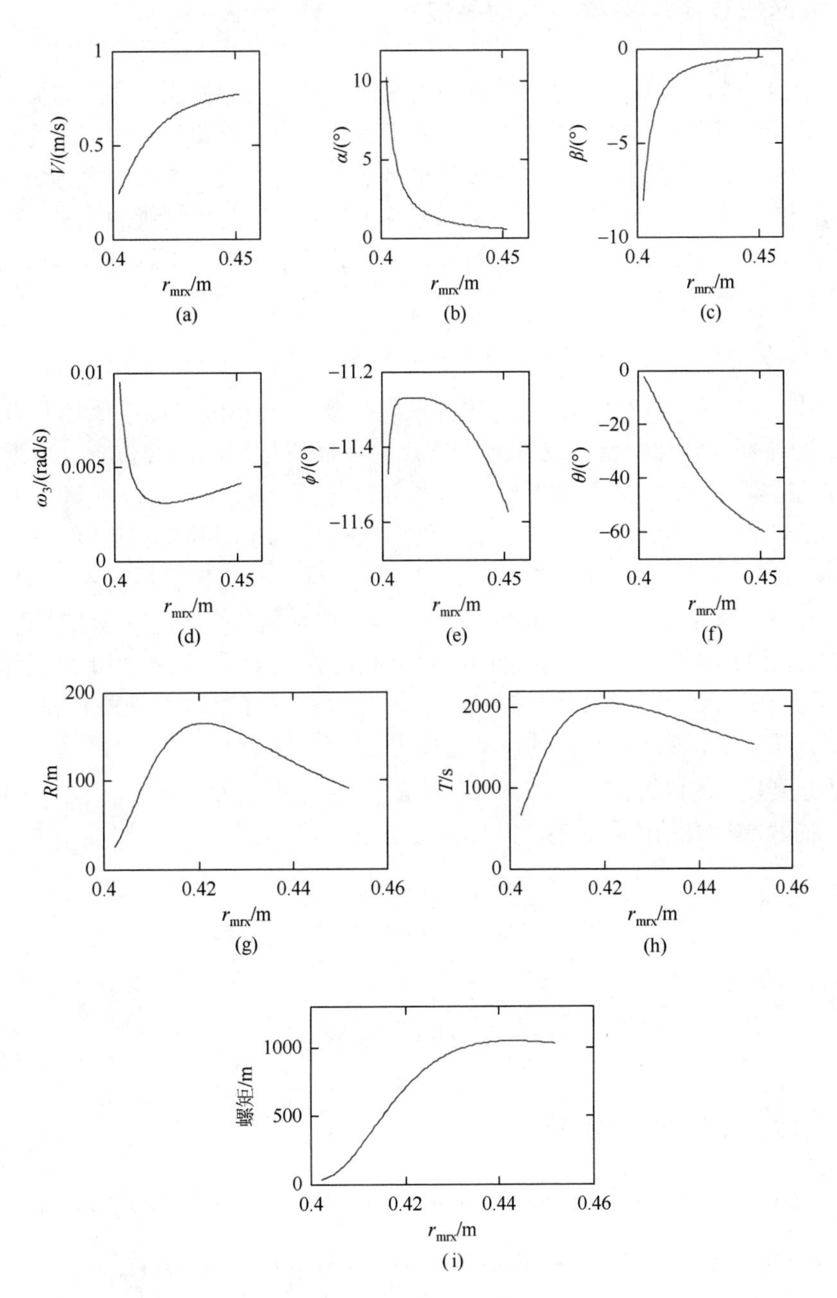

图 3.20 水下滑翔机状态变化($\gamma = 45°, \bar{m} = 0.5\text{kg}, 0.4016\text{m} \leqslant r_{mrx} \leqslant 0.4516\text{m}$)

3.2.4 迭代算法反解滑翔运动参数

在三维滑翔运动中，需要关注水下滑翔机运动状态和控制量之间的关系。常规的直接求解非线性方程的方法在实际水下滑翔机上不能直接应用，因为水下滑翔机在滑翔时是无法通信的。为了设计适合于水下滑翔机的迭代求解算法，并为自主规划提供条件，本节针对水下滑翔机稳态滑翔状态与控制量的关系，提出一种迭代算法，在已知合速度V和攻角α、漂角β的情况下，求解水下滑翔机其他7个状态或控制量：

$$\boldsymbol{\Delta}=\{\theta,R,\phi,\bar{m},\gamma,\omega_3,r_{\mathrm{mrx}}\}$$

由式(3.72)和式(3.76)知，滑翔机系统的动力学方程和转弯半径共有三个公式，为方便方程化简和算法求解，假定壳体静质量块的质心位置、净浮力块的浮心位置和浮心重合，用于对动力学方程化简。动力学系统的状态参数有$V,\alpha,\beta,\theta,R,\phi,\bar{m},\gamma,\omega_3,r_{\mathrm{mrx}}$，共10个未知数，$V,\alpha,\beta$用以描述滑翔机速度，$\theta,\phi,\omega_3$用以描述系统角速度，$R$为滑翔机运动的转弯半径，$\bar{m},\gamma,r_{\mathrm{mrx}}$为控制输入。所以在已知3个参数的情况下，结合已知的7个方程，可以采用数值迭代的方法求解其他7个参数。在海洋观测过程中，通过上层规划或预规划已经得到滑翔机的路径和速度后，要给出在该状态下滑翔机的控制量。因此本节分析了在已知合速度V和攻角α、漂角β的情况下，求解滑翔机的控制量及其他状态量。

为达到化简的目的，求式(3.72)与向量$\boldsymbol{R}_{\mathrm{EB}}^{\mathrm{T}}\boldsymbol{k}$的内积，取$\boldsymbol{\Omega}=\omega_3\boldsymbol{R}_{\mathrm{EB}}^{\mathrm{T}}\boldsymbol{k}$，求式(3.72a)变形后的两端与$\boldsymbol{\Omega}$的内积，有

$$\frac{\bar{m}g}{\omega_3}\boldsymbol{\Omega}\cdot\boldsymbol{\Omega}+\boldsymbol{F}\cdot\boldsymbol{\Omega}=0 \tag{3.80}$$

化简式(3.80)得

$$\bar{m}=\frac{-\boldsymbol{F}\cdot(\boldsymbol{R}_{\mathrm{EB}}^{\mathrm{T}}\boldsymbol{k})}{g} \tag{3.81}$$

代入式(3.73)后进一步化简可得

$$\begin{aligned}\bar{m}=&\frac{1}{g}((D\sin\beta-\mathrm{SF}\cos\beta)\sin\phi\cos\theta-\cos\alpha(\sin\theta(D\cos\beta+\mathrm{SF}\sin\beta)-L\cos\phi\cos\theta)\\&+\sin\alpha(L\sin\theta+(D\cos\beta+\mathrm{SF}\sin\beta)\cos\phi\cos\theta))\end{aligned} \tag{3.82}$$

求式(3.72b)变形后的两端与$\boldsymbol{\Omega}$的内积，$\boldsymbol{\Omega}=\omega_3\boldsymbol{R}_{\mathrm{EB}}^{\mathrm{T}}\boldsymbol{k}$，有

$$(\boldsymbol{P}\times\boldsymbol{V}+\boldsymbol{T})\cdot\boldsymbol{\Omega}=0 \tag{3.83}$$

代入 $\boldsymbol{P}=\boldsymbol{M}_t\boldsymbol{V}-m_{\mathrm{mr}}\hat{\boldsymbol{r}}_{\mathrm{mr}}\boldsymbol{\Omega}$ 有

$$(\boldsymbol{M}_t\boldsymbol{V}\times\boldsymbol{V}-m_{\mathrm{mr}}\hat{\boldsymbol{r}}_{\mathrm{mr}}\boldsymbol{\Omega}\times\boldsymbol{V}+\boldsymbol{T})\cdot\boldsymbol{\Omega}=0 \tag{3.84}$$

化简后代入受力方程，可以求得

$$\omega_3=-\frac{(\boldsymbol{F}+\bar{m}g\boldsymbol{R}_{\mathrm{EB}}^{\mathrm{T}}\boldsymbol{k})\cdot\boldsymbol{V}}{\boldsymbol{T}\cdot(\boldsymbol{R}_{\mathrm{EB}}^{\mathrm{T}}\boldsymbol{k})} \tag{3.85}$$

求式(3.72b)变形后的两端与向量 $\boldsymbol{r}_{\mathrm{mr}}$ 的内积，有

$$(\boldsymbol{I}_t\boldsymbol{\Omega}\times\boldsymbol{\Omega})\cdot\boldsymbol{r}_{\mathrm{mr}}+(\boldsymbol{M}_t\boldsymbol{V}\times\boldsymbol{V})\cdot\boldsymbol{r}_{\mathrm{mr}}+(m_{\mathrm{mr}}\boldsymbol{r}_{\mathrm{mr}}\times\boldsymbol{V}\times\boldsymbol{\Omega}-m_{\mathrm{mr}}\boldsymbol{r}_{\mathrm{mr}}\times\boldsymbol{\Omega}\times\boldsymbol{V})\cdot\boldsymbol{r}_{\mathrm{mr}}+\boldsymbol{T}\cdot\boldsymbol{r}_{\mathrm{mr}}=0 \tag{3.86}$$

化简后可以求得可移动质量块的位置量为

$$r_{\mathrm{mrx}}=\frac{\begin{gathered}V^2\left((m_{t1}-m_{t3})R_{\mathrm{mr}}\frac{\sin 2\alpha}{2}\cos^2\beta\sin\gamma+(m_{t1}-m_{t2})R_{\mathrm{mr}}\frac{\sin 2\beta}{2}\cos\alpha\cos\gamma\right)\\-\omega_3^2R_{\mathrm{mr}}\frac{\sin 2\theta}{2}\Big[\sin\gamma\cos\phi(I_{\mathrm{rby}}+I_{f2}-I_{\mathrm{rbz}}-I_{f3})\\+\sin\phi\cos\gamma(I_{\mathrm{rbx}}+I_{f1}-I_{\mathrm{rby}}-I_{f2})+I_{\mathrm{mrx}}\sin(\gamma+\phi)\\-I_{\mathrm{mrz}}\sin 2\gamma\cos(\gamma-\phi)+I_{\mathrm{mry}}\cos 2\gamma\sin(\gamma-\phi)\Big]\\+T_2(-R_{\mathrm{mr}}\sin\gamma)+T_3R_{\mathrm{mr}}\cos\gamma\end{gathered}}{\begin{gathered}\omega_3^2\cos^2\theta\left((I_{\mathrm{rbz}}+I_{f3}-I_{\mathrm{rby}}-I_{f2})\frac{\sin 2\phi}{2}+(I_{\mathrm{mry}}-I_{\mathrm{mrz}})\frac{\sin 2(\phi-\gamma)}{2}\right)\\-T_1+(m_{t3}-m_{t2})V^2\sin\alpha\frac{\sin 2\beta}{2}\end{gathered}} \tag{3.87}$$

求式(3.72a)变形后的两端与 $\boldsymbol{P}$ 的内积，可以得到

$$\frac{\bar{m}g}{\omega_3}\boldsymbol{\Omega}\cdot\boldsymbol{P}+\boldsymbol{F}\cdot\boldsymbol{P}=0 \tag{3.88}$$

最终化简可以求出 γ 为

$$\gamma=\arcsin\frac{f_3}{\sqrt{f_1^2+f_2^2}}-\lambda_f,\sin\lambda_f=\frac{f_1}{\sqrt{f_1^2+f_2^2}},\cos\lambda_f=\frac{f_2}{\sqrt{f_1^2+f_2^2}} \tag{3.89}$$

式中，

$$\begin{aligned}f_1=m_{\mathrm{mr}}\omega_3R_{\mathrm{mr}}&(\cos\theta\sin\phi(L\sin\alpha-D\cos\alpha\cos\beta-\mathrm{SF}\cos\alpha\sin\beta)\\&+\sin\theta(\mathrm{SF}\cos\beta-D\sin\beta))\end{aligned}$$

$$f_2 = m_{\mathrm{mr}}\omega_3 R_{\mathrm{mr}}(\cos\theta\cos\phi(-D\cos\alpha\cos\beta - \mathrm{SF}\cos\alpha\sin\beta + L\sin\alpha) \\ -\sin\theta(D\sin\alpha\cos\beta + \mathrm{SF}\sin\alpha\sin\beta + L\cos\alpha))$$

$$f_3 = m_{t1}V\cos\alpha\cos\beta(\bar{m}g\sin\theta + D\cos\alpha\cos\beta + \mathrm{SF}\cos\alpha\sin\beta - L\sin\alpha) \\ - m_{t2}V\sin\beta(\bar{m}g\sin\phi\cos\theta - D\sin\beta + \mathrm{SF}\cos\beta) \\ + m_{t3}V\sin\alpha\cos\beta(-\bar{m}g\cos\phi\cos\theta + D\sin\alpha\cos\beta + \mathrm{SF}\sin\alpha\sin\beta + L\cos\alpha) \\ - m_{\mathrm{mr}}\omega_3 r_{\mathrm{mrx}}(\sin\phi\cos\theta(D\sin\alpha\cos\beta + \mathrm{SF}\sin\alpha\sin\beta + L\cos\alpha) \\ + \cos\phi\cos\theta(\mathrm{SF}\cos\beta - D\sin\beta))$$

同时，直接解式(3.72)的方程中的两个受力方程以求出水下滑翔机的姿态角。

通过化简式(3.72a)中的第一式和第二式，求解水下滑翔机的横滚角ϕ和俯仰角θ。对式(3.72a)第一式进行化简，求解θ(即e_1方向的受力方程)，有

$$m_{t2}V\omega_3\sin\beta\cos\phi\cos\theta - m_{t3}V\omega_3\sin\alpha\cos\beta\sin\phi\cos\theta \\ + m_{\mathrm{mr}}\omega_3^2\left(r_{\mathrm{mrx}}\cos^2\theta + R_{\mathrm{mr}}\frac{\sin 2\theta}{2}\cos(\phi+\gamma)\right) \\ -\bar{m}g\sin\theta - D\cos\alpha\cos\beta - \mathrm{SF}\cos\alpha\sin\beta + L\sin\alpha = 0$$

化简有

$$\theta = \arcsin\frac{f_\theta}{\sqrt{f_{\theta1}^2 + f_{\theta2}^2}} - \lambda_\theta \tag{3.90}$$

式中，

$f_{\theta1} = V\omega_3(m_{t2}\sin\beta\cos\phi - m_{t3}\sin\alpha\cos\beta\sin\phi)$, $f_{\theta2} = -\bar{m}g$,

$f_\theta = -m_{\mathrm{mr}}\omega_3^2\left(r_{\mathrm{mrx}}\cos^2\theta + R_{\mathrm{mr}}\frac{\sin 2\theta}{2}\cos(\phi+\gamma)\right) + D\cos\alpha\cos\beta + \mathrm{SF}\cos\alpha\sin\beta - L\sin\alpha$,

$\sin\lambda_\theta = \frac{f_{\theta1}}{\sqrt{f_{\theta1}^2 + f_{\theta2}^2}}, \cos\lambda_\theta = \frac{f_{\theta2}}{\sqrt{f_{\theta1}^2 + f_{\theta2}^2}}$

对式(3.72a)第二式进行化简，求解ϕ(沿e_2方向的受力方程)，有

$$\phi = \arcsin\frac{f_\phi}{\sqrt{f_{\theta1}^2 + f_{\theta2}^2}} - \lambda_\phi \tag{3.91}$$

式中，

$$f_{\phi1} = -m_{\mathrm{mr}}\omega_3^2\frac{r_{\mathrm{mrx}}\sin 2\theta}{2} - \bar{m}g\cos\theta, f_{\phi2} = m_{t1}V\omega_3\cos\alpha\cos\beta\cos\theta,$$

$$f_{\phi} = -m_{t3} V \omega_3 \sin\alpha \cos\beta \sin\theta - D\sin\beta + \mathrm{SF}\cos\beta$$
$$+ m_{\mathrm{mr}} \omega_3^2 \left(-\frac{R_{\mathrm{mr}} \sin 2\phi \cos^2\theta \cos\gamma}{2} - R_{\mathrm{mr}} \sin\gamma (\cos^2\phi \cos^2\theta + \sin^2\theta) \right),$$

$$\sin\lambda_{\phi} = \frac{f_{\phi 1}}{\sqrt{f_{\phi 1}^2 + f_{\phi 2}^2}}, \cos\lambda_{\phi} = \frac{f_{\phi 2}}{\sqrt{f_{\phi 1}^2 + f_{\phi 2}^2}}$$

结合式(3.82)、式(3.85)～式(3.87)、式(3.90)、式(3.91)中给出的所有 7 个量的迭代表达式，可以建立如下的数值方程解法：

$$\boldsymbol{\Delta}^k = f(\boldsymbol{\Delta}^{k-1}) \tag{3.92}$$

通过给定速度和攻角、漂角，来求解滑翔机的控制量和其他状态。算法中针对其中的一组状态：

$$V = 0.503\mathrm{m/s}, \alpha = 1.111°, \beta = -1.839°,$$
$$\omega_3 = 0.0064\mathrm{rad/s}, \phi = -21.314°, \theta = -37.59°, R = 61.83\mathrm{m},$$
$$\gamma = 45°, r_{\mathrm{mrx}} = 0.01\mathrm{m}, m_b = 0.3\mathrm{kg}$$

给定速度、攻角和漂角大于 0 的初始值，$V = 0.503\mathrm{m/s}, \alpha = 1.111°, \beta = -1.839°$，求解其他状态量。迭代结果为

$$V = 0.503\mathrm{m/s}, \alpha = 1.111°, \beta = -1.839°,$$
$$\omega_3 = 0.0067\mathrm{rad/s}, \phi = -21.22°, \theta = -37.59°, R = 58.66\mathrm{m},$$
$$\gamma = 39.42°, r_{\mathrm{mrx}} = 0.011\mathrm{m}, m_b = 0.3\mathrm{kg}$$

其他各组的迭代结果与实际仿真结果均很接近，精确度达到 92%以上。本节是在假定滑翔机壳体净质量块、液压油等效质量块和浮心重合的前提下，对水下滑翔机的动力学模型进行化简，并在已知部分量的情况下，设计了迭代算法求解其他状态；该方法用于在已知速度的情况下，反解水下滑翔机的控制量，为自主规划提供了便利。

3.3 混合驱动水下滑翔机动力学建模与分析

本节采用拉格朗日动力学方程建立了基于可折叠螺旋桨推进器的混合驱动水下滑翔机六自由度动力学模型，采用 CFD 计算和最小二乘法拟合出可折叠螺旋桨推进器在桨叶不同开合状态的水动力系数及混合驱动水下滑翔机整机的水动力系

数，并对混合驱动水下滑翔机在螺旋桨驱动模式、浮力驱动模式及混合驱动模式下的运动特性分别进行了数值模拟分析，得到了控制输入量和混合驱动水下滑翔机运动特性之间的关系。通过一系列仿真实验初步说明了混合驱动水下滑翔机在浮力驱动模式下可折叠螺旋桨推进器桨叶折叠时较之展开时具有更好的滑翔性能，可折叠螺旋桨推进器能提高传统水下滑翔机的机动性，且在所有期望运动状态下混合驱动水下滑翔机能达到稳态运动状态。

3.3.1 可折叠螺旋桨推进器水动力模型

可折叠螺旋桨推进器的水动力模型包括两种：推力模型和阻力模型。通过对可折叠螺旋桨推进器的敞水性能和拖曳性能的数值仿真，本节得到其在不同工况下的水动力性能，并提取出建立可折叠螺旋桨推进器水动力模型所需要的推力系数、扭矩系数以及阻力系数。

1. 推力模型

可折叠螺旋桨推进器的推力模型建立的理论依据主要围绕以下三个航行性能特征来展开。

1) 扭矩系数

$$K_Q = \frac{Q_p g}{\rho n^2 D_p^5} \tag{3.93}$$

式中，Q_p 为作用在可折叠螺旋桨推进器旋转轴上的扭矩，单位为 $\mathrm{N \cdot m}$；g 为重力加速度，取 $g = 9.8\mathrm{m/s^2}$；ρ 为海水密度，取 $\rho = 1024\mathrm{kg/m^3}$；$n$ 为转速，单位为 $\mathrm{r/s}$；D_p 为螺旋桨直径，单位为 m。

2) 推力系数

$$K_T = \frac{T_p g}{\rho n^2 D_p^4} \tag{3.94}$$

式中，T_p 为可折叠螺旋桨推进器产生的推力，单位为 N。

3) 进速系数

$$J = \frac{V}{n D_p} \tag{3.95}$$

式中，V 为可折叠螺旋桨推进器的进速，单位为 $\mathrm{m/s}$。

通过 CFD 计算，根据上述关系，本书研制的可折叠螺旋桨推进器敞水性能曲线如图 3.21 所示。

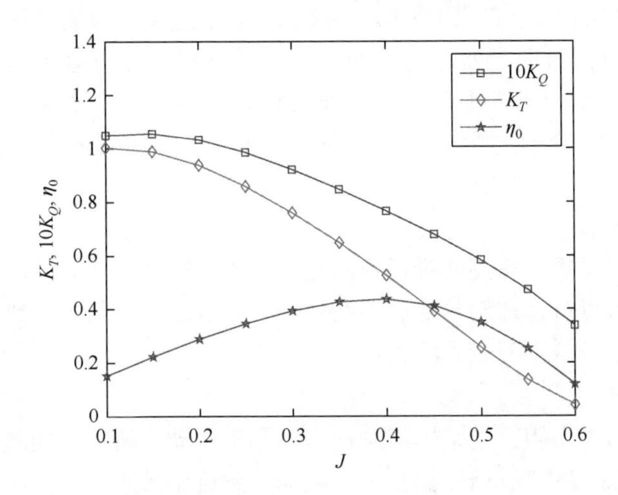

图 3.21　可折叠螺旋桨推进器在桨叶展开时的敞水性能曲线

2. 阻力模型

通常情况下，在水下滑翔机航行过程中，操作人员可以选择使螺旋桨桨轴固定或者桨轴旋转。而螺旋桨阻力在桨轴固定和旋转状态下是不同的，之前的一些研究成果表明螺旋桨在桨轴旋转状态下的阻力小于桨轴固定状态下的阻力[12]。Larsson 和 Eliasson[13]在一篇关于帆船设计原理的文献中提出了一种估计螺旋桨阻力 R_p 的经验公式：

$$R_p = 0.5\rho V^2 C_D A_p \tag{3.96}$$

式中，C_D 为阻力系数。对于固定桨叶轴锁定状态，$C_D = 1.2$；对于固定桨叶轴自由旋转、零制动力矩状态，$C_D = 0.3$；对于两叶可折叠螺旋桨推进器桨叶折叠状态，$C_D = 0.06$。A_p 为螺旋桨的正投影面积，单位为 m^2。Larsson 和 Eliasson[13]给出了一种描述 A_p 的近似公式：

$$A_p = \frac{A_D}{A_O}\left(1.067 - 0.229\frac{P_p}{D_p}\right)\cdot\frac{\pi}{4}\cdot D_p^2 \tag{3.97}$$

式中，D_p 为螺旋桨直径；$\dfrac{A_D}{A_O}$ 为可折叠螺旋桨推进器桨叶展开时的盘面比；$\dfrac{P_p}{D_p}$ 为螺距比。

由于水下滑翔机航速较帆船低很多，即使螺旋桨几何尺寸相似，雷诺数差异也会比较大，因此用于混合驱动水下滑翔机的可折叠螺旋桨推进器的阻力系数与帆船螺旋桨的不同[14, 15]。故 Larsson 和 Eliasson 关于螺旋桨的阻力估计方法不能简单应用到混合驱动水下滑翔机上。目前文献中还没有可折叠螺旋桨推进器用于水下滑翔机的水动力阻力模型相关论述。因此，本书对混合驱动水下滑翔机的可折叠螺旋桨推进器分别在桨轴固定和桨轴旋转状态下的阻力系数进行了数值计算。

1）桨轴固定

本书通过对可折叠螺旋桨推进器的拖曳性能进行数值仿真实验并拟合出混合驱动水下滑翔机可折叠螺旋桨推进器在桨轴固定状态下的阻力系数，并与 Larsson 和 Eliasson 的方程(3.96)进行了对比。

2）桨轴旋转

由于水动力的作用，当桨轴的制动力矩小于水动力扭矩作用时，桨轴可能会旋转。MacKenzie 和 Forrester 给出了一种运用螺旋桨敞水性能曲线估计螺旋桨在桨轴旋转时的阻力模型[12]。该方法的思想是：首先假设螺旋桨以某个转速 n 旋转，测定该转速下的螺旋桨的制动力矩，进而根据方程(3.93)求出力矩系数 K_{QA}，然后根据该桨的敞水性能曲线找出对应于该力矩系数下的进速系数 J_A 和推力系数 K_{TA}，此时螺旋桨将呈现一种“负推力”状态，再根据方程(3.95)得到进速 V 和转速 n 的关系，将以上结果代入方程(3.94)即可获得推力与水下滑翔机速度的关系曲线，而根据上述分析可知，螺旋桨的“负推力” T_{pA} 即为桨轴自由旋转时的阻力，故有

$$T_{\mathrm{pA}} = \frac{\rho K_{\mathrm{TA}} V^2 D_p^4}{J_A^2 g} \tag{3.98}$$

为便于与 Larsson 和 Eliasson 的帆船螺旋桨阻力模型进行对比，本书推导了可折叠螺旋桨推进器在桨轴自由旋转状态即零制动力矩下的阻力模型。Lurie 和 Taylor[16]也曾采用螺旋桨敞水性能曲线来估计帆船螺旋桨在桨轴自由旋转时阻力。该方法的思想是：当电机不施加扭矩时，在航行过程中，流体作用力会带动螺旋桨旋转，理想状态下，螺旋桨会因无任何制动力矩而自由旋转，转速严格依赖航行速度，因此此时螺旋桨将呈现一种“负推力”状态，该状态对应扭矩系数 $K_Q = 0$，从而可求出相对应的推力系数 K_{T0} 和进速系数 J_0，再根据方程(3.95)得到进速 V 和转速 n 的关系，将以上结果代入方程(3.98)即可获得桨轴自由旋转状态下推力 T_{p0} 与水下滑翔机速度的关系曲线，故有

$$T_{p0} = \frac{\rho K_{T0} V^2 D_p^4}{J_0^2 g} \tag{3.99}$$

将方程(3.99)和方程(3.97)联立得到下式：

$$T_{p0} = 0.5\rho V^2 C_{D0} A_p \tag{3.100}$$

式中，C_{D0} 为桨轴自由旋转时的阻力系数：

$$C_{D0} = \frac{8K_{T0}}{\pi J_0^2 g \dfrac{A_D}{A_O}(1.067 - 0.229\dfrac{P_p}{D_p})} \tag{3.101}$$

MacKenzie 和 Forrester 将 Wageningen B 系列标准图谱的螺旋桨的扭矩系数 K_Q 和推力系数 K_T 经过重新组织拟合成关于进速系数 J 的如下三阶多项式形式[14]：

$$K_T = a + bJ + cJ^2 + dJ^3 \tag{3.102}$$

$$K_Q = e + fJ + gJ^2 + hJ^3 \tag{3.103}$$

式中，a,b,c,d,e,f,g,h 为水动力系数。

本节根据前文所述的可折叠螺旋桨推进器的敞水性能曲线和方程(3.102)、方程(3.103)将扭矩系数 K_Q 和推力系数 K_T 拟合成关于进速系数 J 的三阶多项式形式为

$$K_T = 0.8997 + 2.0185J - 10.7648J^2 + 8.3587J^3 \tag{3.104}$$

$$K_Q = 0.1000 + 0.0975J - 0.4656J^2 + 0.2006J^3 \tag{3.105}$$

3) 可折叠螺旋桨推进器阻力计算结果

本书通过 CFD 数值计算的方法分别对桨轴固定和旋转时桨叶展开和折叠的水动力阻力进行了计算。

为定量描述本节研究的混合驱动水下滑翔机可折叠螺旋桨推进器的阻力与方程(3.101)中的阻力的差额，定义阻力比率为

$$\text{Drag scale} = \frac{D_{\text{Eliasson \& Larsson}} - D_{\text{folding\_prop}}}{D_{\text{Eliasson \& Larsson}}} \tag{3.106}$$

式中，$D_{\text{Eliasson \& Larsson}}$ 表示根据 Larsson 和 Eliasson 提出的关于螺旋桨的阻力估计方法估计的阻力值；$D_{\text{folding\_prop}}$ 为可折叠螺旋桨推进器阻力值。

将以上三种状态下的阻力计算结果描述为速度的曲线如图 3.22 所示。

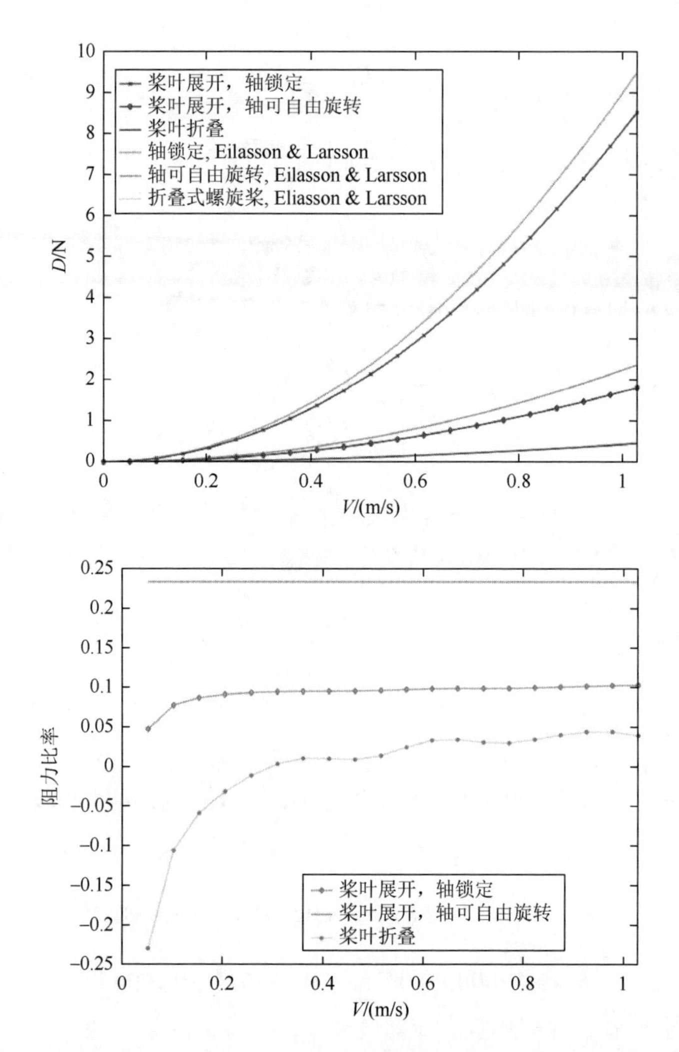

图 3.22 可折叠螺旋桨推进器在不同状态下的阻力及阻力比率（见书后彩图）

由图 3.22 结果可知，可折叠螺旋桨推进器的在不同状态下的阻力与方程(3.96)有着相同的分布规律，只是阻力系数不同。定义可折叠螺旋桨推进器阻力系数如下：

$$C_{\mathrm{DFP}} = C_{Di} \quad (i = 1,2,3) \tag{3.107}$$

式中，C_{D1} 为桨轴固定、桨叶展开状态下的阻力系数；C_{D2} 为桨轴固定、桨叶折叠状态下的阻力系数；C_{D3} 为桨轴自由旋转的阻力系数。

因此，方程(3.106)可转换为

$$\text{Drag scale} = \frac{C_{D\_\text{Eliasson \& Larsson}} - C_{\mathrm{DFP}}}{C_{D\_\text{Eliasson \& Larsson}}} \tag{3.108}$$

式中，$C_{D\_\text{Eliasson \& Larsson}}$ 表示根据 Larsson 和 Eliasson 提出的关于螺旋桨的阻力估计方法估计的阻力系数。

由图 3.22 可知，随着速度的增大，可折叠螺旋桨推进器的阻力系数趋近于一常数，低速和高速时的阻力比率相差很大，这是雷诺数的影响及计算误差所致。但从图中可以发现在进速超过 0.2m/s 时，阻力比率曲线变化比较平缓，渐近于一个常数。因此在浮力驱动模式下，可以近似认为可折叠螺旋桨推进器阻力比率为一常数。从图中可以看出，当桨轴固定时，桨叶展开的阻力比率约为 0.1，桨叶折叠的阻力比率约为 0。再根据方程(3.106)和(3.108)可计算得到：$C_{D1}=1.08$，$C_{D2}=0.06$。然后采用“零扭矩系数”方法，在方程(3.105)求出当 $K_Q=0$ 时，$J_0=0.734$，$K_{T0}=-0.1129$，将计算结果代入方程(3.101)中，得到桨轴自由旋转时可折叠螺旋桨推进器阻力系数为

$$C_{D3}=\frac{8\times0.1129}{3.14\times0.734^2\times9.8\times0.275\times(1.067-0.229\times0.893)}=0.23$$

这个结果比 Eliasson 和 Larsson 的 $C_D=0.3$ 略小。

最后归纳本书计算结果，当可折叠螺旋桨推进器桨叶和桨轴处于三种不同状态时可折叠螺旋桨推进器的水动力阻力模型为

$$\begin{cases}D_{\mathrm{FP}}=0.5\rho V^2C_{Di}A_p \quad i=1,2,3\\ C_{D1}=1.08\\ C_{D2}=0.06\\ C_{D3}=0.23\end{cases}\tag{3.109}$$

3.3.2 混合驱动水下滑翔机动力学模型

混合驱动水下滑翔机是一种基于可折叠螺旋桨推进器和浮力驱动装置的复合驱动的特殊航行器，有着独特的水动力特性和操纵特性，为了避免大量的约束模型实验和自航模型实验，需要建立动力学模型进行混合驱动水下滑翔机的动力学特征仿真分析和操纵性预报。动力学建模是研究混合驱动水下滑翔机水动力特性的理论基础，是运动控制的分析依据。

在建模时，本书采用了以下几个假设：

(1)将大地视为平面，不考虑大地的曲率及自转，于是大地就成为惯性体[15]。

(2)将混合驱动水下滑翔机视为水下六自由度运动的常质量刚体(不考虑混合驱动水下滑翔机结构的弹性变形及内部活动机构的影响)。

(3)假定流体介质是平静的(不考虑海流与波浪的影响)。

在以上假设的基础上，本书采用拉格朗日方程按照图 3.23 所示思路建立混合驱动水下滑翔机空间六自由度动力学模型。

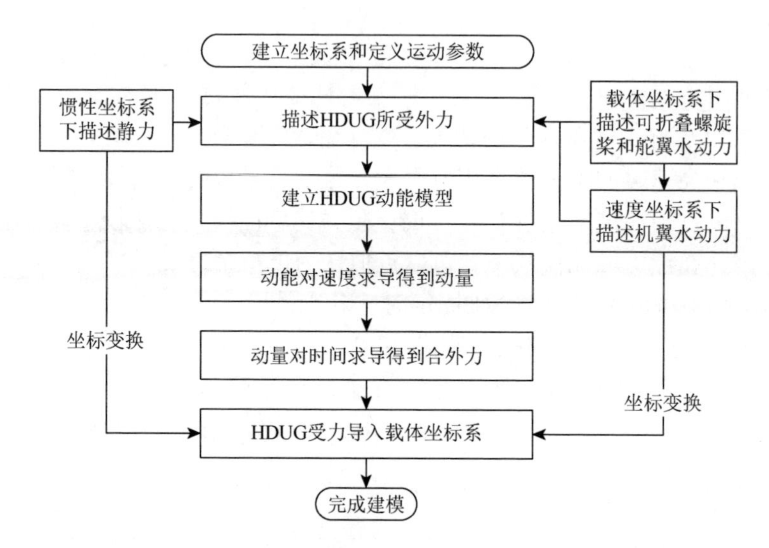

图 3.23　基于拉格朗日方程的混合驱动水下滑翔机动力学模型建模思路

HDUG 为混合驱动水下滑翔机（hybrid drive underwater glider）。

1. 坐标系与运动参数

与常规水下滑翔机动力学建模一样，本节为建立混合驱动水下滑翔机动力学模型建立了三个右手直角坐标系：惯性坐标系 $E(\xi,\eta,\zeta)$、载体坐标系 $o(x,y,z)$、速度坐标系 $\pi(\pi_1,\pi_2,\pi_3)$，如图 3.24 所示。其中惯性坐标系原点 E 选取空间中某一点，ξ,η 轴正向分别指向北和东，ζ 轴正向指向地心。载体坐标系原点 o 位于混合驱动水下滑翔机浮心处，x,y,z 轴正向分别指向载体纵轴线艏部、右舷及垂直纵轴线且指向载体底部。

在惯性坐标系下定义混合驱动水下滑翔机的广义位置矢量为 $[\boldsymbol{\Lambda},\boldsymbol{\Gamma}]=[\varepsilon,\eta,\zeta,\phi,\theta,\psi]^{\mathrm{T}}$，其中 $\boldsymbol{\Lambda}=[\xi,\eta,\zeta]^{\mathrm{T}}$ 为位置矢量，$\boldsymbol{\Gamma}=[\phi,\theta,\psi]^{\mathrm{T}}$ 为姿态角矢量。按照相同的定义方法在载体坐标系下定义混合驱动水下滑翔机的广义速度矢量为 $[\boldsymbol{U},\boldsymbol{\Omega}]=[u,v,w,p,q,r]^{\mathrm{T}}$、广义力矢量为 $[\boldsymbol{T},\boldsymbol{Q}]=[X,Y,Z,K,M,N]^{\mathrm{T}}$ 和广义动量矢量为 $[\boldsymbol{H},\boldsymbol{L}]=[H_x,H_y,H_z,L_x,L_y,L_z]^{\mathrm{T}}$，其中 $\boldsymbol{U}=[u,v,w]^{\mathrm{T}}$ 为线速度、$\boldsymbol{\Omega}=[p,q,r]^{\mathrm{T}}$ 为角速度、$\boldsymbol{T}=[X,Y,Z]^{\mathrm{T}}$ 为合外力、$\boldsymbol{Q}=[K,M,N]^{\mathrm{T}}$ 为合外力矩，$\boldsymbol{H}=[H_x,H_y,H_z]^{\mathrm{T}}$ 为动量，$\boldsymbol{L}=[L_x,L_y,L_z]^{\mathrm{T}}$ 为动量矩。

为描述速度坐标系的方向，首先定义攻角和漂角。根据船舶理论中攻角的定义(速度在载体坐标系 xoz 平面上的投影与坐标轴 ox 的夹角)可得[1]

$$\alpha=\arctan\frac{w}{u} \tag{3.110}$$

定义漂角为速度与坐标系 xoz 平面的夹角，故有

$$\beta = \arctan\frac{v}{\sqrt{u^2 + w^2}} \tag{3.111}$$

速度坐标系的方向即为载体坐标系 $o(x,y,z)$ 先绕 y 轴旋转攻角 α 角度，再将新的坐标系绕 z 轴旋转漂角 β 角度所得的坐标系 $\pi(\pi_1,\pi_2,\pi_3)$，如图 3.24 所示。

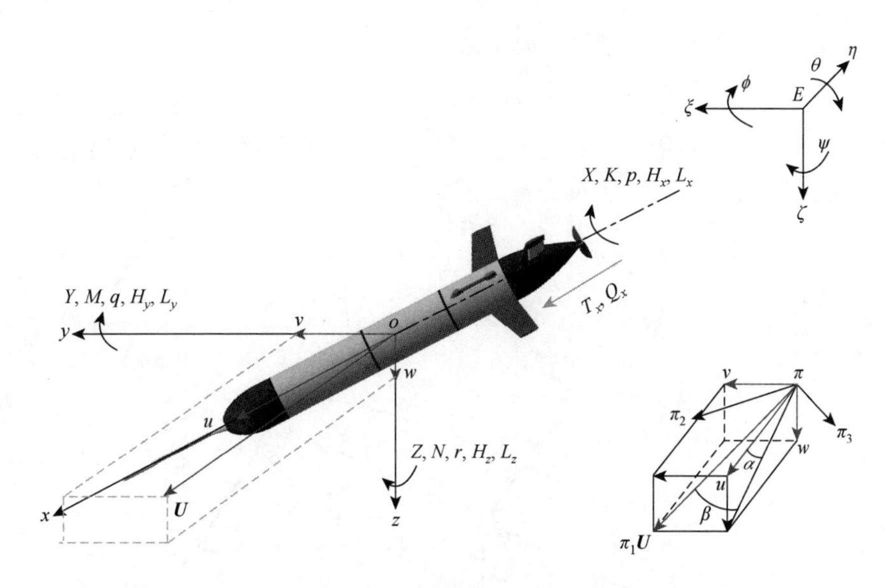

图 3.24 混合驱动水下滑翔机坐标系建立及运动参数

由分析可知，惯性坐标系位置矢量和载体坐标系位置矢量存在如下关系：

$$\boldsymbol{\Lambda} = \boldsymbol{S}\begin{bmatrix} x \\ y \\ z \end{bmatrix} \tag{3.112}$$

式中，旋转矩阵 $\boldsymbol{S}$ 为[16]

$$\boldsymbol{S} = \begin{bmatrix} \cos\psi\cos\theta & \cos\psi\sin\theta\sin\phi - \sin\psi\cos\theta & \cos\psi\sin\theta\cos\phi + \sin\psi\sin\phi \\ \sin\psi\cos\theta & \sin\psi\sin\theta\sin\phi + \cos\psi\cos\phi & \sin\psi\sin\theta\cos\phi - \cos\psi\sin\phi \\ -\sin\theta & \cos\theta\sin\phi & \cos\theta\cos\phi \end{bmatrix} \tag{3.113}$$

惯性坐标系下的姿态角矢量和载体坐标系下的姿态角矢量存在如下关系：

$$\dot{\boldsymbol{\Gamma}} = \boldsymbol{C\Omega} \tag{3.114}$$

式中，姿态旋转矩阵 $\boldsymbol{C}$ 为

$$\boldsymbol{C} = \begin{bmatrix} 1 & \sin\phi\tan\theta & \cos\phi\tan\theta \\ 0 & \cos\phi & -\sin\phi \\ 0 & \sin\phi/\cos\theta & \cos\phi/\cos\theta \end{bmatrix} \tag{3.115}$$

运动参数由速度坐标系向载体坐标系变换的旋转矩阵 $\boldsymbol{R}$ 为

$$\boldsymbol{R}=\begin{bmatrix}\cos\alpha\cos\beta & -\cos\alpha\sin\beta & -\sin\alpha\\ \sin\beta & \cos\beta & 0\\ \sin\alpha\cos\beta & -\sin\alpha\sin\beta & \cos\alpha\end{bmatrix} \tag{3.116}$$

2. 航行模式与主要控制参数间关系

为了研究问题的方便，本节将混合驱动水下滑翔机系统的整体布局划分为三个质点：载体固定件质点（质量为 m_{rb}，质心为 $\boldsymbol{r}_{\mathrm{rb}}$）、可移动电池质点（质量为 m_{mr}，质心为 $\boldsymbol{r}_{\mathrm{mr}}$）及净浮力质点（质量为 m_b，质心为 $\boldsymbol{r}_b$），如图 3.25 所示。

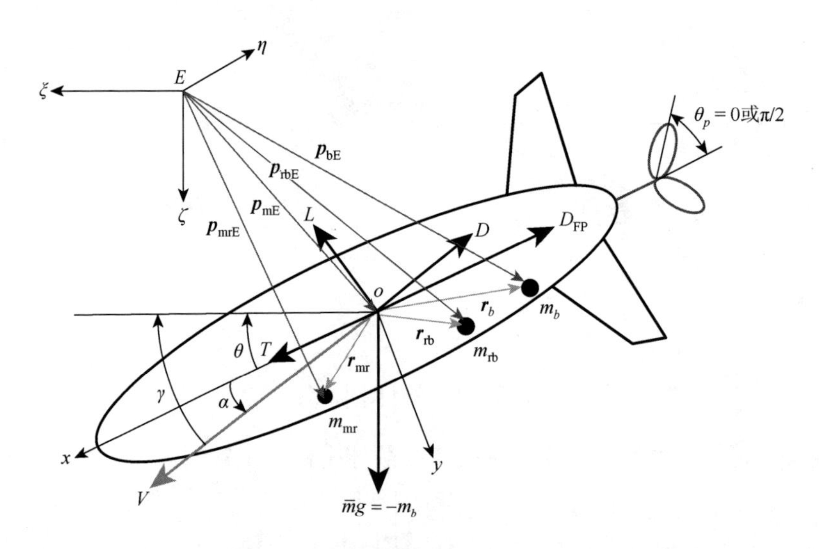

图 3.25 混合驱动水下滑翔机在载体坐标系中的质量分布

当 $m_b=0$ 时，混合驱动水下滑翔机的排水质量 m 与载体固定件质量 m_{rb} 及可移动电池质量 m_{mr} 之和相等，此时混合驱动水下滑翔机处于中性浮力状态。如果 m_{mr} 处在初始位置，则混合驱动水下滑翔机将处于水平状态，此时如果螺旋桨起动即 $n>0$，则混合驱动水下滑翔机将按照螺旋桨驱动模式水平航行，若同时起动舵机即 $\delta>0$，则混合驱动水下滑翔机将做水平面的回转运动。如果 $m_b<0$，同时 m_{mr} 的位置前移，则混合驱动水下滑翔机将按照浮力驱动模式以负俯仰角下潜；如果 $m_b>0$，同时 m_{mr} 的位置后移，则混合驱动水下滑翔机将按照浮力驱动模式以正俯仰角上浮，若此时起动舵机产生回转力矩，则混合驱动水下滑翔机将在三维空间做螺旋式下潜和上浮运动。如果 $m_b<0$，且 m_{mr} 的位置前移，同时螺旋桨电机起动产生载体坐标系下沿 ox 方向的推力，则混合驱动水下滑翔机将按照混合驱动模式以负俯仰角下潜；反之则以正俯仰角上浮。同理，若垂直舵参与作

用，则混合驱动水下滑翔机将在三维空间做螺旋式下潜和上浮运动。混合驱动水下滑翔机在垂直面内航行模式与控制参数之间的对应关系如图 3.26 所示。

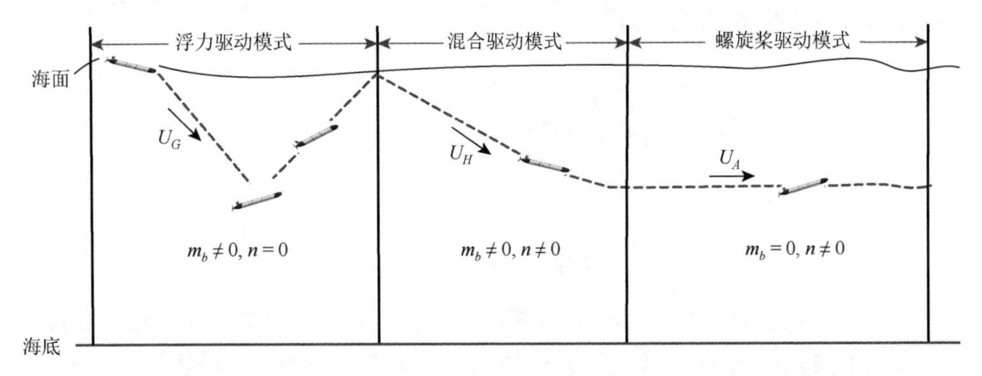

图 3.26 混合驱动水下滑翔机在垂直面内航行模式与控制参数之间的对应关系

需要说明的是，无论在何种航行模式，混合驱动水下滑翔机在正常作业的大部分时间内净浮力、可移动电池质量块位置不被控制，只有在上浮状态和下潜状态切换时才需要控制油囊和可移动电池质量块，由于调节油囊时净浮力的变化较小，因此其引起的净浮力力矩也较小，在分析时忽略净浮力引起的力矩，只分析可移动电池质量块运动引起的力和力矩。

3. 动力学模型

本书定义在惯性坐标系下混合驱动水下滑翔机动量和动量矩为 $\boldsymbol{h}$ 和 $\boldsymbol{l}$，定义在载体坐标系下混合驱动水下滑翔机动量和动量矩为 $\boldsymbol{H}$ 和 $\boldsymbol{L}$。由于可移动电池质量块在前移和后移过程中速度较慢，因此可假设电池质量块的移动速度为零。在惯性坐标系下，由动量定理可得

$$\begin{cases}\dot{\boldsymbol{h}} = (m_{\mathrm{mr}} + m_{\mathrm{rb}} + m_b - m)g\boldsymbol{\zeta} + \boldsymbol{f}_{\mathrm{ext}} \\ \dot{\boldsymbol{l}} = \boldsymbol{p}_{\mathrm{mrE}} \times m_{\mathrm{mr}} g\boldsymbol{\zeta} + \boldsymbol{p}_{\mathrm{rbE}} \times m_{\mathrm{rb}} g\boldsymbol{\zeta} + \boldsymbol{p}_{\mathrm{bE}} \times m_b g\boldsymbol{\zeta} - \boldsymbol{p}_{\mathrm{mE}} \times mg\boldsymbol{\zeta} + \boldsymbol{\tau}_{\mathrm{ext}}\end{cases} \tag{3.117}$$

式中，$\boldsymbol{\zeta}$ 为惯性坐标系坐标轴 $E\zeta$ 方向的单位向量；$\boldsymbol{f}_{\mathrm{ext}}$ 为由翼身水动力、可折叠螺旋桨推进器水动力及舵翼水动力组成的外力；$\boldsymbol{\tau}_{\mathrm{ext}}$ 为力 $\boldsymbol{f}_{\mathrm{ext}}$ 的力矩。

将惯性坐标系下的广义动量矢量 $[\boldsymbol{h},\boldsymbol{l}]$ 按式(3.118)转换为载体坐标系下的广义动量矢量 $\boldsymbol{\eta}=[\boldsymbol{H},\boldsymbol{L}]$。

$$\begin{cases}\boldsymbol{h} = \boldsymbol{S}\boldsymbol{H} \\ \boldsymbol{l} = \boldsymbol{S}\boldsymbol{L} + \boldsymbol{p}_m \times \boldsymbol{h}\end{cases} \tag{3.118}$$

将载体坐标系下的广义速度矢量写为 $\boldsymbol{u}=[\boldsymbol{U},\boldsymbol{\Omega}]$，因此 $\boldsymbol{\eta}$ 和 $\boldsymbol{u}$ 之间的关系可表示为

$$\boldsymbol{\eta} = \boldsymbol{M}\boldsymbol{u} \tag{3.119}$$

式中，$\boldsymbol{M}$ 为广义质量矩阵，将式(3.119)对时间求导得到载体坐标系下的广义力与速度及加速度之间的关系为

$$\dot{\boldsymbol{\eta}} = \dot{\boldsymbol{M}}\boldsymbol{u} + \boldsymbol{M}\dot{\boldsymbol{u}} \tag{3.120}$$

混合驱动水下滑翔机系统中载体固定件质点的速度和角速度在载体坐标系中满足如下关系：

$$\begin{cases} \boldsymbol{U}_{\mathrm{rb}} = \boldsymbol{U} - \hat{\boldsymbol{r}}_{\mathrm{rb}}\boldsymbol{\Omega} \\ \boldsymbol{\Omega}_{\mathrm{rb}} = \boldsymbol{\Omega} \end{cases} \tag{3.121}$$

定义“ˆ”为向量“·”的向量积矩阵(反对称矩阵)，对于两个三维列向量 $\boldsymbol{x}$ 和 $\boldsymbol{y}$ 有如下关系：$\hat{\boldsymbol{x}}\boldsymbol{y} = \boldsymbol{x} \times \boldsymbol{y}$。因此载体固定件质点的动能可以描述为

$$E_{\mathrm{rb}} = \frac{1}{2}m_{\mathrm{rb}}\left\|\boldsymbol{U}_{\mathrm{rb}}\right\|^2 + \frac{1}{2}\boldsymbol{\Omega}_{\mathrm{rb}}^{\mathrm{T}}\boldsymbol{I}_{\mathrm{rb}}\boldsymbol{\Omega}_{\mathrm{rb}} = \frac{1}{2}\boldsymbol{u}^{\mathrm{T}}\boldsymbol{M}_{\mathrm{rb}}\boldsymbol{u} \tag{3.122}$$

式中，$\boldsymbol{I}_{\mathrm{rb}}$ 为载体固定件质量块的转动惯量。

同样可以在载体坐标系中描述混合驱动水下滑翔机中可移动电池质量块的速度和角速度为以下关系：

$$\begin{cases} \boldsymbol{U}_{\mathrm{mr}} = \boldsymbol{U} - \hat{\boldsymbol{r}}_{\mathrm{mr}}\boldsymbol{\Omega} \\ \boldsymbol{\Omega}_{\mathrm{mr}} = \boldsymbol{\Omega} \end{cases} \tag{3.123}$$

因此可移动电池质量块的动能可以表述为

$$E_{\mathrm{mr}} = \frac{1}{2}m_{\mathrm{mr}}\left\|\boldsymbol{U}_{\mathrm{mr}}\right\|^2 + \frac{1}{2}\boldsymbol{\Omega}_{\mathrm{mr}}^{\mathrm{T}}\boldsymbol{I}_{\mathrm{mr}}\boldsymbol{\Omega}_{\mathrm{mr}} = \frac{1}{2}\boldsymbol{u}^{\mathrm{T}}\boldsymbol{M}_{\mathrm{mr}}\boldsymbol{u} \tag{3.124}$$

式中，$\boldsymbol{I}_{\mathrm{mr}}$ 为可移动电池质量块的转动惯量。

由于净浮力质点的质量很小，因此净浮力对整个混合驱动水下滑翔机系统动能贡献很小，可以假设净浮力质点位于载体的浮心处即载体坐标系原点 o 处，则 $\boldsymbol{r}_{\mathrm{rb}} = 0$，故在计算中此部分动能可忽略不计。

另外，当混合驱动水下滑翔机在水中加速运动时，会引起周围的水流加速运动，对应的水流动的动能为

$$E_f = \frac{1}{2}\boldsymbol{u}^{\mathrm{T}}\boldsymbol{M}_f\boldsymbol{u} \tag{3.125}$$

式中，

$$\boldsymbol{M}_f = \begin{bmatrix} \boldsymbol{M}_A & \boldsymbol{C}_A \\ \boldsymbol{C}_A^{\mathrm{T}} & \boldsymbol{I}_A \end{bmatrix} \tag{3.126}$$

$\boldsymbol{M}_A$ 为附加质量矩阵；$\boldsymbol{I}_A$ 为附加转动惯量矩阵；$\boldsymbol{C}_A$ 为耦合项矩阵。

最终得到整个混合驱动水下滑翔机系统的总动能应为混合驱动水下滑翔机载体固定件质量块、可移动电池质量块及附加的流体质量的动能之和，即

$$E = E_{\mathrm{rb}} + E_{\mathrm{mr}} + E_f = \frac{1}{2}\boldsymbol{u}^{\mathrm{T}}\boldsymbol{M}\boldsymbol{u} \tag{3.127}$$

系统的广义质量矩阵为

$$\boldsymbol{M} = \begin{bmatrix} \boldsymbol{M}_e & \boldsymbol{C}_e \\ \boldsymbol{C}_e^{\mathrm{T}} & \boldsymbol{I}_e \end{bmatrix} \tag{3.128}$$

式中，

$$\begin{aligned} \boldsymbol{M}_e &= (m_{\mathrm{rb}} + m_{\mathrm{mr}})\boldsymbol{I}_3 + \boldsymbol{M}_A \\ \boldsymbol{C}_e &= -m_{\mathrm{rb}}\hat{\boldsymbol{r}}_{\mathrm{rb}} - m_{\mathrm{mr}}\hat{\boldsymbol{r}}_{\mathrm{mr}} + \boldsymbol{C}_A \\ \boldsymbol{I}_e &= \boldsymbol{I}_{\mathrm{rb}} + \boldsymbol{I}_{\mathrm{mr}} + \boldsymbol{I}_A - m_{\mathrm{rb}}\hat{\boldsymbol{r}}_{\mathrm{rb}}\hat{\boldsymbol{r}}_{\mathrm{rb}} - m_{\mathrm{mr}}\hat{\boldsymbol{r}}_{\mathrm{mr}}\hat{\boldsymbol{r}}_{\mathrm{mr}} \end{aligned}$$

由式(3.120)可以得到载体坐标系下混合驱动水下滑翔机的加速度为

$$\dot{\boldsymbol{u}} = \begin{bmatrix} \dot{\boldsymbol{U}} \\ \dot{\boldsymbol{\Omega}} \end{bmatrix} = \boldsymbol{M}^{-1}(\dot{\boldsymbol{\eta}} - \dot{\boldsymbol{M}}\boldsymbol{u}) \tag{3.129}$$

将式(3.118)对时间求导得

$$\begin{cases} \dot{\boldsymbol{h}} = \boldsymbol{S}(\dot{\boldsymbol{H}} + \hat{\boldsymbol{\Omega}}\boldsymbol{H}) \\ \dot{\boldsymbol{l}} = \boldsymbol{S}(\dot{\boldsymbol{L}} + \hat{\boldsymbol{\Omega}}\boldsymbol{L}) + \boldsymbol{S}\boldsymbol{U} \times \boldsymbol{h} + \boldsymbol{p}_m \times \dot{\boldsymbol{h}} \end{cases} \tag{3.130}$$

将式(3.130)代入式(3.117)中通过整理将含有 $\dot{\boldsymbol{H}}$ 、$\dot{\boldsymbol{L}}$ 项移到方程的左边，其余项移到方程的右边，并用 $\dot{\boldsymbol{\eta}}$ 表示 $[\dot{\boldsymbol{H}},\dot{\boldsymbol{L}}]^{\mathrm{T}}$ ，代换后的结果为

$$\dot{\boldsymbol{\eta}} = \begin{bmatrix} \dot{\boldsymbol{H}} \\ \dot{\boldsymbol{L}} \end{bmatrix} = \begin{bmatrix} \boldsymbol{H} \times \boldsymbol{\Omega} + m_b g(\boldsymbol{S}^{\mathrm{T}}\boldsymbol{\zeta}) + \boldsymbol{S}^{\mathrm{T}}\boldsymbol{f}_{\mathrm{ext}} \\ \boldsymbol{L} \times \boldsymbol{\Omega} + \boldsymbol{H} \times \boldsymbol{U} + (m_{\mathrm{mr}}\boldsymbol{r}_{\mathrm{mr}} + m_{\mathrm{rb}}\boldsymbol{r}_{\mathrm{rb}} + m_b\boldsymbol{r}_b)g \times (\boldsymbol{S}^{\mathrm{T}}\boldsymbol{\zeta}) + \boldsymbol{S}^{\mathrm{T}}\boldsymbol{\tau}_{\mathrm{ext}} \end{bmatrix} \tag{3.131}$$

最后将式(3.131)代入式(3.129)中并通过整理得到混合驱动水下滑翔机的空间六自由度动力学模型为

$$\dot{\boldsymbol{u}} = \begin{bmatrix} \dot{\boldsymbol{U}} \\ \dot{\boldsymbol{\Omega}} \end{bmatrix} = \boldsymbol{M}^{-1}\left(\begin{bmatrix} \boldsymbol{H} \times \boldsymbol{\Omega} \\ \boldsymbol{L} \times \boldsymbol{\Omega} + \boldsymbol{H} \times \boldsymbol{U} \end{bmatrix} + \begin{bmatrix} m_b g(\boldsymbol{S}^{\mathrm{T}}\boldsymbol{\zeta}) \\ (m_{\mathrm{mr}}\boldsymbol{r}_{\mathrm{mr}} + m_{\mathrm{rb}}\boldsymbol{r}_{\mathrm{rb}} + m_b\boldsymbol{r}_b)g \times (\boldsymbol{S}^{\mathrm{T}}\boldsymbol{\zeta}) \end{bmatrix} + \begin{bmatrix} \boldsymbol{S}^{\mathrm{T}}\boldsymbol{f}_{\mathrm{ext}} \\ \boldsymbol{S}^{\mathrm{T}}\boldsymbol{\tau}_{\mathrm{ext}} \end{bmatrix} - \dot{\boldsymbol{M}}\boldsymbol{u} \right) \tag{3.132}$$

4. 广义水动力

混合驱动水下滑翔机所受的广义水动力包括翼身广义水动力、可折叠螺旋桨

推进器广义水动力及舵翼(包括垂直舵和水平舵)广义水动力。

1)翼身广义水动力

混合驱动水下滑翔机的翼身广义水动力$[\boldsymbol{T}_{\text{wr}},\boldsymbol{Q}_{\text{wr}}]^{\text{T}}$是在速度坐标系下描述的，用$\boldsymbol{T}_{\text{wr}}$表示翼身所受的水动力，$\boldsymbol{Q}_{\text{wr}}$表示翼身所受的水动力矩则有

$$\begin{bmatrix}\boldsymbol{T}_{\text{wr}}\\ \boldsymbol{Q}_{\text{wr}}\end{bmatrix}=\begin{bmatrix}-D\\ \text{SF}\\ -L\\ M_{\text{DL1}}\\ M_{\text{DL2}}\\ M_{\text{DL3}}\end{bmatrix}=\begin{bmatrix}-(K_{D0}+K_D\alpha^2)U^2\\ K_\beta\beta U^2\\ -(K_{L0}+K_L\alpha)U^2\\ (K_{\text{MR}}\beta+K_p p)U^2\\ (K_{M0}+K_M\alpha+K_q q)U^2\\ (K_{\text{MY}}\beta+K_r r)U^2\end{bmatrix} \tag{3.133}$$

而式(3.132)中的广义水动力是在载体坐标系下表述的，因此需要将速度坐标系下的翼身广义水动力转换到载体坐标系下表示。通过旋转变换矩阵$\boldsymbol{R}$可将速度坐标系下混合驱动水下滑翔机的翼身广义水动力转换到载体坐标系下的受力，即混合驱动水下滑翔机在载体坐标系下的翼身广义水动力为

$$\begin{bmatrix}\boldsymbol{T}_w\\ \boldsymbol{Q}_w\end{bmatrix}=\boldsymbol{R}\begin{bmatrix}\boldsymbol{T}_{\text{wr}}\\ \boldsymbol{Q}_{\text{wr}}\end{bmatrix} \tag{3.134}$$

本书基于CFX流体计算软件,对混合驱动水下滑翔机的黏性水动力进行了数值模拟计算，通过ICEM对模型网格划分，合理选择工况参数，并采用最小二乘法对所得实验数据进行系统辨识，获得了相对完整的混合驱动水下滑翔机黏性水动力系数。由于方法存在共性，因此本章不再对混合驱动水下滑翔机黏性水动力系数的获取过程进行描述，只给出计算结果(表3.4)，具体计算思路可参考本书第3章研究内容和文献[17]。

表3.4　翼身广义水动力系数计算结果

符号	值	单位
K_{D0}	6.71	kg / m
K_D	435.05	kg / (m · rad²)
K_β	115.65	kg / (m · rad)
K_{L0}	–0.42	kg · m
K_L	488.78	kg / (m · rad)
K_{MR}	–58.27	kg / rad
K_p	–19.83	kg · s / rad

续表

符号	值	单位
K_{M0}	0.18	kg
K_M	–75.49	kg / rad
K_q	–205.64	$\mathrm{kg\cdot s/rad^2}$
K_{MY}	34.10	kg / rad
K_r	–389.30	$\mathrm{kg\cdot s/rad^2}$

2) 可折叠螺旋桨推进器广义水动力

由 3.3.1 节内容可知，可折叠螺旋桨推进器水动力$[\boldsymbol{T}_p,\boldsymbol{Q}_p]^{\mathrm{T}}$是在载体坐标系下表述的，其表达式为

$$\begin{bmatrix}\boldsymbol{T}_p\\ \boldsymbol{Q}_p\end{bmatrix}=\begin{bmatrix}\mu_i\boldsymbol{T}_i\\ \boldsymbol{Q}_i\end{bmatrix}\quad i=0,1,2,3 \tag{3.135}$$

式中，

(1) $i=0$表示可折叠螺旋桨推进器转速$n\neq 0$工况，$[\boldsymbol{T}_0,\boldsymbol{Q}_0]^{\mathrm{T}}$为对应的广义水动力；

(2) $i=1$表示可折叠螺旋桨推进器转速$n=0$、桨轴固定、桨叶展开工况，$[\boldsymbol{T}_1,\boldsymbol{Q}_1]^{\mathrm{T}}$为对应的广义水动力；

(3) $i=2$表示可折叠螺旋桨推进器转速$n=0$、桨轴固定、桨叶折叠工况，$[\boldsymbol{T}_2,\boldsymbol{Q}_2]^{\mathrm{T}}$为对应的广义水动力；

(4) $i=3$表示可折叠螺旋桨推进器转速$n=0$、桨轴自由、桨叶展开工况，$[\boldsymbol{T}_3,\boldsymbol{Q}_3]^{\mathrm{T}}$为对应的广义水动力。

μ_i为描述可折叠螺旋桨推进器与主载体之间桨体融合性能的一种水动力系数，可以通过物理实验法和 CFD 数值计算法获得。

通常水下滑翔机航速较小、体积较小，因此伴流分数和推力减额均较小[1]，螺旋桨进速即为混合驱动水下滑翔机航行速度，即$U=V$，同时$\mu_0=1$。可折叠螺旋桨推进器在转速$n\neq 0$时会产生推力，推力方向沿着载体中心线向前，即为载体坐标系下的ox轴方向，若此时载体中心线与载体坐标系原点浮心不重合，将会产生绕oy轴的俯仰力矩。另外，由于是单桨，因此可折叠螺旋桨推进器旋转时水流会对其产生绕ox轴的反向力矩作用，进而使载体产生横滚力矩。根据以上分析，联合式(3.93)和式(3.94)可以得到可折叠螺旋桨推进器在载体坐标系下的广义水动力表达式为

$$\begin{bmatrix} \mu_0 \boldsymbol{T}_0 \\ \boldsymbol{Q}_0 \end{bmatrix} = \begin{bmatrix} \mu_0 K_T \rho n^2 D_p^4 \\ 0 \\ 0 \\ -K_Q \rho n^2 D_p^5 \\ \mu_0 K_T \rho n^2 D_p^4 z_{\text{to}} \\ 0 \end{bmatrix} \tag{3.136}$$

式中，z_{to} 为载体中心线在 oz 轴上投影点的坐标值。

本书利用 CFD 计算方法分别计算出混合驱动水下滑翔机主载体的阻力 D_{hull}、可折叠螺旋桨推进器的阻力 D_{FP}，然后计算主载体加桨后系统整体的阻力 D_{overall}，最后得到不同工况下的水动力系数 $\mu_i(i=1,2,3)$ 为

$$\mu_i = \frac{D_{\text{overall}} - D_{\text{hull}}}{D_{\text{FP}}} \tag{3.137}$$

可折叠螺旋桨推进器在转速 $n=0$ 时会产生阻力，当混合驱动水下滑翔机前向运动时，阻力方向为载体坐标系下的 ox 轴负方向，同时会产生绕 oy 轴的俯仰力矩，由式(3.109)可以得到混合驱动水下滑翔机在载体坐标系下的广义水动力表达式为

$$\begin{bmatrix} \mu_i \boldsymbol{T}_i \\ \boldsymbol{Q}_i \end{bmatrix} = \begin{bmatrix} -\mu_i 0.5 \rho U^2 C_{Di} A_p \\ 0 \\ 0 \\ 0 \\ -\mu_i 0.5 \rho U^2 C_{Di} A_p z_{to} \\ 0 \end{bmatrix} \quad i=1,2,3 \tag{3.138}$$

对式(3.138)需要说明的是当可折叠螺旋桨推进器桨轴固定时还会产生绕 ox 轴的反向水动力阻力矩，其大小可以参考本书 3.3.1 节中“零扭矩系数法”类似的思想采用“零推力系数法”计算出，对于右旋桨来说，该水动力阻力矩为正值，对于左旋桨则为负值，由于这个量很小，因此本书在建模中忽略其影响。根据本书 3.3.1 节中计算结果得到可折叠螺旋桨推进器的水动力系数计算结果如表 3.5 所示。

表 3.5　可折叠螺旋桨推进器水动力系数计算结果

符号	值	单位
μ_0	1	—
μ_1	0.62	—
μ_2	0.62	—
μ_3	0.62	—

续表

符号	值	单位
C_{D1}	1.08	—
C_{D2}	0.06	—
C_{D3}	0.23	—

3)舵翼广义水动力

混合驱动水下滑翔机的舵翼包括垂直舵和水平舵，其广义水动力$[\boldsymbol{T}_r,\boldsymbol{Q}_r]^{\mathrm{T}}$是在载体坐标系下表述的，其表达式为

$$\begin{bmatrix}\boldsymbol{T}_r\\ \boldsymbol{Q}_r\end{bmatrix}=\begin{bmatrix}0\\ 0.5Y_{\delta_V}\delta_V\rho U^2S_M\\ 0.5Z_{\delta_H}\delta_H\rho U^2S_M\\ 0\\ 0.5M_{\delta_H}\delta_H\rho U^2S_ML_M\\ 0.5N_{\delta_V}\delta_V\rho U^2S_ML_M\end{bmatrix} \tag{3.139}$$

式中，Y_{δ_V}为垂直舵沿oy轴的侧向水动力系数；N_{δ_V}为垂直舵沿oz轴的转艏力矩系数；δ_V为垂直舵角；Z_{δ_H}为水平舵沿oz轴的侧向水动力系数；M_{δ_H}为水平舵对oy轴的俯仰力矩系数；δ_H为水平舵角；S_M为载体最大横截面积；L_M为载体有效长度。同样通过CFD计算得到的舵翼水动力系数计算结果如表3.6所示。

表3.6　舵翼水动力系数计算结果

符号	值	单位
Y_{δ_V}	1.08	1/rad
Z_{δ_H}	−2.40	1/rad
M_{δ_H}	−0.42	1/rad
N_{δ_V}	−0.86	1/rad

5. 惯性水动力

由于混合驱动水下滑翔机主载体为细长体状，因此本书采用细长体理论近似计算方法计算式(3.126)中附加质量矩阵中的每一项参数。由于混合驱动水下滑翔机可近似认为上下对称且左右对称，因此附加质量矩阵$\boldsymbol{M}_A$可以简化为对角阵形式：

$$\boldsymbol{M}_A=\begin{bmatrix} X_{\dot{u}} & & \\ & Y_{\dot{v}} & \\ & & Z_{\dot{w}} \end{bmatrix} \tag{3.140}$$

式中，$X_{\dot{u}}$、$Y_{\dot{v}}$、$Z_{\dot{w}}$ 分别为加速流体所受 x、y、z 向的附加质量。

同样由于混合驱动水下滑翔机上下左右对称的原因，附加转动惯量矩阵 $\boldsymbol{I}_A$ 也可以简化为如下对角阵形式：

$$\boldsymbol{I}_A=\begin{bmatrix} K_{\dot{p}} & & \\ & M_{\dot{q}} & \\ & & N_{\dot{r}} \end{bmatrix} \tag{3.141}$$

式中，$K_{\dot{p}}$、$M_{\dot{q}}$、$N_{\dot{r}}$ 分别为加速流体所受 x、y、z 向的附加转动惯量。

耦合项 $\boldsymbol{C}_A$ 包括科里奥利力和向心力，由于混合驱动水下滑翔机的对称性特点，$\boldsymbol{C}_A$ 可以简化为如下形式

$$\boldsymbol{C}_A=\begin{bmatrix} 0 & 0 & 0 \\ 0 & 0 & M_{\dot{w}} \\ 0 & N_{\dot{v}} & 0 \end{bmatrix}=\begin{bmatrix} 0 & 0 & 0 \\ 0 & 0 & Y_{\dot{r}} \\ 0 & Z_{\dot{q}} & 0 \end{bmatrix}^{\mathrm{T}} \tag{3.142}$$

式中，$M_{\dot{w}}$ 为 z 向加速流体引起的俯仰力矩系数；$N_{\dot{v}}$ 为 y 向加速流体引起的摇艏力矩系数；$Y_{\dot{r}}$ 为摇艏加速流体引起的 y 向力系数；$Z_{\dot{q}}$ 为俯仰加速流体引起的 z 向力系数。

由于混合驱动水下滑翔机具有流线外形和简单形状，因此可考虑采用近似计算方法计算惯性水动力，利用该方法计算惯性水动力的思路是：首先可将混合驱动水下滑翔机分解成 1 个主体和 5 个附体(图 3.27)，主体为主载体(图中黄色部分所示)，附体包括 2 个机翼(图中红色部分所示)、2 个水平舵(图中绿色部分所示)及 1 个垂直舵(含垂直稳定翼，图中蓝色部分所示)；然后将它们分别用简单形体替代，主载体用椭球体替代，机翼、垂直舵和水平舵用矩形平板替代，分别求得它们对应的简单形体的附加质量，通过简单相加得到混合驱动水下滑翔机总的附加质量，计算步骤可参考《船舶运动与建模》第十章中关于水动力系数的近似计算[1]，本书将直接给出计算结果。进行这一近似计算的基本假设是认为混合驱动水下滑翔机的附加质量等于主体与各附体的附件质量之和，即

$$\lambda_{ij}=(\lambda_{ij})_{\mathrm{mh}}+\sum(\lambda_{ij})_{\mathrm{ap}} \quad i,j=1,2,\cdots,6 \tag{3.143}$$

式中，$(\lambda_{ij})_{\mathrm{mh}}$ 为混合驱动水下滑翔机主载体的附加质量；$(\lambda_{ij})_{\mathrm{ap}}$ 为混合驱动水下滑翔机附体的附加质量。

通过上述方法计算得到的混合驱动水下滑翔机惯性水动力系数计算结果如表 3.7 所示。

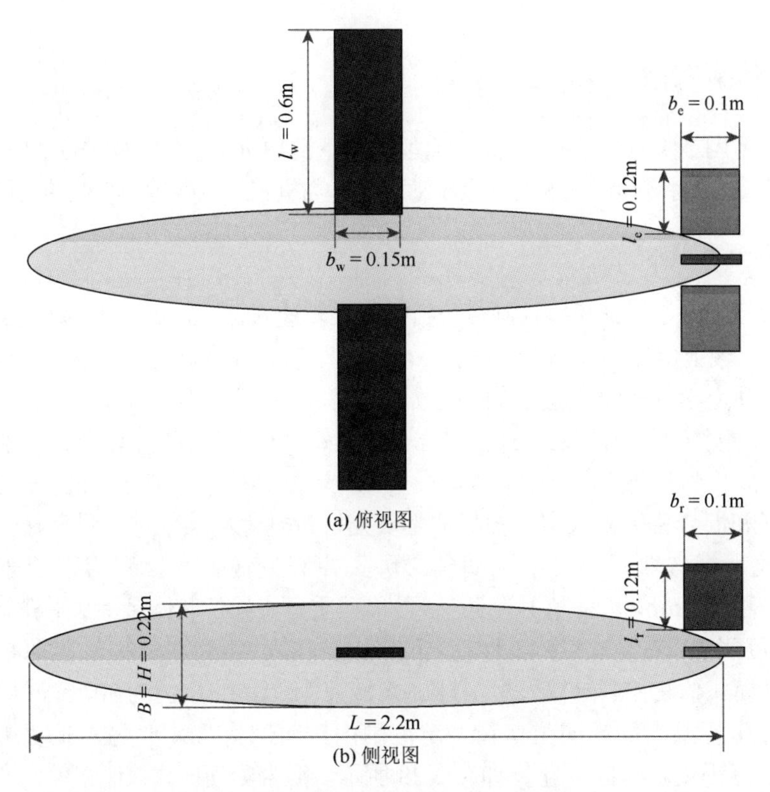

图 3.27 混合驱动水下滑翔机水动布局及参数(见书后彩图)

b 为翼板的弦长；l 为翼板的展长；L 为滑翔机主体长度；下标 w 表示机翼，e 表示水平舵，r 表示垂直舵。

表 3.7 惯性水动力系数计算结果

符号	值	单位
$X_{\dot{u}}$	1.48	kg
$Y_{\dot{v}}$	49.58	kg
$Z_{\dot{w}}$	65.92	kg
$K_{\dot{p}}$	0.53	$\text{kg}\cdot\text{m}^2$
$M_{\dot{q}}$	7.88	$\text{kg}\cdot\text{m}^2$
$N_{\dot{r}}$	10.18	$\text{kg}\cdot\text{m}^2$
$M_{\dot{w}}$	3.61	$\text{kg}\cdot\text{m}$
$N_{\dot{v}}$	2.57	$\text{kg}\cdot\text{m}$
$Y_{\dot{r}}$	2.57	$\text{kg}\cdot\text{m}$
$Z_{\dot{q}}$	3.61	$\text{kg}\cdot\text{m}$

3.3.3 仿真实验

本书采用三阶龙格库塔方法对混合驱动水下滑翔机动力学方程进行数值求解，并在MATLAB软件环境中实现对混合驱动水下滑翔机三维空间运动特性的数值仿真。

1. 控制量输入

混合驱动水下滑翔机的控制量包括螺旋桨转速n、舵角δ、可移动质量块在载体坐标系x轴上位移r_{mrx}、驱动浮力m_b。将控制量和混合驱动水下滑翔机各项物理参数代入动力学方程即可进行非线性数值仿真。本书分别对混合驱动水下滑翔机在螺旋桨驱动模式、浮力驱动模式及混合驱动模式进行了仿真实验，螺旋桨驱动模式实验的主要目的是研究混合驱动水下滑翔机在不同螺旋桨转速下的机动性能，浮力驱动模式和混合驱动模式实验的目的是研究可折叠螺旋桨推进器对滑翔性能的影响。因此本书选取了螺旋桨驱动模式仿真控制量输入为：螺旋桨转速分别为600r/min和800r/min、舵角恒为30°，可移动质量块处于载体保持水平姿态的平衡位置，即可移动质量块在载体坐标系上的纵向位移r_{mrx}恒为0.4016m，驱动浮力为0。浮力驱动模式仿真控制量输入为：螺旋桨转速为 0，舵角恒为30°，可移动质量块在载体坐标系上的纵向位移在一定范围内按时间有规律变化，驱动浮力同样也在一定范围内随时间变化，如图3.28所示。混合驱动模式控制量输入在浮力驱动模式的前提下增加了螺旋桨的转速，并设定输入转速为800r/min，不同航行模式下的控制量输入情况如表3.8所示。

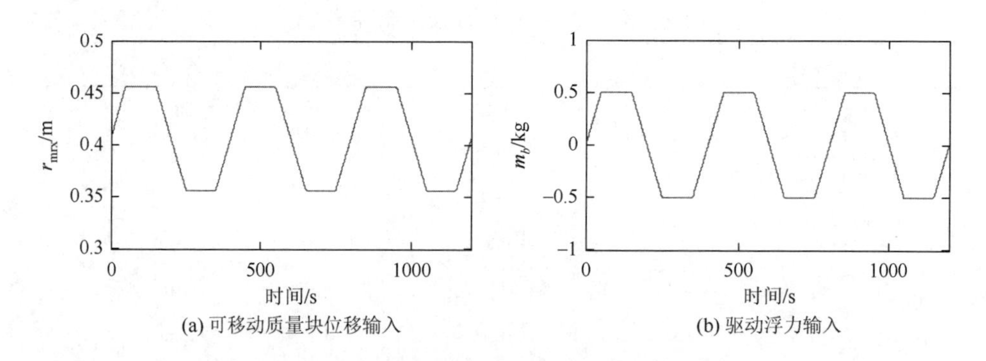

(a) 可移动质量块位移输入　(b) 驱动浮力输入

图3.28 可移动质量块位移及驱动浮力的输入

表3.8 不同航行模式下进行仿真时的输入参数

航行模式	螺旋桨转速 n/(r/min)	舵角 δ / (°)	可移动质量块位移 r_{mrx} /m	驱动浮力 m_b / kg
螺旋桨驱动模式	600 和 800	–30	0.4016	0

续表

航行模式		螺旋桨转速 n/(r/min)	舵角 δ/(°)	可移动质量块位移 r_{mrx}/m	驱动浮力 m_b/kg
非稳态	浮力驱动模式	0	−30	随时间周期变化	随时间周期变化
	混合驱动模式	800	−30	随时间周期变化	随时间周期变化
稳态	浮力驱动模式	0	−30	匀速增加至 0.4516	匀速增加至 0.5
	混合驱动模式	800	−30	匀速增加至 0.4516	匀速增加至 0.5

2. 仿真结果及分析

1) 螺旋桨驱动模式

螺旋桨驱动模式仿真结果如图 3.29 所示。

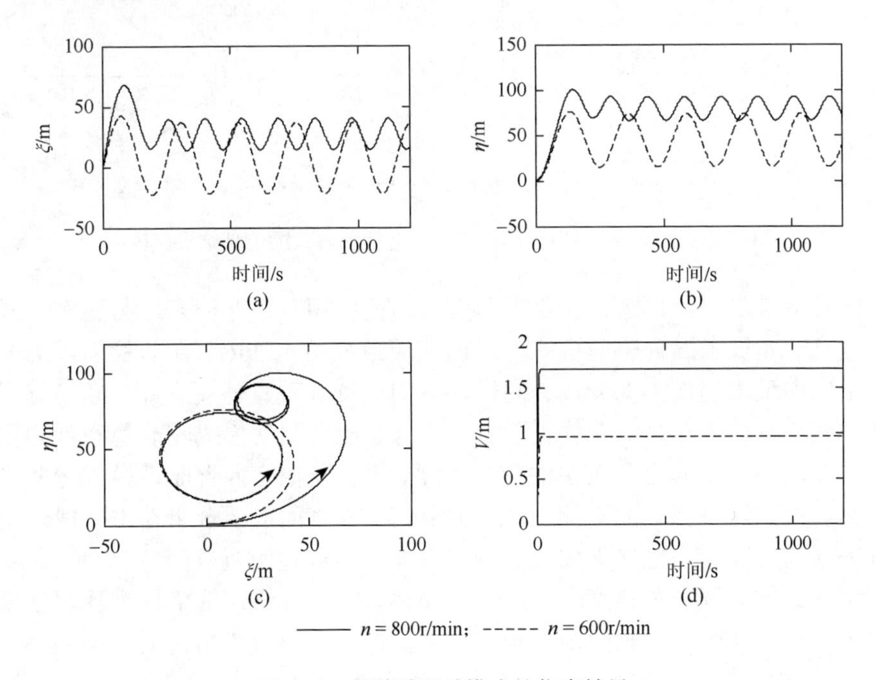

图 3.29 螺旋桨驱动模式的仿真结果

仿真结果表明：运动在 80s 内达到稳定状态，$n = 800$r/min 的稳态转弯半径约为 10m，航行速度为 1.7m/s，$n = 600$r/min 的转弯半径约为 25m，航行速度为 0.95m/s，说明螺旋桨转速越高，机动性越好。

2) 非稳态浮力驱动模式和混合驱动模式

非稳态浮力驱动模式和混合驱动模式仿真的结果如图 3.30 所示。

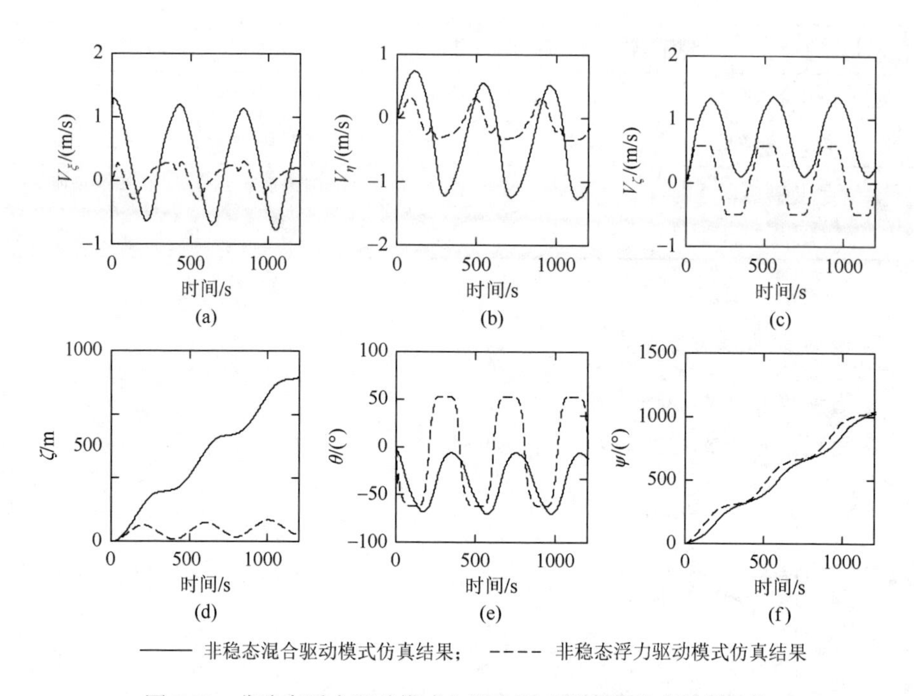

图 3.30　非稳态浮力驱动模式和混合驱动模式的仿真结果比较

仿真结果表明：非稳态混合驱动模式的速度相对于非稳态浮力驱动模式有较大提高，非稳态混合驱动模式下前向速度最大为 1.2m/s，而非稳态浮力驱动模式下前向最大速度为 0.3m/s，同样在侧向速度和垂直速度方面，非稳态混合驱动模式均有较大提高。在垂直面上，非稳态混合驱动模式较非稳态浮力驱动模式具有较小的俯仰角和较快的航行速度，说明非稳态混合驱动模式较非稳态浮力驱动模式具有更好的滑翔性能。另外，在垂直面上混合驱动水下滑翔机的位置矢量随着时间一直向下漂移，通过分析发现，垂直舵在工作后的 200s 内会产生使载体前倾的角速度，在浮力驱动模块、可折叠螺旋桨推进器驱动模块作用下，载体会产生前倾的俯仰角度，从而产生漂移。为了说明这个问题，本书分别对舵角 $\delta=0°$、$-15°$、$-30°$ 工况下混合驱动水下滑翔机的深度和俯仰角进行了实验，仿真结果如图 3.31 所示。

仿真结果表明：漂移程度会随着舵角和时间增大而增大，在 $\delta=0°$ 时就不存在漂移问题。

3) 稳态浮力驱动模式和混合驱动模式

稳态浮力驱动模式和混合驱动模式的仿真结果如图 3.32 所示。

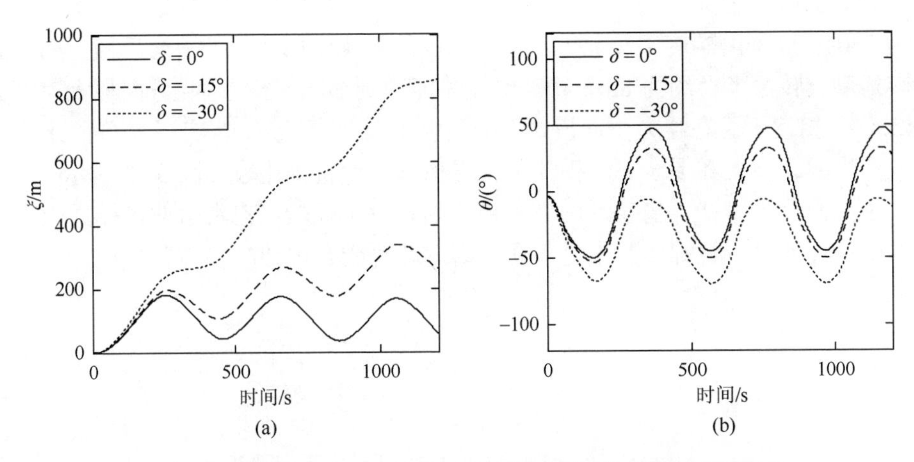

图 3.31 非稳态混合驱动模式下垂直舵对滑翔性能影响仿真结果

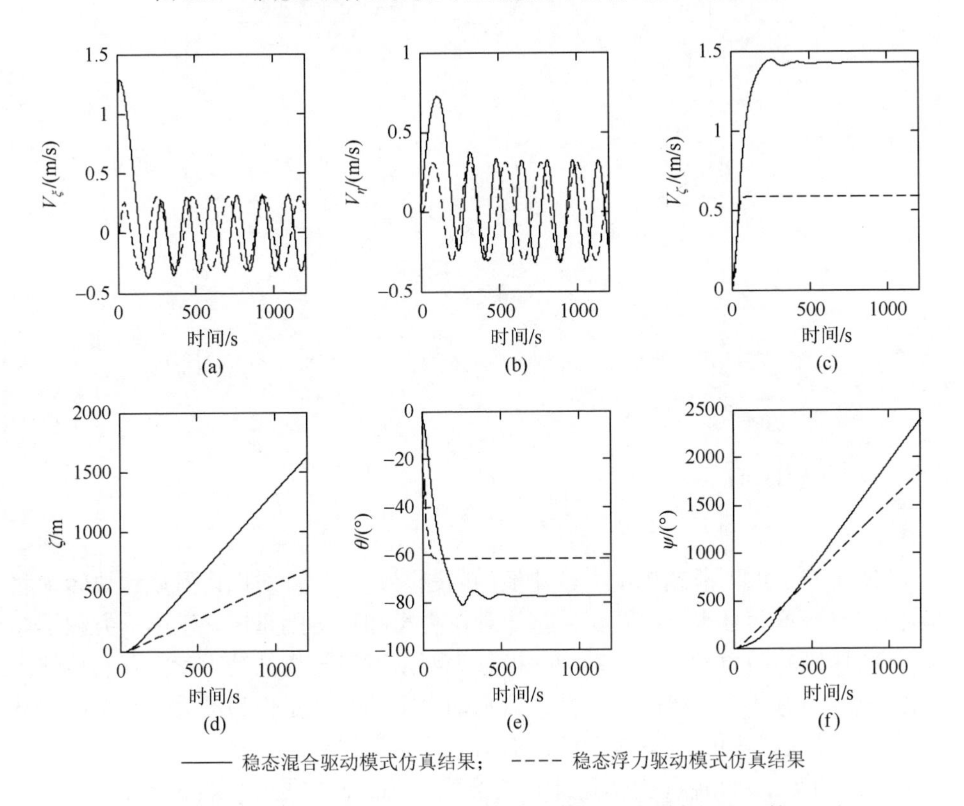

图 3.32 稳态浮力驱动模式和混合驱动模式的仿真结果比较

图 3.32 中仿真结果表明：给定输入后，稳态浮力驱动模式下混合驱动水下滑翔机 60s 达到稳态，并作空间螺旋回转运动，转弯半径约为 11m，达到稳态的滑翔角为 60°。而稳态混合驱动模式下混合驱动水下滑翔机稳态达到稳态的滑翔时

间为 240s，这是由螺旋桨和舵等水动力部件的干扰作用造成的，之后做空间螺旋回转运动，转弯半径约为 8m，稳态滑翔角能达到 80°稳态，垂直方向最大速度为 1.42m/s，相较于稳态浮力驱动模式下的最大垂向速度 1.58m/s 有了大幅提升。

浮力驱动模式和混合驱动模式下三维稳态运动轨迹比较如图 3.33 所示。

由上面分析可知，稳态浮力驱动模式的转弯半径较稳态混合驱动模式大，说明本书设计的可折叠螺旋桨推进器在三维运动时能有效地减小转弯半径。

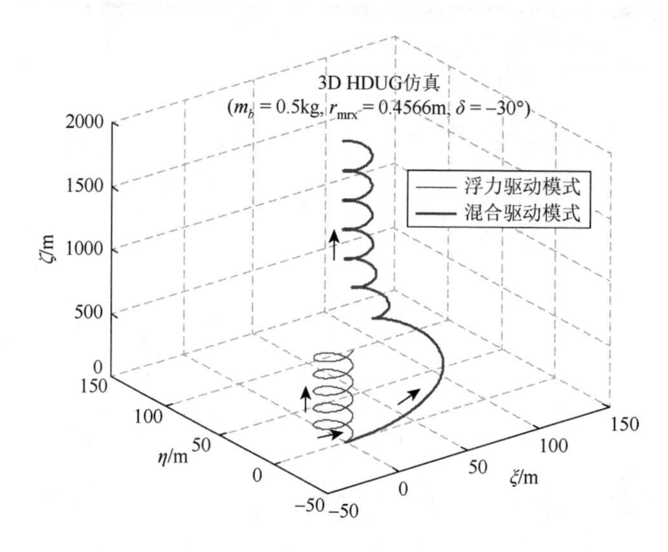

图 3.33　浮力驱动模式和混合驱动模式下三维稳态运动轨迹比较

3.4　本章小结

本章研究了水下滑翔机动力学建模的问题。首先，针对以内置质量块转动实现转向的“海翼”号水下滑翔机，基于理论力学和拉格朗日广义动力学方程推导了水下滑翔机的动力学方程。动力学模型表明水下滑翔机的动力学方程和传统水下滑翔机的动力学有一定的相似性，但水动力中的升力是作为动力学系统的驱动力；相对于其他类型的水下滑翔机，不同之处在于其驱动方式。

其次，针对 CFD 流体力学的计算结果，采用最小二乘法对水下滑翔机的水动力系数进行了拟合，拟合表明了 CFD 流体力学计算的可靠性，并获得最优的滑翔角；针对水下滑翔机的壳体结构，估算了附加质量等。

随后，基于二维滑翔的特性对水下滑翔机动力学方程进行了化简，讨论了水下滑翔机在锯齿滑翔下各个质量块的配置关系；分析并给出了水下滑翔机不同驱动方式下三维滑翔的特性；重点讨论了水下滑翔机在控制量变化的情况下，转弯半径的大小、极值和机翼翼型对下潜、上浮过程的影响；为后续水下滑翔机的工作能力分析提供了条件。

此外，设计了一种迭代算法，用于反解水下滑翔机动力学模型的控制量。在三维螺旋滑翔特性的基础上，采用计算向量内积的方法，简化了水下滑翔机的动力学模型；并设计了一种迭代求解的方法，以解决在已知水下滑翔机部分状态的情况下，求解其他状态和控制输入的方法，仿真表明了这种方法的有效性。

最后，本章还研究了混合驱动水下滑翔机的动力学模型建模的问题。首先在第 2 章可折叠螺旋桨推进器的模型基础上，运用“零扭矩法”推导了可折叠螺旋桨推进器在不同工况下阻力模型和推力模型；然后运用拉格朗日方程推导了混合驱动水下滑翔机三维空间六自由度动力学模型，本书所建动力学模型与传统水下滑翔机的动力学模型有一定的相似性，但是水动力对系统的作用机理不同；相对于其他类型的混合驱动水下滑翔机，不同之处在于不同工况下螺旋桨水动力学模型不同。本章还通过 CFD 计算的方法和近似计算方法获取了混合驱动水下滑翔机的水动力系数。本章采用三阶龙格库塔方法对混合驱动水下滑翔机动力学方程进行了数值求解，并在 MATLAB 软件环境中对混合驱动水下滑翔机三维空间运动特性进行了相应的数值仿真，通过仿真实验验证了混合驱动水下滑翔机空间六自由度动力学数学模型正确且有效。

参考文献

[1] 李殿璞. 船舶运动与建模[M]. 北京：国防工业出版社, 2008.

[2] Antonelli G, Fossen T I, Yoerger D R. Underwater robotics[J]. Springer Handbook of Robotics, 2008, 15(5): 987-1008.

[3] Fossen T I. Marine control systems–guidance, navigation, and control of ships, rigs and underwater vehicles[J]. Journal of Guidance Control and Dynamics，2005, 28(3): 574-575.

[4] Sørensen A J. Marine cybernetics modelling and control lecture notes[R]. Department of Marine Technology Norwegian University of Secience and Technology, 2005: 5-76.

[5] Leonard N E, Graver J G. Model-based feedback control of autonomous underwater gliders[J]. IEEE Journal of Oceanic Engineering, 2001, 26(4): 633-645.

[6] Wang S X, Sun X J, Wang Y H, et al. Dynamic modeling and motion simulation for a winged hybrid-driven underwater glider[J]. China Ocean Engineering, 2011, 25(1): 97-112.

[7] Wang W, Clark C M. Modeling and simulation of the VideoRay Pro Ⅲ underwater vehicle[C]//OCEANS 2006-Asia Pacific, IEEE, 2006: 1-7.

[8] Arima M, Ichihashi N, Ikebuchi T. Motion characteristics of an underwater glider with independently controllable main wings[C]//OCEANS 2008-MTS/IEEE Kobe Techno-Ocean, IEEE, 2008: 1-7.

[9] Li J H, Lee P M. A neural network adaptive controller design for free-pitch-angle diving behavior of an autonomous underwater vehicle[J]. Robotics and Autonomous Systems, 2005, 52(2-3): 132-147.

[10] Geisbert J S. Hydrodynamic modeling for autonomous underwater vehicles using computational and semi-empirical methods[D]. Virginia: Virginia Polytechnic Institute and State University, 2007.

[11] Larson L, Eliasson R E. Principles of Yacht Design[M]. Camden: International Marine/Ragged Mountain Press, 2014.

[12] MacKenzie P M, Forrester M A. Sailboat propeller drag[J]. Ocean Engineering, 2008, 35: 28-40.

[13] Larsson L, Eliasson R E. Principles of Yacht Design[M]. London: Adlard Coles Nautical, 2000.

[14] 王晓鸣. 混合驱动水下自航行器动力学行为与控制策略研究[D].天津：天津大学, 2009.

[15] Fossen T I. Handbook of Marine Craft Hydrodynamics and Motion Control[M]. New York: John Wiley&Sons Ltd, 2011.

[16] Lurie B, Taylor T. Comparison of 10 sailboat propellers[J]. Marine Technology and Sname News, 1995, 32: 209-215.

[17] Zhang S W, Yu J C, Zhang A Q, et al. Spiraling motion of underwater gliders: modeling, analysis, and experimental results[J]. Ocean Engineering, 2013, 60: 1-13.

4 水下滑翔机航行效率建模与分析

4.1 引言

常规水下滑翔机依靠浮力驱动，而混合驱动水下滑翔机既有浮力驱动也有螺旋桨驱动。为实现长航程长续航，航行效率尤为关键，而与航行效率直接相关的便是动力装置的驱动效率。关于螺旋桨驱动效率的研究较早，很多书籍中都有相关介绍[1, 2]，而关于浮力驱动效率的研究比较少见[3, 4]。文献[3]从做功角度对浮力驱动效率进行了研究，且在推导中考虑了额外能耗的影响，并分析了机翼结构参数及形式对浮力驱动效率的因素，给出了提高浮力驱动效率的方法，但未针对螺旋桨驱动效率和浮力驱动效率进行专门对比分析。

本章探讨在水平范围内低速航行时，探究水下滑翔机在浮力驱动模式、螺旋桨驱动模式及混合驱动模式三种模式下的航行效率特点。文献[5]利用第一性原理分析方法对两种驱动效率进行了对比，得出了航行效率与速度无关、只与载体本身结构有关的结论。但该文献并未考虑实际系统机械能耗和电子能耗的影响。

本章针对水下滑翔机自身携带能源有限的问题，对在三种工作模式下如何实现最大航行效率进行了研究。本章研究思路是：首先建立水下滑翔机续航力方程，以单位能耗的航行距离作为求解目标，结合第一性原理考虑实际系统参数建立航行效率评价模型；然后建立不同航行模式总能耗模型，推导实际系统的航行效率模型，分析航行效率与航行速度、滑翔角及深度之间的关系，从而为水下滑翔机作业模式的选择提供参考。

4.2 水下滑翔机续航力评估模型

水下滑翔机的总功耗 P_A 等于驱动功耗 P_P 和负载功耗 P_H 之和。负载功耗是除了驱动功耗之外的所有子系统消耗的功率之和。总功耗可以表示为

$$P_A = P_P + P_H \tag{4.1}$$

因此，得到混合驱动水下滑翔机的航行范围 R 为

$$R = \frac{E}{P_P + P_H} \cdot U_\xi \tag{4.2}$$

式中，E 为载体携带的能源储量；U_ξ 为载体在惯性坐标系下的水平航行速度；驱动功耗 P_P 可以写成关于水下滑翔机推进器的推力 T_P 、载体水平速度 U_ξ 及驱动系统效率 η_S 的函数：

$$P_P = \frac{T_P}{\eta_S} \cdot U_\xi \tag{4.3}$$

而

$$T_P = \frac{1}{2} \rho C_{\mathrm{DH}} S_H U_\xi^2 \tag{4.4}$$

式中，ρ 为水密度；C_{DH} 为载体阻力系数；S_H 为载体迎流面积。故有

$$P_P = \frac{\frac{1}{2} \rho C_{\mathrm{DH}} S_H U_\xi^2}{\eta_S} \cdot U_\xi \tag{4.5}$$

当海水密度的改变引起阻力在水平方向分量的改变时，驱动功耗 P_P 与水平航行速度 U_ξ 的函数关系如下：

$$P_P = \frac{\frac{1}{2} \rho C_{\mathrm{DH}} S_H U_\xi^2 + \Delta D}{\eta_S} \cdot U_\xi \tag{4.6}$$

式中，ΔD 为阻力变化量。

为保证混合驱动水下滑翔机航行范围最大化，应尽可能降低阻力和负载功耗。事实证明，降低阻力还可以改善水下滑翔机的操纵性能，本书第 2 章研究的可折叠螺旋桨推进器具有良好的减阻效果。

通过式(4.2)、式(4.3)及式(4.6)推导出航行范围 R 取最大值时对应的最佳航速 $U_{\xi\mathrm{OPT}}$ 为

$$U_{\xi\mathrm{OPT}} = \sqrt[3]{\frac{\eta_S P_H}{\rho S_H C_{\mathrm{DH}}}} \tag{4.7}$$

$$R_{\max} = \frac{2E}{3} \sqrt[3]{\frac{\eta_S}{\rho C_{\mathrm{DH}} S_H P_H^2}} \tag{4.8}$$

4.3 基于力分析法的水下滑翔机理想航行效率建模

混合驱动水下滑翔机在螺旋桨驱动模式采用动力定位和航行姿态控制技术，能够获得较好的操纵性，但由于螺旋桨的能源消耗较大，续航力较差，要求水下滑翔机载体携带大量的能源，难以实现小型化。与螺旋桨驱动模式相比，浮力驱动模式具有两大优势：第一续航力强，第二具有垂直剖面走航测量能力。因此浮力驱动模式混合驱动水下滑翔机具有大范围剖面作业能力。但是，浮力驱动模式混合驱动水下滑翔机操纵性较差，定位精度较低，很难精确按照预定轨迹完成作业任务。而混合驱动模式具有快速穿越复杂海洋区域的能力，兼具前面两种模式的功能，有利于完成深远海的精确观测任务。针对海洋观测的需求，可搭载不同水文传感器(CTD、浊度计等)在需要观测的航线上自主航行，以获取海洋剖面的海洋特征信息。在作业过程中，混合驱动水下滑翔机可根据海洋环境参数的变化实时改变航行模式，对局部水域海洋特征进行高时空密度、精细探测。然而在携带有限能源条件下，不同航行模式的航行效率直接决定了混合驱动水下滑翔机的续航力，因此作业模式的选择除了取决于任务需求，还需综合考虑航行效率的影响因素。所以，研究混合驱动水下滑翔机的航行效率具有重要意义。

水下滑翔机的航行性能可以通过每消耗一焦耳能量水下滑翔机移动的水平位移进行评价，该物理量是 Jenkins 定义的净经济航行的一个重要指标[6]。本章结合第一性原理分析方法建立混合驱动水下滑翔机的三种航行模式的航行经济性模型[7]。由于水下滑翔机在航行时包含水平方向和垂直方向航行位移，对应驱动力的水平分量 F_ξ 和垂直分量 F_ζ，如图 4.1 所示。在航行中，水平驱动力 F_ξ 克服水平方向阻

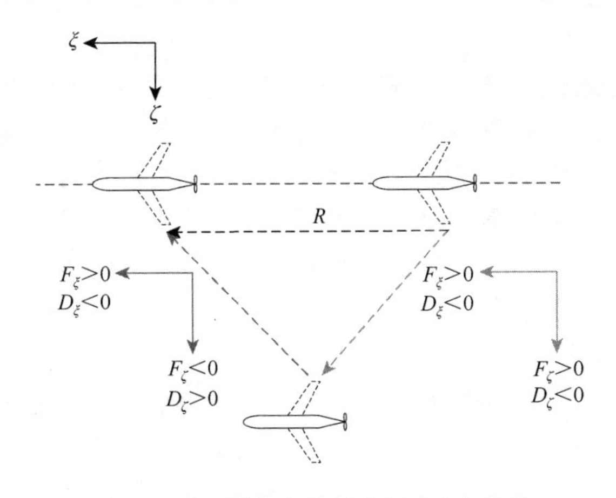

图 4.1　水下滑翔机航行中驱动力与位移

力 D_ξ 做功，一般由推进器或者机翼提供；垂直驱动力 F_ζ 克服垂直方向阻力 D_ζ 做功，一般由重力和浮力提供。

而实际对水下滑翔机航行有贡献的驱动力分量只有水平分量，因此对航行有贡献的能耗 E 为水平力分量与水平位移的乘积，即

$$E = F_\xi \cdot R \tag{4.9}$$

因此根据 Jenkins 净经济航行的定义可知，一般水下滑翔机的航行经济性指标 χ 等于零攻角状态下水平驱动力的倒数：

$$\chi = \frac{1}{F_\xi} \tag{4.10}$$

为了更好地描述一般性结论，航行经济性指标可以进行无量纲化，并且把这种无量纲化之后的物理量定义为航行效率 η_V，其表达式由实际净经济航行量 χ_{Real} 与理想净经济航行量 χ_{Ideal} 的比值构成：

$$\eta_V = \frac{\chi_{\text{Real}}}{\chi_{\text{Ideal}}} \tag{4.11}$$

在推导混合驱动水下滑翔机三种航行模式的航行效率模型时，本书采用了如下假设：

(1)在不同航行模式作业时，认为负载功耗及各种测量传感器功耗都是相同的。

(2)混合驱动水下滑翔机接收上位机指令进入作业模式之后的非稳态加速运动过程占总任务时间的比例忽略不计。

(3)假设整个航行过程中混合驱动水下滑翔机的运动状态都是定向航行，不考虑回转运动。

(4)假设混合驱动水下滑翔机在螺旋桨驱动模式航行时保持中性浮力状态，并且海水密度保持不变。

为保证航行安全，AUV 通常调节为具有微弱正浮力，因此为了克服正浮力和当前海水密度的变化，AUV 需要不断调节水平舵来控制航行深度。这种航行姿态会带来额外阻力，会对续航力产生很大影响。由于混合驱动水下滑翔机的创新性设计，其在螺旋桨驱动模式航行时具备调节浮力的能力，因此本书认为混合驱动水下滑翔机在螺旋桨驱动模式下可以保证中性浮力状态。

混合驱动水下滑翔机的 AUV 航行模式主要耗能装置包括电机驱动功耗和负载功耗，而浮力驱动模式中的主要能耗是由浮力驱动系统和负载功耗引起的，与螺旋桨驱动模式中系统能耗随时间保持常量不同的是浮力驱动模式下浮力调节系统会在上浮/下潜拐点处开启，因此能耗随时间不均匀。本章首先分析一个滑翔周期特点并计算平均能耗值，然后再扩展到完整的观测作业过程中。

通过对上文分析可知，混合驱动水下滑翔机在保持中性浮力状态下，以零攻角运动姿态航行最经济，这种情况下的航行经济性指标定义为理想净经济航行量。由式(4.4)和式(4.10)可知，理想净经济航行量为

$$\chi_{\text{Ideal}} = \frac{2}{\rho S_H U_\xi^2 C_{\text{DH}}} \tag{4.12}$$

4.3.1 理想推进效率

根据理想推进器理论将经过理想推进器的水流断面假设为盘面，如图 4.2 所示。假设推进器在无限的静止流体中以速度 U_P 前进，根据相对运动规律，考虑推进器静止，而水流自远前方 *A-A* 断面以速度 U_P 流向推进器所在 *B-B* 断面时速度增加至 U_P+U_{P2}。由不可压理想流体沿流管定常流动时的伯努利定理知，流动速度增加，流体的静压将减小，由远前方处的 P_0 降为 P_1，由于推进器的能量转换作用，水流经过盘面时压力突然增大至 P_2，而水流速度仍然保持连续变化。当水流经过盘面后，速度继续增大而压力下降，到推进器远后方 *C-C* 断面处，速度将达到最大值 U_P+U_{P1}，而压力回复至 P_0，由断面 *A-A*、断面 *B-B* 及断面 *C-C* 包围着的区域形成推进器的流管［图 4.2(a)］，图 4.2(b)和图 4.2(c)分别表示流管内水流轴向速度和压力分布情况。

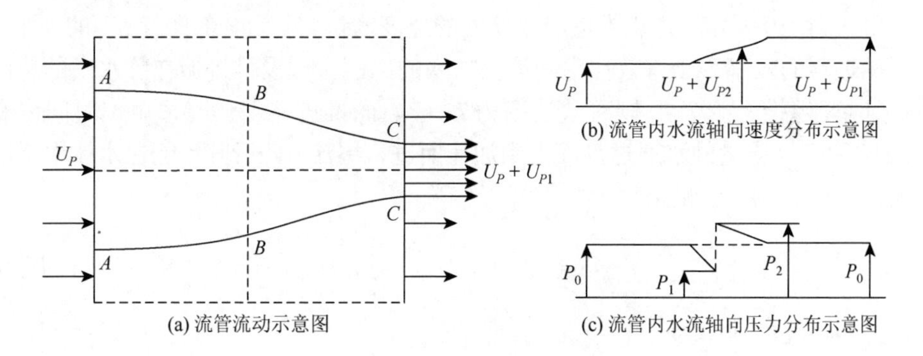

图 4.2 理想推进器的力学模型

单位时间内流过推进器盘面的水流质量为 $m=\rho S_P(U_P+U_{P2})$，S_P 为盘面积。则自断面 *A-A* 流入盘面的动量为 $\rho S_P(U_P+U_{P2})U_P$，而在断面 *C-C* 处流出的动量为 $\rho S_P(U_P+U_{P2})(U_P+U_{P1})$，因此在单位时间内水流获得的动量增量为

$$\Delta P_i = \rho S_P(U_P+U_{P2})(U_P+U_{P1}) - \rho S_P(U_P+U_{P2})U_P = \rho S_P(U_P+U_{P2})U_{P1} \tag{4.13}$$

根据动量定理，作用在水流上的力等于单位时间内水流动量的增量，而根据牛顿第三定律，推进器的推力即为水流的反作用力：

$$T_P = \rho S_P(U_P + U_{P2})U_{P1} \tag{4.14}$$

根据伯努利方程，推进器盘面远前方和紧靠盘面处有如下关系式：

$$P_0 + \frac{1}{2}\rho U_P^2 = P_1 + \frac{1}{2}\rho(U_P + U_{P2})^2 \tag{4.15}$$

推进器盘面远后方和紧靠盘面处有

$$P_0 + \frac{1}{2}\rho(U_P + U_{P1})^2 = P_2 + \frac{1}{2}\rho(U_P + U_{P2})^2 \tag{4.16}$$

盘面后与盘面前的压力差 $P_2 - P_1$ 就形成了推进器的推力，由式(4.15)和式(4.16)可得

$$P_2 - P_1 = \rho\left(U_P + \frac{1}{2}U_{P1}\right)U_{P1} \tag{4.17}$$

因此，推进器的推力的另一种表达式为

$$T_P = (P_2 - P_1)S_P = \rho S_P\left(U_P + \frac{1}{2}U_{P1}\right)U_{P1} \tag{4.18}$$

对比式(4.14)和式(4.18)可得

$$U_{P2} = \frac{1}{2}U_{P1} \tag{4.19}$$

由式(4.19)可知，理想推进器盘面处的速度增量 U_{P2} 为全部增量 U_{P1} 的一半。

推进器的效率等于有效功率和消耗功率的比值。假设推进器在静水中的速度为 U_P 时产生推力为 T_P，则有效功率为 $T_P U_P$。而推进器工作时每单位时间内有 $\rho S_P(U_P + U_{P1})$ 质量的水通过盘面得到加速而进入尾流，此后其动能在水体中耗散消逝，故单位时间能量损耗为

$$\frac{1}{2}\rho S_P(U_P + U_{P2})U_{P1}^2 = \frac{1}{2}T_P U_{P1} \tag{4.20}$$

故推进器消耗的功率为

$$T_P U_P + \frac{1}{2}T_P U_{P1} = T_P\left(U_P + \frac{1}{2}U_{P1}\right) \tag{4.21}$$

因此理想推进器的效率为

$$\eta_{\mathrm{IP}} = \frac{T_P U_P}{T_P\left(U_P + \frac{1}{2}U_{P1}\right)} = \frac{U_P}{U_P + \frac{1}{2}U_{P1}} \tag{4.22}$$

由式(4.18)求解 U_{P1} 的二次方程可得

$$U_{P1}=-U_P+\sqrt{U_P^2+\frac{2T_P}{\rho S_P}} \tag{4.23}$$

或写为

$$\frac{U_{P1}}{U_P}=\sqrt{1+\frac{T_P}{\frac{1}{2}\rho S_P U_P^2}}-1 \tag{4.24}$$

将式(4.24)代入式(4.22)中得

$$\eta_{\mathrm{IP}}=\frac{2}{1+\sqrt{1+\frac{T_P}{\frac{1}{2}\rho S_P U_P^2}}} \tag{4.25}$$

继续将式(4.4)代入式(4.25)中可得

$$\eta_{\mathrm{IP}}=\frac{2}{1+\sqrt{1+\frac{C_{\mathrm{DH}}S_H U_\xi^2}{S_P U_P^2}}} \tag{4.26}$$

由于推进器的前进速度U_P等于水下滑翔机的水平航行速度U_ξ，故式(4.26)进一步简化为

$$\eta_{\mathrm{IP}}=\frac{2}{1+\sqrt{1+\frac{C_{\mathrm{DH}}S_H}{S_P}}} \tag{4.27}$$

4.3.2 螺旋桨驱动模式理想航行效率

混合驱动水下滑翔机在螺旋桨驱动模式航行时其垂直面受力分析如图 4.3 所示，为了描述方便，将一对对称的升降翼按照载体纵轴方向旋转 90°（图 4.3 中虚线所示）。航行时推力T_P等于阻力D，从而水下滑翔机达到平衡状态。

通过对混合驱动水下滑翔机在螺旋桨驱动模式航行时进行受力分析并结合式(4.10)和式(4.11)可知，螺旋桨驱动模式理想航行效率为

$$\eta_{\mathrm{IA}}=\frac{\chi_{\mathrm{Real}}}{\chi_{\mathrm{Ideal}}}=\frac{\frac{1}{T_P}\cdot\eta_{\mathrm{IP}}}{\frac{1}{F_\xi}}=\frac{F_\xi}{T_P}\eta_{\mathrm{IP}} \tag{4.28}$$

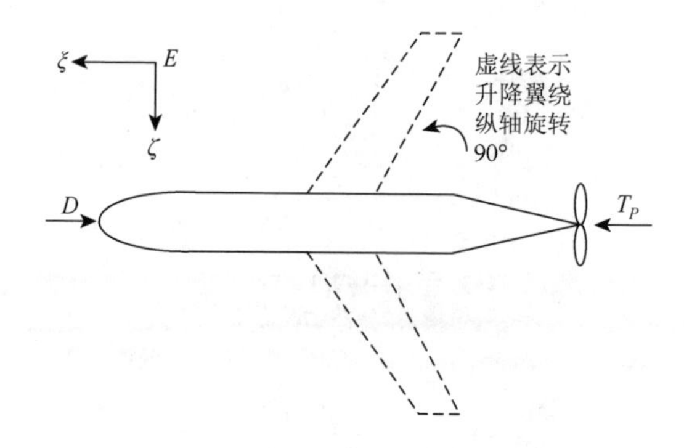

图 4.3　螺旋桨驱动模式受力分析

而理想状态下混合驱动水下滑翔机的螺旋桨驱动模式是保持零攻角中性浮力状态航行的，因此螺旋桨产生的推力与混合驱动水下滑翔机所受的水平推力相等，即 $T_P = F_\xi$，因此式(4.28)可转换为

$$\eta_{\mathrm{IA}} = \eta_{\mathrm{IP}} = \frac{2}{1+\sqrt{1+\dfrac{C_{\mathrm{DH}} S_H}{S_P}}} \tag{4.29}$$

根据圆面积计算公式 $S_H = \pi\left(\dfrac{D_H}{2}\right)^2$ 及 $S_P = \pi\left(\dfrac{D_P}{2}\right)^2$ 可得到式(4.29)的另一种表达形式为

$$\eta_{\mathrm{IA}} = \eta_{\mathrm{IP}} = \frac{2}{1+\sqrt{1+\sigma_P}} \tag{4.30}$$

式中，σ_P 为载荷系数[8]，本书 $\sigma_P = C_{\mathrm{DH}} \lambda_{\mathrm{PH}}^{-2}$，其中 $\lambda_{\mathrm{PH}} = \dfrac{D_P}{D_H}$，$D_P$ 和 D_H 分别为螺旋桨直径和混合驱动水下滑翔机壳体直径。

在上文的假设下，对于一个给定外形设计，混合驱动水下滑翔机的螺旋桨驱动模式理想航行效率仅是桨体比 λ_{PH} 的函数，这个结果说明了混合驱动水下滑翔机的螺旋桨驱动模式理想航行效率与水平航速无关。

4.3.3　浮力驱动模式理想航行效率

混合驱动水下滑翔机在浮力驱动模式时利用浮力调节装置和对称升降翼将浮力转化为产生水平运动的推力。由于混合驱动水下滑翔机作业工况的特性，无论是哪种航行模式，本书均只考虑混合驱动水下滑翔机在垂直面上的稳态直航运动情况，不考虑混合驱动水下滑翔机的转弯等其他复杂作业工况。图 4.4 为混合驱动水下滑翔机在浮力驱动模式的运动坐标系、运动参数及它们之间的关系。除了定义了惯性坐标系以外，还定义了坐标原点位于混合驱动水下滑翔机浮心处的载体坐标系，其中γ为滑翔角，α为攻角，θ为俯仰角，U为滑翔速度，L和D分别为升力和阻力，ΔB为净浮力。当混合驱动水下滑翔机下潜时，滑翔角和俯仰角均为负值，攻角定义为正值。相反，当混合驱动水下滑翔机上浮时，滑翔角和俯仰角为正值，攻角为负值。

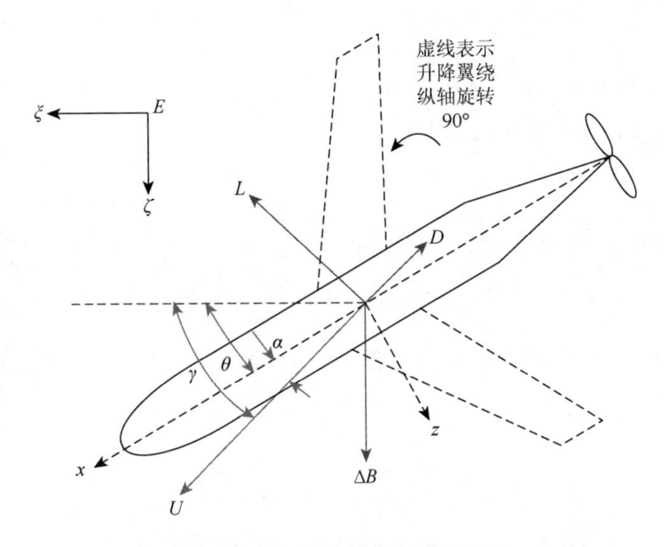

图 4.4　浮力驱动模式受力分析

由于在浮力驱动模式航行中只考虑垂直面的运动，稳态运动时水平方向所受合外力$\sum \Delta F_{\xi}=0$，因此通过图 4.4 的受力分析可得

$$L\sin|\gamma| - D\cos|\gamma| = 0 \tag{4.31}$$

故水平推力为

$$F_{\xi} = L\sin|\gamma| = D\cos|\gamma| \tag{4.32}$$

由式(4.10)可知混合驱动水下滑翔机在浮力驱动模式下的理想净经济航行量为

$$\chi_{\mathrm{IG}} = \frac{1}{L\sin|\gamma|} = \frac{1}{D\cos|\gamma|} \tag{4.33}$$

考虑混合驱动水下滑翔机在浮力驱动模式航行时螺旋桨的水动力因素，在文献[5]、[9]的基础上，本书推导出升力L和阻力D分别为

$$L = \frac{1}{2}\rho\left(S_M C_{\mathrm{LM}} + S_P C_{\mathrm{LP}} + S_W C_{\mathrm{LW}}\alpha\right)U^2 \tag{4.34}$$

$$D=\frac{1}{2}\rho\left(\underbrace{S_M C_{\mathrm{DM}}+S_P C_{\mathrm{DP}}+S_W C_{\mathrm{DW}}}_{\text{寄生阻力}}+\underbrace{S_W C_{\mathrm{DLW}}\alpha^2}_{\text{诱导阻力}}\right)U^2 \tag{4.35}$$

式中，S_M 为主载体剖面的面积；C_{LM} 为对应 S_M 的主载体水动力升力系数；C_{LP} 为对应螺旋桨盘面积为 S_P 的螺旋桨水动力升力系数；S_W 为升降翼的翼展面积；C_{LW} 为对应 S_W 的升降翼水动力升力系数；C_{DM} 为对应于 S_M 的主载体水动力阻力系数；C_{DP} 为对应于 S_P 的螺旋桨水动力阻力系数；C_{DW} 为对应于 S_W 的升降翼水动力阻力系数；C_{DLW} 为攻角产生升力而引起的升降翼水动力阻力系数。

为了简化问题的分析，本书不计主载体和螺旋桨升力及螺旋桨和升降翼的寄生阻力。因此式(4.34)和式(4.35)可分别化简为

$$L=\frac{1}{2}\rho S_W C_{\mathrm{LW}}\alpha U^2 \tag{4.36}$$

$$D=\frac{1}{2}\rho(S_M C_{\mathrm{DM}}+S_W C_{\mathrm{DLW}}\alpha^2)U^2 \tag{4.37}$$

对比式(4.33)和式(4.36)可得到混合驱动水下滑翔机在浮力驱动模式下的理想净经济航行量为

$$\chi_{\mathrm{IG}}=\frac{2}{\rho S_W C_{\mathrm{LW}}\alpha U^2\sin|\gamma|} \tag{4.38}$$

Leonard 和 Graver 在文献[10]中建立的升力和阻力模型为

$$L=(K_{L0}+K_L\alpha)U^2 \tag{4.39}$$

$$D=(K_{D0}+K_D\alpha^2)U^2 \tag{4.40}$$

式中，K_{L0} 和 K_L 为升力系数；K_{D0} 和 K_D 为阻力系数。分别对比式(4.36)和式(4.39)以及式(4.37)和式(4.40)可得

$$\begin{cases}K_{L0}=0\\ K_L=\dfrac{1}{2}\rho S_W C_{\mathrm{LW}}\\ K_{D0}=\dfrac{1}{2}\rho S_M C_{\mathrm{DM}}\\ K_D=\dfrac{1}{2}\rho S_W C_{\mathrm{DLW}}\end{cases} \tag{4.41}$$

由式(4.32)、式(4.39)和式(4.40)可得

$$\tan|\gamma|=\frac{D}{L}=\frac{K_{D0}+K_D\alpha^2}{K_{L0}+K_L\alpha} \tag{4.42}$$

将式(4.42)写成关于α的一元二次方程形式有

$$\alpha^2-\frac{K_L}{K_D}\tan|\gamma|\alpha+\frac{K_{D0}-K_{L0}\tan|\gamma|}{K_D}=0 \tag{4.43}$$

在α有解的情况下，可以求解$|\gamma|$的取值范围：

$$\left(\frac{K_L}{K_D}\tan|\gamma|\right)^2-4\left(\frac{K_{D0}-K_{L0}\tan|\gamma|}{K_D}\right)\geqslant 0 \tag{4.44}$$

相应$|\gamma|$的取值范围为

$$\begin{aligned}|\gamma|\in&\left(-\frac{\pi}{2},\arctan\left(2\frac{K_D}{K_L}\left(-\frac{K_{L0}}{K_L}-\sqrt{\left(\frac{K_{L0}}{K_L}\right)^2+\frac{K_{D0}}{K_D}}\right)\right)\right)\\&\cup\left(\arctan\left(2\frac{K_D}{K_L}\left(-\frac{K_{L0}}{K_L}+\sqrt{\left(\frac{K_{L0}}{K_L}\right)^2+\frac{K_{D0}}{K_D}}\right)\right),\frac{\pi}{2}\right)\end{aligned} \tag{4.45}$$

求解方程得

$$\alpha(\gamma)=\frac{K_L}{2K_D}\tan|\gamma|\left(1-\sqrt{1-\frac{4K_D}{K_L^2}\cot|\gamma|\left(K_{D0}\cot|\gamma|-K_{L0}\right)}\right) \tag{4.46}$$

将式(4.41)代入式(4.46)中得到$\alpha(\gamma)$的变换形式：

$$\alpha(\gamma)=\frac{C_{\mathrm{LW}}}{2C_{\mathrm{DLW}}}\tan|\gamma|\left(1-\sqrt{1-\frac{4C_{\mathrm{DLW}}C_{\mathrm{DM}}}{C_{\mathrm{LW}}^2}\frac{S_M}{S_W}\cot^2|\gamma|}\right) \tag{4.47}$$

将式(4.41)代入式(4.45)即可得到相应的$|\gamma|$的取值范围为

$$\begin{aligned}|\gamma|\in&\left(-\frac{\pi}{2},\arctan\left(-2\frac{C_{\mathrm{DLW}}}{C_{\mathrm{LW}}}\sqrt{\frac{S_M C_{\mathrm{DM}}}{S_W C_{\mathrm{DLW}}}}\right)\right)\\&\cup\left(\arctan\left(2\frac{C_{\mathrm{DLW}}}{C_{\mathrm{LW}}}\sqrt{\frac{S_M C_{\mathrm{DM}}}{S_W C_{\mathrm{DLW}}}}\right),\frac{\pi}{2}\right)\end{aligned} \tag{4.48}$$

由文献[11]可知，当使用升降翼的翼展面积作为共同参考面积时，升降翼水动力阻力系数C_{DLW}与升力系数C_{LW}之间存在函数关系：

$$C_{\mathrm{DLW}}=\frac{C_{\mathrm{LW}}^2}{\pi\lambda_W e} \tag{4.49}$$

式中，λ_W 为升降翼展弦比；e 为升降翼翼展效率因子，本书认为升降翼具有完美的升力分布规律，取 $e=1$。因此式(4.47)可写为

$$\alpha(\gamma)=\frac{\pi\lambda_W}{2C_{\mathrm{LW}}}\tan|\gamma|\left(1-\sqrt{1-\frac{4C_{\mathrm{DM}}}{\pi\lambda_W}\frac{S_M}{S_W}\cot^2|\gamma|}\right) \tag{4.50}$$

联合式(4.38)可得

$$\chi_{\mathrm{IG}}=\frac{4}{\rho S_W\pi\lambda_W\tan|\gamma|\left(1-\sqrt{1-\frac{4C_{\mathrm{DM}}S_M\cot^2|\gamma|}{\pi\lambda_W S_W}}\right)U^2\sin|\gamma|} \tag{4.51}$$

由图 4.4 可知：

$$U=\frac{U_\xi}{\cos|\gamma|} \tag{4.52}$$

由图 4.5 的几何关系可得到升降翼展弦比为 $\lambda_W=\dfrac{2b}{m+n}$，升降翼的翼展面积 $S_W=\dfrac{(m+n)b}{2}$，故有

$$\lambda_W=\frac{b^2}{S_W} \tag{4.53}$$

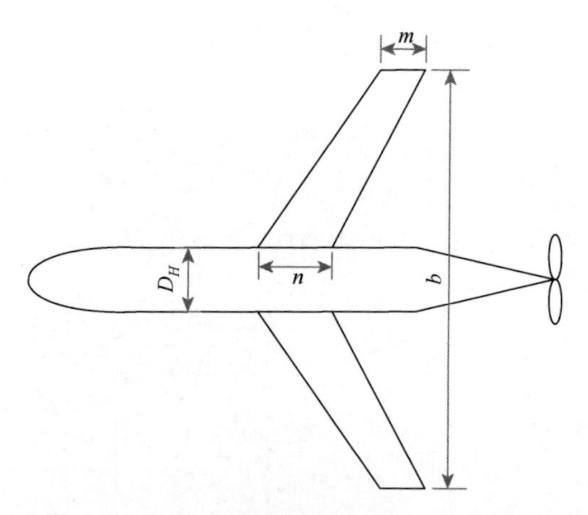

图 4.5　混合驱动水下滑翔机升降翼几何参数示意图

将式(4.52)和式(4.53)代入式(4.51)可得

$$\chi_{\mathrm{IG}}=\frac{4\cot^2|\gamma|\cos|\gamma|}{\rho S_W\pi\lambda_W\left(1-\sqrt{1-C_{\mathrm{DM}}\lambda_{\mathrm{WH}}^2\cot^2|\gamma|}\right)U_\xi^2} \tag{4.54}$$

式中，$\lambda_{\mathrm{WH}}=\dfrac{b}{D_H}$ 为翼体比，其中 b 为翼展，D_H 为混合驱动水下滑翔机壳体直径。

根据式(4.11)中关于航行效率的定义，混合驱动水下滑翔机在浮力驱动模式的理想航行效率应为式(4.54)与式(4.12)的比值：

$$\eta_{\mathrm{IG}}=\frac{C_{\mathrm{DH}}\cot^2|\gamma|\cos|\gamma|\lambda_{\mathrm{WH}}^{-2}}{2\left(1-\sqrt{1-C_{\mathrm{DM}}\lambda_{\mathrm{WH}}^{-2}\cot^2|\gamma|}\right)} \tag{4.55}$$

混合驱动水下滑翔机理想航行状态下壳体阻力近似等于浮力驱动模式下的主载体的阻力，因此 $C_{\mathrm{DH}}=C_{\mathrm{DM}}$，故式(4.55)的最终表达式为

$$\eta_{\mathrm{IG}}=\frac{C_{\mathrm{DM}}\cot^2|\gamma|\cos|\gamma|\lambda_{\mathrm{WH}}^{-2}}{2\left(1-\sqrt{1-C_{\mathrm{DM}}\lambda_{\mathrm{WH}}^{-2}\cot^2|\gamma|}\right)} \tag{4.56}$$

在上文的假设下，对于一个给定外形设计，阻力系数 C_{DM} 一定，混合驱动水下滑翔机的浮力驱动模式理想航行效率是翼体比 λ_{WH}、滑翔角 γ 的函数，这个结果说明混合驱动水下滑翔机的浮力驱动模式理想航行效率与水平航速也无关。从式(4.56)可以看出，理想航行效率最高时的最优滑翔角是主载体水动力阻力系数 C_{DM}、翼体比 λ_{WH} 的函数，即

$$\gamma_{\mathrm{IGOPT}}=f(C_{\mathrm{DM}},\lambda_{\mathrm{WH}}) \tag{4.57}$$

令 $\dfrac{\mathrm{d}\eta_{\mathrm{IG}}}{\mathrm{d}|\gamma|}=0$，解出 $|\gamma|$，此时的 $|\gamma|$ 即为最优滑翔角。

而对于给定混合驱动水下滑翔机的主载体外形设计，主载体水动力阻力系数 C_{DM} 一定，最优滑翔角只是翼体比的函数，因此混合驱动水下滑翔机的浮力驱动模式理想航行效率也只是翼体比 λ_{WH} 的函数。

4.3.4 混合驱动模式理想航行效率

混合驱动水下滑翔机在混合驱动模式时浮力驱动和螺旋桨驱动同时运行，同样本节只考虑混合驱动水下滑翔机在垂直面上的稳态运动情况而不考虑其转弯等其他复杂作业工况。图 4.6 为混合驱动水下滑翔机在混合驱动模式下的受力分析，图中的坐标系、运动参数及其正负号定义均与浮力驱动模式相同，唯一不同的是在稳态航行时，混合驱动水下滑翔机所受的外力除了升力 L、阻力 D 及净浮力 ΔB 之外还有沿载体纵轴线 Ox 方向的螺旋桨的推力 T_P。

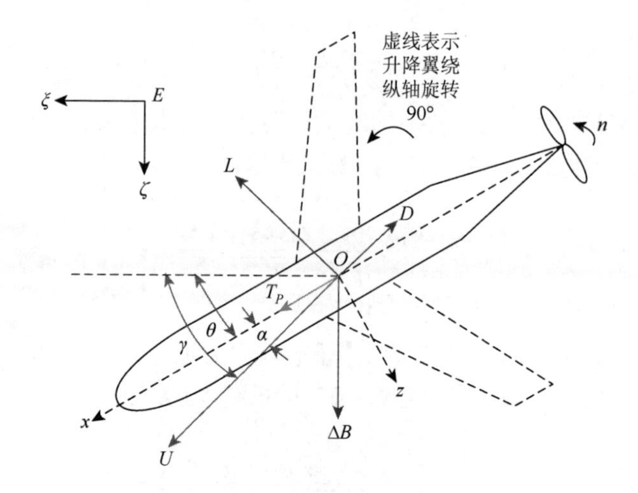

图 4.6 混合驱动水下滑翔机在混合驱动模式下的受力分析

由于在混合驱动模式航行中只考虑垂直剖面的运动，混合驱动水下滑翔机达到稳态运动时水平方向所受合外力 $\sum \Delta F_{\xi} = 0$ ，对图 4.6 进行受力分析可得

$$L\sin|\gamma| - D\cos|\gamma| + T_P\cos|\theta| = 0 \tag{4.58}$$

故水平推力为

$$F_{\xi} = L\sin|\gamma| + T_P\cos|\theta| = D\cos|\gamma| \tag{4.59}$$

由式(4.10)可知混合驱动水下滑翔机在混合驱动模式的理想航行经济量为

$$\chi_{\mathrm{IH}} = \frac{1}{L\sin|\gamma| + T_P\cos|\theta|} = \frac{1}{D\cos|\gamma|} \tag{4.60}$$

从图 4.6 中可以发现 $|\gamma| = |\theta| + \alpha$ ，结合式(4.58)可得

$$L\sin|\gamma| - D\cos|\gamma| + T_P\cos(|\gamma| - \alpha) = 0 \tag{4.61}$$

在混合驱动模式的分析中依然将螺旋桨推进器视为理想推进器，则根据动量定理可求得螺旋桨的推力 T_P 为

$$T_P = \frac{1}{2}\rho\sigma_P S_P U^2 \tag{4.62}$$

采用与浮力驱动模式中求取攻角 α 相同的方法，联合式(4.39)、式(4.40)及式(4.61)、式(4.62)得到关于攻角 α 的一元二次方程为

$$\alpha^2 - \frac{K_L + \frac{1}{2}\rho\sigma_P S_P}{K_D}\tan|\gamma|\alpha + \frac{K_{D0} - \frac{1}{2}\rho\sigma_P S_P - K_{L0}\tan|\gamma|}{K_D} = 0 \tag{4.63}$$

需要说明的是在式(4.63)的推导过程中考虑到攻角 α 一般很小[12, 13]，因此近似认为 $\cos\alpha\approx 1$， $\sin\alpha\approx\alpha$ 。求解方程得

$$\alpha(\gamma)=\frac{K_L+\frac{1}{2}\rho\sigma_P S_P}{2K_D}\tan|\gamma| \times\left(1-\sqrt{1-\frac{4K_D}{\left(K_L+\frac{1}{2}\rho\sigma_P S_P\right)^2}\cot|\gamma|\left(\left(K_{D0}-\frac{1}{2}\rho\sigma_P S_P\right)\cot|\gamma|-K_{L0}\right)}\right) \tag{4.64}$$

将式(4.41)代入式(4.64)中得到 $\alpha(\gamma)$ 为

$$\alpha(\gamma)=\frac{S_W C_{\mathrm{LW}}+S_P C_{\mathrm{DH}}\lambda_{\mathrm{PH}}^{-2}}{2S_W C_{\mathrm{DLW}}}\tan|\gamma| \times\left(1-\sqrt{1-\frac{4S_W C_{\mathrm{DLW}}}{(S_W C_{\mathrm{LW}}+S_P C_{\mathrm{DH}}\lambda_{\mathrm{PH}}^{-2})^2}(S_M C_{\mathrm{DM}}-S_P C_{\mathrm{DH}}\lambda_{\mathrm{PH}}^{-2})\cot^2|\gamma|}\right) \tag{4.65}$$

根据上文关于理想航行效率的定义，联合式(4.11)、式(4.12)以及式(4.60)得到混合驱动模式的理想航行效率为

$$\eta_{\mathrm{IH}}=\frac{S_H C_{\mathrm{DH}}\cos^2|\gamma|}{(S_W C_{\mathrm{LW}}+\sigma_P S_P)\sin|\gamma|\alpha+\sigma_P S_P\cos|\gamma|} \tag{4.66}$$

将 $\sigma_P=C_{\mathrm{DH}}\lambda_{\mathrm{PH}}^{-2}$ 和式(4.49)、式(4.53)及式(4.65)代入式(4.66)中，经过化简整理得到最终的混合驱动水下滑翔机混合驱动模式的理想航行效率(由于推导过程和方法与浮力驱动模式的相似，因此这里直接给出化简后的结果而不写出具体步骤)为

$$\eta_{\mathrm{IH}}=\cos|\gamma| \tag{4.67}$$

由式(4.67)的推导结果可以发现，在上文的假设下，混合驱动水下滑翔机的混合驱动模式理想航行效率与螺旋桨驱动模式和浮力驱动模式的函数表达式有很大区别，滑翔角 γ 是唯一变量，这个结果说明混合驱动水下滑翔机的混合驱动模式理想航行效率不但与水平航速无关，而且与主载体水动力阻力系数 C_{DM} 、桨体比 λ_{PH} 、翼体比 λ_{WH} 等参数均无关。

4.3.5 理想航行效率对比分析

从三种航行模式的理想航行效率模型可以发现，当主载体外形一定时，航行效率均只有一个自变量。本书结合 Sea-Wing H 混合驱动水下滑翔机的实际参数(表 4.1)来比较三种航行模式的理想航行效率。

表 4.1　Sea-Wing H 混合驱动水下滑翔机参数

符号	名称	参数值
C_{DM}	主载体水动力阻力系数	0.345
S_H	主载体迎流面积	$0.038\mathrm{m}^2$
λ_{PH}	桨体比	1.0909
λ_{WH}	翼体比	5.4545

1. 螺旋桨驱动模式

将表 4.1 中的混合驱动水下滑翔机相关参数代入式(4.30)中可得到混合驱动水下滑翔机在螺旋桨驱动模式下理想航行效率与桨体比的关系式，图 4.7 描述了混合驱动水下滑翔机的螺旋桨驱动模式理想航行效率随桨体比变化的曲线。

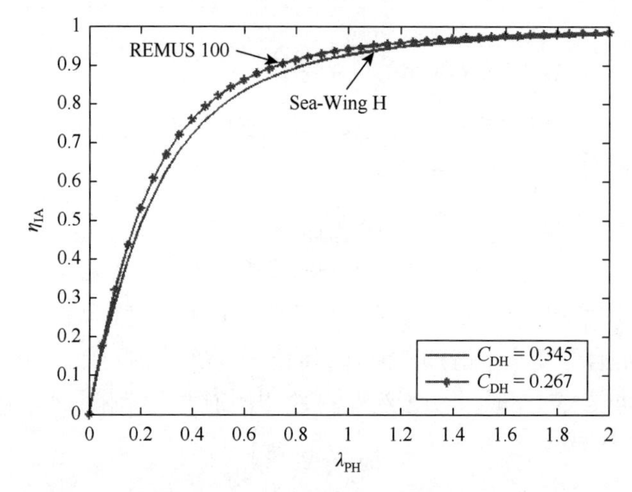

图 4.7　混合驱动水下滑翔机的螺旋桨驱动模式理想航行效率随桨体比变化曲线

为了便于比较，将 REMUS 100 AUV 的航行效率同时绘制在图 4.7 中，REMUS 100 的参数如表 4.2 所示。

表 4.2　REMUS 100 的参数

符号	名称	参数值
C_{DM}	主载体水动力阻力系数	0.267
S_H	主载体迎流面积	$0.028\mathrm{m}^2$
λ_{PH}	桨体比	0.7353

从图 4.7 中可以发现螺旋桨驱动的 AUV 的理想航行效率可以通过增加桨体比来提高。然而，随着桨体比的提高，理想航行效率提升的幅度会减小，尤其是在低阻力系数时。由于 Sea-Wing H 的桨体比为 1.0909，从图中可知理想航行效率为 0.94，而 REMUS 100 的桨体比为 0.7353，从图中可知理想航行效率为 0.91。

2. 浮力驱动模式

将表 4.1 中的混合驱动水下滑翔机相关参数代入式(4.56)中得到混合驱动水下滑翔机浮力驱动模式的理想航行效率随滑翔角的变化关系，如图 4.8 所示。

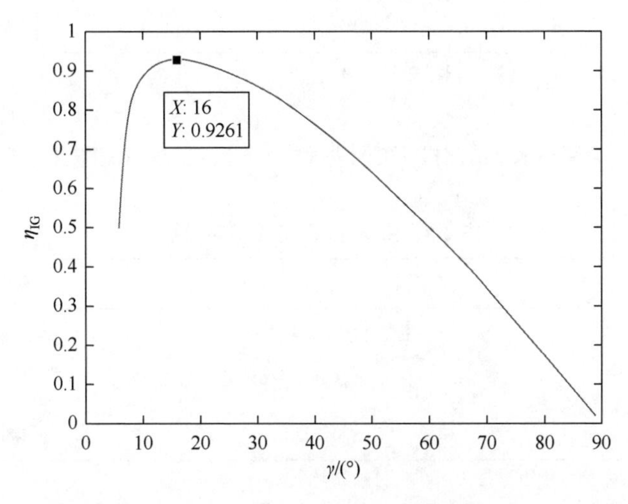

图 4.8　混合驱动水下滑翔机浮力驱动模式的理想航行效率随滑翔角变化曲线

从理想航行效率 η_{IG} 关于滑翔角 γ 的变化曲线可以发现，理想航行效率随着滑翔角先增大后减小，理想航行效率最大时的最优滑翔角 $\gamma_{IGOPT}=16°$，最大理想航行效率 $\eta_{IGmax}=0.93$。

图 4.9 为混合驱动水下滑翔机浮力驱动模式的理想航行效率 η_{IG} 随翼体比 λ_{WH} 的变化曲线。从图中可以发现翼体比越大，理想航行效率越高。

为了方便比较，将 Slocum 水下滑翔机的理想航行效率和 Sea-Wing H 混合驱动水下滑翔机的理想航行效率描述在同一图中，其中 Slocum 水下滑翔机的参数如表 4.3 所示。从图 4.9 中可以发现阻力系数越低，理想航行效率增加的幅度越大。由于 Sea-Wing H 的翼体比为 5.4545，因此从图中可知理想航行效率为 0.93，而 Slocum 的翼体比为 4.8077，因此从图中可知理想航行效率为 0.91。

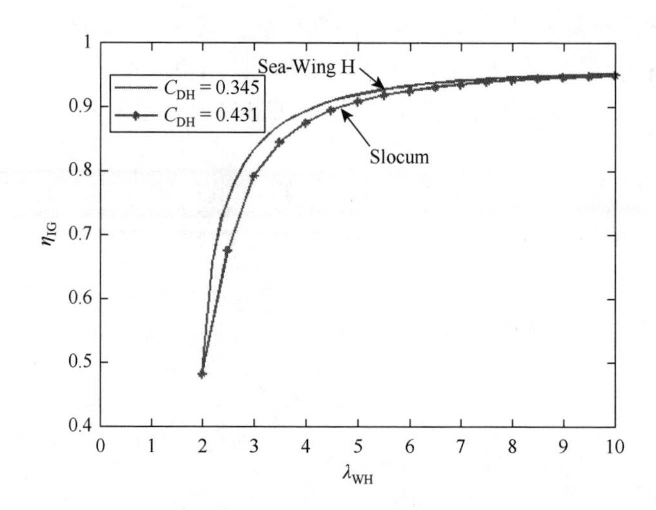

图 4.9　混合驱动水下滑翔机浮力驱动模式的理想航行效率随翼体比变化曲线

表 4.3　Slocum 水下滑翔机参数

符号	名称	参数值
C_{DM}	主载体水动力阻力系数	0.431
S_H	主载体迎流面积	0.034m^2
λ_{WH}	翼体比	4.8077

由式(4.56)可知理想航行效率与展弦比是相互独立的，而由式(4.54)可知混合驱动水下滑翔机浮力驱动模式的理想经济航行量同样与展弦比是相互独立的，因为在方程(4.54)分母中 $S_W\lambda_W$ 等于翼展的平方 b^2。而参数 λ_{WH} 不能充分说明机翼的形状，只是翼展和主载体直径的比值，因此在相同的翼展和主载体设计条件下，低展弦比(宽翼)和高展弦比(细长翼)的浮力驱动模式理想航行效率是相同的，原因是这里忽略了机翼的寄生阻力。但是在实际情况下，考虑到应尽可能降低寄生阻力，希望展弦比越大越好。

3. 混合驱动模式

由式(4.67)可知，混合驱动水下滑翔机混合驱动模式的理想航行效率只是滑翔角的函数，与水平航速无关，且与主载体的物理参数也无关，因此混合驱动模式的理想航行效率是独立于主载体本身属性的一个特殊函数，根据式(4.67)将混合驱动模式的理想航行效率随滑翔角的变化曲线绘制在图 4.10 中。

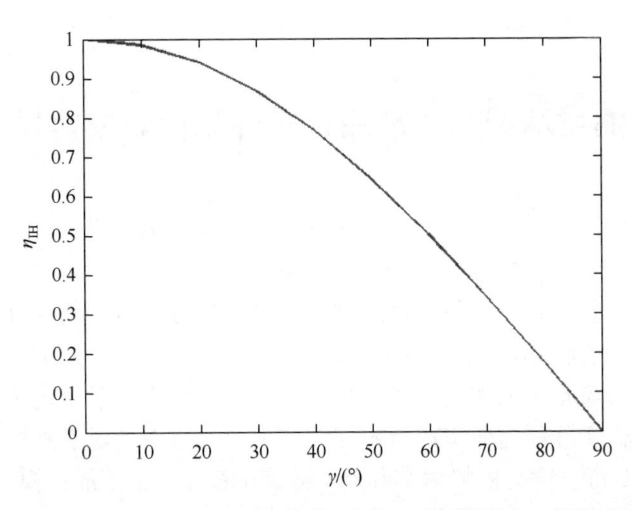

图 4.10 混合驱动水下滑翔机混合驱动模式的理想航行效率随滑翔角变化曲线

从图 4.10 中可以发现，随着滑翔角 γ 的增大混合驱动模式的理想航行效率 η_{IH} 减小，因此混合驱动水下滑翔机在螺旋桨驱动和浮力驱动同时起作用时，载体的滑翔角越小越好，如果达到水平航行，则理想航行效率最高，经济性最好。混合驱动水下滑翔机这种航行特性使其更适合在浅水地带作业。当滑翔角 $\gamma = 20°$ 时，理想航行效率为 0.94。

需要说明的是，混合驱动模式滑翔角 γ 并非可以小到为零，这是因为由式(4.63)可知，满足攻角 α 有解时滑翔角 γ 一定存在某一个最小值 γ_{min}，根据图 4.10 可知此时必定对应一个理想航行效率最大值 η_{IHmax}。

4. 比较分析

从混合驱动水下滑翔机的三种航行模式的理想航行效率的分析结论中可以看出，任何一种航行模式的理想航行效率均可通过改变主载体的参数达到相同数值。例如，针对螺旋桨驱动模式的长航程目标，可以通过改变桨体比的大小使其达到浮力驱动模式相同的续航力。作业模式的选择取决于任务的需求(如水平测量、剖面测量)，而与航速及负载功耗无关。

需要说明的是，这里的混合驱动水下滑翔机的三种不同航行模式的理想航行效率是基于第一性原理分析方法的，为了分析问题的方便，在理想航行效率模型推导过程中进行了大量的假设，因此反映的是基本的混合驱动水下滑翔机的理想航行效率变化规律。为了更准确地反映航行效率与混合驱动水下滑翔机内部参数的关系，接下来将基于能量法对混合驱动水下滑翔机三种航行模式的实际航行效率进行建模，研究主载体实际作业工况、实际系统参数及运动参数对混合驱动水下滑翔机实际航行效率的影响。

4.4 基于能量法的水下滑翔机实际航行效率建模

由于力分析法在理想航行效率建模过程中存在很多假设，例如没有考虑螺旋桨驱动模式实际系统的螺旋桨驱动电机效率、减速器效率、轴系传递效率、螺旋桨旋转引起的动能损耗、螺旋桨滑脱现象、推力减额及负载功耗等因素的能量损耗，没有考虑浮力驱动模式的俯仰调节装置功率消耗、浮力调节装置功率消耗、不同深度的浮力齿轮泵效率及负载功耗等，因此本节将从系统能量的角度对混合驱动水下滑翔机实际航行效率进行研究，在推导过程中考虑额外能耗的影响，分析航行深度、航行速度等因素对实际航行效率的影响，给出航行模式选择的依据，同时为混合驱动水下滑翔机参数优化提供依据。

从系统能量角度可以定义实际净经济航行量为[5]

$$\chi_R = \frac{R}{E} \tag{4.68}$$

式中，R 为水平航行范围(水平位移)；E 为混合驱动水下滑翔机系统航行 R 所消耗的能量。混合驱动水下滑翔机在螺旋桨驱动模式下依靠螺旋桨驱动水平航行，航行的路程即为水平位移；混合驱动水下滑翔机在浮力驱动模式下依靠浮力驱动按照锯齿状轨迹航行，航行水平位移可通过滑翔角和航行深度经过换算得知；混合驱动水下滑翔机在混合驱动模式下依靠螺旋桨和浮力驱动同时作用按照锯齿状航行轨迹航行，航行水平位移也可通过滑翔角和航行深度经过换算得到，如图 4.11 所示。

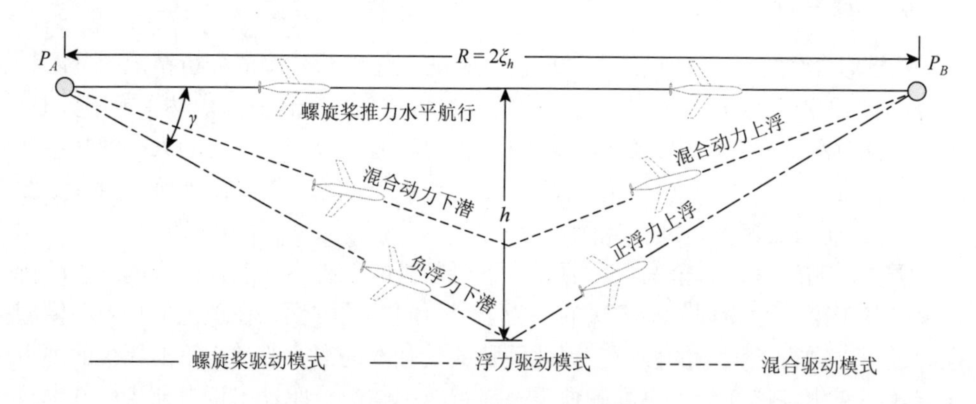

图 4.11 混合驱动水下滑翔机不同航行模式的运动进程

混合驱动水下滑翔机航行时的所有能耗单元如图 4.12 所示，混合驱动水下滑翔机在不同的航行模式下参与运行的能耗单元不同。混合驱动水下滑翔机航行时的总能耗为各航行模式下相应的参与运行的能耗单元的能耗之和。

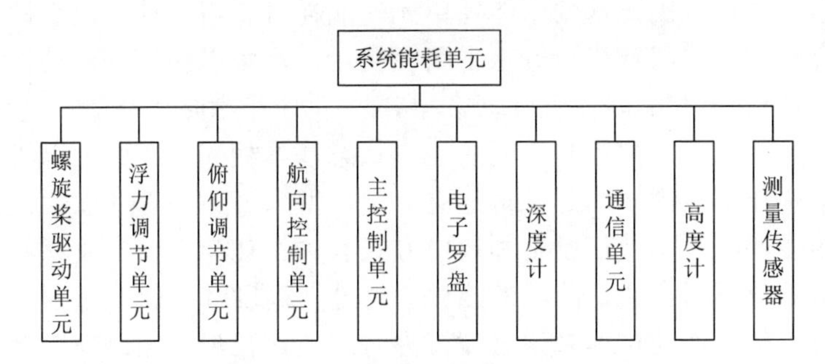

图 4.12　混合驱动水下滑翔机系统能耗单元组成结构图

本节首先分别针对三种航行模式的能耗模型进行建模，并根据式(4.68)建立三种航行模式的实际净经济航行量，最后根据式(4.11)建立三种航行模式的航行效率模型。

4.4.1　螺旋桨驱动模式实际航行效率

混合驱动水下滑翔机在螺旋桨驱动模式航行时的功耗受航行速度U的影响，速度越大功耗越大，要求螺旋桨转速越高，电机功率也越大，并且当航速一定时螺旋桨驱动模式的能耗随着时间是均匀变化的。各执行机构和传感器的运行状态如表 4.4 所示。

表 4.4　混合驱动水下滑翔机在螺旋桨驱动模式下航行时不同阶段的能耗单元运行状态

能耗单元	通信阶段	水平航行阶段
螺旋桨驱动单元	○	●
浮力调节单元	○	◐
俯仰调节单元	○	◐
航向控制单元	○	◐
主控制单元	●	●
TCM(电子罗盘)	●	●
深度计	●	●
通信单元	●	○
高度计	○	○
测量传感器	○	●

注：●开启，○不开启，◐需要时开启。

螺旋桨驱动模式下浮力调节单元和俯仰调节单元参与工作时间占比很少，只是偶尔参与作用，因此这两个能耗单元的能耗可忽略不计。由于螺旋桨驱动模式下混合驱动水下滑翔机沿着水平路径航行，不考虑转弯等机动性复杂的行为,因此航向控制单元的能耗也可忽略。混合驱动水下滑翔机在航行过程中 TCM 和深度计的运行状态与主控制单元的运行状态基本相同，因此可以将三者的能耗作为一个整体来考虑，本部分将建立一个模型来表达三者的能耗模型。由于通信阶段的能耗除了与通信设备和通信方式有关，还与人、作业环境等因素相关，因此本部分不考虑通信阶段的能耗。另外，高度计在航行过程中主要用于避障，相对于整个作业过程来说避障行为时间占比很少，因此高度计的能耗也将被忽略。因此混合驱动水下滑翔机在螺旋桨驱动模式航行一段时间后的总能耗为

$$E_A = E_t + E_c + E_s \tag{4.69}$$

式中，E_t 为螺旋桨驱动单元能耗；E_c 为主控制单元能耗；E_s 为测量传感器能耗。

1. 螺旋桨驱动单元能耗

螺旋桨驱动单元能耗与航行速度有关，在 AUV 航行模式下螺旋桨产生的推力克服混合驱动水下滑翔机的航行阻力使其产生速度 U 的水平运动，根据船舶运动原理可得

$$P_t = \frac{DU}{\eta} \tag{4.70}$$

式中，混合驱动水下滑翔机所受的阻力 D 可以表示为

$$D = \frac{1}{2}\rho C_{\mathrm{DH}} S_H U^2 \tag{4.71}$$

而混合驱动水下滑翔机螺旋桨驱动系统效率为

$$\eta = \eta_m \eta_g \eta_s \eta_r \eta_h \eta_0 \tag{4.72}$$

式中，η_m 为电机效率；η_g 为减速器效率；η_s 为电机轴系传递效率；η_r 为螺旋桨的相对旋转效率；η_h 为船身效率；η_0 为螺旋桨敞水效率。

由于螺旋桨驱动单元的能耗随着时间均匀变化，故混合驱动水下滑翔机的螺旋桨驱动单元的能耗可写为

$$E_t = \frac{\frac{1}{2}\rho C_{\mathrm{DH}} S_H U^3 t_A}{\eta_m \eta_g \eta_s \eta_r \eta_h \eta_0} \tag{4.73}$$

式中，t_A 为混合驱动水下滑翔机在螺旋桨驱动模式下的水平航行时间。

2. 主控制单元能耗

混合驱动水下滑翔机在螺旋桨驱动模式时主控制单元能耗随着时间均匀变化，主要取决于控制软件，因此主控制单元的能耗模型可被定义为

$$E_c = P_c t_A \tag{4.74}$$

式中，P_c 为主控制单元的平均功耗，其大小可以通过实验测得。

3. 测量传感器能耗

为了减少航行中传感器能耗，混合驱动水下滑翔机通常在航行中使传感器按时间和空间间隔采样，如图 4.13 所示。

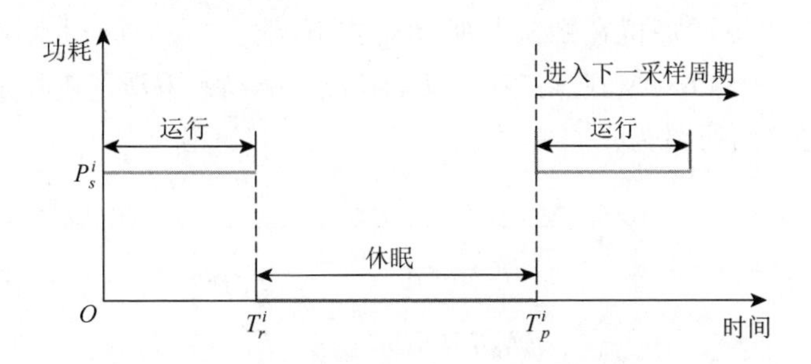

图 4.13　感器的功耗时间进程[7]

图 4.13 中，P_s^i 为第 i 个传感器的功耗，T_p^i 为第 i 个传感器的一个采样周期，T_r^i 为第 i 个传感器在一个采样周期的运行时间，$T_p^i - T_r^i$ 为第 i 个传感器在一个采样周期的休眠时间。因此第 i 个传感器在一个采样周期的平均功耗为

$$\overline{P}_s^i = \frac{P_s^i T_r^i}{T_p^i} \tag{4.75}$$

采样周期 T_p^i 由采样间隔 Δh^i 和速度 U 计算：

$$T_p^i = \frac{\Delta h^i}{U} \tag{4.76}$$

因此第 i 个传感器的能耗为

$$E_s^i = \frac{P_s^i T_r^i t_A}{T_p^i} \tag{4.77}$$

故 n 个传感器的能耗之和为

$$E_s = \sum_{i=1}^{n} E_s^i \tag{4.78}$$

4. 所有能耗

通过前面的分析和式(4.69)可知，混合驱动水下滑翔机在螺旋桨驱动模式下航行一段时间后载体所有的能耗单元的能耗之和可以表示为

$$E_A = \frac{\frac{1}{2}\rho C_{\mathrm{DH}} S_H U^3 t_A}{\eta_m \eta_g \eta_s \eta_r \eta_h \eta_0} + P_c t_A + \sum_{i=1}^{n} \frac{P_s^i T_r^i t_A}{T_p^i} \tag{4.79}$$

混合驱动水下滑翔机在螺旋桨驱动模式下航行一段时间后水平航行范围为 $R_A = Ut_A$，根据式(4.68)及式(4.79)可以得到混合驱动水下滑翔机在螺旋桨驱动模式下的实际经济航行量为

$$\chi_{\mathrm{RA}} = \frac{U}{\frac{\frac{1}{2}\rho C_{\mathrm{DH}} S_H U^3}{\eta_m \eta_g \eta_s \eta_r \eta_h \eta_0} + P_c + \sum_{i=1}^{n} \frac{P_s^i T_r^i}{T_p^i}} \tag{4.80}$$

联合式(4.11)、式(4.12)和式(4.80)最终可得到混合驱动水下滑翔机在螺旋桨驱动模式下的实际航行效率为

$$\eta_{\mathrm{RA}} = \frac{\chi_{\mathrm{RA}}}{\chi_{\mathrm{Ideal}}} = \frac{\rho S_H C_{\mathrm{DH}} U^3}{\frac{\rho C_{\mathrm{DH}} S_H U^3}{\eta_m \eta_g \eta_s \eta_r \eta_h \eta_0} + 2P_c + 2\sum_{i=1}^{n} \frac{P_s^i T_r^i}{T_p^i}} \tag{4.81}$$

4.4.2 浮力驱动模式实际航行效率

混合驱动水下滑翔机在浮力驱动模式的能耗受到滑翔速度 U、滑翔深度 h、滑翔角 γ 的影响。由于参与工作的各子系统和传感器的数量及种类不同，混合驱动水下滑翔机在开始下潜到上浮过程中，能耗随着时间不是均匀变化的。混合驱动水下滑翔机在浮力驱动模式下只有浮力提供驱动力，螺旋桨不开启，各执行机构和传感器的运行状态可参考 Sea-Wing H 混合驱动水下滑翔机的情况，如表 4.5 所示。

表 4.5 混合驱动水下滑翔机在浮力驱动模式下航行时不同阶段的能耗单元运行状态[7]

能耗单元	通信阶段	下潜准备阶段	下潜阶段	上浮准备阶段	上浮阶段	水面准备阶段
螺旋桨驱动单元	○	○	○	○	○	○
浮力调节单元	○	●	○	●	○	●
俯仰调节单元	○	●	○	●	○	●
航向控制单元	○	○	◐	○	◐	○
主控制单元	●	●	●	●	●	●
TCM	●	●	●	●	●	●
深度计	●	●	●	●	●	●
通信单元	●	○	○	○	○	○
高度计	○	○	●	○	○	○
测量传感器	○	○	●	○	●	○

注：●开启，○不开启，◐需要时开启。

与螺旋桨驱动模式相同，由于通信阶段的能耗除了与通信设备和通信方式有关，还与人、作业环境等因素相关，因此本部分不考虑通信阶段的能耗。在整个作业过程中，混合驱动水下滑翔机以垂直面稳态运动为主，因此本部分也不考虑转弯等复杂机动性运动，故航向控制单元的能耗也忽略。混合驱动水下滑翔机在航行过程中 TCM 和深度计的运行状态与主控制单元的运行状态基本相同，因此可以将三者的能耗作为一个整体来考虑，本部分将建立一个模型来表达三者的能耗。另外，高度计在航行过程中主要用于避障，相对于整个作业过程来说避障行为时间占比很少，因此高度计的能耗也将被忽略。因此混合驱动水下滑翔机在浮力驱动模式下一个滑翔周期中总能耗为[7]

$$E_G = E_b + E_p + E_c + E_s \tag{4.82}$$

式中，E_b 为浮力调节单元能耗；E_p 为俯仰调节单元能耗；E_c 为主控制单元能耗；E_s 为测量传感器能耗。

1. 浮力调节单元能耗

从表 4.5 中可以发现，混合驱动水下滑翔机在浮力驱动模式的一个航行剖面中，浮力调节单元开启两次，分别发生在下潜准备阶段(水面)和上浮准备阶段(水下)，但是由于工作压力的不同，两次的浮力调节单元能耗也不相同，因此需分开考虑。

1) 下潜准备阶段(水面)

由图 4.4 的受力分析可知：

$$\Delta B \cos|\gamma| = L \tag{4.83}$$

混合驱动水下滑翔机在浮力驱动模式下从水面的正浮力最大状态到达负浮力最大状态油囊的体积改变量为

$$\Delta V = \frac{2\Delta B}{\rho g} \tag{4.84}$$

浮力调节单元在水面调节浮力时，通常调节装置的功耗 P_v 为常量，因此完成上述油量调节所消耗的能耗为

$$E_{\text{bs}} = P_v \frac{\Delta V}{q_v} \tag{4.85}$$

式中，q_v 为浮力调节单元在水面进行浮力调节时油泵的流量。最后将式(4.39)、式(4.83)及式(4.84)代入式(4.85)得

$$E_{\text{bs}} = \frac{2P_v(K_{L0} + K_L\alpha(|\gamma|))U^2}{\rho g q_v \cos|\gamma|} \tag{4.86}$$

其中，浮力调节单元水面功耗 P_v 和流量 q_v 可通过实验测得。

2) 上浮准备阶段(水下)

混合驱动水下滑翔机在上浮准备阶段将向外排油并排开一定体积水以增大载体的正浮力，此时排水体积与所在水深的压力乘积即为浮力调节单元所做的有用功，做功大小可表示为

$$W = p\Delta V \tag{4.87}$$

式中，$p = \rho g h$（h 为水深）。因此在深度 h 处的浮力调节单元能耗为

$$E_{\text{bd}} = \frac{W}{\eta_{\text{bd}}(h)} \tag{4.88}$$

式中，$\eta_{\text{bd}}(h)$ 为浮力调节单元在深度 h 处的调节效率。

将式(4.39)、式(4.84)及式(4.87)代入式(4.88)可得

$$E_{\text{bd}} = \frac{2h(K_{L0} + K_L\alpha(|\gamma|))U^2}{\eta_{\text{bd}}(h)\cos|\gamma|} \tag{4.89}$$

综合上面的论述可知，混合驱动水下滑翔机在浮力驱动模式下的一个航行剖面中，浮力调节单元的总能耗可以表示为

$$E_b = E_{\mathrm{bs}} + E_{\mathrm{bd}} \tag{4.90}$$

2. 俯仰调节单元能耗

同浮力调节单元在一个航行剖面中需要开启两次一样，在混合驱动水下滑翔机的浮力驱动模式下一个航行剖面中，俯仰调节单元同样需要开启两次，不过无论是在水面还是在一定深度的水下，认为俯仰调节单元的能耗相同。为了研究问题的方便，本节只考虑静态平衡下的受力情况，而不考虑水动力作用下的动态平衡受力，因此下式成立：

$$\tan|\theta| = \tan(|\gamma| - \alpha) = \frac{x_G}{z_G} \tag{4.91}$$

$$m_p L_p = 2m x_G \tag{4.92}$$

式中，θ 为俯仰角(图 4.4)；x_G 和 z_G 为混合驱动水下滑翔机在载体坐标系中的重心坐标；m_p 为俯仰调节单元的可移动质量块的质量；m 为整个载体质量；L_p 为质量块移动距离。因此俯仰调节单元在水面和水下两次调节俯仰姿态所需的能耗可表示为

$$E_p = 2P_p \frac{L_p}{v_p} \tag{4.93}$$

式中，P_p 为俯仰调节单元的功耗；v_p 为可移动质量块的移动速度。这两个量均可视为常量并且可通过实验测得。

将式(4.91)和式(4.92)代入式(4.93)可得

$$E_p = \frac{4mP_p z_G \tan(|\gamma| - \alpha)}{m_p v_p} \tag{4.94}$$

3. 主控制单元能耗

混合驱动水下滑翔机在浮力驱动模式下一个航行剖面周期所需的航行时间为

$$t_G = \frac{2h}{U \sin|\gamma|} \tag{4.95}$$

因此混合驱动水下滑翔机在浮力驱动模式下的一个航行剖面中主控制单元的能耗可被定义为

$$E_c = \frac{2hP_c}{U \sin|\gamma|} \tag{4.96}$$

4. 测量传感器能耗

我们认为混合驱动水下滑翔机在浮力驱动模式下测量传感器的工作进程和螺旋桨驱动模式是相同的，在浮力驱动模式的采样周期为

$$T_p^i = \frac{\Delta h^i}{U \sin|\gamma|} \tag{4.97}$$

第i个传感器的能耗为

$$E_s^i = \bar{P}_s^i t_G \tag{4.98}$$

将式(4.75)、式(4.95)及式(4.97)代入式(4.98)可以得

$$E_s^i = \frac{2hP_s^i T_r^i}{\Delta h^i} \tag{4.99}$$

因此混合驱动水下滑翔机在浮力驱动模式的一个航行剖面中的所有测量传感器的能耗为

$$E_s = \sum_{i=1}^{n} E_s^i \tag{4.100}$$

5. 所有能耗

通过前面的分析和式(4.82)可知，混合驱动水下滑翔机在浮力驱动模式下一个剖面航行中所有的能耗单元的能耗之和可以表示为

$$\begin{aligned} E_G(U,h,\gamma) = & \frac{2(K_{L0} + K_L \alpha(|\gamma|))U^2}{\rho g \cos|\gamma|}\left(\frac{P_v}{q_v} + \frac{\rho g h}{\eta_{\text{bd}}(h)}\right) + \frac{4mP_p z_G \tan(|\gamma| - \alpha)}{m_p v_p} \\ & + \frac{2hP_c}{U \sin|\gamma|} + \sum_{i=1}^{n} \frac{2hP_s^i T_r^i}{\Delta h^i} \end{aligned} \tag{4.101}$$

由式(4.68)和式(4.101)可以得到混合驱动水下滑翔机在浮力驱动模式下的实际经济航行量为

$$\chi_{\text{RG}} = \frac{R}{E_G} = \frac{2h}{\tan|\gamma| E_G} \tag{4.102}$$

联合式(4.11)、式(4.12)和式(4.102)最终可得到混合驱动水下滑翔机在浮力驱动模式下的实际航行效率为

$$\eta_{\text{RG}} = \frac{h\rho C_{\text{DH}} S_H U^2}{E_G \tan|\gamma|} \tag{4.103}$$

4.4.3 混合驱动模式实际航行效率

由于在混合驱动模式航行中只考虑垂直剖面的运动，混合驱动水下滑翔机达到稳态运动时水平方向所受合外力 $\sum \Delta F_{\xi} = 0$ ，对图 4.6 进行受力分析可得

$$L\sin|\gamma| + T_P\cos|\theta| = D\cos|\gamma| \tag{4.104}$$

式中，螺旋桨的推力 T_P 为

$$T_P = K_P \rho n^2 D_P^4 \tag{4.105}$$

其中，K_P 为螺旋桨推力系数，D_P 为螺旋桨直径，n 为螺旋桨转速。

将式(4.39)、式(4.40)及式(4.105)代入式(4.104)整理后得

$$\alpha^2 - \frac{K_L\tan|\gamma|U^2 + \rho K_P n^2 D_P^4\tan|\gamma|}{K_D U^2}\alpha + \frac{K_{D0}U^2 - \rho K_P n^2 D_P^4 - K_{L0}\tan|\gamma|U^2}{K_D U^2} = 0 \tag{4.106}$$

需要说明的是在式(4.106)的推导过程中考虑到攻角 α 一般很小[12]，因此近似认为 $\cos\alpha \approx 1$ ， $\sin\alpha \approx \alpha$ 。求解方程得

$$\alpha(\gamma) = \frac{K_L U^2 + \rho K_P n^2 D_P^4}{2K_D U^2}\tan|\gamma| \times\left(1 - \sqrt{1 - \frac{4K_D U^2}{(K_L U^2 + \rho K_P n^2 D_P^4)^2}\cot|\gamma|((K_{D0}U^2 - \rho K_P n^2 D_P^4)\cot|\gamma| - K_{L0}U^2)}\right) \tag{4.107}$$

进一步对图 4.6 进行受力分析可得

$$\Delta B\cos|\gamma| = T_P\sin\alpha + L \tag{4.108}$$

将式(4.39)及式(4.105)代入式(4.108)可以得到混合驱动水下滑翔机在混合驱动模式下的净浮力为

$$\Delta B = \frac{\rho K_P n^2 D_P^4\alpha + (K_{L0} + K_L\alpha(|\gamma|))U^2}{\cos|\gamma|} \tag{4.109}$$

混合驱动水下滑翔机在混合驱动模式的能耗受到螺旋桨转速 n 、航行速度 U 、航行深度 h、滑翔角 γ 的影响。通过螺旋桨驱动模式和浮力驱动模式的分析可知，混合驱动水下滑翔机在混合驱动模式中螺旋桨的能耗是均匀变化的，但是浮力调节单元和俯仰调节单元的能耗不是均匀变化的，因此混合驱动水下滑翔机在开始混合动力下潜到上浮过程中，能耗随着时间不是均匀变化的。混合驱动水下滑翔机在混合驱动模式下螺旋桨驱动和浮力驱动同时参与，各执行机构和传感器的运行状态如表 4.6 所示。

与螺旋桨驱动模式和浮力驱动模式相同，由于通信阶段的能耗除了与通信设备和通信方式有关，还与人、作业环境等因素相关，因此混合驱动模式也不考虑通信阶段的能耗。混合驱动水下滑翔机航向控制单元的能耗也忽略。混合驱动水下滑翔机在航行过程中 TCM 和深度计的运行状态与主控制单元的能耗作为一个整体来考虑，本部分将建立一个模型来表达三者的能耗模型。混合驱动模式中高度计的能耗也将被忽略。因此混合驱动水下滑翔机在混合驱动模式下一个剖面周期中总能耗为

$$E_H = E_t + E_b + E_p + E_c + E_s \tag{4.110}$$

式中，E_t 为螺旋桨驱动单元能耗；E_b 为浮力调节单元能耗；E_p 为俯仰调节单元能耗；E_c 为主控制单元能耗；E_s 为测量传感器能耗。

表 4.6　混合驱动水下滑翔机在混合驱动模式下航行时不同阶段的能耗单元运行状态

能耗单元	通信阶段	下潜准备阶段	下潜阶段	上浮准备阶段	上浮阶段	水面准备阶段
螺旋桨驱动单元	○	○	●	○	●	○
浮力调节单元	○	●	○	●	○	●
俯仰调节单元	○	●	○	●	○	●
航向调节单元	○	○	◐	○	◐	○
主控制单元	●	●	●	●	●	●
TCM	●	●	●	●	●	●
深度计	●	●	●	●	●	●
通信单元	●	○	○	○	○	○
高度计	○	○	●	○	○	○
测量传感器	○	○	●	○	●	○

注：●开启，○不开启，◐需要时开启。

1. 螺旋桨驱动单元能耗

混合驱动水下滑翔机在混合驱动模式下航行时与在螺旋桨驱动模式下航行时不同，混合驱动水下滑翔机在螺旋桨驱动模式下航行时有效推力与所受的阻力大小相等、方向相反。而在混合驱动模式下有效推力只是克服阻力的一部分，另一部分由驱动浮力提供，因此螺旋桨驱动单元功耗将无法通过阻力直接描述，可通过有效推力与效率表示为

$$P_t = \frac{T_P U}{\eta} \tag{4.111}$$

混合驱动水下滑翔机在混合驱动模式下航行一个深度为 h 的剖面所需时间为 t_H，则有以下表达式成立：

$$t_H = \frac{2h}{U \sin|\gamma|} \tag{4.112}$$

因此完成一个剖面航行后所消耗的能量为

$$E_t = P_t t_H \tag{4.113}$$

将式(4.105)、式(4.111)及式(4.112)代入式(4.113)中可得

$$E_t = \frac{2K_P \rho n^2 D_P^4 h}{\eta \sin|\gamma|} \tag{4.114}$$

2. 浮力调节单元能耗

混合驱动水下滑翔机在混合驱动模式下的浮力调节单元能耗模型和浮力驱动模式下的基本相同，区别仅是混合驱动模式下的净浮力 ΔB 与浮力驱动模式下的净浮力表达式不同。浮力驱动模式下的净浮力可由式(4.83)计算，而混合驱动模式下的净浮力可根据式(4.109)得到，因此只需要将式(4.109)的净浮力表达式代入浮力驱动模式下的浮力调节单元能耗模型即可得到混合驱动模式下的浮力调节单元能耗为

$$E_b = \frac{2(K_P \rho n^2 D_P^4 + (K_{L0} + K_L \alpha(|\gamma|))U^2)}{\cos|\gamma|}\left(\frac{P_v}{\rho g q_v} + \frac{h}{\eta_{\text{bd}}(h)}\right) \tag{4.115}$$

3. 俯仰调节单元能耗

混合驱动水下滑翔机无论是在混合驱动模式下还是在浮力驱动模式下俯仰调节单元能耗的表达式是相同的，因此参考浮力驱动模式下的能耗模型可以得到混合驱动水下滑翔机在混合驱动模式下的一个航行剖面中的俯仰调节单元的能耗为

$$E_p = \frac{4mP_p z_G \tan(|\gamma| - \alpha)}{m_p v_p} \tag{4.116}$$

4. 主控制单元能耗

无论是哪种航行模式，本节假设每种航行模式下混合驱动水下滑翔机的主控制单元能耗是相同的，因此参考浮力驱动模式下的模型可以得到混合驱动水下滑翔机在混合驱动模式下的一个航行剖面中主控制单元的能耗为

$$E_c = \frac{2hP_c}{U \sin|\gamma|} \tag{4.117}$$

5. 测量传感器能耗

混合驱动水下滑翔机在混合驱动模式下测量传感器的工作进程和在浮力驱动模式下是相同的，因此参考浮力驱动模式下的能耗模型可得到混合驱动模式测量传感器的能耗为

$$E_s = \sum_{i=1}^{n} \frac{2hP_s^i T_r^i}{\Delta h^i} \tag{4.118}$$

6. 所有能耗

通过前面的分析和式(4.110)可知，混合驱动水下滑翔机在混合驱动模式下一个剖面航行中所有的能耗单元的能耗之和可以表示为

$$\begin{aligned} E_H = & \frac{2K_P \rho n^2 D_P^4 h}{\eta \sin|\gamma|} + \frac{2(K_P \rho n^2 D_P^4 + (K_{L0} + K_L \alpha(|\gamma|))U^2)}{\cos|\gamma|}\left(\frac{P_v}{\rho g q_v} + \frac{h}{\eta_{bd}(h)}\right) \\ & + \frac{4mP_p z_G \tan(|\gamma|-\alpha)}{m_p v_p} + \frac{2hP_c}{U\sin|\gamma|} + \sum_{i=1}^{n} \frac{2hP_s^i T_r^i}{\Delta h^i} \end{aligned} \tag{4.119}$$

通常螺旋桨的推力系数 K_P 可拟合为以进速系数 J 为自变量的二次函数[8]：

$$K_P = K_2 J^2 + K_1 J + K_0 \tag{4.120}$$

式中，K_0 、K_1 、K_2 可根据螺旋桨实验结果通过曲线拟合确定。对于给定的螺旋桨，它们都是常系数。

而螺旋桨的进速系数 J 与航速 U 、螺旋桨的转速 n 及螺旋桨的直径 D_P 之间满足关系式[8]：

$$J = \frac{U}{nD_P} \tag{4.121}$$

将式(4.120)及式(4.121)代入式(4.105)得到螺旋桨推力的另一种表达形式为

$$T_P = \rho(K_2 D_P^2 U^2 + K_1 D_P^3 nU + K_0 D_P^4 n^2) \tag{4.122}$$

将式(4.122)代入式(4.119)中得到 E_H 的另一种表达形式为

$$\begin{aligned} E_H = & \frac{2\rho(K_2 D_P^2 U^2 + K_1 D_P^3 nU + K_0 D_P^4 n^2)h}{\eta \sin|\gamma|} \\ & + \frac{2(\rho(K_2 D_P^2 U^2 + K_1 D_P^3 nU + K_0 D_P^4 n^2) + (K_{L0} + K_L \alpha(|\gamma|))U^2)}{\cos|\gamma|} \\ & \times \left(\frac{P_v}{\rho g q_v} + \frac{h}{\eta_{\mathrm{bd}}(h)}\right) + \frac{4mP_p z_G \tan(|\gamma|-\alpha)}{m_p v_p} + \frac{2hP_c}{U\sin|\gamma|} + \sum_{i=1}^{n} \frac{2hP_s^i T_r^i}{\Delta h^i} \end{aligned} \tag{4.123}$$

由式(4.68)和式(4.123)可以得到混合驱动水下滑翔机在混合驱动模式下的实际经济航行量为

$$\chi_{\mathrm{RH}}=\frac{R}{E_H}=\frac{2h}{\tan|\gamma|E_H} \tag{4.124}$$

联合式(4.11)、式(4.12)和式(4.124)最终可得到混合驱动水下滑翔机在混合驱动模式下的实际航行效率为

$$\eta_{\mathrm{RH}}=\frac{h\rho C_{\mathrm{DH}}S_H U^2}{E_H\tan|\gamma|} \tag{4.125}$$

4.4.4 实际航行效率对比分析

从三种航行模式的效率模型可以发现，不同于理想航行效率模型自变量数量唯一，实际航行效率模型的自变量数量较多。本节利用 Sea-Wing H 混合驱动水下滑翔机(基本参数如表 4.7 所示)比较三种航行模式航行效率。

表 4.7　Sea-Wing H 混合驱动水下滑翔机基本信息

名称	参数指标
尺寸	直径 $D_H=0.22\mathrm{m}$，长度 $L_H=2.2\mathrm{m}$，翼展 $b=1.2\mathrm{m}$，螺旋桨直径 $D_P=0.24\mathrm{m}$
重量	67kg
航速	螺旋桨驱动模式航速 2kn，浮力驱动模式航速 0.5～1kn，混合驱动模式航速 2～3kn
通信	无线电和铱星
导航	GPS，高度计和 TCM
测量传感器	CTD

注：GPS 为全球定位系统（global positioning system）。

Sea-Wing H 的水动力系数通过 CFD 数值计算的方法获取，相关的能耗系数通过物理实验的方法获取。例如，可以通过在压力罐模拟不同深度压力测得浮力调节单元效率，测得的效率与深度的关系可以拟合为如下函数表达式[7]：

$$\eta_{\mathrm{bd}}(h)=-0.00002h^2+0.0537h+24.886 \tag{4.126}$$

除了浮力调节单元之外，还可以采用相似的物理实验方法测得俯仰调节单元及主控制单元的能耗系数，如表 4.8 所示。

表 4.8　Sea-Wing H 混合驱动水下滑翔机能耗相关的物理量

符号	名称	参数值	符号	名称	参数值
K_{D0}	阻力系数	6.7143	P_s	传感器功耗	3.4W
K_D	阻力系数	435.052	S_H	载体迎流面积	$0.345\mathrm{m}^2$

续表

符号	名称	参数值	符号	名称	参数值
K_{L0}	升力系数	−0.4211	C_{DH}	主载体水动力阻力系数	0.038
K_L	升力系数	488.7837	η_m	电机效率	0.8
m	载体质量	67kg	η_g	减速器效率	0.7
m_p	移动电池块质量	13.8kg	η_s	轴系传递效率	0.95
P_v	水面浮力调节单元功耗	12W	η_r	螺旋桨相对旋转效率	1
q_v	泵流量	155mL/min	η_h	船身效率	1
P_p	俯仰调节单元功耗	10W	η_0	螺旋桨敞水效率	0.75
v_p	移动电池块移动速度	1.5mm/s	K_0	推力拟合系数	1.1103
z_G	稳心高	3mm	K_1	推力拟合系数	−0.6311
P_c	主控制单元平均功耗	0.6W	K_2	推力拟合系数	−1.9882

1. 螺旋桨驱动模式

将表 4.8 中的 Sea-Wing H 相关参数代入式(4.81)中可得到 Sea-Wing H 在螺旋桨驱动模式下的航行效率与速度的关系，图 4.14 描述了 Sea-Wing H 在螺旋桨驱动模式下实际航行效率随速度变化的曲线。

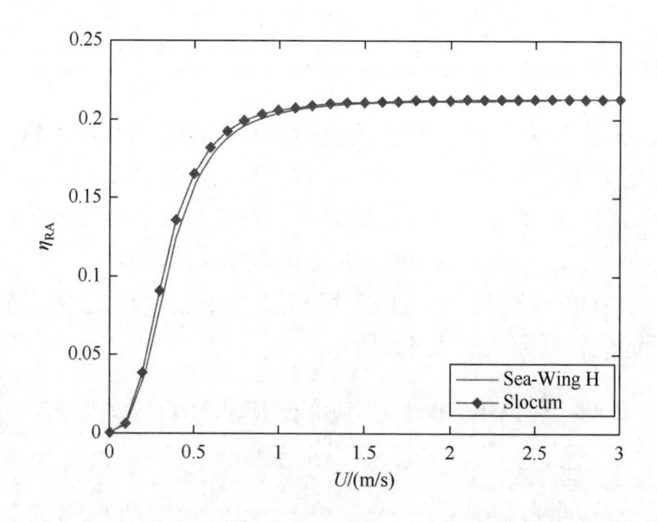

图 4.14　混合驱动水下滑翔机在螺旋桨驱动模式下实际航行效率随速度变化曲线

从图 4.14 可以看出，混合驱动水下滑翔机在螺旋桨驱动模式下的实际航行效率随着速度的增加而增大。需要说明的是，此时负载在不同速度下是假定不变的，因此若想增大螺旋桨驱动模式下的实际航行效率，可以通过降低负载功耗的办法实现。

2. 浮力驱动模式

假设混合驱动水下滑翔机的航行深度为300m 、航速为 1kn，将表 4.8 中的 Sea-Wing H 相关参数代入式(4.103)中得到 Sea-Wing H 在浮力驱动模式下实际航行效率随滑翔角的变化关系，如图 4.15 所示。

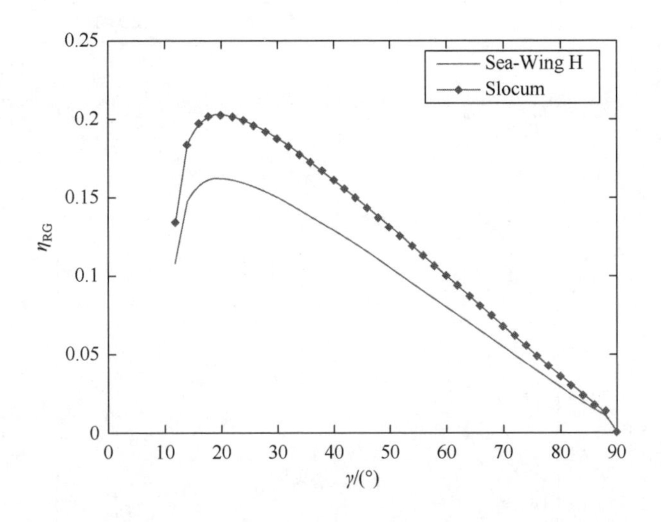

图 4.15　混合驱动水下滑翔机在浮力驱动模式下实际航行效率随滑翔角变化曲线

由图 4.15 可以发现，实际航行效率随着滑翔角的增大先增大后减小，实际航行效率最大时的最优滑翔角 $\gamma_{\mathrm{IGOPT}}=20°$，最大实际航行效率为 $\eta_{\mathrm{IGmax}}=0.16$ 。可以发现 Slocum 的航行效率高于 Sea-Wing H，主要原因是 Slocum 的阻力系数高于 Sea-Wing H，阻力系数越高，说明负载功耗占比越小，航行效率因此越高。同样的原因也可解释浮力驱动模式下实际航行效率与速度的关系，如图 4.16 所示。

图 4.17 为混合驱动水下滑翔机在浮力驱动模式下实际航行效率随深度变化曲线。从图中可以发现，混合驱动水下滑翔机在浮力驱动模式下的实际航行效率随着深度的增加而增大，因此浮力驱动模式适合大深度剖面观测。

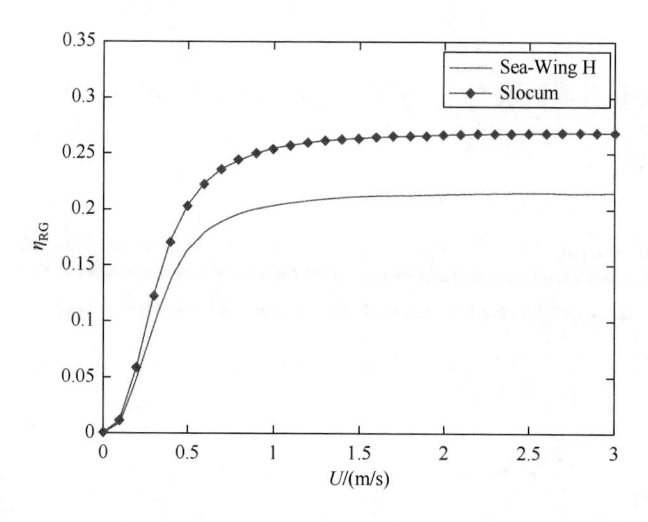

图 4.16　混合驱动水下滑翔机的浮力驱动模式实际航行效率随速度变化曲线

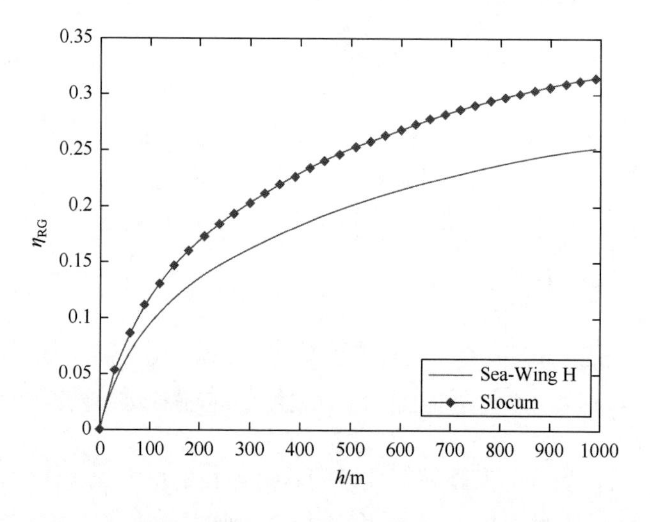

图 4.17　混合驱动水下滑翔机在浮力驱动模式下实际航行效率随深度变化曲线

3. 混合驱动模式

本书针对实际系统的物理模型，通过 CFD 数值实验的方法测得 Sea-Wing H 的螺旋桨敞水性能曲线（图 4.18），拟合系数为 $K_0 = 1.1103$，$K_1 = -0.6311$，$K_2 = -1.9882$。

假设混合驱动水下滑翔机航行深度为 300m，航速为 1m/s，螺旋桨转速为 300r/min，将表 4.8 中的 Sea-Wing H 相关参数代入式(4.125)中得到 Sea-Wing H 在混合驱动模式下实际航行效率随滑翔角 γ 的变化关系，如图 4.19 所示。

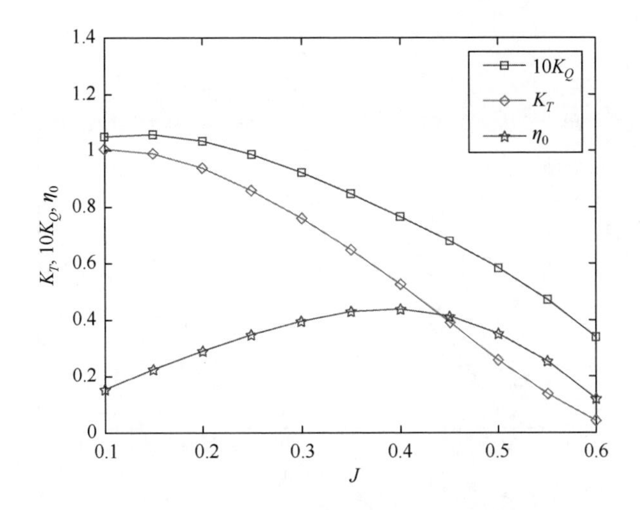

图 4.18　Sea-Wing H 的螺旋桨敞水性能曲线

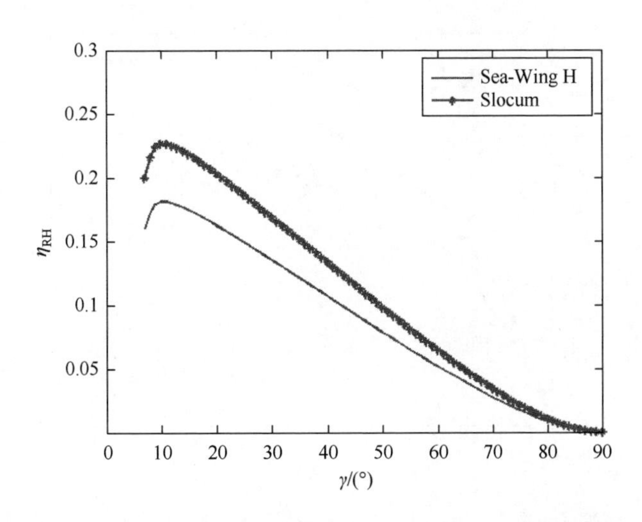

图 4.19　混合驱动水下滑翔机在混合驱动模式下实际航行效率随滑翔角变化曲线

从图 4.19 可以看出，速度为1m/s时，实际航行效率随着滑翔角的增大先增大后减小，实际航行效率最大时的最优滑翔角 $\gamma_{\text{IGOPT}}=10°$，最大实际航行效率为 $\eta_{\text{IGmax}}=0.18$。

由图 4.20 和图 4.21 可以看出，混合驱动水下滑翔机在混合驱动模式下，实际航行效率也随着速度和深度的增大而增大，当速度增大至 1.4m/s 时，实际航行效率增大不再明显，此后几乎不增大，这是由于载体的负载功耗相对于克服阻力所消耗的功耗已经很小，因此实际航行效率已达到最佳。

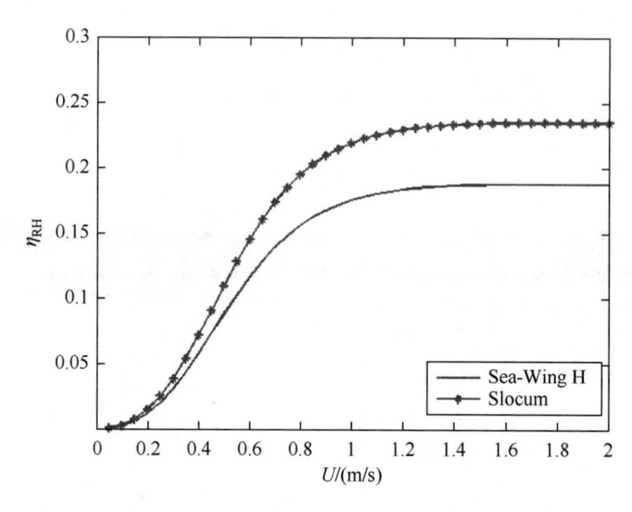

图 4.20　混合驱动水下滑翔机在混合驱动模式下实际航行效率随速度变化曲线

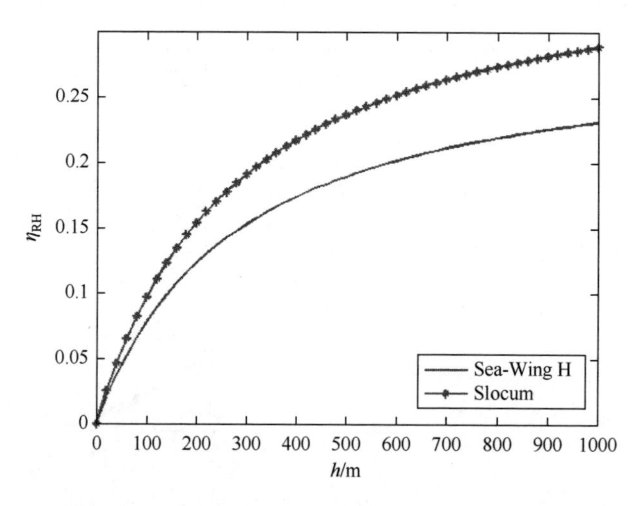

图 4.21　混合驱动水下滑翔机在混合驱动模式下实际航行效率随深度变化曲线

4. 实际航行效率比较分析

假设混合驱动水下滑翔机在混合驱动模式下螺旋桨转速为100r / min，其他输入条件和浮力驱动模式均相同，得到的实际航行效率与深度关系如图 4.22 所示。将三种航行模式下的实际航行效率进行对比(图 4.23)发现，随着航行深度的增加，浮力驱动模式下和混合驱动模式下的实际航行效率也逐渐增大，且实际航行效率增长速度先快后慢。在前 250m，混合驱动模式下的实际航行效率高于浮力驱动模式下，之后随着深度的增加，混合驱动模式下的航行效率小于浮力驱动模式下。因此，对于给定的系统，当 Sea-Wing H 作业深度小于 250m 时，采用混合驱动模式具有更高的作业效率；相反，当作业深度大于 250m 时，采用浮力驱动模式具有更高的作业效率。

将浮力驱动模式下和混合驱动模式下的实际航行效率随滑翔角的变化关系绘制成曲线(图 4.24)，从图中可以看出，Sea-Wing H 在混合驱动模式下的最优滑翔角为10°左右，而浮力驱动模式下的最优滑翔角为 20°左右，因此在实际作业时，为提高实际航行效率，混合驱动模式下的俯仰角应小于浮力驱动模式下。

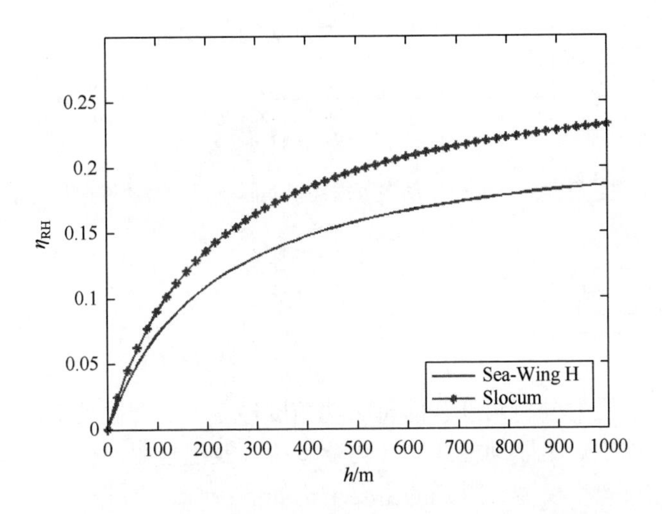

图 4.22 速度为 0.5m/s 时混合驱动水下滑翔机在混合驱动模式下实际航行效率随深度变化曲线

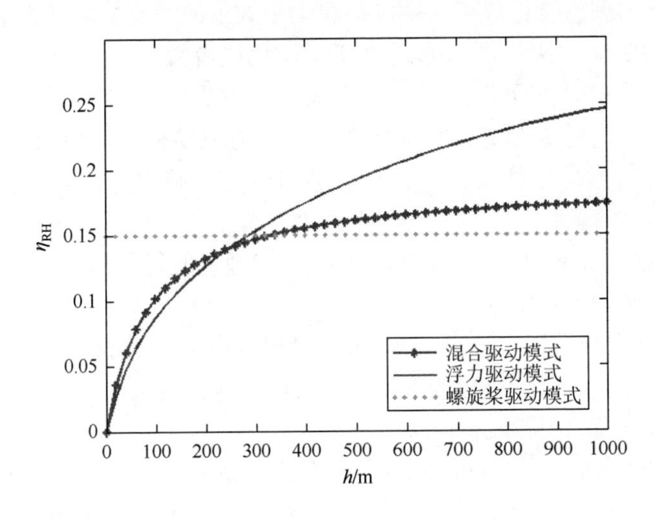

图 4.23 不同航行模式下混合驱动水下滑翔机实际航行效率随深度变化曲线对比

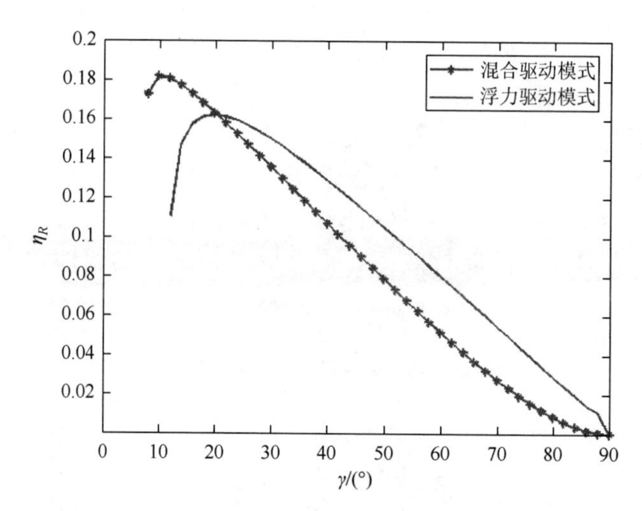

图 4.24　不同航行模式下混合驱动水下滑翔机实际航行效率随滑翔角变化曲线对比

4.5　本章小结

本章分别从受力分析角度和能量做功角度建立了混合驱动水下滑翔机垂直面内稳态运动下的螺旋桨驱动模式、浮力驱动模式及混合驱动模式的理想航行效率模型和实际航行效率模型，得到的主要结论如下：

(1)运用第一性原理分析方法，从力平衡角度推导了混合驱动水下滑翔机在三种航行模式下的理想航行效率，螺旋桨驱动模式下的螺旋桨驱动方法和浮力驱动模式下的浮力驱动方法都可以通过改变桨体比或者翼体比达到相同的理想航行效率，而与混合驱动水下滑翔机速度无关。结论表明，桨体比越高，螺旋桨驱动模式的理想航行效率越高，翼体比越大，浮力驱动模式下理想航行效率越高，因此在主载体外形确定的情况下，可以通过改变螺旋桨直径或者翼展来达到相同的理想航行效率。

(2)混合驱动水下滑翔机混合驱动模式下的理想航行效率只与滑翔角有关，滑翔角越小，理想航行效率越高。

(3)对于给定的系统，当混合驱动水下滑翔机作业深度小于一定值时采用混合驱动模式具有更高的实际航行效率，相反，当作业深度大于一定值时，采用浮力驱动模式具有更高的实际航行效率。

(4)混合驱动水下滑翔机混合驱动模式下的最优滑翔角小于浮力驱动模式，在实际作业时，混合驱动模式采用比浮力驱动模式小的俯仰角可以提高实际航行效率。

(5) 主载体水动力系数、螺旋桨推进效率、浮力驱动效率、主控制单元负载、传感器负载等是影响混合驱动水下滑翔机实际航行效率的直接因素。可通过改变混合驱动水下滑翔机航行速度、航行深度及俯仰角间接改变混合驱动水下滑翔机的实际航行效率，增大航行深度、航行速度及减少主控制单元功耗、传感器功耗均能提高混合驱动水下滑翔机实际航行效率。

参考文献

[1] 张铭钧, 张仁存, 李广君, 等. 水下机器人[M].北京: 海洋出版社, 2000.

[2] 张佐厚, 胡志安. 船舶推进[M]. 北京: 国防工业出版社, 1980.

[3] Williams D B. Efficiency analysis and prototyping of a buoyancy-powered underwater glider[D]. Boca Raton: Florida Atlantic University, 2000.

[4] Jenkins S A, Humphreys D E, Sherman J, et al. Alternatives for enhancement of transport economy in underwater gliders[C]//OCEANS, IEEE, 2003: 948-950.

[5] Steinberg D, Bender A, Friedman A, et al. Analysis of propulsion methods for long-range AUVs[J]. Marine Technology Society Journal, 2010, 44(2): 46-55.

[6] Jenkins S A, Humphreys D E, Sherman J, et al. Underwater glider system study[EB/OL].[2020-08-10]. https://escholarship.org/uc/item/1c28t6bb.

[7] Yu J C, Zhang F M, Zhang A Q, et al. Motion parameter optimization and sensor scheduling for the sea-wing underwater glider[J]. IEEE Journal of Oceanic Engineering, 2013, 38(2): 243-254.

[8] 盛振邦, 刘应中. 船舶原理[M]. 上海: 上海交通大学出版社, 2004.

[9] Sherman J, Davis R E, Owens W B, et al. The autonomous underwater glider “Spray” [J]. IEEE Journal of Oceanic Engineering, 2001, 26(4): 437-446.

[10] Leonard N E, Graver J G. Model-based feedback control of autonomous underwater gliders[J]. IEEE Journal of Oceanic Engineering, 2001, 26(4): 633-645.

[11] Roskam J. Preliminary calculation of aerodynamic, thrust and power characteristics[J]. Airplane Design, 1987, 21: 213-354.

[12] Zhang S W, Yu J C, Zhang A Q, et al. Spiraling motion of underwater gliders: modeling, analysis, and experimental results[J]. Ocean Engineering, 2013, 60: 1-13.

[13] Chen Z E, Yu J C, Zhang A Q, et al. Design and analysis of folding propulsion mechanism for hybrid-driven underwater gliders[J]. Ocean Engineering, 2016, 119: 125-134.

5 水下滑翔机局部流场估计与路径规划

5.1 引言

水下滑翔机航速较低(一般为 0.5～1kn),在运动过程中易受环境海流的影响,准确地感知、预测环境海流将有利于提升水下滑翔机控制精度。其中,水下滑翔机运动深度上的平均流场(也称深平均流)刻画了环境海流对水下滑翔机整个运动剖面的总体影响,在水下滑翔机的运动控制中应用最为广泛。深平均流可以由海洋数值模式分层输出流场计算得到,但由于一般的海洋数值模式缺乏实测数据的校正,且输出时间精度不能很好地匹配水下滑翔机的运动周期,因此计算得到的深平均流存在很大的误差,不足以支撑对水下滑翔机的每个周期进行控制。本章结合水下滑翔机的运动模型和出水、入水的位置信息研究单周期的深平均流,包括深平均流估计和预测两个部分,在深平均流预测的基础上进行局部流场估计,为水下滑翔机的路径规划和路径跟踪控制提供环境信息。

对于深平均流估计,一般认为其精准度取决于水下滑翔机水平方向速度的精准度。考虑实际,因为水下滑翔机不携带测速仪,所以无法直接测得其速度,必须用其余方法来获取速度。常规的水下滑翔机水平方向速度计算方案中,不但需要实时 TCM 和 CTD 的数据值,而且计算极为耗时,在实际应用时存在不便。考虑水下滑翔机行驶过程中的非稳定区间,本章结合水下滑翔机运动模型建立了水平方向速度快速计算模型,然后又用该模型得到的速度估计了水下滑翔机在海试中的深平均流,并结合水下滑翔机海试数据,对求得的速度和深平均流的正确性进行了验证。在深平均流预测部分,本章考虑水下滑翔机深平均流的特点,将深平均流数据看作时间序列,然后采用时间序列预测方法来对其进行预测。具体而言,考虑了反向传播神经网络(back propagation neural network, BPNN)及最小二乘支持向量机(least squares support vector machine, LSSVM)两种预测方法。为了进一步提高预测精度,本章利用经验模态分解将原始深平均流序列分成若干子序列,再利用前述两种方法分别对子序列进行预测后再叠加。为了验证这些预测方法的性能，本章分别利用这些模型对仿真海试环境的实时深平均流及真实海试中得到的深平均流数据进行了单周期和多周期预测。

本章主要对水下滑翔机局部路径规划进行研究，将路径跟踪看作一种特殊的路径规划，于是所研究内容包括常规路径规划（简称“路径规划”）与路径跟踪。对于水下滑翔机局部路径规划/跟踪，本章提出了两种方法：直接方法和基于局部流场的规划/跟踪方法。直接方法将预测出的深平均流信息加入水下滑翔机的船位推算中，然后再结合水下滑翔机速度、一周期潜水时间，即可实现规划/跟踪任务。直接方法的局限性在于预测出的深平均流并未较好地考虑海流时空差异性，其也无法给出水下滑翔机行驶剖面之外的海流信息。基于局部流场的规划/跟踪方法首先对未来周期的深平均流时空位置进行了估计，然后采用客观分析技术对局部流场进行了构建，并且划出可信区域范围，在此构建的流场信息中执行路径规划/跟踪任务。

5.2 基于水下滑翔机运动模型的深平均流估计方法

5.2.1 水下滑翔机运动模型

在水下滑翔机海试中对其进行控制时，需要获取实时而精准的水下滑翔机速度。我们总希望在水下滑翔机的实时监控中求得的速度在保证精度的条件下计算用时少并且输入要求少，本小节建立了这样的一种水平方向速度快速计算模型。为了在后文与这种快速计算模型对比，先给出水下滑翔机基于航位推算速度计算的传统方案[1]。

1. 基于实时 TCM、CTD 数据的水平方向速度模型

文献[1]提到，水下滑翔机水平方向速度可以利用 TCM 及 CTD 的数据来求取，其计算公式如下：

$$v_{g\_\mathrm{TCM\&CTD}} = \frac{v_z}{\tan\gamma} \tag{5.1}$$

式中，v_g 为水下滑翔机水平方向速度，“TCM&CTD”作为标识用于表明该方法求取的 v_g 基于两种传感器 TCM 和 CTD；v_z 为水下滑翔机深度的差分，深度可以从 CTD 测量数据中读取；γ 为滑翔角，其值为俯仰角 θ 和攻角 α 之差：

$$\gamma = \theta - \alpha \tag{5.2}$$

其中，俯仰角可以从 TCM 测量数据中读取，而攻角的表达方式为

$$\alpha(\gamma)=\frac{K_L}{2K_D}\tan\gamma(-1+\sqrt{1-4\frac{K_D}{K_L^2}\cot\gamma(K_{D0}\cot\gamma+K_{L0})}) \tag{5.3}$$

其中，K_{L0}、K_L 为水下滑翔机的升力系数，K_{D0}、K_D 为水下滑翔机的阻力系数。当水下滑翔机结构确定后，这些系数都是常数。式(5.1)中所求取的水平方向速度为水下滑翔机传感器 CTD 每个采样周期内的值，如果 CTD 的采样周期为 N，则平均后的水平方向速度为

$$V_{\mathrm{avr1}}=\frac{\sum_{i=1}^{N}v_{g\_\mathrm{TCM\&CTD}}(i)}{N} \tag{5.4}$$

2. 水平方向速度快速计算模型

很显然，上述计算水下滑翔机水平方向速度的模型需要每个剖面的 TCM 和 CTD 数据。一般说来，水下滑翔机在每个滑翔周期行驶完毕后，会通过 GPS 及铱星通信装置与岸基实时传输这些数据，所需通信费用较高；另外，因为海况原因，有时会发生传输失败的情形。本部分给出另外一种水下滑翔机水平方向速度的快速计算模型。

对于同一台水下滑翔机，在给定驱动控制率调节下，其非稳定区间所占的深度范围基本一致，如果设定下潜深度为 $h_{\max}$，则其非稳定区间为$[0, h_1]$和$[h_{\max}-\Delta h, h_{\max}]$，其中$[h_{\max}-\Delta h, h_{\max}]$极小，予以忽略，稳定区间为$[h_1, h_{\max}-\Delta h]$。

在稳定区间内，水下滑翔机进行直线锯齿状稳定运动。根据水下滑翔机稳态运动特性，其速度可表示为[2]

$$V=\sqrt{\frac{\bar{m}g\cos\gamma}{K_{L0}+K_L\alpha(\gamma)}} \tag{5.5}$$

式中，$g=9.8\mathrm{m/s^2}$ 为重力加速度；$\bar{m}$ 为水下滑翔机所受到的驱动净浮力。

一般认为水下滑翔机的驱动净浮力仅为油囊输出浮力 m_b，实际上，水下滑翔机在海水中运行时，因耐压舱压缩和海水密度差异影响也可导致舱体部分产生净浮力，设这部分附加驱动净浮力为 $m_{\mathrm{add}}(h)$。附加驱动净浮力为水下滑翔机下潜深度 h 的函数。水下滑翔机的总净浮力 $\bar{m}(h)$ 为 m_b 和 $m_{\mathrm{add}}(h)$ 之和：

$$\bar{m}(h)=m_b+m_{\mathrm{add}}(h) \tag{5.6}$$

水下滑翔机在投入水中航行前需要进行配平，设配平密度 ρ_{balance}。在此密度下水下滑翔机的浮力(油囊提供的驱动浮力为 0)和重力相等。假设油囊体积改变 $\pm V_B$，则油囊提供的净浮力为

$$m_b=\pm\rho_{\mathrm{balance}}V_B \tag{5.7}$$

设水下滑翔机重力为 m_{glider}，中性体积为 V_{glider0}，则

$$\rho_{\text{balance}} V_{\text{glider0}} \equiv m_{\text{glider}} \tag{5.8}$$

假定在深度 h 处，水下滑翔机舱体的压缩量为 $\Delta V(h)$ ，则在此深度下水下滑翔机的体积为

$$V_{\text{glider}} = V_{\text{glider0}} - \Delta V(h) \tag{5.9}$$

一般认为舱体压缩量和深度成正比关系，即可以用 κh 来表示 $\Delta V(h)$ ，于是深度 h 处的水下滑翔机体积为

$$V_{\text{glider}} = V_{\text{glider0}} - \kappa h \tag{5.10}$$

式中，系数 κ 的单位为 L/m。

假定深度 h 处的海水密度为 $\rho(h)$ ，则在该深度处因海水密度差异和舱体压缩导致的附加驱动净浮力为

$$m_{\text{add}}(h) = \rho(h) V_{\text{glider}} - m_{\text{glider}} \tag{5.11}$$

海水密度 $\rho(h)$ 主要由海水的温度、盐度和压力决定，可以通过 CTD 测量海水的温度、盐度和深度来计算获取。对于在时间和空间上跨度较小的海域，认为海水密度随深度变化规律基本一致。因此，可以采用拟合公式来获得近似的海水密度表达式。

按照常用的 EOS-80 方程[3]，基于 CTD 测量数据可以得到不同深度下海水密度，采用多项式对其进行拟合：

$$\rho(h) = \sum_{i=0}^{k} p_i h^i \tag{5.12}$$

联合式(5.8)、式(5.10)～式(5.12)可求出水下滑翔机在稳定区间内，因海水密度差异和舱体压缩导致的附加驱动净浮力为

$$m_{\text{add}}(h) = \sum_{i=0}^{k} p_i h^i (V_{\text{glider0}} - \kappa h) - \rho_{\text{balance}} V_{\text{glider0}}, h \in [h_1, h_{\max} - \Delta h] \tag{5.13}$$

附加驱动净浮力随着深度变化而不断变化。由式(5.5)可知，速度也将随深度变化而不断变化。为了降低计算量，需要对水下滑翔机运动速度计算进行简化。将稳定区间内的速度平均化为

$$V_{\text{stable}} = \frac{\int_{h_1}^{h_{\max}-\Delta h} \sqrt{|m_{\text{add}}(h) + m_b|} \mathrm{d}h}{h_{\max} - \Delta h - h_1} \sqrt{\frac{g \cos\gamma}{K_{L0} + K_L \alpha(\gamma)}} \tag{5.14}$$

除了稳定滑翔运动区间外，水下滑翔机滑翔周期中还存在一段非稳定区间$[0, h_1]$对于非稳定区间，平均运动速度可以近似为稳态区间平均速度的一半，即$0.5V_{\text{stable}}$。

将所得速度取水平方向分量，则水下滑翔机一个滑翔周期内的水平运动速度为

$$V_{\text{avr}2} = \frac{h_{\max} - \Delta h - 0.5h_1}{h_{\max} - \Delta h} V_{\text{stable}} \cos\gamma \tag{5.15}$$

5.2.2 深平均流估计方法

水下滑翔机运动分为水面阶段和水下阶段。对于一个运动周期，水面阶段通常持续数分钟，而水下阶段却持续数小时。可以将一个完整的运动周期进行如下分解：①浮出水面，得到第一次有效 GPS 值；②准备下潜与下潜前 GPS 确认；③下潜。其中，①与②对应水面阶段，而③对应水下阶段。基于上述过程，可以对深平均流进行估计。假定水下滑翔机从某点$\boldsymbol{P}_n^c$开始下潜，则一周期后其从$\boldsymbol{P}_{n+1}^a$浮出。其中n与$n+1$均对应水下滑翔机滑翔周期。对于真实海洋环境$\boldsymbol{P}_n^c$与$\boldsymbol{P}_{n+1}^a$可以由 GPS 读出，对于模拟海洋环境(后续章节用到)，则可以用海流速度与水下滑翔机水平速度的矢量和在已知海流场$\boldsymbol{V}_{\text{c_map}}$中积分来模拟 GPS 定位过程：

$$\boldsymbol{P}_{n+1}^a = \boldsymbol{P}_n^c + \int_0^{T_n} (\boldsymbol{v}_g + \boldsymbol{V}_{\text{c\_map}}) \mathrm{d}t \tag{5.16}$$

式中，T_n是第n个剖面的耗时。

除开得到实际出水位置$\boldsymbol{P}_{n+1}^a$，还可以用航位推算方法估计出理想出水位置$\boldsymbol{P}_{n+1,0}^a$：

$$\boldsymbol{P}_{n+1,0}^a = \boldsymbol{P}_n^c + \sum_{i=0}^{k} \boldsymbol{v}_{g,i} \Delta t \tag{5.17}$$

式中，Δt为导航系统的采样周期，满足条件$\sum\limits_{i=0}^{k} \Delta t = T_n$；$\boldsymbol{v}_{g,i}$为水下滑翔机在第$i$个采样周期中的水平方向速度。如果$\boldsymbol{v}_{g,i}$处处相等，令其为平均速度$\boldsymbol{V}_{\text{avr}}$，则式(5.17)可以简化为

$$\boldsymbol{P}_{n+1,0}^a = \boldsymbol{P}_n + \boldsymbol{V}_{\text{avr}} T_n \tag{5.18}$$

通常认为$\boldsymbol{P}_{n+1}^a$和$\boldsymbol{P}_{n+1,0}^a$的差距由深平均流导致，于是得到第n周期的深平均流：

$$V_{\mathrm{dac},n} = \frac{P_{n+1,0}^{a} P_{n+1}}{T_n} \tag{5.19}$$

5.2.3 估计结果

本节为三台不同水下滑翔机的速度进行计算，然后再对两种速度模型求出的水平方向平均速度V_{avr1}与V_{avr2}进行比较，后再将V_{avr2}用于求取深平均流并验证其有效性。先将它们的相同参数列出如下：

$K_{L0}=0.1201, K_L=-448.3706, K_{D0}=-5.7192, K_D=-401.4946, V_{\mathrm{glider0}}=63.75\mathrm{L}$，耐压舱压缩率系数$\kappa=0.000268\mathrm{L/m}$，$\Delta h=10\mathrm{m}$。再将三台水下滑翔机的不同参数列于表 5.1 中（其中滑翔机 1000J002 的剖面存在两种不同的俯仰角设定）。

表 5.1　三台水下滑翔机相关参数

名称	$h_{\max}$/m	剖面个数	h_1/m	ρ_{balance}/(kg/m^3)	俯仰角/(°)	净浮力/kg
1000J002	1000	30	100	1023	35 或 30	0.5
1000J003	800	21	90	1024.5	20	0.3
300K002	300	30	45	1023	20	0.5

1. 速度比较

图 5.1 给出三台水下滑翔机两种速度模型输出速度的比较及其误差，其中 1000J002 的速度及其误差对应图 5.1(a)和图 5.1(b)，1000J003 的速度及其误差对应图 5.1(c)和图 5.1(d)，300K002 的速度及其误差对应图 5.1(e)和图 5.1(f)。表 5.2 为这两种速度模型各自求取一周期速度所需平均 CPU 耗时(对应计算机型号：戴尔 OptiPlex 5050MT。操作系统：Win10 64 位系统。CPU 型号：四核 Intel i5-7500。仿真软件：MATLAB 2012a)。

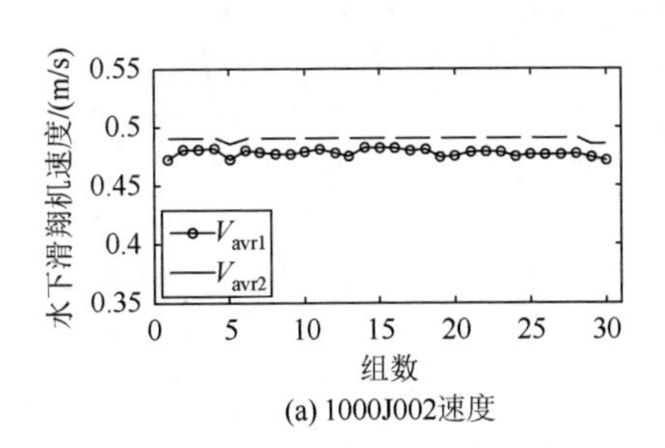

(a) 1000J002速度

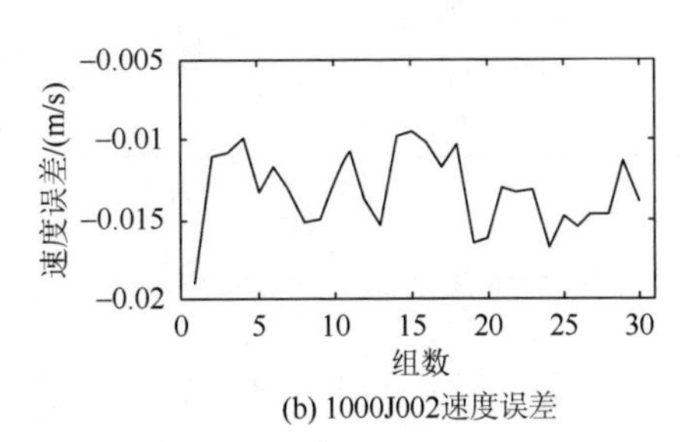

(b) 1000J002速度误差

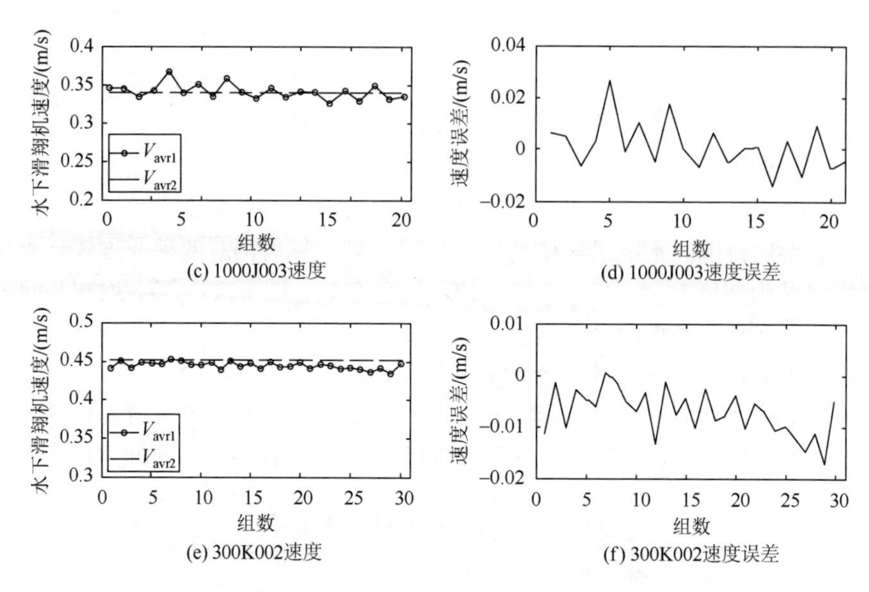

(c) 1000J003速度
(d) 1000J003速度误差
(e) 300K002速度
(f) 300K002速度误差

图 5.1 三台水下滑翔机在两种速度计算模型下的速度及其误差

由图 5.1 看出，按第一种速度模型得到的速度 V_{avr1} 与第二种速度模型得到的速度 V_{avr2} 相差均在 0.03m/s 以内，其中 1000J002 误差最大，而 300K002 的误差最小。导致误差出现的主要原因有两个：首先 $\rho_{balance}$ 是水下滑翔机重力浮力配平海水密度的理论值，实际上，因为人为操作及实验室配平环境等原因，真实配平密度与理论配平密度会存在轻微差异，求取的 V_{avr2} 会存在一些误差；其次在求取 V_{avr1} 的过程中，将垂直方向的海流忽略，这会导致求取的 V_{avr1} 存在一些误差。

由表 5.2 可以看到，求取 V_{avr1} 的时间远远多于求取 V_{avr2} 的时间。考虑到水下滑翔机在海上行驶时计算速度的实时性要求、海况及设备造成的通信问题可能导致 TCM 和 CTD 实时数据无法及时传送，第二种速度模型的优越性显而易见。

表 5.2 两种速度模型速度计算 CPU 用时比较

名称	Time_CPU1/s	Time_CPU2/s
1000J002	71.38	0.094
1000J003	123.04	0.095
300K002	39.81	0.094

2. 深平均流验证

将三台水下滑翔机 1000J002、1000J003 和 300K002 所求得的 V_{avr2} 代入式(5.18)和式(5.19)，即可得到水下滑翔机的深平均流，如图 5.2(a)、(c)、(e)所示，其中用蓝色“×”和绿色“○”表示每台水下滑翔机行驶的起点和终点，红色曲线表示每台水下滑翔机的行驶路线，黑色箭头表示各周期的深平均流。

为了验证深平均流估算的正确性，将上一滑翔周期估计出的深平均流看作下一滑翔周期的深平均流，并将其与下一滑翔周期速度进行矢量求和，可以得到基于深平均流估计的下一滑翔周期出水位置。将考虑深平均流因素预测的出水位置、不考虑深平均流因素预测的出水位置分别与下一滑翔周期真实出水位置比较，即可验证深平均流估算的有效性。先求不含深平均流的出水点预测位置与真实位置的距离，设其为 D_1，再求含深平均流的出水点预测位置与真实位置的距离，设其为 D_2。D_1 与 D_2 的直方图如图 5.2(b)、(d)、(f)所示，可以看到对于所有水下滑翔机的所有周期，考虑深平均流的水下滑翔机出水位置预测精度高于不考虑深平均流的水下滑翔机出水位置预测精度。

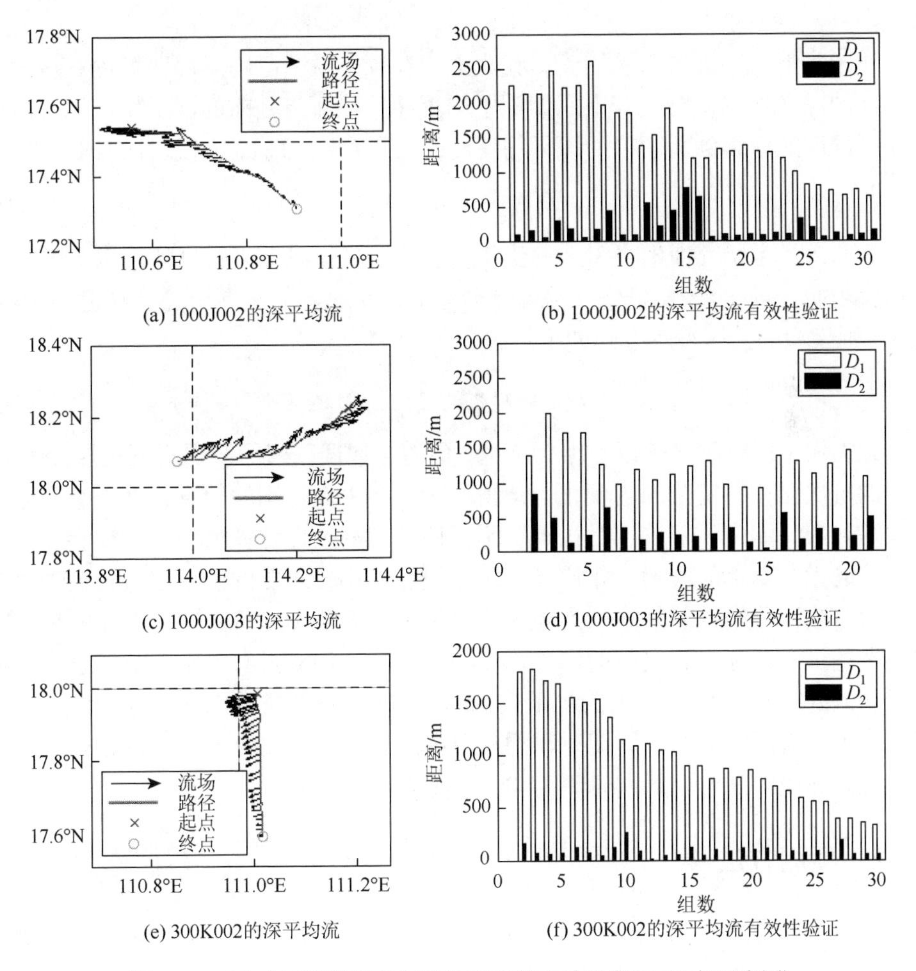

图 5.2　三台水下滑翔机的深平均流及其有效性验证(见书后彩图)

5.3 深平均流预测

5.3.1 时序建模

通常认为，时间序列作为一类特殊的随机过程，样本取值虽然随机，但必然性存在于偶然性之内，其顺序和数值大小蕴含着客观系统及其变化的信息，表现了变化的动态过程。经典时序模型如自回归移动平均(autoregressive moving average，ARMA)、自回归(autoregressive，AR)、移动平均(moving average，MA)均以系统的正态性和平稳性为前提，采用线性差分方程表示，因此只适用于线性系统。

对于水下滑翔机的深平均流，直观上，在较小时空范围局部区域内，认为下一周期的深平均流仅与上若干周期深平均流相关，而与之前的深平均流无关。对从相同深度的连续剖面获取的深平均流而言，可以建立如下的非线性自回归模型：

$$\boldsymbol{V}_{\mathrm{dac},n+1}=f(\boldsymbol{V}_{\mathrm{dac},n},\boldsymbol{V}_{\mathrm{dac},n-1},\boldsymbol{V}_{\mathrm{dac},n-2},\cdots) \tag{5.20}$$

依照海洋学研究惯例将深平均流 $\boldsymbol{V}_{\mathrm{dac}}$ 在北东坐标系下进行分解。以 u 表示深平均流东向分量，v 表示深平均流北向分量。以 η 来表示 u 或 v。选取模型的阶数为 n，则模型的具体表示方式如下：

$$\eta_{n+1}=f(\eta_n,\eta_{n-1},\cdots,\eta_1) \tag{5.21}$$

此类模型的定阶必须以数据为前提，而随机数据序列的实现不可重复。因此，模型的阶次会在一定范围内变化，选得过小，会丢失有用的信息，使对数据序列的跟踪和预测能力下降；选得过大，不但使模型复杂，计算量增大，还会对模型的跟踪能力产生负面影响。相比经典时序模型中比较成熟的模型定阶及模型适应性检验方法，非线性时间序列尚无统一、规范的方法和评价指标。对于海试中的水下滑翔机，认为半天之前的深平均流与当前深平均流没有关系，故结合一周期深平均流的耗时以 0.5～1 天为界限来选择自回归阶数。在本节中，采用的水下滑翔机深平均流试验数据一周期时间均分布在 3.5～4.5h，故而可以选定 $n=5$，对于模拟海洋环境，固定一周期时间为 4h，同样选定 $n=5$。

5.3.2 预测方法

对于时间序列，可以采用相应的时间序列预测方法对其进行预测。时间序列预测在工程、经济和自然科学等领域是一个重要的研究课题，在过去三十多年中，有关时间序列分析的理论和实践已经进入非线性时代，许多非线性时间序列模型被提出，比如双线性模型、门限自回归模型和指数自回归模型[4]。近些年来，作为一种普遍性方法，神经网络已经成为一种流行的函数逼近和时间预测的工具。另外，Suykens 等[5]首先提出的最小二乘支持向量机(LSSVM)是近年来机器学习领域的重要成果之一，其比支持向量机(support vector machine，SVM)更加简洁和紧凑，具有逼近任意复杂系统的能力和先进完备的理论体系，在非线性时间预测中表现出了良好的性能。本部分采用 BPNN 模型和 LSSVM 模型来预测深平均流时间序列。因为深平均流时间序列的特点，很多时候直接对原始序列进行预测的效果较差，一种想法是将原始序列分解成若干成分比较单一的子序列，分别对子序列进行预测，最后将预测结果相加。经验模态分解(empirical mode decomposition，EMD)方法[6]基于数据本身而不需要预先对数据进行某些变换处理，与小波算法相比，可以更准确地反映系统原有的物理特性，有更强的局部表现能力，在处理非线性、非平稳的数据中更有效。为了更好地进行深平均流预测，本节还采用了 EMD 与 BPNN 模型和 LSSVM 模型结合的方法来进行预测。

1. BPNN 模型

BPNN 是一类典型的神经网络。一个完整的 BPNN 由输入层、隐藏层与输出层构成。在其使用之前，应对隐藏层和输出层的模型阶数和神经元个数进行设定。BPNN 的结构如图 5.3 所示。

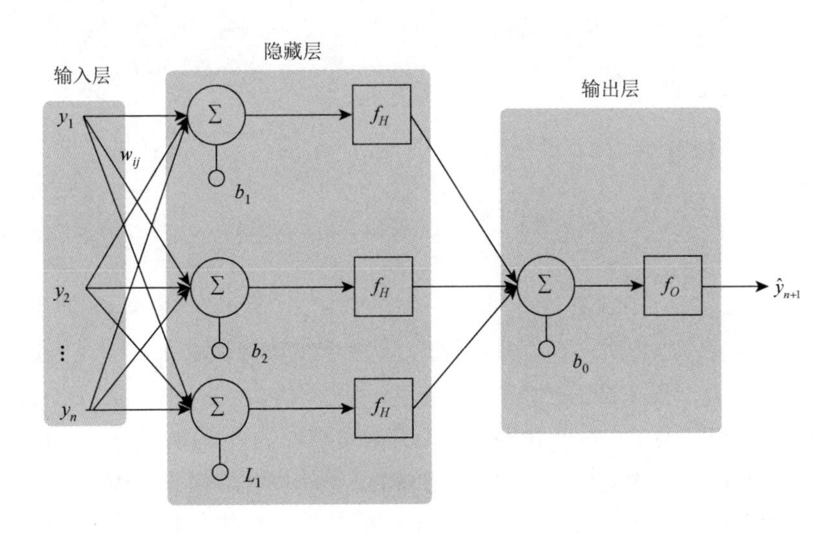

图 5.3　BPNN 结构图

在图 5.3 中，$y_j(j=1,2,\cdots,n)$代表输入；$\hat{y}_{n+1}$代表输出；$L1$ 表示隐藏层的神经元个数，其可以通过反复试验得到；$b_j(j=1,2,\cdots,L1)$对应隐藏层神经元阈值；w_{ij}表示权重；f_H为隐藏层激活函数；f_O为输出层激活函数；b_0为输出层神经元对应阈值。因为 BPNN 模型只有一个输出量，所以，输出神经元个数为 1。分别采用 tansig 和 purelin 函数作为隐藏层和输出层的激活函数，这种搭配下，神经网络可以按任意精度逼近任意函数。接下来给出采用 BPNN 模型来预测深平均流的具体过程：

（1）假定深平均流序列的长度为 len，模型阶数为 n，则每个序列可以被分解成 len−n 组数据，且每组数据的前 n 个深平均流对应 BPNN 模型的输入，第 $n+1$ 个深平均流对应目标输出。

（2）第 1 至第 len−n 组数据用于训练神经网络。在区间[−1, 1]内，将 w_{ij}和 b_j初始化为随机值，采用 Levenberg-Marquardt 方法来对网络进行训练，采用均方误差（mean square error，MSE）来评估预测误差的性能。

（3）网络训练完成之后，将第 len−$n+1$ 组数据的输入量$\eta_{\text{len}-n+1}:\eta_{\text{len}}$在网络中输入，即得到改组的输出，其对应第 len＋1 个剖面的预测深平均流$\hat{\eta}_{\text{len}+1}$。

（4）将第 len−$n+1$ 组数据输入量中的第一个深平均流数据剔除，再将$\hat{\eta}_{\text{len}+1}$加入最后位置，即可得到一组新输入量$[\eta_{\text{len}-n+2}:\eta_{\text{len}},\hat{\eta}_{\text{len}+1}]$。将其放入训练好的网络，即可得到预测深平均流$\hat{\eta}_{\text{len}+2}$。重复该过程直至得到第 len＋$N$ 个剖面的预测深平均流$\hat{\eta}_{\text{len}+N}$。

采用步骤（1）至（3），即可得到下一周期深平均流预测，采用步骤（1）至（4），即可得到下 N 周期深平均流预测。

2. LSSVM 模型

LSSVM 模型由式（5.22）给出[7]：

$$\boldsymbol{y}(\boldsymbol{x},K)=\sum_{i=1}^{K}\boldsymbol{\alpha}_i(K)k(\boldsymbol{x},\boldsymbol{x}_i)+\boldsymbol{b}(K) \tag{5.22}$$

式中，$\boldsymbol{x}=[\boldsymbol{x}_1,\boldsymbol{x}_2,\cdots\boldsymbol{x}_i,\cdots,\boldsymbol{x}_K]$对应训练集的输入；$K$ 是训练集的长度，其对应 len−n；$\boldsymbol{y}=[\boldsymbol{y}_1,\boldsymbol{y}_2,\cdots\boldsymbol{y}_i,\cdots,\boldsymbol{y}_K]^{\mathrm{T}}$对应训练集的输出，是 $\boldsymbol{x}$ 和 K 的函数；$\boldsymbol{x}_i\in\mathbb{R}^n,\boldsymbol{y}_i\in\mathbb{R}$，$\mathbb{R}^n$对应 n 维空间向量，$\mathbb{R}$ 对应 1 维空间向量，$i=1,2\cdots,K$；$\boldsymbol{\alpha}_i(K)=[\boldsymbol{\alpha}_1,\boldsymbol{\alpha}_2,\cdots,\boldsymbol{\alpha}_K]^{\mathrm{T}}$代表待求的拉格朗日乘子；$\boldsymbol{b}$ 为常值偏差，为待求量；$k(\boldsymbol{x},\boldsymbol{x}_i)$为核函数，取不同的核函数可以得到不同的支持向量机，由于 RBF 结构简单，泛化能力强，本书采用 RBF 作为模型的核函数。在利用 LSSVM 模型之前，有两个参数需要选取，这两个参数分别是核参数σ和正规化参数γ，其选择将直接影响到支持向量机的学习和泛化能力。参数选取的方案很多，常用的有交叉验证法、k-折交叉验证法、进

化算法和留一法等，本书采用留一法来选取这两个参数。这里需注意到每组训练数据对应 $n+1$ 个深平均流，留一法至少需要两组训练数据，因此，K 不能小于 2，LSSVM 模型可以从第 $n+2$ 个剖面之后开始预测。

3. EMD 方法

从本质上讲，EMD 方法是对时间序列进行平稳化处理，其结果是将信号中不同尺度的波动或趋势逐级分解开来，产生一系列具有不同特征尺度的数据序列，每一个序列称为一个本征模态函数（intrinsic mode function，IMF），每一个 IMF 代表了原信号中所包含的一个尺度波动成分，而余项通常代表原信号的趋势或均值。本征模态函数必须满足两个条件：①在整个数据序列内，极值点的数量与过零点的数量必须相等或最多相差一个；②数据序列关于时间轴局部对称，即在任一时间点上，局部均值为零。

EMD 方法的主要过程如下。

(1) 找到待分解信号 $X(t)$ 的全部极大值和极小值点，利用三次样条函数分别拟合为该信号的上包络线 $e_+(t)$ 和下包络线 $e_-(t)$，可以求得两条包络线的平均值：

$$m_1(t)=\frac{e_+(t)+e_-(t)}{2} \tag{5.23}$$

还可以求得原始信号与式(5.23)所表示的平均信号之差：

$$h_1^1(t)=X(t)-m_1(t) \tag{5.24}$$

(2) 一般 $h_1^1(t)$ 不为平稳信号，其不满足 IMF 要求。重复步骤(1) k_1 次（k_1 一般小于 10）直到 $h_1^{k_1}(t)$ 满足 IMF 条件。则可以得到 $X(t)$ 的第一个 IMF 分量：

$$c_1(t)=\mathrm{IMF}_1(t)=h_1^{k_1}(t) \tag{5.25}$$

$X(t)$ 与第一个 IMF 分量的差值可以给出如下：

$$r_1(t)=X(t)-c_1(t) \tag{5.26}$$

(3) 选取 $r_1(t)$ 作为原始信号进行过程(1)与(2)直到 EMD 过程出现中止过程，中止过程通常采用两种判断准则：一种是最后一个 IMF 分量或者残余量小于预设值，另一种是残余量变成一个单调函数或者常量。EMD 的最终结果可表示为

$$X(t)=\sum_{i=1}^{n}c_i(t)+r_n(t) \tag{5.27}$$

式中，$c_i(t)$ 表示第 i 个 IMF 分量，代表原始信号 $X(t)$ 中不同特征尺度的信号分量；

n 表示 IMF 分量的个数；r_n 表示剩余分量，反映了原始信号 $X(t)$ 的变化趋势。因此，EMD 可以将信号 $X(t)$ 分解成 n 个不同频率的平稳分量(IMF)和一个趋势项之和。采用 EMD 结合预测模型(包括 BPNN 或者 LSSVM)来预测深平均流的过程如图 5.4 所示。

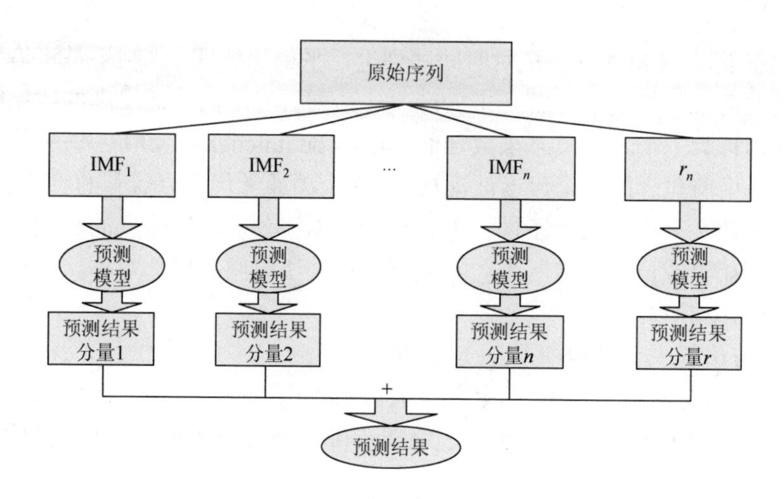

图 5.4　含 EMD 的深平均流预测过程

5.3.3　结果与分析

本节首先在模拟海流场中将水下滑翔机看作一个运动的牛顿粒子来生成实时深平均流，再采用上述四种预测方法来进行深平均流预测。然后采用中国科学院沈阳自动化研究所的“海翼”号水下滑翔机(1000J003 和 1000J005)在海试中获得的深平均流数据来验证这些预测模型。预测分为一周期预测和 N 周期预测，在本节统一取 $N=4$。在使用本节的方法进行预测之前，应对数据进行无量纲化处理，将其规范到[0, 1]区间内以减少数值计算的复杂度，这可以避免数据中较大值控制训练过程。如果深平均流数据全体为 $\boldsymbol{\eta}$，则归一化后的数据全体为

$$\bar{\boldsymbol{\eta}} = \frac{\boldsymbol{\eta} - \min(\boldsymbol{\eta})}{\max(\boldsymbol{\eta}) - \min(\boldsymbol{\eta})} \tag{5.28}$$

在归一化之后，需要再用反归一化方法来处理预测数据 $\hat{\boldsymbol{\eta}}_{\text{nor}}$，反归一化过程如式(5.29)所示：

$$\hat{\boldsymbol{\eta}} = \hat{\boldsymbol{\eta}}_{\text{nor}}(\max(\boldsymbol{\eta}) - \min(\boldsymbol{\eta})) + \min(\boldsymbol{\eta}) \tag{5.29}$$

用均方根误差(root mean square error，RMSE)作为预测性能评价指标。为了

避免不合理的预测值出现，还设置两个阈值$1.2\times\max(\boldsymbol{\eta})$和$1.2\times\min(\boldsymbol{\eta})$分别作为预测结果的上下限。

1. 仿真环境的深平均流预测

为了验证水下滑翔机海试中深平均流实时预测的效果，在仿真环境下进行实时深平均流预测。在 $300\text{km}\times300\text{km}$ 的二维海域中，环境被划分为 $1\text{km}\times1\text{km}$ 的方格，在每个方格中均有已知海流用于模拟水下滑翔机的 GPS 定位过程，固定水下滑翔机航向为 45°，忽略水面阶段水下滑翔机用时。速度大小为 $v_g=0.35\text{m/s}$，选取 $L1=10$。水下滑翔机在行驶完第 4 个剖面之后，这四种预测模型均可以较好地开始进行预测。

取非时变双曲海流场作为模拟海流场，这样得到的深平均流数据比较平稳，双曲海流场按如下定义给出：

$$u=-\pi A\sin(\pi f(x_1))\cos(\pi y_1)$$

$$v=\pi A\cos(\pi f(x_1,t))\sin(\pi y_1)\frac{\mathrm{d}f}{\mathrm{d}x_1}$$

式中，$x_1=\dfrac{x}{100},y_1=\dfrac{y}{100}$，$0\leqslant x\leqslant300\text{km},0\leqslant y\leqslant300\text{km}$，$x$ 与 y 的范围和二维区域相对应；$f(x_1,t)=a(t)x_1^2+b(t)x_1,a(t)=\varepsilon\sin(\omega t),b(t)=1-2\varepsilon\sin(\omega t)A$，其中 ε 与流场的振幅有关，ω 代表频率。设定 $A=0.04,\varepsilon=0.25,\omega=0.2\pi$。固定时刻 $t=9\text{s}$。

水下滑翔机从起点开始连续行驶 60 个剖面周期，用预测模型对深平均流进行实时预测。因为 5.3.2 节所提到的原因，所有预测方法均可在第 7 个剖面之后有效。首先在图 5.5 中给出深平均流的 EMD 图。此处需注意随着水下滑翔机的行驶，每次新增加一个剖面即对应一次新的 EMD。不过为了表述的方便性，在图 5.5 中只给出全部剖面行驶完成之后的 EMD。接着给出单周期预测和四周期预测。将单周期预测结果在图 5.6 和表 5.3 中给出，将预测误差在图 5.7 中给出。将四周期预测结果在图 5.8 和表 5.4 中给出，将预测误差在图 5.9 中给出。注意到在单周期预测中共产生 53 个深平均流预测值，而在四周期预测中共产生 50×4 个深平均流预测值。对于前者，将所有预测值和误差画在一张图上较为容易（图 5.6 和图 5.7），对于后者，将所有结果画在一张图中却并不方便，因此在图 5.8 和图 5.9 中，将它们画成多个子图。另外进行如下说明：在图 5.8 和图 5.9 中 len 表示第 len 周期之后，图 5.8 中采用局部放大图来显示更好的视觉效果，出于同样的原因，len 周期之前的深平均流未被画出。在图 5.9 中，x 轴的数字对应第 len 周期之后的 4 个剖面。

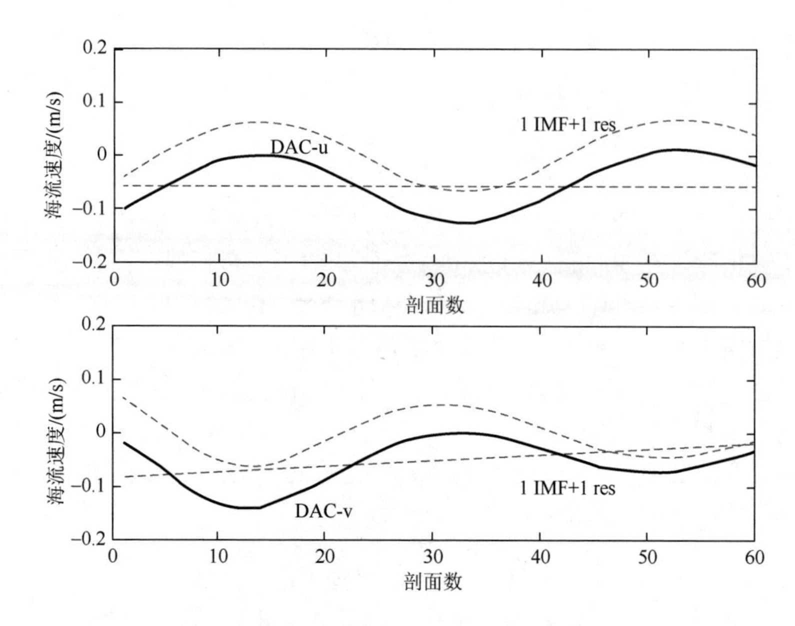

图 5.5　60 组深平均流数据及其 EMD(海流较平稳)(见书后彩图)

黑色线代表深平均流数据(DAC-u 表示深平均流东向分量，DAC-v 表示深平均流北向分量，下同)，蓝色虚线表示 IMF 子序列(1 IMF 表示 1 个 IMF 分量，下同)，红色虚线表示剩余子序列(1 res 表示 1 个残余分量，下同)。

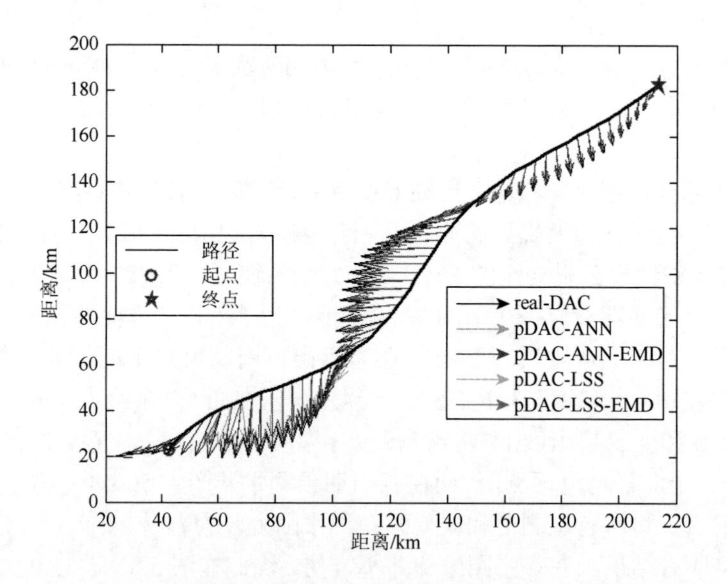

图 5.6　实时深平均流单周期预测(海流较平稳)(见书后彩图)

real-DAC 表示真实深平均流，pDAC-ANN 表示采用神经网络方法预测的深平均流，pDAC-ANN-EMD 表示采用经验模态分解-神经网络方法预测的深平均流，pDAC-LSS 表示采用最小二乘支持向量机方法预测的深平均流，pDAC-LSS-EMD 表示采用经验模态分解-最小二乘支持向量机方法预测的深平均流，下同。

表 5.3 海流较平稳情形下的水下滑翔机单周期深平均流预测

RMSE	EMD-BPNN	BPNN	EMD-LSSVM	LSSVM
u	0.0045	0.0047	0.0022	0.0018
v	0.0050	0.0053	0.0038	0.0039

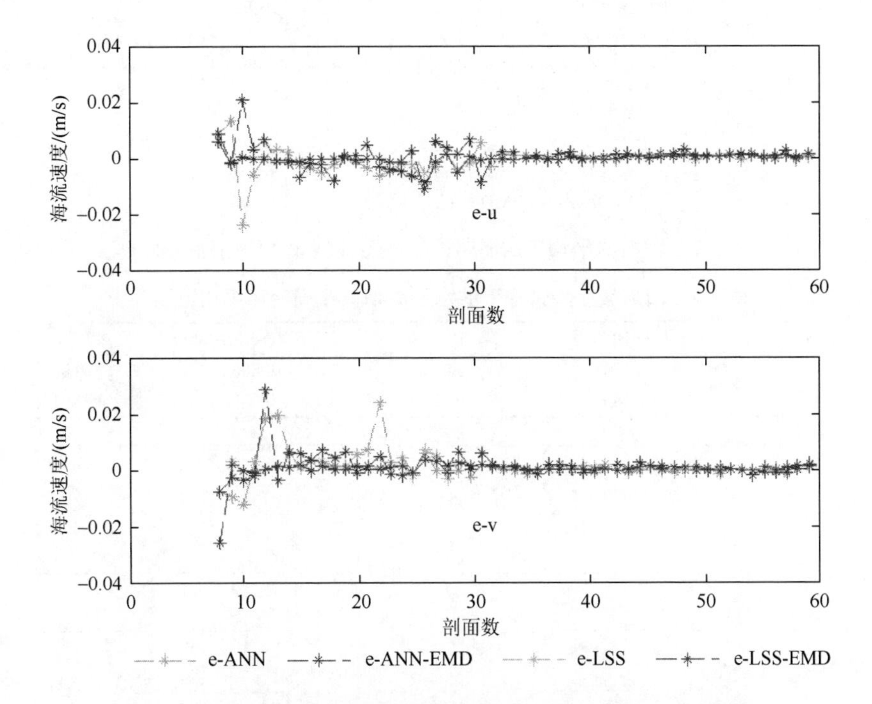

图 5.7 实时深平均流单周期预测误差(海流较平稳)(见书后彩图)

e-ANN 表示神经网络方法预测误差，e-ANN-EMD 表示经验模态分解-神经网络方法预测误差，e-LSS 表示最小二乘支持向量机方法预测误差，e-LSS-EMD 表示经验模态分解-最小二乘支持向量机方法预测误差，e-u 表示深平均流东向分量预测误差，e-v 表示深平均流北向分量预测误差，下同。

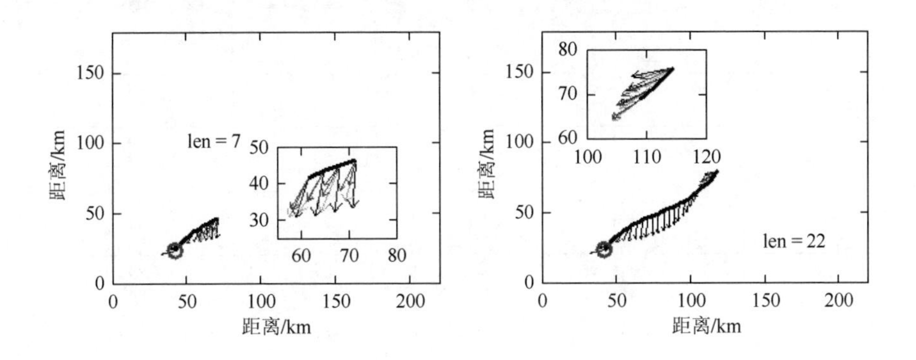

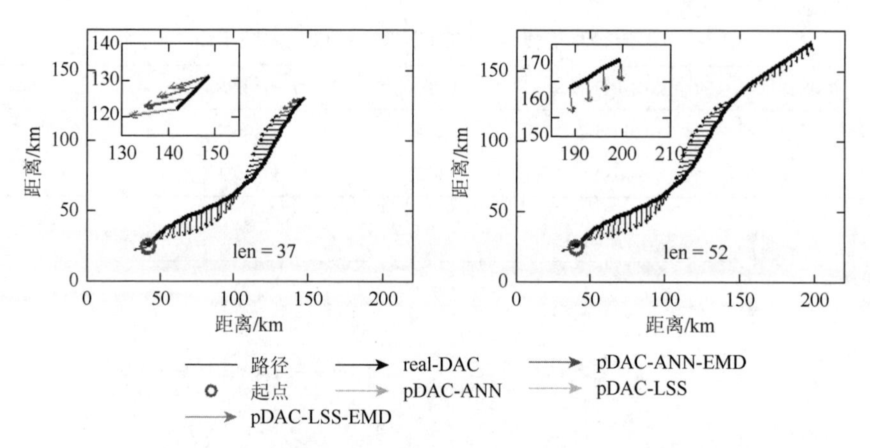

图 5.8　实时深平均流四周期预测(海流较平稳)(见书后彩图)

表 5.4　海流较平稳情形下的水下滑翔机四周期深平均流预测

RMSE	EMD-BPNN	BPNN	EMD-LSSVM	LSSVM
u	0.0133	0.0131	0.0064	0.0059
v	0.0183	0.0111	0.0076	0.0106

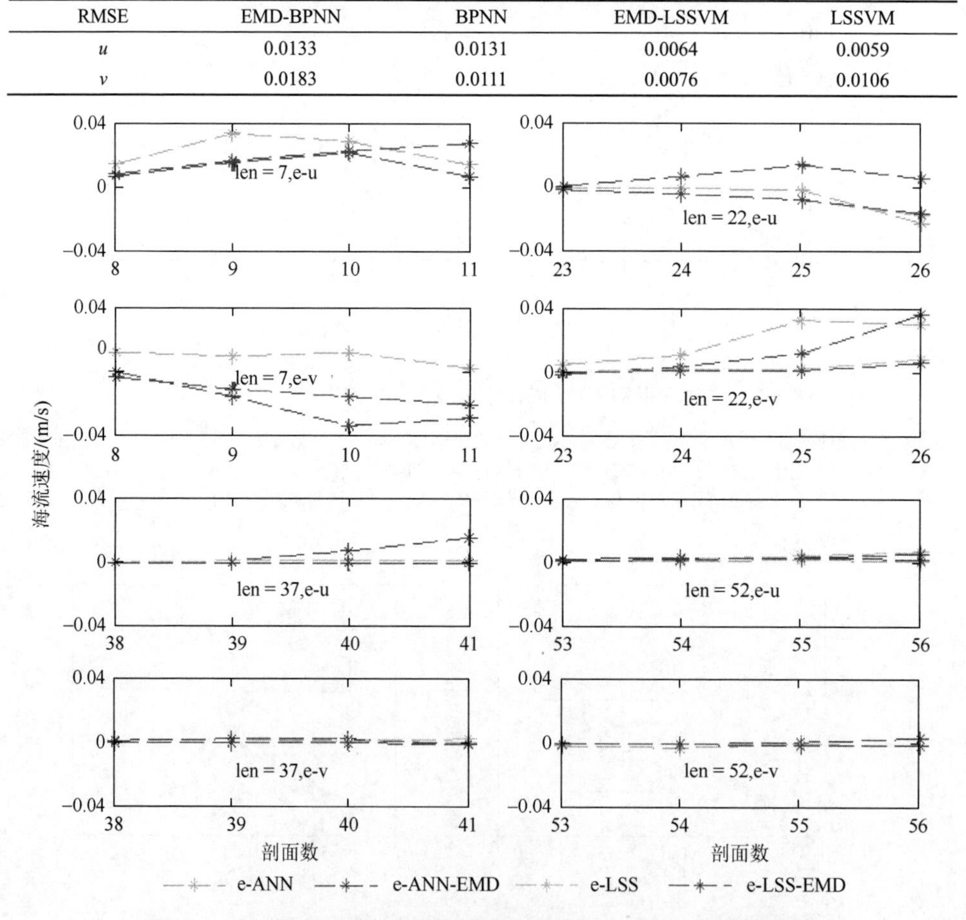

图 5.9　实时深平均流四周期预测误差(海流较平稳)(见书后彩图)

上面模拟了平稳的海流，其对应较好的海况。在海试中，有时糟糕的海况或者复杂的局部海流会使得深平均流规律性极差，看起来非常紊乱。为了模拟紊乱海流的情形，考虑时变双曲海流场，流函数和各参数与上面完全相同。此次时间不再为固定值，每小时其更新一次，从 0s 向 50s 变化，步长为 1s，如果溢出则从 0 开始进行新一轮更新。与前文一样，水下滑翔机从起点开始连续行驶 60 个剖面周期，然后给出预测结果。仿照之前，将紊乱情形的深平均流及其 EMD 在图 5.10 中给出。单周期预测结果在图 5.11 和表 5.5 中给出，误差在图 5.12 中给出。四周

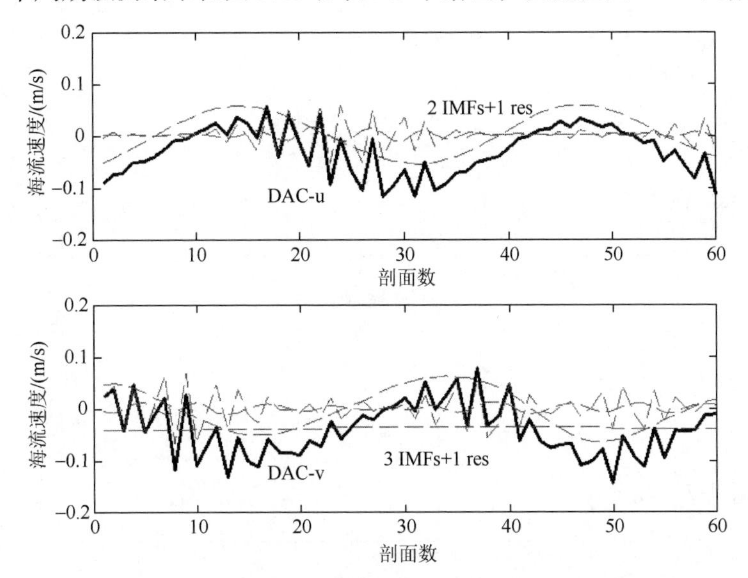

图 5.10　深平均流数据及其 EMD(海流紊乱)(见书后彩图)

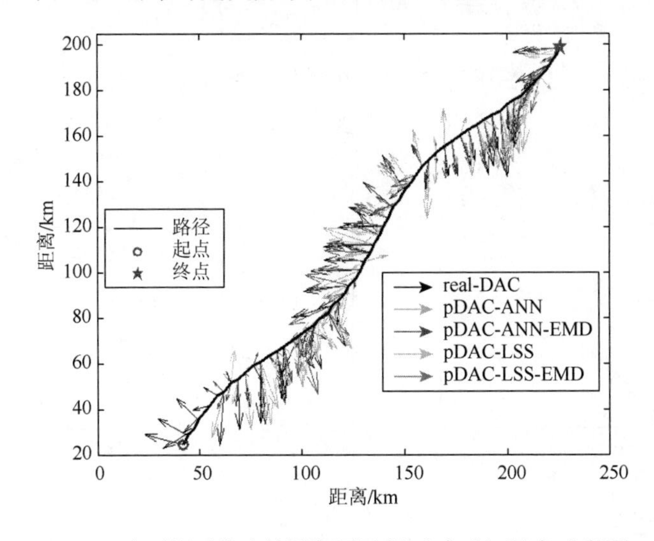

图 5.11　实时深平均流单周期预测(海流紊乱)(见书后彩图)

期预测结果在图 5.13 和表 5.6 中给出，误差在图 5.14 中给出。

表 5.5　海流紊乱情形下的水下滑翔机单周期深平均流预测

RMSE	EMD-BPNN	BPNN	EMD-LSSVM	LSSVM
u	0.0235	0.0416	0.0201	0.0261
v	0.0372	0.0575	0.0264	0.0343

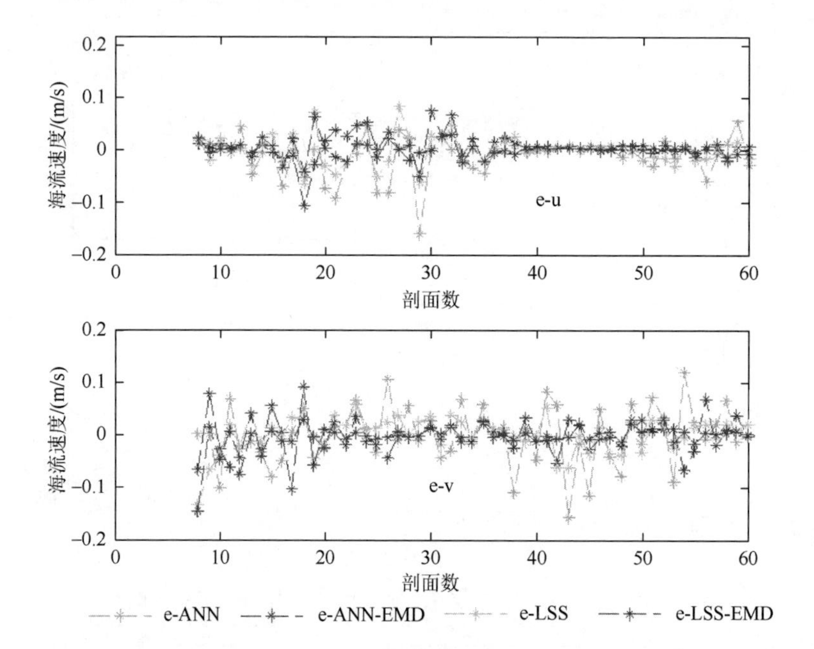

图 5.12　实时深平均流单周期预测误差(海流紊乱)(见书后彩图)

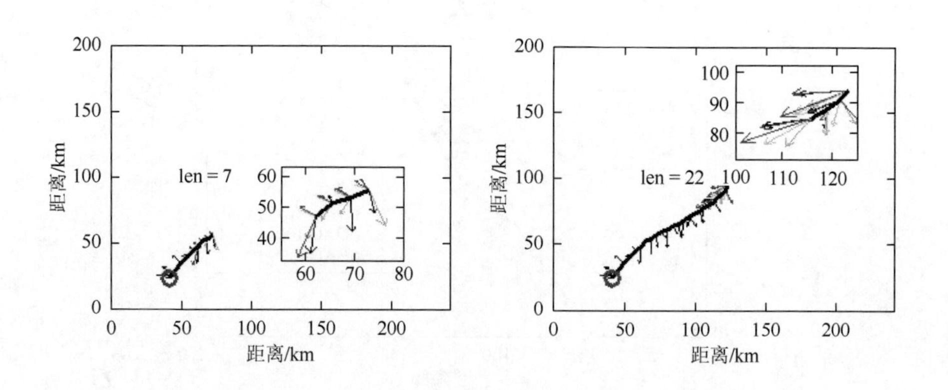

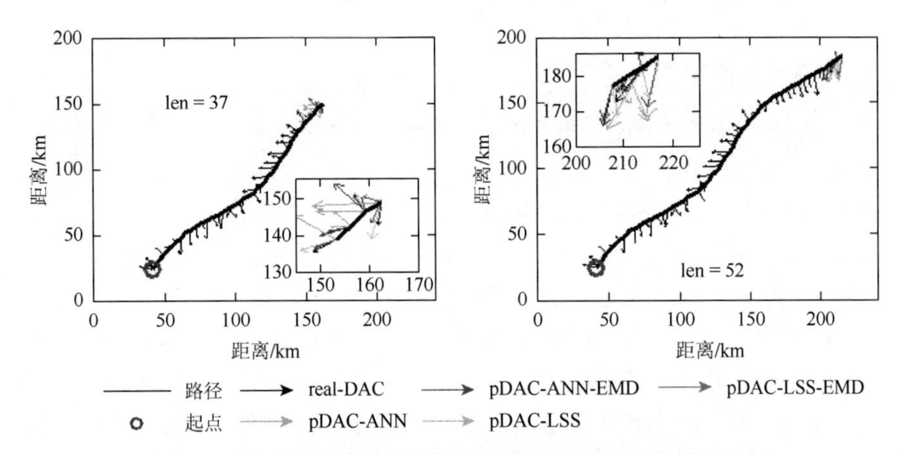

图 5.13　实时深平均流四周期预测(海流紊乱)(见书后彩图)

表 5.6　海流紊乱情形下的水下滑翔机四周期深平均流预测

RMSE	EMD-BPNN	BPNN	EMD-LSSVM	LSSVM
u	0.0470	0.0485	0.0334	0.0353
v	0.0492	0.0617	0.0298	0.0376

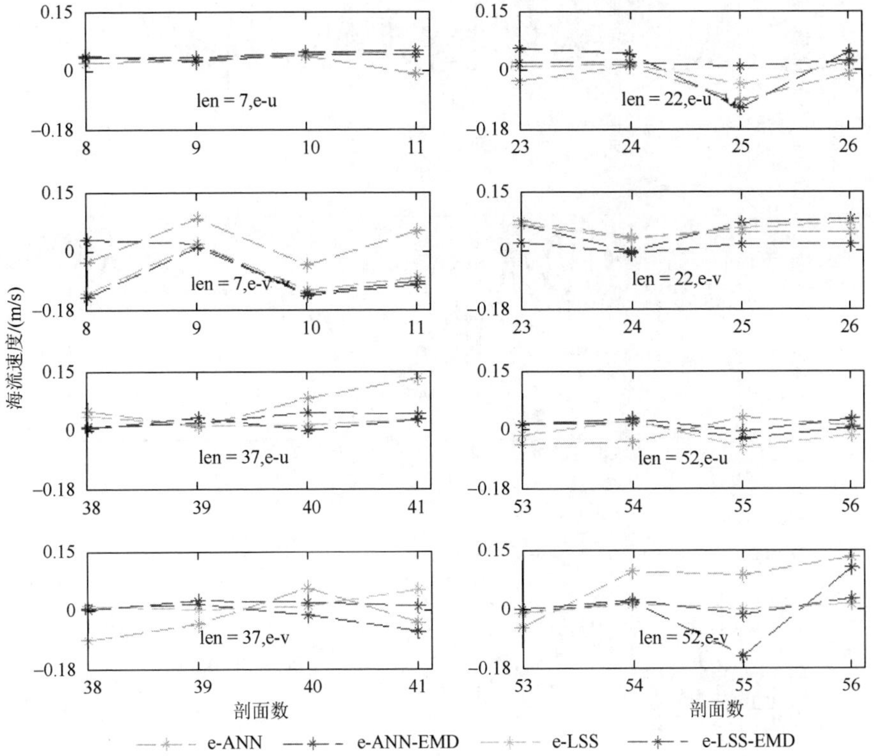

图 5.14　实时深平均流四周期预测误差(海流紊乱)(见书后彩图)

2. 海试数据的深平均流预测

在本部分，取两组海试数据(包括“海翼”号 1000J003 的 201 组和“海翼”号 1000J005 的 133 组深平均流数据)来验证深平均流预测模型。海试地点在中国南海，海试时间从 2015 年的 4 月末到 6 月初。所有剖面的最大深度均为 1000m，每个剖面所需时间均分布于 3.5～4.5h(不同的设置，如输入浮力、俯仰角不同将导致不同的时间)。与仿真环境中一致，取 $L1=10$，$L2=1$，利用本书的四种预测模型对这些深平均流进行测试,所有模型均可以在第 7 组深平均流之后进行预测。

图 5.15 中给出两组数据的 EMD，然后在图 5.16 中给出两组数据的单周期预测，在图 5.17 中给出预测误差，在表 5.7 和表 5.8 中给出预测评估。同样，在图 5.18 和图 5.19 中给出两组数据的四周期预测，在图 5.20 和图 5.21 中给出两组数据的四周期预测误差，在表 5.9 和表 5.10 中给出预测评估。

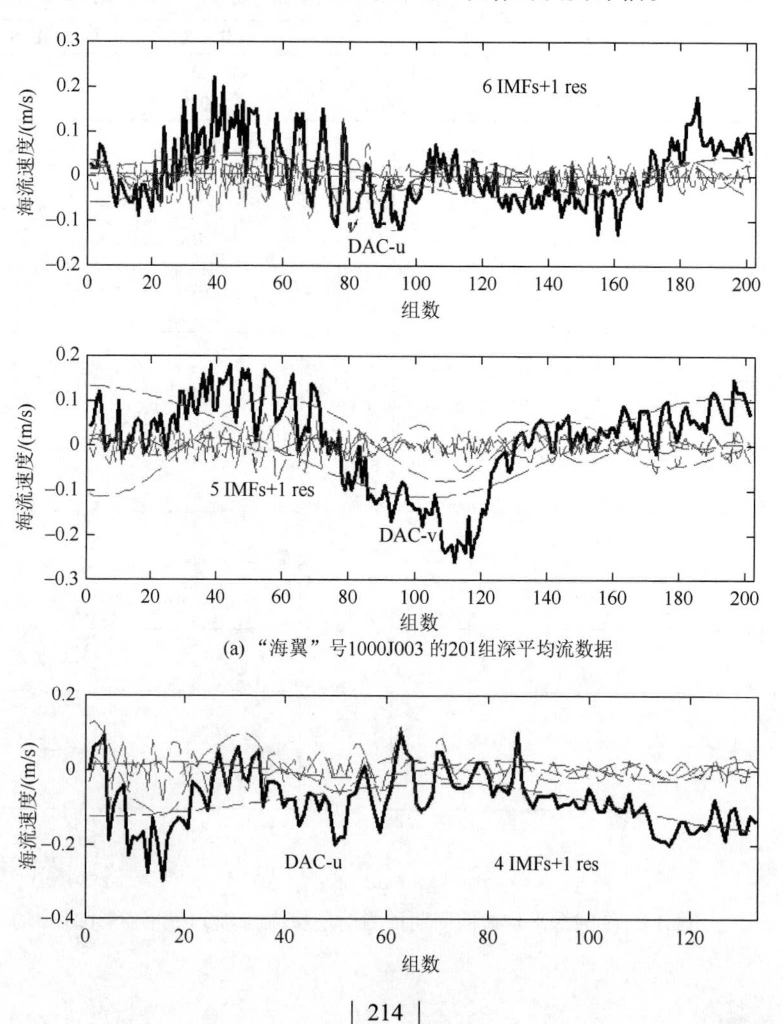

(a) “海翼”号1000J003 的201组深平均流数据

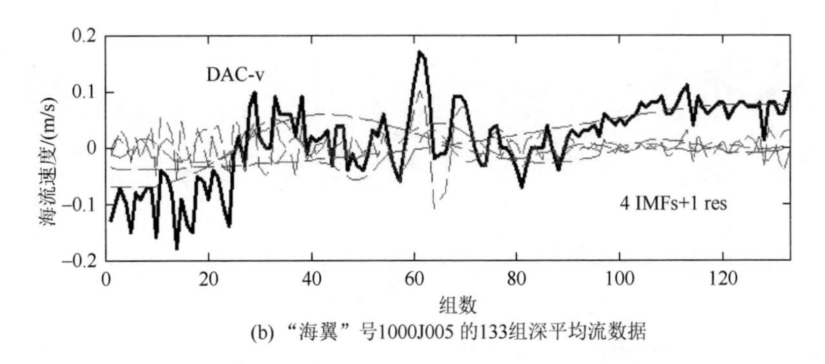

(b) “海翼”号1000J005 的133组深平均流数据

图 5.15 两组深平均流数据及其 EMD(见书后彩图)

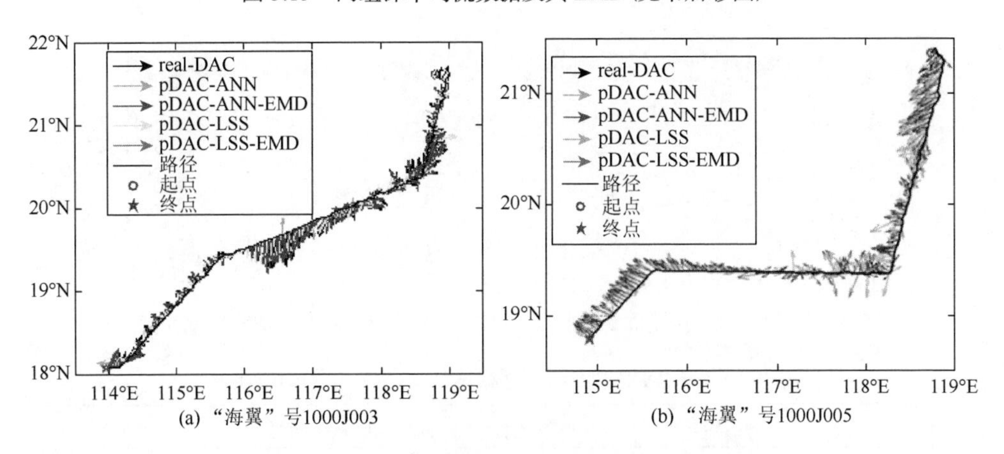

(a) “海翼”号1000J003　　(b) “海翼”号1000J005

图 5.16 两组海试数据的单周期预测(见书后彩图)

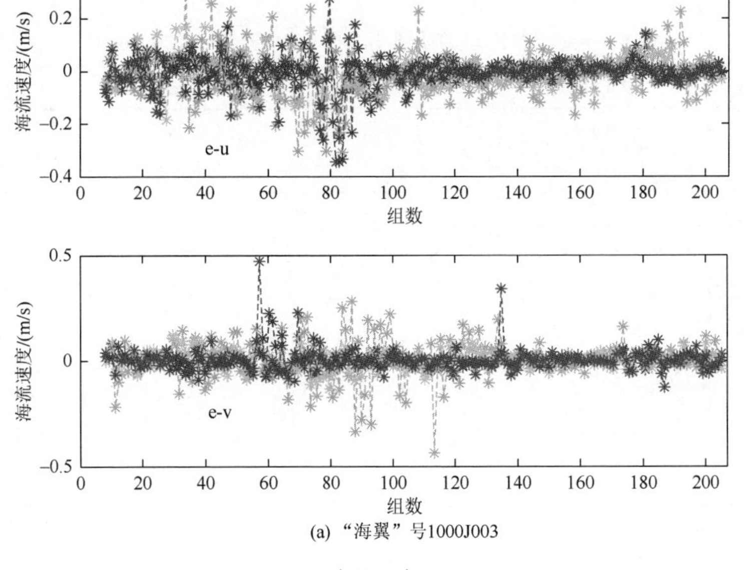

(a) “海翼”号1000J003

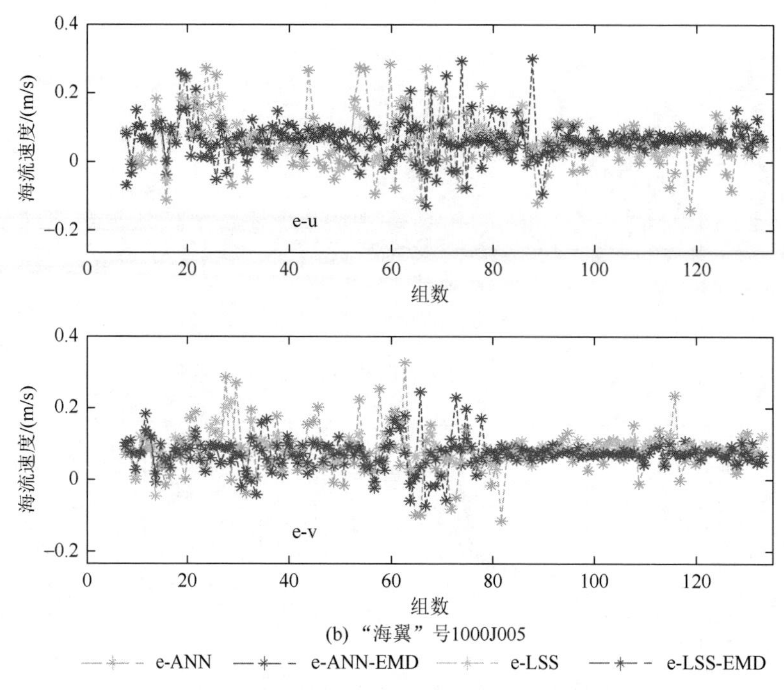

图 5.17　两组海试数据的单周期预测误差(见书后彩图)

表 5.7　海试数据单周期预测结果(“海翼”号 1000J003)

RMSE	EMD-BPNN	BPNN	EMD-LSSVM	LSSVM
u	0.0814	0.1029	0.0402	0.0613
v	0.0636	0.1000	0.0270	0.0436

表 5.8　海试数据单周期预测结果(“海翼”号 1000J005)

RMSE	EMD-BPNN	BPNN	EMD-LSSVM	LSSVM
u	0.0832	0.1058	0.0404	0.0561
v	0.0622	0.0862	0.0332	0.0472

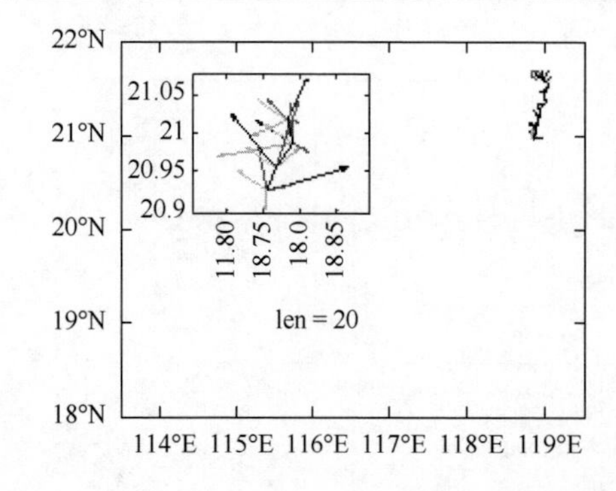

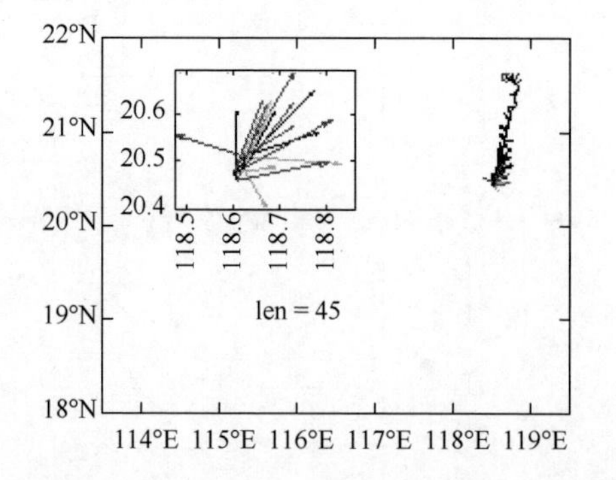

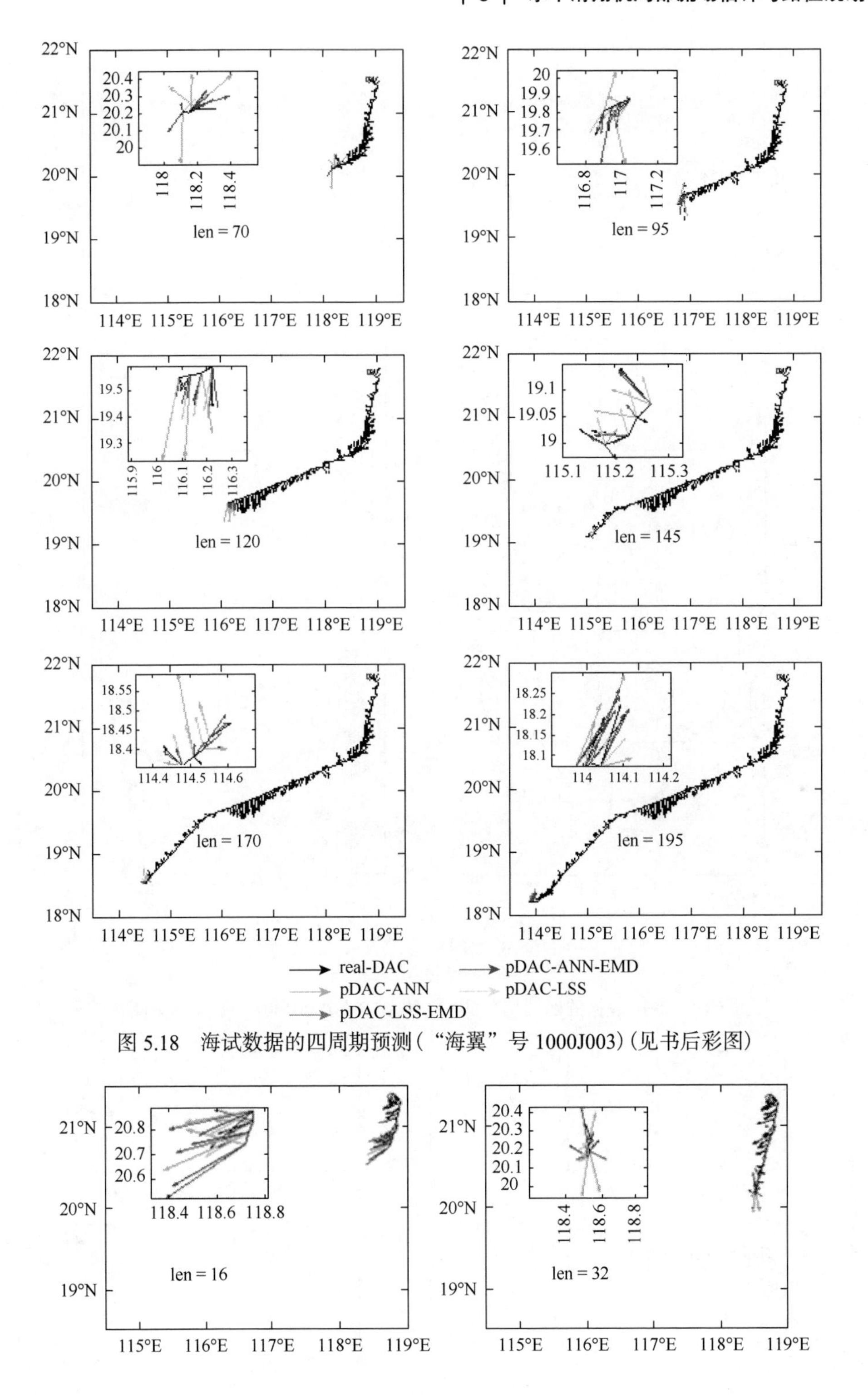

图 5.18 海试数据的四周期预测（“海翼”号 1000J003）(见书后彩图)

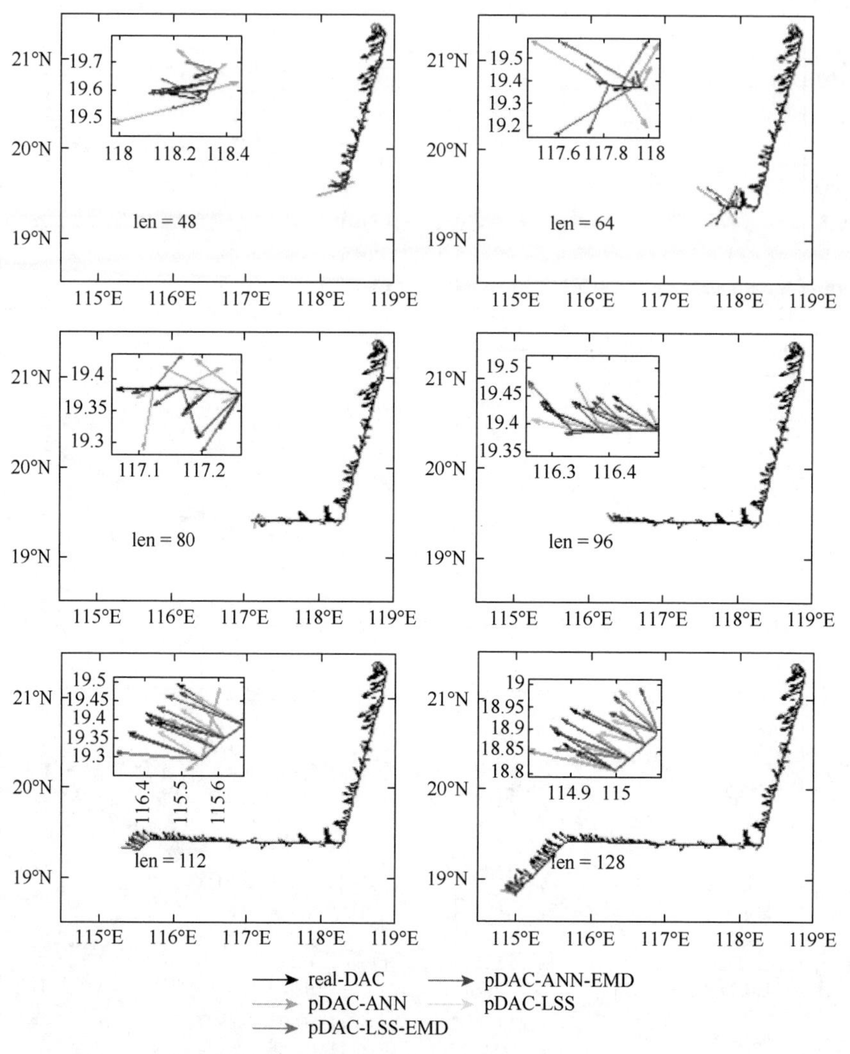

图 5.19 海试数据的四周期预测（“海翼”号 1000J005）（见书后彩图）

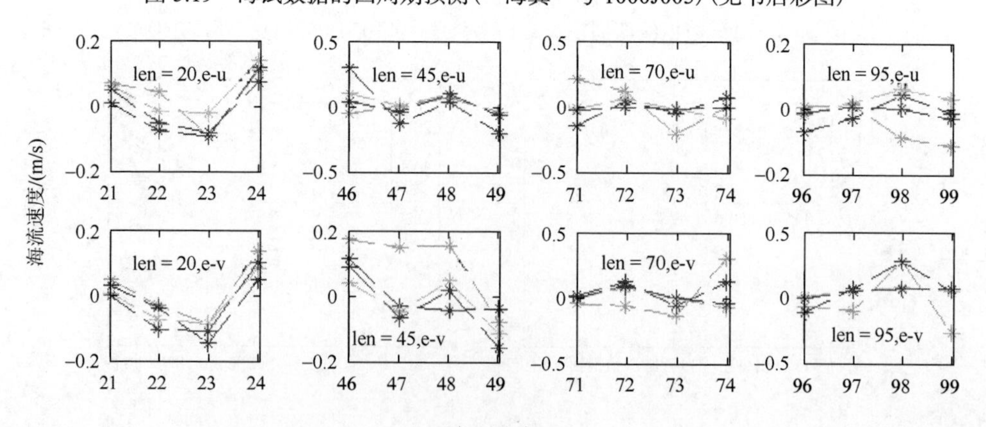

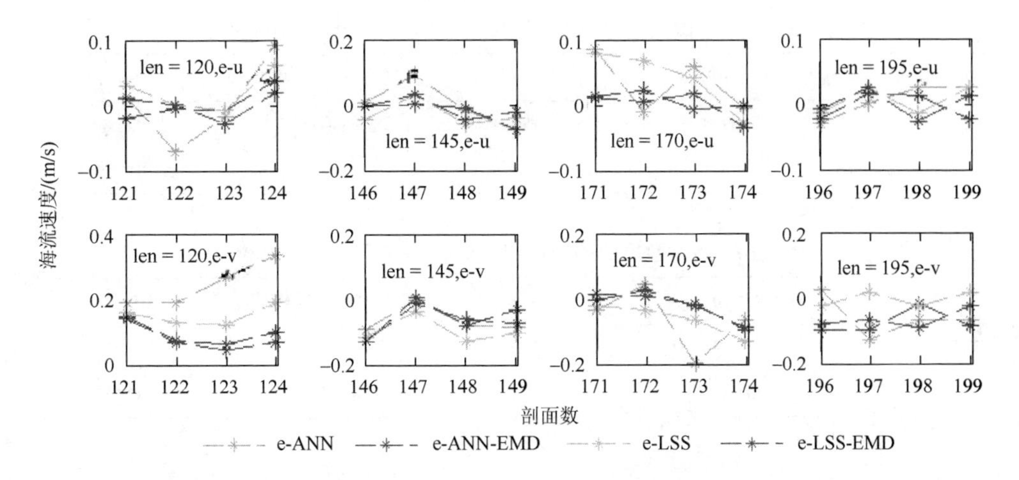

图 5.20 海试数据的四周期预测误差（“海翼”号 1000J003）(见书后彩图)

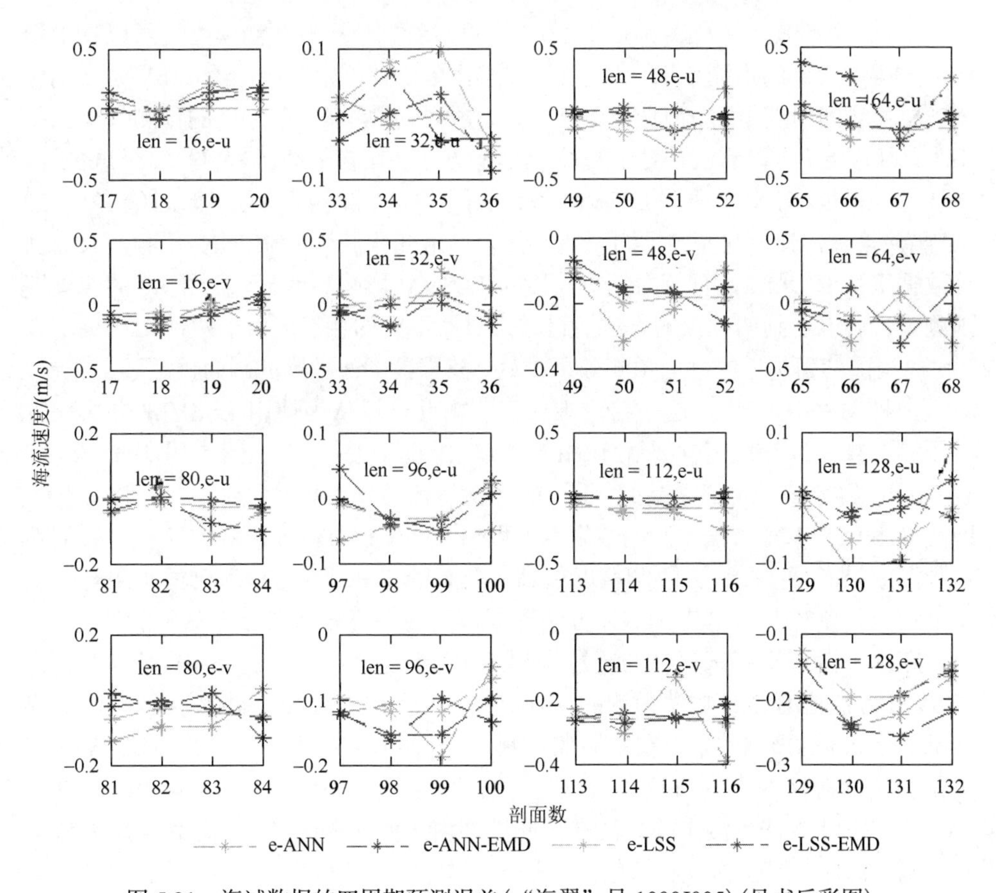

图 5.21 海试数据的四周期预测误差（“海翼”号 1000J005）(见书后彩图)

表 5.9　海试数据四周期预测结果（“海翼”号 1000J003）

RMSE	EMD-BPNN	BPNN	EMD-LSSVM	LSSVM
u	0.0932	0.1186	0.0417	0.0658
v	0.0971	0.1253	0.0354	0.0525

表 5.10　海试数据四周期预测结果（“海翼”号 1000J005）

RMSE	EMD-BPNN	BPNN	EMD-LSSVM	LSSVM
u	0.1184	0.1356	0.0465	0.0739
v	0.0888	0.1128	0.0428	0.0527

3. 结果分析

从图 5.6 至图 5.9 及表 5.3 和表 5.4 中可以看到，所有预测模型均可以在平稳海流中得到较好的预测结果，无论是单周期预测还是四周期预测，LSSVM 预测比 BPNN 预测的精度更高，而加入 EMD 后的预测效果和不加 EMD 的预测效果相差不大。从图 5.7 可以看到，对于两种 BPNN 方法，在若干剖面(大约 32 个)之后误差波动变得很小，对于两种 LSSVM 方法，除开最初和中间的几个剖面(第 25～32 个)误差较大，其余剖面的预测误差非常小。由此我们认为 BPNN 预测效果受训练数据组长度影响，而训练数据组长度对 LSSVM 影响不明显。在图 5.9 的四周期预测中，可以看到四种预测方法所得结果具有不同的特点。对于两种 LSSVM 方法，离当前剖面越近的剖面预测效果越好，离当前剖面越远的剖面预测效果越差，对于两种 BPNN 方法，这一结论不成立。由此可以认为使用 LSSVM 方法来进行预测的规律性和稳定性要优于 BPNN 方法。通过图 5.11 至图 5.14 及表 5.5 和表 5.6 可以看到，在海流紊乱的例子中，预测海流的真实性大大降低，在此情况下，即使 EMD-LSSVM 方法预测的效果也不理想，只有 EMD-LSSVM 方法在一些剖面中预测效果尚可接受，其预测精度最高，其余的三种预测方法得到的结果与真实深平均流相差较大，尤其 BPNN 方法预测得到的海流和真实海流没有相似性。

在水下滑翔机海试深平均流数据预测中，通过表 5.7～表 5.10 可以看到，LSSVM 方法比 BPNN 方法预测的精度更高，并且加入 EMD 后的预测效果明显优于不加 EMD 的预测效果。在单周期预测中(图 5.16 和图 5.17)，EMD-LSSVM 方法预测出的海流与真实海流非常接近，在四周期预测中(图 5.18 至图 5.21)，EMD-LSSVM 方法预测出的海流在一些周期内相似度也比较高，而 BPNN 方法预测得到的海流与真实海流相差较大。通过误差图(图 5.17、图 5.20、图 5.21)还可以发现这几种预测方法的规律性不强。

上述分析表明，将深平均流数据当作时间序列进行预测是有效的。对于海况较好、海流平稳的情形，直接用 LSSVM 或 BPNN 方法，不用加入 EMD 就可以得到较好的预测结果。而对于海况较差、海流紊乱的情形，EMD-LSSVM 方法可以得到较好的预测结果。另外，需要指出的是，本节中的深平均流数据为模拟数据或者历史海试数据，对于真实海试的实时预测，EMD-LSSVM 方法的预测效果还有待进一步确认。其原因在于：本节中的 EMD 基于全部数据的一次性分解，所谓全部数据即训练数据与待预测数据，对于真实海试中的实时深平均流预测，待预测数据是未知的，EMD 方法在应用时仅能分解训练部分，两种不同分解方案得到的 EMD-LSSVM 方法预测结果可能存在一些差别，对类似问题的介绍与讨论见文献[8]。

5.4 局部流场下的水下滑翔机路径规划

水下滑翔机作为一种自主式中小尺度海洋采样观测平台，在行驶区域中设计合理的规划任务必不可少。自从水下滑翔机和 AUV 这类自主式移动水下平台出现之后，路径规划问题便一直被学者所关注。在已有的路径规划方法[7-9]中均假定全局海流信息精准已知，实际上全局海流信息由预报获取，而海流预报又存在大量误差，空间分辨率太低，最长预报时限较短，获取不易等一系列问题导致其实际应用存在诸多困难。于是很多学者采用其他的手段获取局部海流信息来指导水下滑翔机和 AUV 的路径规划。Huang 等[9]将过去周期的深平均流进行简单的加权计算得到下周期的深平均流，并以此为依据给出了水下滑翔机航向的优化方案。Chang 等[10]结合潮流模型预测了深平均流，并将深平均流信息加入了路径规划，改善了水下滑翔机的导航精度。Hackbarth 等[11]假定流场的动力学特点已知，利用集合卡尔曼滤波和 AUV 所携带的测流计，结合数据同化技术来估计流场，然后以协方差最小化为目标，规划了 AUV 路径。

在前面考虑局部海流的路径规划案例中，局部海流的获取有的需要依赖测流传感器[11]或额外模型[10]，有的虽然不需要这两者，但获取方法过分粗略[9]。总体说来，这些方法有着各自的不足。本节考虑这些不足，对局部海流环境下的水下滑翔机路径规划进行研究。同时，因为路径跟踪是水下滑翔机的一种常见应用，为了测试水下滑翔机性能，也为了回收的便利性，经常在指定海域内设置一些预设路径，让水下滑翔机对其进行跟踪，其属于一种特殊的路径规划。考虑到研究的相似性，本节的研究包括路径规划与路径跟踪两部分。

由深平均流预测方法得到的预测结果只能确定未来剖面中深平均流的大小与方向，并没有对深平均流(剖面)的时空位置进行明确指定。实际上如果假定所预测深平均流的时空位置不同，其预测误差会存在较大差别。因为预测出的深平均流并不包含时空位置信息，且其无法表征水下滑翔机剖面之外的海流信息，因此，在其应用时仍存在一些局限性。本节首先介绍基于预测深平均流构建局部流场的方法，再基于局部流场设计水下滑翔机局部路径规划方法和路径跟踪方法。

5.4.1 局部流场重构

由于预测深平均流只存在于水下滑翔机的运动周期所在的位置，而应用中通常需要得到周边环境流场的信息，结合深平均流预测及客观分析技术即可实现这一目的。需要对预测的未来周期深平均流进行时空位置确定，为简单起见，在后文的仿真中所用到的流场均为非时变流场，所以这里仅对预测深平均流的空间位置进行确定。考虑 5.3 节中提到 EMD-LSSVM 方法预测最精准，故本节只用该方法对深平均流进行预测。假定由 EMD-LSSVM 方法预测出未来 M 个剖面的深平均流，并且规定这 M 个深平均流序列所对应剖面航向与上个剖面的航向保持一致，对应深平均流分别为 $\hat{\boldsymbol{V}}_{\text{dac-}n,1},\hat{\boldsymbol{V}}_{\text{dac-}n,2},\cdots,\hat{\boldsymbol{V}}_{\text{dac-}n,M}$，则可以用式(5.30)来确定这 M 个预测深平均流所对应剖面的出水位置：

$$\boldsymbol{r}_{n,i+1}=\boldsymbol{r}_{n,i}+(\boldsymbol{v}_g+\hat{\boldsymbol{V}}_{\text{dac-}n,i+1})\cdot T_h,\ i=0,\cdots,M-1 \tag{5.30}$$

式中，水下滑翔机速度 $\boldsymbol{v}_g$ 的方向与第 n 个剖面中水下滑翔机航向保持一致。很显然，由式(5.30)所确定的出水位置 $\boldsymbol{r}_{n,i+1}$ 并不是水下滑翔机真实出水位置 $\boldsymbol{r}_{n+i+1}$，故将其称为“虚拟出水点”，其仅用于估计所预测的未来 M 个深平均流的位置。

结合海试经验，认为在水下滑翔机行驶的局部区间中，12h 内海流随时间发生变化较小。因此，以 12h 作为限定时间窗来选取上述 $n+M$ 个深平均流中最前方的若干个深平均流作为观测值，在下文中这些观测值将用于构建局部流场。

深平均流仅体现水下滑翔机剖面中的海流信息，而无法体现剖面之外的海流信息。为了进一步完善水下滑翔机行驶局部环境中的海流信息，基于上述深平均流信息，结合相关技术来构建局部流场。客观分析(objective analysis，OA)便可实现这一目的，其是基于特定场统计特性的最优线性估计，估计的不确定性是关于采样点空间位置和采样时间的函数。

客观分析目前有很多方法，其中高斯-马尔可夫(Gauss-Markov)方法对样本稀疏的情形特别适用，故本书采用该方法来进行流场构建。假设深平均流在北东坐标系下的分量 u 和 v 相互独立，则可对各分量应用标量场估计方法。标量场的 Gauss-Markov 估计方法如下[12]：

$$\hat{\eta}(\boldsymbol{r})=\overline{\eta}(\boldsymbol{r})+\sum_{k=1}^{D}\zeta_k(\boldsymbol{r})[\eta_k-\overline{\eta}(\boldsymbol{r}_k)] \tag{5.31}$$

式中，$\hat{\eta}(\boldsymbol{r})$ 为位置 $\boldsymbol{r}$ 处所估计出的深平均流北向或东向分量；$\overline{\eta}(\boldsymbol{r})$ 为所用观测值的平均值，其形式为 $\overline{\eta}(\boldsymbol{r})=E(\eta(\boldsymbol{r}))$；$D=\left\lceil\frac{12h}{T_h}\right\rceil$，$\lceil\cdot\rceil$ 表示向下取整；$\zeta_k(\boldsymbol{r})$ 为系数，其作用在于最小化 $\hat{\eta}(\boldsymbol{r})$ 的最小平方不确定性，其最优形式为

$$\zeta_k(\boldsymbol{r})=\sum_{l=1}^{D}B(\boldsymbol{r},\boldsymbol{r}_l)(\boldsymbol{C}^{-1})_{kl} \tag{5.32}$$

其中，$B(\boldsymbol{r},\boldsymbol{r}_l)=E[[\eta(\boldsymbol{r})-\overline{\eta}(\boldsymbol{r})][\eta_l(\boldsymbol{r})-\overline{\eta}_l(\boldsymbol{r})]]$，$\boldsymbol{C}^{-1}$ 为观测值 η_k 的协方差矩阵的逆矩阵，其大小为 $D\times D$。当测量值噪声为白噪声时，$C_{kl}=n\delta_{kl}+B(\boldsymbol{r}_k,\boldsymbol{r}_l)$，$\delta_{kl}$ 为狄拉克函数，n 为噪声方差。根据式(5.30)估计出区域内每个位置的深平均流之后，还需要求出 $\hat{\eta}(\boldsymbol{r})$ 与实际值 $\eta(\boldsymbol{r})$ 的偏差，为此，需要计算出两者的平方误差，从而确定估计值 $\hat{\eta}(\boldsymbol{r})$ 的可信程度。在文献[12]中，定义平方误差的形式为

$$\begin{aligned}A(\boldsymbol{r},\boldsymbol{r}')&\triangleq E[[\eta(\boldsymbol{r})-\hat{\eta}(\boldsymbol{r})][\eta(\boldsymbol{r})-\hat{\eta}(\boldsymbol{r})]]\\&=B(\boldsymbol{r},\boldsymbol{r}\boldsymbol{r}')-\sum_{k,l=1}^{D}B(\boldsymbol{r},\boldsymbol{r}_k)(\boldsymbol{C}^{-1})_{kl}B(\boldsymbol{r}_l,\boldsymbol{r}')\end{aligned} \tag{5.33}$$

式(5.33)表征了真实值 $\eta(\boldsymbol{r})$ 与估计值 $\hat{\eta}(\boldsymbol{r})$ 的方差，其中协方差函数 B 的形式为[13]

$$B(\boldsymbol{r},\boldsymbol{r}')=\sigma_0\mathrm{e}^{-\frac{\|\boldsymbol{r}-\boldsymbol{r}'\|}{\sigma}} \tag{5.34}$$

式中，σ_0,σ 是空间去相关长度；$\|\boldsymbol{r}-\boldsymbol{r}'\|$ 是空间两点 $\boldsymbol{r},\boldsymbol{r}'$ 的距离。

5.4.2 水下滑翔机局部路径规划方法

1. 规划目标与准则

在海洋环境中，设定起点 $\boldsymbol{s}$ 和目标点 $\boldsymbol{d}$，考虑环境中的海流信息，路径规划的目的在于使水下滑翔机在 $\boldsymbol{s}$ 和 $\boldsymbol{d}$ 之间按时间最优寻得有效路径。为提高规划效率，设定一个时间上限 T_{sup}，当规划用时达到 T_{sup} 还未找到路径时，认为路径不存在。对水下滑翔机做出如下说明：水下滑翔机在水中按照锯齿状剖面行驶，当作业海域深度大于其最大工作深度时，其按照最大工作深度运行；当作业海域深度小于其最大工作深度时，其按照距离海底一定安全高度的深度运行。水下滑翔机速度大小 $\|\boldsymbol{v}_g\|$ 为固定值，其方向角范围为 $0\sim2\pi$，滑翔周期时间 T_h 为固定值。水

下滑翔机按锯齿状剖面行驶，其仅在入水位置(对应上一周期出水位置)可设定航向，在行驶中间不可再改变航向。考虑水下滑翔机剖面行驶的特性，无法保证其在某个周期的出水时刻刚好行驶至 $\boldsymbol{d}$ ，因此定义当其与 $\boldsymbol{d}$ 的距离不大于某指定距离 $L_{规划}$ 时，即认为水下滑翔机已经达到目标，所以有如下到达条件：

$$|\boldsymbol{d}-\boldsymbol{r}|\leqslant L_{规划} \tag{5.35}$$

对于 $L_{规划}$ 的选取，以一周期滑翔剖面的水平方向平均距离为基准，同时考虑后文提到的真实流场与构建流场间的误差，可以将 $L_{规划}$ 选取在 1～1.5 倍的一周期滑翔剖面水平方向平均距离。将水下滑翔机行驶的三维情形投射到二维水面，便是本节的二维情形路径规划。

2. 规划方法

1) 直接方法

路径规划所用到的直接方法大体思路是：令水下滑翔机与单周期预测深平均流指向目标点，如果海流太大，则保持原位置不动，详见文献[14]。

2) 基于局部流场的规划方法

采用该方法时，路径规划在 5.4.1 节所构建的流场中进行。该流场存在如下特点：首先构建流场可由水下滑翔机行驶过程中不断得到的新的深平均流信息来进行更新；其次每一轮构建流场均为存在误差的局部流场，其中误差由深平均流预测及客观分析这两个过程产生，而局部区域可以用式(5.33)所表征的某一特定等值误差线来确定。何时更新流场，以及如何利用这些含误差的局部海流信息来找到一条全局路径是本路径规划研究的难点。

本部分同时考虑执行效率与流场误差，规定水下滑翔机每次行驶出局部流场边界时即开始新一轮流场构建。CTS-A*算法在 A*算法的基础上进行改进得到，其适用于水下滑翔机在海流中的路径规划，是一种高效率的路径规划算法，与传统 A*算法差别仅在于扩展节点的不同。本部分采用 CTS-A*迭代算法来搜索路径，其中 CTS-A*算法作为基本搜索算法，而迭代对应流场更新后的再规划过程。本书启发函数中代价应与水下滑翔机的规划准则相一致。假定水下滑翔机当前位置为 $\boldsymbol{r}_n$ ，则可以定义启发函数的形式为

$$h(\boldsymbol{r}_n)=\frac{|\boldsymbol{r}_n\boldsymbol{d}|}{\sqrt{|\boldsymbol{v}_g|^2+|\max(\boldsymbol{v}_{c\text{-obj}})|^2}} \tag{5.36}$$

式(5.36)反映出当前位置点 $\boldsymbol{r}_n$ 到目标点 $\boldsymbol{d}$ 的估计最短到达时间，其中 $\boldsymbol{v}_{c\text{-obj}}$ 表示客观分析得到的流场。

规划方法具体执行过程如下。

(1)路径初始化：在第7个周期(包含第7个周期)之前，无法采用EMD-LSSVM预测深平均流，无法构建流场。此时认为下周期深平均流等于上周期深平均流(认为第1个周期中下周期深平均流为0)，然后采用文献[14]中的方法来设定水下滑翔机的航向。

(2)局部流场生成：从第8个周期开始，采用EMD-LSSVM方法预测未来M周期深平均流，以前P周期深平均流为观测值，利用式(5.31)、式(5.32)、式(5.34)来构建局部流场。以式(5.33)为依据来选定某一等值误差 E，同时得到等值误差曲线Q_E，认为该等值线之内的映射流场真实可信，而等值线之外的映射流场为0。

(3)CTSA-A*搜索：水下滑翔机从当前位置$\boldsymbol{r}_n$开始，以步骤(2)中流场为依据，按到达条件进行时间最优路径搜索，搜索时采用式(5.36)所给出的启发函数以提高效率。如果无法得到路径或者规划时间超过T_{sup}，转至步骤(6)；如果可以得到路径，记录其对应航向控制律$\{H_{n+1},\cdots,H_{n+N_1}\}$。

(4)水下滑翔机行驶：水下滑翔机按给定航向控制律行驶，并且在每周期行驶完成后按到达条件(5.33)判断水下滑翔机是否到达目标点，如果满足到达条件，转至步骤(6)；如果不满足到达条件，则水下滑翔机继续行驶，当其按第$i(1\leqslant i\leqslant N_1)$个航向$H_{n+i}$行驶完一周期后，水下滑翔机第一次驶出置信边界$Q_E$，本轮行驶结束，记录水下滑翔机当前位置$\boldsymbol{r}_{n+i}$。

(5)迭代：以当前位置为起点，重复步骤(2)、(3)、(4)。

(6)停止：如果满足到达条件，保存路径、深平均流与规划总时间；如果无法得到路径或者超过规划时间，则寻找路径失败，同时保存从起点到当前位置的路径、深平均流与已行驶时间。

3. 仿真与分析

1)局部流场法测试

考虑到海流的顺逆程度对路径规划影响较大，设置一个参数R来对路径的顺逆程度进行评估：

$$R=\frac{\sum_{i=1}^{N}\|\boldsymbol{V}_{\text{dac-}i}\|\cdot\cos\theta_{r_id}/\|v_h\|}{N} \tag{5.37}$$

式中，N表示该路径所包含总剖面或平均流的个数；θ_{r_id}表示第i个深平均流矢量与矢量$\overline{\boldsymbol{r}_i\boldsymbol{d}}$的夹角。$R$值为正，代表该路径顺流占主导，其值越大，代表顺流程度越大；R值为负，代表该路径逆流占主导，其值越小，代表逆流程度越大。

仿真环境为 120km×120km 的二维模拟海洋区域，设定其分辨率为 1km×1km，环境中存在海流场，其用途仅在于产生模拟深平均流，这些流场由文献[15]

所用到的流场生成器生成，经反复测试，最终确定模拟流场的空间去相关系数 $\sigma_0=1, \sigma=50$。其余仿真参数设置为：$\|\boldsymbol{v}_g\|=0.4\mathrm{m/s}$，$T_h=1\mathrm{h}$，$T_{\sup}=300\mathrm{h}$，$M=4$，$E=0.3$。同时，根据前面 $L_{规划}$ 的选取原则还可选取 $L_{规划}=2\mathrm{km}$（认为一周期滑翔剖面的水平方向平均距离为 1.44km）。另外，为便于分析，在所有仿真流场中，均限定起点坐标(20, 100)，目标点坐标(100, 20)。

在真实海试中，深平均流大小与水下滑翔机剖面深度、海况等因素相关。根据以往海试经验，对于周期在 1h 以上（其对应最大下潜深度 300m 以下）的剖面，深平均流在极端情形下可达 0.4m/s，一般情形则小于 0.2m/s。故在仿真试验中，用到的所有流场均限定其最大速度不超过 0.4m/s。

(1) 单个流场。

图 5.22 给出了一个典型流场采用书中规划方法进行路径规划的过程，该流场最大流速为 0.4m/s。图 5.22(a)～(d)反映了在不同时刻所构建出的流场、规划路径以及行驶路径。其中，左侧图为构建流场及规划路径；右侧图为真实流场及水下滑翔机已行驶路径，以便与左侧图进行对照。

可以看到，在该组流场中水下滑翔机可以得到有效路径，耗时 70h[图 5.22(d)]，根据式(5.37)可算出 $R=0.2181$，由此可以发现该路径中顺流较多。在图 5.22 中还可以发现，规划路径与真实行驶路径存在一定差距[图 5.22(b)左侧及图 5.22(c)左侧]。这是由规划所基于的流场（构建流场）和真实流场之间的误差造成的，误差来源主要有两处：一是假定误差曲线外构建流场全部为 0，而实际上不为 0；二是深平均流预测时客观分析方法本身存在误差。

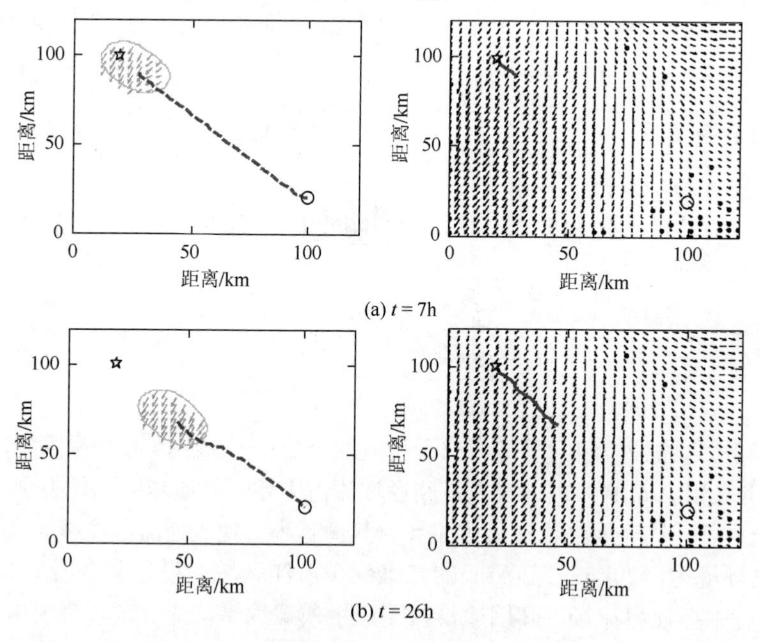

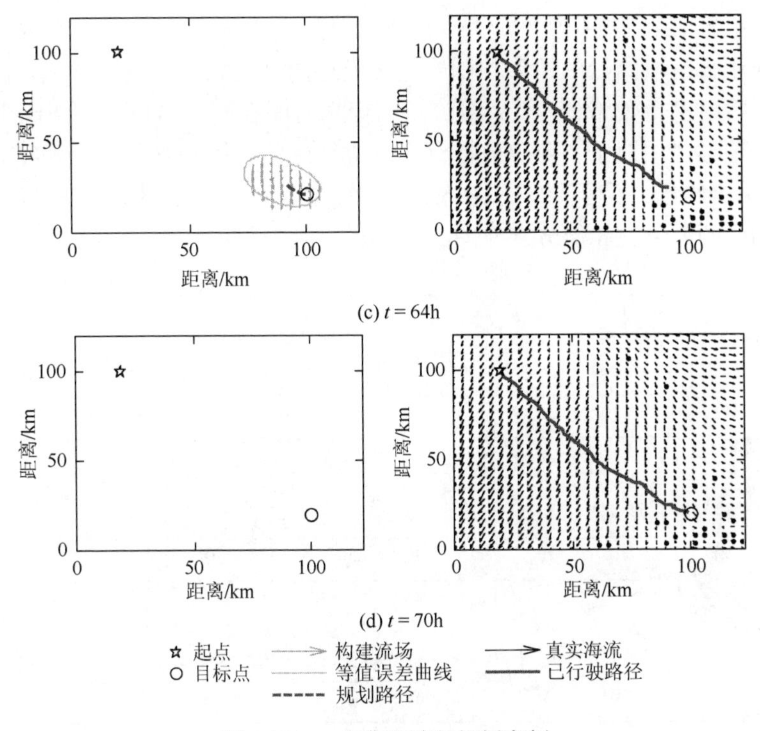

图 5.22　一个典型路径规划案例

(2)多个流场。

通过大量的不同流场进一步测试该路径规划算法的普遍适用性。将测试流场分为两组，每组各包含由流场生成器随机生成的 100 个流场。为与海试经验保持一致，限定第一组流场中单个流场的最大速度为 0.2m/s，第二组流场为第一组流场幅值乘以 2 所得，其单个流场最大速度为 0.4m/s。

首先给出两组流场中的路径规划有效率(图 5.23)，可以看到，对于较小流场，算法的有效率较高，为 85%，对于较大流场，有效率则降为 61%。

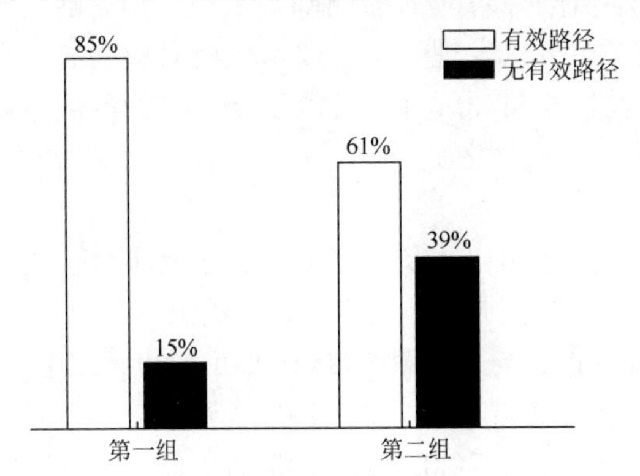

图 5.23　两组不同的流场路径规划有效率百分比

然后给出两组流场中所对应路径的规划时间 T 和顺流程度 R（图 5.24）。为便于分析，对于无有效路径的情形，同样给出路径时间与路径顺流程度，其路径为算法执行失败时已行驶路径。第一组流场的规划时间在图 5.24(a)中给出，其中无有效路径的情形也用线条在对应数据点下方进行标注；第一组路径所对应的 R 值在图 5.24(b)中给出，为了便于与图 5.24(a)作比较，将其纵坐标倒转。同样，第二组流场相应的 T 值、R 值分别在图 5.24(c)、(d)中表示。

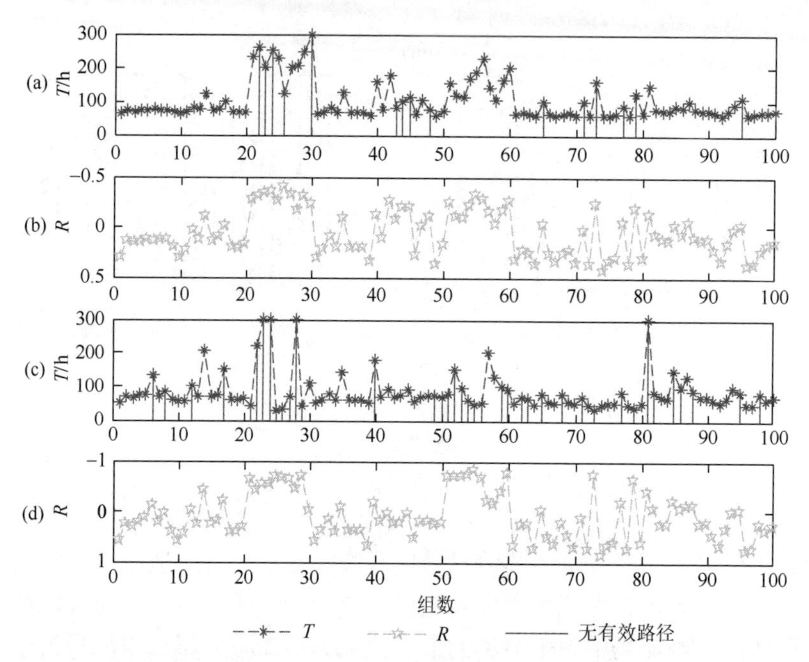

图 5.24　两组流场规划路径所对应的 T 值与 R 值(见书后彩图)

可以看到，图 5.24(a)、(b)的曲线存在很大的相似性，这说明对于第一组流场，T 的局部最小值刚好对应 R 的局部最大值，而 T 的局部最大值则刚好对应 R 的局部最小值。还可以发现，无有效路径所对应的 R 值全部为负或者接近负（$R \leqslant 0.03$）。再观察 5.24(c)、(d)可以发现，它们的曲线有一些相似性，但是相对于图 5.24(a)、(b)，相似性较差，而无有效路径所对应的 R 值为负的概率为 82%。

为进一步分析成功案例中 T 与 R 的关系，剔除所有无有效路径案例，再将各组中数对（T, R）按 T 进行升序排列，在图 5.25 中给出。其中，图 5.25(a)、(b)对应第一组流场中有效路径的 T 与 R，图 5.25(c)、(d)对应第二组流场中有效路径的 T 与 R。将每组 T 与 R 进行比较，可以看到 T 的单调递增大致对应 R 的单调递减，并且 R 为负值或者接近零时（$R \leqslant 0.03$）均对应着较大的规划时耗（$T \geqslant 88\text{h}$）。

最后，将两组流场中全体(T,R)及剔除无有效路径情形之后的(T,R)之间的相关系数在表 5.11 中给出。可以看到，第二组全部案例中的T与R相关性较弱，而另外三种情况中的T与R之间均存在较强的负相关，这与前面结论一致。

结合图 5.22～图 5.54 及表 5.11 可以得到如下结论：本节所提出的路径规划方法可适用于一般流场及大海流情形，在较大流场中，算法有效性降低。对于所有成功案例，路径的规划时间T与路径的逆流程度$-R$均存在较强的一致性。对于失效案例，R值也呈现出一定的特点，其中，在常规流场中，所有无有效路径的R全部为负值或者接近零，而在较大流场中，无有效路径中R为负值的概率相当大。因为前文所用到的流场最大值不大于水下滑翔机速度，之所以会出现算法失效，其主要原因在于方法本身，即单个流场测试结尾所提到的两种误差。海流的顺逆程度对水下滑翔机行驶会产生较大的影响，但是作者并未看到相关文献对海流的顺逆程度进行明确的定义，故本书设计一个参数R用于表征整条路径的顺流或者逆流程度，用其分析路径时，能取得较好的效果，但是因为其无法体现局部细节的顺逆流情况，所以在应用时仍然存在一些不足，例如，在较大流场中，依然存在无有效路径但R为正值的情况，R在零附近对应较大的时耗 88h，而并不是静水时耗 78.6h($80\,\text{km}\times1.414\div1.44\text{km}/\text{h}$)。

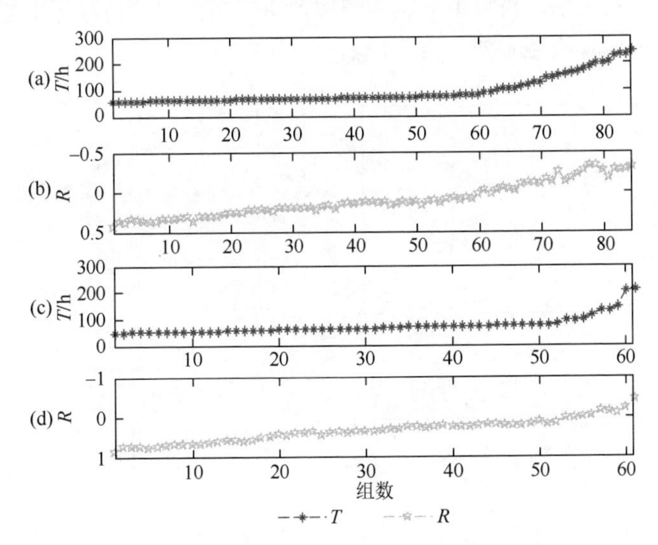

图 5.25 两组流场规划路径(有效)所对应的T值与R值(见书后彩图)

表 5.11 T与R的相关系数

	第一组全部	第一组有效	第二组全部	第二组有效
相关系数	–0.8419	–0.9053	–0.4197	–0.8483

2)局部流场法与直接方法比较

前面单独对基于局部流场法的路径规划进行了仿真，此部分将其与直接方法进行比较。因为构建流场存在两处误差，在较小的流场中，其与直接方法相比，无法体现出优越性。而在大海流环境中，因为局部流场法得到的海流信息更为全面，可以更好地利用顺流并克服逆流。为了更详尽地阐述两种路径规划方法的对比效果，此处不再将环境海流最大值限定为 0.4m/s，而规定其小于 2m/s，从深平均流角度来看，这对应更浅的剖面(如最大深度为 100m)及海况较差的海洋环境。设置一个速度比值来表征流场大小，其为区域范围海流最大值与水下滑翔机速度之比，数学形式如下：

$$\text{Ratio} = \frac{\max\left\|\boldsymbol{V}_{c\_\text{map}}\right\|}{\left\|\boldsymbol{v}_g\right\|} \times 100\% \tag{5.38}$$

在八组流场中进行测试，流场分别标注为(a)～(h)，每组流场的起点与目标点设置如下：(a) $\boldsymbol{s}$ (70, 20)，$\boldsymbol{d}$ (70, 100)；(b) $\boldsymbol{s}$ (100, 20)，$\boldsymbol{d}$ (20, 100)；(c) $\boldsymbol{s}$ (50, 110)，$\boldsymbol{d}$ (80, 10)；(d) $\boldsymbol{s}$ (100, 20)，$\boldsymbol{d}$ (20, 100)；(e) $\boldsymbol{s}$ (50, 20)，$\boldsymbol{d}$ (70, 110)；(f) $\boldsymbol{s}$ (20, 60)，$\boldsymbol{d}$ (100, 60)；(g) $\boldsymbol{s}$ (20, 100)，$\boldsymbol{d}$ (100, 60)；(h) $\boldsymbol{s}$ (100, 20)，$\boldsymbol{d}$ (100, 100)。给出八组流场中的路径规划结果，将每组流场的幅值及所得路径的 R 值对应于图 5.26 的各子图。再将两种规划方法耗时列于表 5.12。

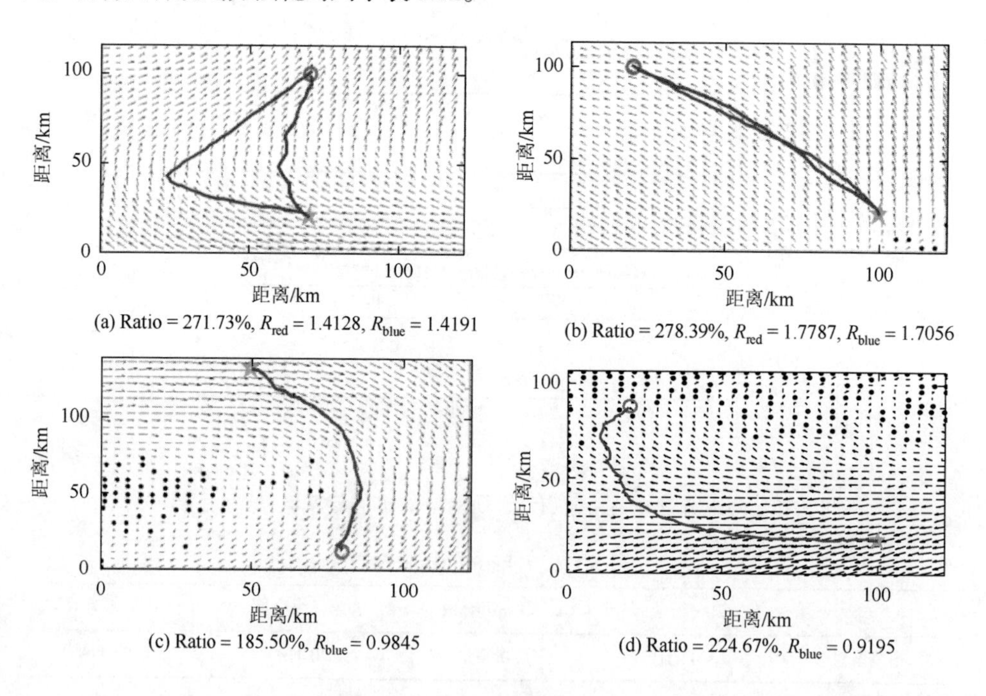

(a) Ratio = 271.73%, R_{red} = 1.4128, R_{blue} = 1.4191

(b) Ratio = 278.39%, R_{red} = 1.7787, R_{blue} = 1.7056

(c) Ratio = 185.50%, R_{blue} = 0.9845

(d) Ratio = 224.67%, R_{blue} = 0.9195

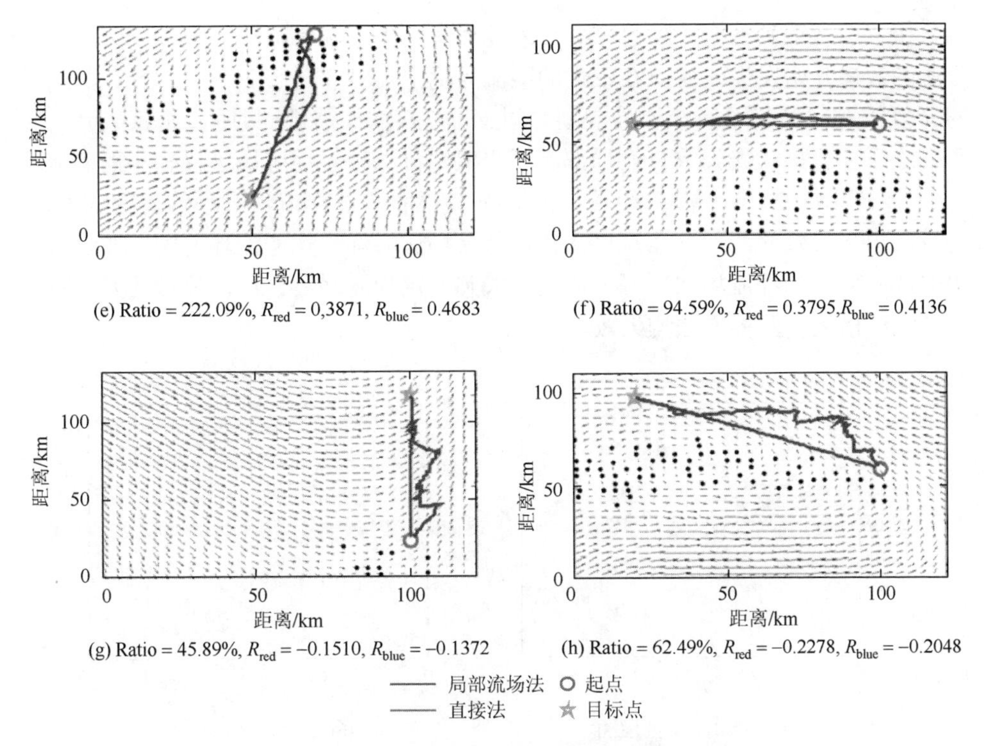

图 5.26　八个不同流场中的路径规划结果(见书后彩图)

表 5.12　八个不同的案例中两种路径规划结果

	流场(a)	流场(b)	流场(c)	流场(d)	流场(e)	流场(f)	流场(g)	流场(h)
直接法	51	42	N/A	N/A	34	41	79	65
局部流场法	31	34	47	73	34	41	121	88

注：N/A 表示无有效路径。

为了进一步测试不同大小的海流场对两种路径规划方法的影响，通过改变流场的大小来对路径规划的敏感性进行分析。与前文保持一致，水下滑翔机速度不变，固定为$\| \boldsymbol{v}_g \| = 0.4\text{m/s}$，将图 5.26(a)、(c)、(e)、(g)中的流场分别乘以一个系数δ进行幅值调节，$\delta = 0.1 \sim 1.5$，步长取 0.1。将两种方法在不同大小的海流场中的规划结果在图 5.27 中给出。

通过图 5.27 可以看出，在较小幅值的流场中，直接法所需规划时间略少于或者等于局部流场法所需规划时间。其原因可能是在较小的海流中，顺流或逆流对水下滑翔机行驶的影响不太明显。局部流场法一次预测未来多周期深平均流并且需要进行客观分析，相对地，直接法只需一次预测单周期深平均流，无须进行客观分析，前者得到的海流信息中，误差比后者更大。随着流场幅值的增大，两种方法的效果开始发生改变，在较大的顺流环境中［对应图 5.26(a)、(c)，其路径的 R 值较大］，局部流场法所需规划时间少于直接法所需规划时间，海流大到一定程度之后，直接法先失效，而局部流场法依然可以较好地应用。在较小的顺流环境中［对应图 5.26(e)，其路径的 R 值适中］，两种方法对流场大小的适应度较高，均没有出现失效的情形，而直接法比局部流场法略优。在逆流环境中，明显直接法的适应度比局部流场法更好，流场增大到一定程度之后，局部流场法先失效，流场继续增大，两种方法均失效。

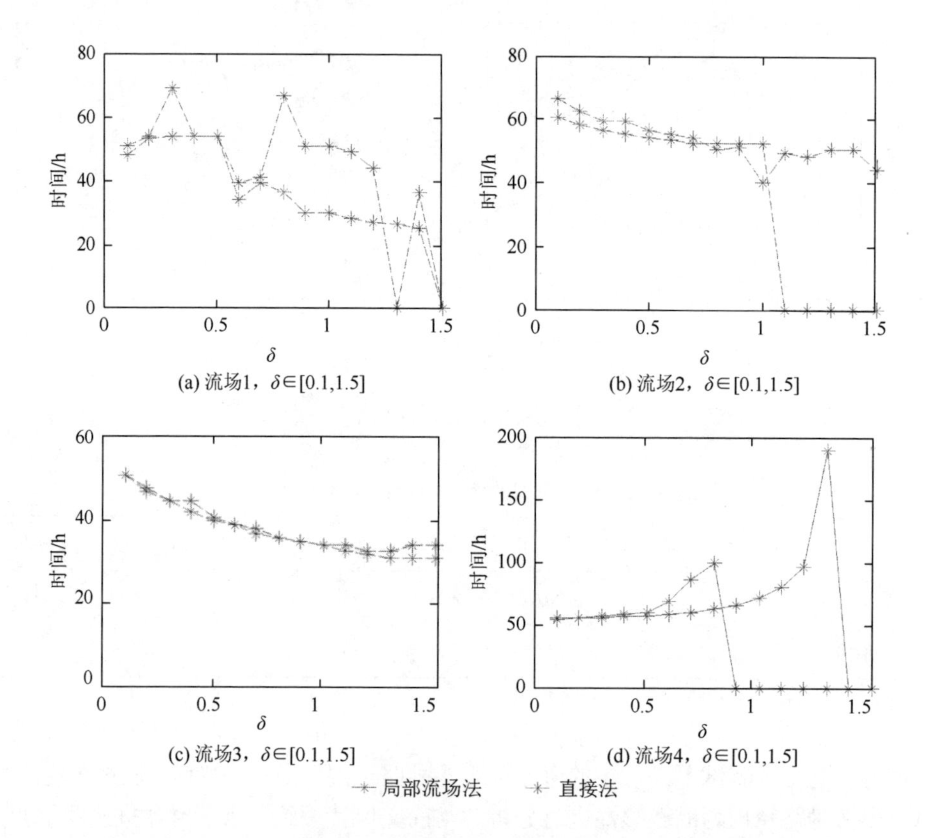

图 5.27 四个不同海流场中，调节流场幅值所对应两种路径规划的敏感性分析(见书后彩图)

总体说来，在大顺流环境中，局部流场法要优于直接法，这是因为局部流场法提供的海流信息更为全面和丰富，水下滑翔机可以较好地利用顺流。在较小海流中(顺流或者逆流)，两种方法效果相当，有时直接法略优于局部流场法，这是因为：①海流较小导致能利用的顺流有限；②局部流场法自身各个环节误差较大。当路径以逆流为主导时，直接法要优于局部流场法，此时，局部流场法没有任何顺流的优势，在海流预测的客观分析过程中存在误差，自身又并非全局最优，其搜索路径的能力大大退化。

5.4.3 水下滑翔机路径跟踪模型

1. 路径跟踪目标与准则

在图 5.28 中，由起点位置 $\boldsymbol{s}$ 和目标点 $\boldsymbol{d}$ 构成一条预设跟踪路径，水下滑翔机在海流作用下，从 $\boldsymbol{s}$ 开始跟踪预设路径 $\overline{\boldsymbol{sd}}$ ，因为水下滑翔机剖面行驶的特性，无法保证其在某个周期的出水时刻刚好行驶至 $\boldsymbol{d}$ ，因此定义当其与 $\boldsymbol{d}$ 的距离不大于某阈值 $L_{跟踪}$时，即认为水下滑翔机已经到达目标位置，所以有如下的到达条件：

$$|\boldsymbol{d}-\boldsymbol{r}| \leqslant L_{跟踪} \tag{5.39}$$

式中，$|\boldsymbol{d}-\boldsymbol{r}|$ 表示 $\boldsymbol{d}$ 到 $\boldsymbol{r}$ 的距离。为了表征跟踪精度，本节采用闭合多边形面积之和来设计跟踪准则。规定水下滑翔机的一个剖面由入水点 $\boldsymbol{r}_n$ 和出水点 $\boldsymbol{r}_{n+1}$ 连成的线段所组成。其与被跟踪线 $\overline{\boldsymbol{sd}}$ 的面积 S_n 按如下方式定义：如果 $\boldsymbol{r}_n\boldsymbol{r}_{n+1}$ 与 $\overline{\boldsymbol{sd}}$ 没有交点，在 $\overline{\boldsymbol{sd}}$ 上找到 $\boldsymbol{r}_n$ 的投影点 $\boldsymbol{r}_n'$ 和 $\boldsymbol{r}_{n+1}$ 的投影点 $\boldsymbol{r}_{n+1}'$ ，四边形 $\boldsymbol{r}_n\boldsymbol{r}_{n+1}\boldsymbol{r}_{n+1}'\boldsymbol{r}_n'$ 即为 S_n；如果 $\boldsymbol{r}_n\boldsymbol{r}_{n+1}$ 与 $\overline{\boldsymbol{sd}}$ 有交点 $\boldsymbol{r}_{sd}$ ，则三角形 $\boldsymbol{r}_{n+1}\boldsymbol{r}_{n+1}'\boldsymbol{r}_{sd}$ 与三角形 $\boldsymbol{r}_n\boldsymbol{r}_n'\boldsymbol{r}_{sd}$ 之和即为 S_n，如图 5.28 左上所示。当水下滑翔机完成 $\overline{\boldsymbol{sd}}$ 的跟踪后，可以求取所有闭合多边形面积之和，跟踪的目的在于最小化面积和：

$$\min\sum_{i=1}^{N_1} S_i \tag{5.40}$$

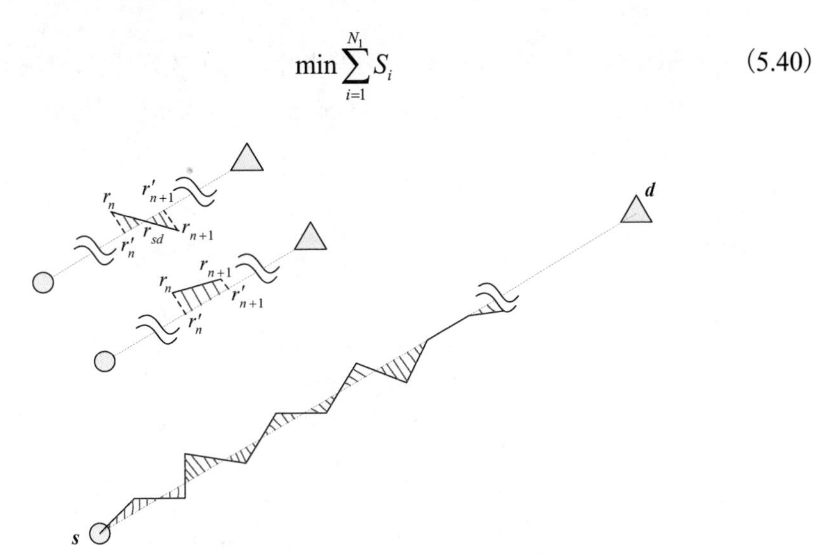

图 5.28 路径跟踪准则

式中，S_i为从起点开始算起的第i个多边形的面积，$i=1,2,\cdots,N_1$，N_1为闭合多边形的总个数。在实际中，由于海流预测能力或水下滑翔机控制精准度等，水下滑翔机可能无法行驶至目标点，即无法完成跟踪。考虑这一情况，定义一个时间上限T_{sup}，若在T_{sup}时间内还没有到达，认为跟踪失败，水下滑翔机无法到达目标点。

2. 路径跟踪方法

与5.4.2节相同，本节仍然采取两种方法让水下滑翔机执行路径跟踪：第一种方法利用预测出的未来多周期深平均流结合船位推算来选取水下滑翔机的航向，直接进行跟踪；第二种方法利用构建的局部流场的置信区域和跟踪线来选取“局部目标点”，然后在当前点和“局部目标点”按照跟踪准则来寻找最优路径，同时确定一系列路点和航向，以此进行路径跟踪。

1）直接跟踪方法

在该方法中，水下滑翔机结合预测出的下周期深平均流信息来设置参数。在这里考虑水下滑翔机的粒子模型，即将水下滑翔机看作一个满足牛顿力学的基本粒子。假设水下滑翔机当前位置为$\boldsymbol{r}_n$，水下滑翔机需要在海流的作用下对路径$\overline{\boldsymbol{sd}}$进行跟踪，假定预测的未来$M$周期的深平均流速度为$\hat{\boldsymbol{V}}_{\text{dac-}n,1},\hat{\boldsymbol{V}}_{\text{dac-}n,2},\cdots,\hat{\boldsymbol{V}}_{\text{dac-}n,M}$，则水下滑翔机在一周期之后预计可到达的位置由一个圆组成（图5.29）：

$$\begin{cases}\boldsymbol{o}_n=\boldsymbol{r}_n+\hat{\boldsymbol{V}}_{\text{dac}-n,1}\cdot T\\ R_n=\left\|\boldsymbol{v}_g\right\|\cdot T\end{cases}\tag{5.41}$$

式中，$\boldsymbol{o}_n$表示该圆的圆心；R_n表示该圆的半径。为了较好地实现路径跟踪，需要对水下滑翔机的航向进行选取。首先判断式（5.41）所表示的圆与跟踪线$\overline{\boldsymbol{sd}}$有无交点，然后针对不同的情况来选取航向。

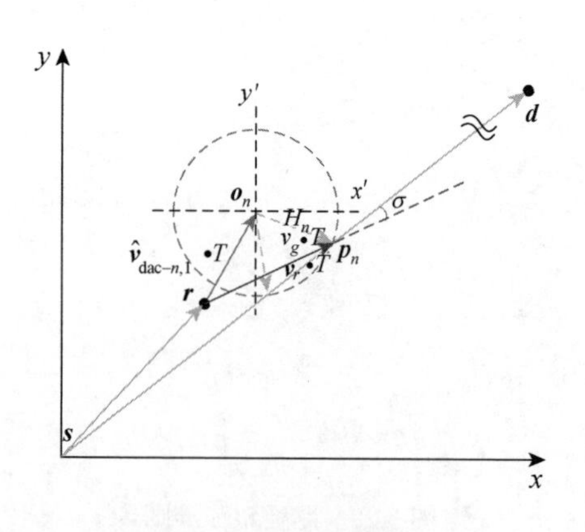

图5.29　直接路径跟踪

在笛卡儿坐标系中，跟踪线所在的直线上任意一点可以按式(5.42)表示：

$$\begin{cases} x = s_x + \xi(d_x - s_x) \\ y = s_y + \xi(d_y - s_y) \end{cases} \tag{5.42}$$

对于 $\overline{\boldsymbol{sd}}$ ，有 $\xi \in [0,1]$。同样在笛卡儿坐标系中，水下滑翔机一周期出水位置对应圆一般表示形式如下：

$$(x - x_{on})^2 + (y - y_{on})^2 = R_n^2 \tag{5.43}$$

式中，(x_{on}, y_{on})是圆心； R_n 是半径。联立式(5.42)和式(5.43)，可得

$$A_1\xi^2 + B_1\xi + C_1 = 0 \tag{5.44}$$

其中，A_1, B_1, C_1 分别为

$$\begin{cases} A_1 = (d_x - s_x)^2 + (d_y - s_y)^2 \\ B_1 = 2[(d_x - s_x)(s_x - x_{on}) + (d_y - s_y)(s_y - y_{on})] \\ C_1 = (s_x - x_{on})^2 + (s_y - y_{on})^2 - R^2 \end{cases} \tag{5.45}$$

式(5.44)的解如下：

$$\xi = \frac{-B_1 \pm \sqrt{B_1^2 - 4A_1C_1}}{2A_1} \tag{5.46}$$

令 $\Delta = B_1^2 - 4A_1C_1$ ，结合 Δ 与 ξ 可以得到圆与跟踪线 $\overline{\boldsymbol{sd}}$ 的交点情况。

如果 $\Delta \geqslant 0$ ，则圆与 $\overline{\boldsymbol{sd}}$ 或者其延长线必定存在交点，设式(5.44)的两个解为 $[\xi_1 \ \ \xi_2], \xi_1 \leqslant \xi_2$。接下来，为了使得水下滑翔机尽可能快速高效地跟踪 $\overline{\boldsymbol{sd}}$ ，在 $\overline{\boldsymbol{sd}}$ 上按式(5.47)寻找点 $\boldsymbol{p}_n$ ， $\overline{\boldsymbol{o}_n\boldsymbol{p}_n}$ 的方向即为水下滑翔机的设定航向 H_n。

$$\begin{cases} \xi_{p_n} = \xi_2, & 0 \leqslant \xi_2 \leqslant 1 \\ \xi_{p_n} = 0, & \xi_2 < 0 \\ \xi_{p_n} = 1, & \text{其他} \end{cases} \tag{5.47}$$

如果 $\Delta < 0$ ，则圆与 $\overline{\boldsymbol{sd}}$ 或者其延长线不存在交点，水下滑翔机仍然希望较好地进行 $\overline{\boldsymbol{sd}}$ 的跟踪。这时可以依照圆与 $\overline{\boldsymbol{sd}}$ 或者其延长线的垂足情况在 $\overline{\boldsymbol{sd}}$ 上寻找点 $\boldsymbol{p}_n$ ，同样，$\overline{\boldsymbol{o}_n\boldsymbol{p}_n}$ 的方向即为水下滑翔机的设定航向 H_n，过圆心 $\boldsymbol{o}_n$ 且垂直于 $\overline{\boldsymbol{sd}}$ 的直线如下所示：

$$(y - y_{on})(d_y - s_y) = -(x - x_{on})(d_x - s_x) \tag{5.48}$$

联立式(5.42)与式(5.48)，可得

$$\xi_{on\perp}=\frac{-(s_y-y_{on})(d_y-s_y)-(s_x-x_{on})(d_x-s_x)}{(d_y-s_y)^2+(d_x-s_x)^2} \tag{5.49}$$

将 $\xi_{on\perp}$ 代入式(5.46)，即可得到垂足点 $(x_{on\perp},y_{on\perp})$，如果垂足落在 $\overline{\boldsymbol{sd}}$ 上，水下滑翔机向垂足方向行驶可以实现浮出点位置最贴近 $\overline{\boldsymbol{sd}}$，如果垂足落在 $\overline{\boldsymbol{sd}}$ 的两端，使其驶向离其最近的端点。即

$$\begin{cases}\xi_{\boldsymbol{p}}=\xi_{o\perp}, & 0\leqslant\xi_{o\perp}\leqslant 1\\ \xi_{\boldsymbol{p}}=0, & \xi_{o\perp}<0\\ \xi_{\boldsymbol{p}}=1, & \text{其他}\end{cases} \tag{5.50}$$

假定得到水下滑翔机的航向为 H_n，则下一个估计路点 $\hat{\boldsymbol{r}}_{n+1}$ 为

$$\begin{cases}\hat{x}_{r(n+1)}=o_{nx}+\|\boldsymbol{v}_g\|\cdot T\cos H_n\\ \hat{y}_{r(n+1)}=o_{ny}+\|\boldsymbol{v}_g\|\cdot T\sin H_n\end{cases} \tag{5.51}$$

式(5.47)和式(5.50)给出了下一行驶周期的方向选取方案，式(5.51)给出了下一预测路点。对于已经预测出的 M 周期深平均流，重复该步骤，即可得到前方 M 周期的航向，以及给出 M 个预测路点。预测深平均流周期数越多则预测精度越低，为避免低精度的预测结果对路径跟踪造成较大影响，当水下滑翔机的实际出水位置与所预测路点产生较大差距时，便需要重新预测。设阈值为 $L_{\min}$，规定当实际行驶位置与所预测路点位置差距在 $L_{\min}$ 以内，不需要重新预测，而若差距在 $L_{\min}$ 以上，则需要重新预测深平均流并给出新的路点。需要指出，第一个周期时，之前并无深平均流作指导设置水下滑翔机的航向，令水下滑翔机直接指向目标点 $\boldsymbol{d}$，而在第七个周期之前，EMD-LSSVM 方法不能使用，此时只能按照“上周期法”行驶一个周期，即将水下滑翔机上周期深平均流当作下周期深平均流进行一周期的行驶。

2)基于局部流场构建的跟踪方法

本部分的路径跟踪方法同样基于 5.4.1 节中的流场构建。参考基于局部流场构建的规划思路，对于 5.4.1 节中构建的局部流场，认为只有置信区域范围之内的海流才有效，区域之外无效。因为不确定区域的范围有限，所以一旦水下滑翔机离开不确定区域，再规划不可避免。即便如此，依然需要在置信区域内按某种方案选择若干个路点来对水下滑翔机的水下跟踪进行有效指导。本部分首先依照不确定区域和跟踪线来确定“局部目标点”，再在水下滑翔机当下点和局部目标点之间采用 CTS-A*来搜索出若干个路点，同时生成每个路点所对应的控制航向。

对于 A*算法及其演化版本，选取合适的启发函数对算法的效率及正确性有重要的影响，一般认为，启发函数的代价如果小于实际最小代价，则一定可以得到

最优解。本书启发函数中代价应与水下滑翔机的跟踪准则相一致。假定水下滑翔机当前点 $\boldsymbol{r}$ 在跟踪线 $\overline{\boldsymbol{sd}}$ 上的投影为 $\boldsymbol{r}'$，则可以定义启发函数的形式为

$$h(\boldsymbol{r}) = \delta_1 \,|\, \boldsymbol{rr}' \,| + \delta_2 \,|\, \boldsymbol{r}'\boldsymbol{d} \,| \tag{5.52}$$

式(5.52)反映出当下点 $\boldsymbol{r}$ 到目标点 $\boldsymbol{d}$ 的估计面积，δ_1, δ_2 代表宽度。为了使得启发函数的代价较小，需要将 δ_1, δ_2 设得尽量小，当水下滑翔机在跟踪线附近的面积驶出“刺状”效果时，其面积也很小，但是这不是我们希望看到的。因此，在上述启发函数中，以等式右边的第二项面积为主导，可以设定 $\delta_1 \ll \delta_2$，在本书中，不妨设定 $\delta_1 = 0.02, \delta_2 = 0.1$。

3. 仿真与结果

本部分采用文献[15]所设计的流场，设置 200km × 200km 的模拟海洋区域，分辨率为 1km × 1km 的网格，每个网格中有时不变海流，设置起点 $\boldsymbol{s}$ 的坐标为(25, 25)，终点 $\boldsymbol{d}$ 的坐标为(175, 175)，水下滑翔机从 $\boldsymbol{s}$ 点开始采用上述两种方法对 $\overline{\boldsymbol{sd}}$ 进行跟踪，将其结果列在图 5.30 与表 5.13 中。

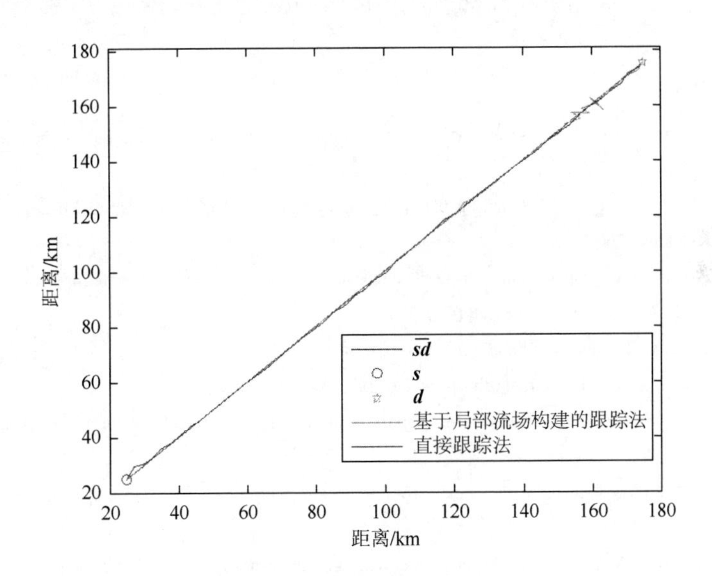

图 5.30　两种方法路径跟踪结果

表 5.13　两种方法跟踪性能比较

跟踪方法	多边形面积之和/km^2
直接跟踪法	63.6744
基于局部流场构建的跟踪法	57.0469

由图 5.30 可以看到，两种方法均可以以较高精度跟踪预设跟踪线 $\overline{sd}$ ，其中基于局部流场构建的跟踪法在一些地方出现“刺状”效果，这是由跟踪准则及启发函数决定的，因为“刺状”效果可以保证跟踪路径与跟踪线 $\overline{sd}$ 所围成的面积更小。还可以看到，基于局部流场构建的跟踪法比直接跟踪法的跟踪精度更高，这可能是因为对预测深平均流定位并进行局部流场构建以后，掌握的海流信息更完善。

5.5 本章小结

本章以水下滑翔机运动学模型为基础，建立了水平方向速度快速计算模型，实现了深平均流的快速估计。基于此，不依赖测流设备和海流预报，仅需要少量的深平均流数据就可以实现对未来时刻深平均流较为精准的预测。并结合在线预测的深平均流，基于客观分析理论，提出了在线的局部流场构建方法，基于构建流场，研究了水下滑翔机在局部海流环境中的路径规划与跟踪方法。

参 考 文 献

[1] Claus B, Bachmayer R. Terrain-aided navigation for an underwater glider[J]. Journal of Field Robotics, 2015, 32(7): 935-951.

[2] Zhu X K, Yu J C, Wang X H. Sampling path planning of underwater glider for optimal energy consumption[J]. Robot, 2011, 33(3): 360-365.

[3] Fofonoff N P. Physical properties of seawater: a new salinity scale and equation of state for seawater[J]. Journal of Geophysical Research: Oceans, 1985, 90(C2): 3332-3342.

[4] De Gooijer J G, Kumar K. Some recent developments in non-linear time series modelling, testing, and forecasting[J]. International Journal of Forecasting, 1992, 8(2): 135-156.

[5] Suykens J A K, Vandewalle J. Least squares support vector machine classifiers[J]. Neural Processing Letters, 1999, 9(3): 293-300.

[6] Flandrin P, Rilling G, Goncalves P. Empirical mode decomposition as a filter bank[J]. IEEE Signal Processing Letters, 2004, 11(2): 112-114.

[7] Zhang H R, Wang X D. Incremental and online learning algorithm for regression least squares support vector machine[J]. Chinese Journal of Computers, 2006, 29(3): 400-406.

[8] Wang Y M, Wu L. On practical challenges of decomposition-based hybrid forecasting algorithms for wind speed and solar irradiation[J]. Energy, 2016, 112: 208-220.

[9] Huang Y, Yu J C, Zhao W T, et al. A practical path tracking method for autonomous underwater gilders using iterative algorithm[C]//OCEANS'15 MTS/IEEE Washington, Piscataway, NJ, IEEE, 2015: 1-6.

[10] Chang D, Zhang F M, Edwards C R. Real-time guidance of underwater gliders assisted by predictive ocean models[J]. Journal of Atmospheric and Oceanic Technology, 2015, 32(3): 562-578.

[11] Hackbarth A, Kreuzer E, Schröder T. CFD in the loop: ensemble Kalman filtering with underwater mobile sensor networks[C]//International Conference on Offshore Mechanics and Arctic Engineering, American Society of Mechanical Engineers, 2014, 45400: V002T08A063.

[12] Leonard N E, Paley D A, Lekien F, et al. Collective motion, sensor networks, and ocean sampling[J]. Proceedings of the IEEE, 2007, 95(1): 48-74.

[13] Leonard N E, Paley D A, Davis R E, et al. Coordinated control of an underwater glider fleet in an adaptive ocean sampling field experiment in Monterey Bay[J]. Journal of Field Robotics, 2010, 27(6): 718-740.

[14] Rhoads B, Mezić I, Poje A C. Minimum time heading control of underpowered vehicles in time-varying ocean currents[J]. Ocean Engineering, 2013, 66(1): 12-31.

[15] Liang X L, Wu W C, Chang D, et al. Real-time modelling of tidal current for navigating underwater glider sensing networks[J]. Procedia Computer Science, 2012, 10(1): 1121-1126.

6 水下滑翔机应用分析

6.1 引言

随着平台技术的发展，水下滑翔机成为重要的水文环境和水声信号测量手段。常规水下滑翔机无外挂螺旋桨，作业期间相对安静，但航行过程中产生的平台自噪声仍然不可避免，可能污染目标声学信号。因此需要充分了解水下滑翔机的噪声特性，才能够保障其作为声学测量手段的有效性和可靠性。

本章针对水下滑翔机的噪声特性进行分析，包括 CFD 流噪声计算和消声水池实验机械噪声分析，并基于获得的先验知识，提出一种用于自噪声去除的联合卷积滤波阈值方法，从受水下滑翔机自噪声污染的海试数据中消除自噪声的影响。

此外，本章就海洋环境观测、海洋声场观测、水下目标探测等三类典型应用场景下的水下滑翔机应用情况进行了总结和分析。

6.2 水下滑翔机系统组成

6.2.1 水下滑翔机系统介绍

水下滑翔机的滑翔运动模式主要通过改变自身净浮力与姿态角来实现。当水下滑翔机完成一个周期的滑翔运动后浮出水面，采用卫星定位系统确定水下滑翔机的当前位置，并可以通过无线通信系统或卫星通信系统与支持母船或陆基监控中心建立通信连接。通过已经建立的通信链路，监控中心可以接收水下滑翔机上一作业周期的测量数据，同时可以给水下滑翔机发送新的作业任务。

因此，水下滑翔机系统主要包括水下滑翔机本体和水面监控系统，如图 6.1 所示。水下滑翔机本体搭载测量传感器，执行海洋水下环境参数观测作业任务。水面监控系统由高性能便携式控制系统和水面控制单元组成，通过卫星和无线通信链路与水下滑翔机本体进行通信，实现对一台或多台水下滑翔机的远程监控，具有信息显示、任务规划、编辑、下载等功能。

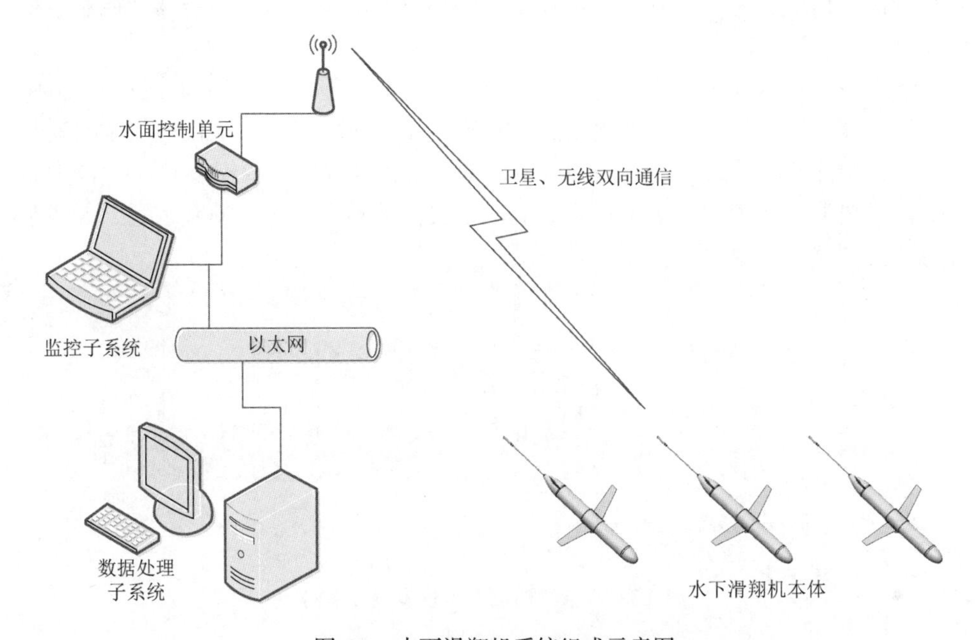

图 6.1　水下滑翔机系统组成示意图

从功能的角度可将水下滑翔机本体划分为五个子系统，如图 6.2 所示，即载体结构子系统、载体电控子系统、载体软件子系统、载体测量子系统、声学通信子系统。

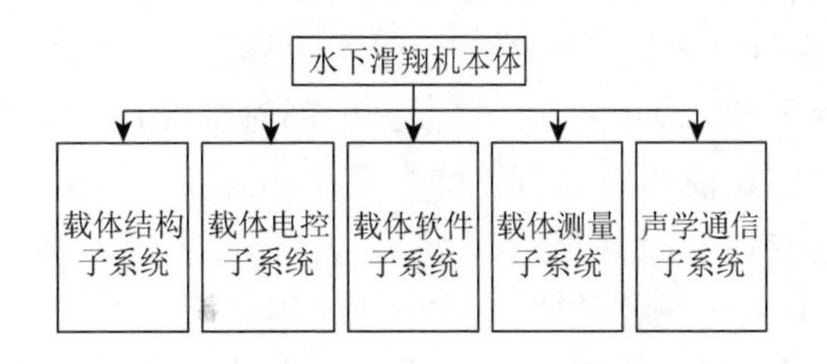

图 6.2　水下滑翔机本体组成框图

载体结构子系统主要包括水下滑翔机的耐压舱壳、俯仰调节装置、浮力调节单元、航向控制单元等部件。载体电控子系统主要包括水下滑翔机专用低功耗控制系统、高能电池组、执行机构的电气部分及舱内布线等部件。载体软件子系统主要指在水下滑翔机控制硬件上运行的水下滑翔机载体的软件系统，实现水下滑翔机的运动控制、数据采集与存储、信息传输、状态监测及与其他单元之间的通信等功能。载体测量子系统主要包括可集成在水下滑翔机上的各种测量传感器及数据采集、控制存储软硬件。声学通信子系统指可搭载水下滑翔机的小型化、低功耗水声通信机，主要包括可集成在水下滑翔机上的声通信机换能器和控制系统软硬件。

水下滑翔机本体采用模块化设计，载体分为艏部舱段、俯仰调节舱段、传感器舱段、浮力调节舱段和艉部舱段五个舱段，如图 6.3 所示。艏部舱段主要安装高度计；俯仰调节舱段安装有俯仰调节装置；传感器舱段主要安装 CTD；浮力调节舱段主要安装浮力调节装置；艉部舱段主要安装转向装置、抛载装置、天线组件等。

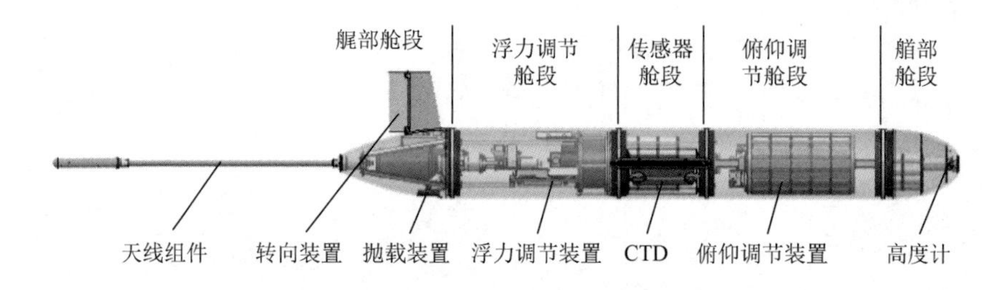

图 6.3　水下滑翔机本体总体布置结构

6.2.2　水下滑翔机载荷

水下滑翔机由于体积小、携带的能源有限，因此其应用的传感器多在体积、质量和能耗方面进行适应性改进，以满足水下滑翔机的搭载要求。目前，国内外水下滑翔机已成功实现多种任务传感器的集成与应用，包括 CTD、溶解氧传感器/光学氧传感器、海流计、水质传感器、叶绿素荧光计、有色可溶性有机物传感器、光学反向散射计、水听器、高度计、声学多普勒湍流剖面仪（acoustic Doppler current profilers，ADCP）和剪切流传感器等，可为海洋物理、海洋生物地球化学和海洋声学等现象的分析研究提供支撑。随着小型低能耗传感器及其集成技术的发展成熟，国内外集成有不同类型传感器的水下滑翔机逐年递增。不同水下滑翔机可携带多种不同功能的传感器负载，完成不同的观测与探测任务[1]。水下滑翔机任务传感器搭载情况如图 6.4 所示。

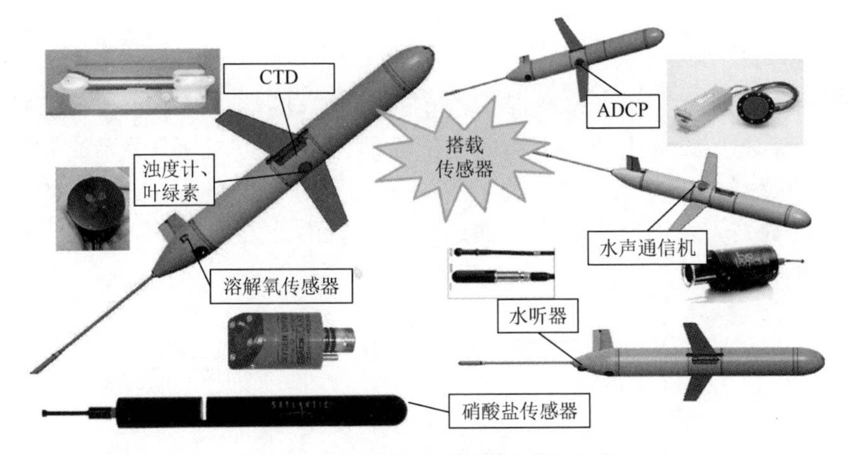

图 6.4　水下滑翔机可搭载的科学载荷

6.3　面向环境观测的数据质量控制

6.3.1　热滞后校正

温度和盐度是海水最常用的两个物理量，温度可以通过温度传感器直接测量得到，但盐度值不能通过直接测量得到。盐度实际上是通过传感器测得的电导率和温度值经过状态方程[2]计算得到。海水在泵的作用下不断地流过 CTD 中温度和电导率的传感器探头，电导率的测量是在电导池(conductivity cell)内完成，而温度的测量在电导池外完成，CTD 同一时间记录的电导率和温度值对应了不同的海水。因此，根据此温度值计算得到的盐度值有一定程度的偏差，在温度值剧烈变化的地方，这种偏差尤为明显。

基于以上叙述，校正可以有两种方式[3]：①通过修正得到电导池外的电导率，即修正电导率与温度匹配；②通过修正得到电导池内的温度，即修正温度与电导率匹配。

一般采用第一种方式，电导率校正的基本公式为

$$C_T(n) = -bC_T(n-1) + \gamma a[T(n) - T(n-1)] \tag{6.1}$$

式中，T 为测得的温度值；γ 为电导率对温度的敏感性系数，由生产厂家提供。取 $\gamma = 0.088+0.0006T$ 。a,b 的表达式为

$$a = \frac{4f_n\alpha\tau}{1+4f_n\tau}, \quad b = 1 - \frac{2a}{\alpha}$$

其中，f_n为奈奎斯特采样频率，取$f_n=\frac{1}{2\mathrm{d}t}$，d$t$为传感器采样间隔。误差常数幅值$\alpha$和时间常数幅值$\tau$是热滞后校正的关键，调整这两个参数，即热滞后校正，背后的假设为上浮和下潜两个剖面的 T-S(温度-盐度)关系线要保持一致[4]。图 6.5 给出了某台水下滑翔机某一周期下潜和上浮两个剖面的 T-S 关系图。可以看到，在温跃层即图中曲线发生转折的地方，两个剖面的温盐关系差异较大。

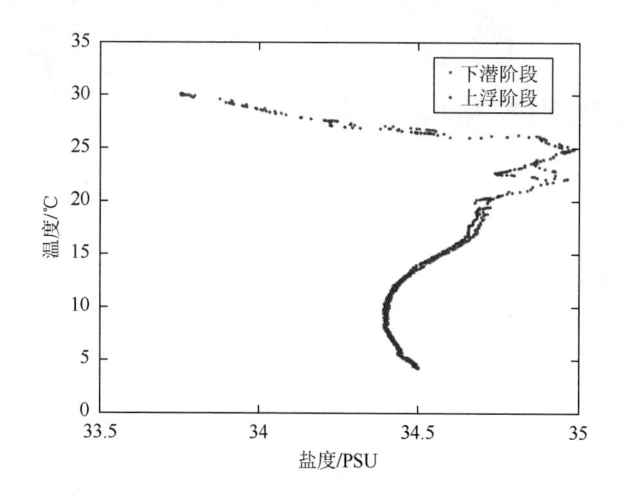

图 6.5　某台水下滑翔机某一周期下潜和上浮过程的 T-S 关系图(见书后彩图)

PSU(practical salinity units，实用盐度单位)是海洋学中表示盐度的标准，为无量纲单位，一般用‰表示。

α和τ的确定主要有以下三种方法：

(1)分析温盐数据，确定具体 CTD 设备对应的α和τ值[5, 6]；

(2)拟合成海水穿过电导池速度 V 的函数[3]，α=0.0264V^{-1}+0.0135 和 τ=2.7858$V^{-0.5}$+ 7.1499；

(3)对于水下滑翔机速度不恒定的情况，$\alpha(n)=\alpha_{\mathrm{o}}+\alpha_{\mathrm{s}}V_f(n)^{-1}$，$\tau(n)=\tau_{\mathrm{o}}+\tau_{\mathrm{s}}V_f(n)^{-0.5}$。其中$V_f$是水流的速度，该速度与水下滑翔机的速度有关，在一个剖面中为变量。下标 o 和 s 分别表示补偿(offsets)和斜率(slopes)。上述模型当流速变化不大时成立，对水下滑翔机运动来说，该条件成立。四个参数$\alpha_{\mathrm{o}},\alpha_{\mathrm{s}},\tau_{\mathrm{o}},\tau_{\mathrm{s}}$通过解一个最优化函数，在下潜和上浮两个剖面的 T-S 曲线中寻找一个平衡，α和τ的初始猜想分别为0.0677 和11.1431。

第三种方法中，猜想的初值，即$\alpha=0.0677$和$\tau=11.1431$，可以根据第二种方法计算得到对应流速$V=0.4867$m/s。热滞后校正之后，见图 6.6 中实线所示，其中散点为校正前的数据。图 6.6(b)～(d)是(a)的局部放大图。可以看出在跃层变化剧烈的地方［图 6.6(b)、(d)］，热滞后现象尚不能得到完全校正，但相比于校正前有所改善。在变化平缓的区域［图 6.6(c)］，校正效果明显。

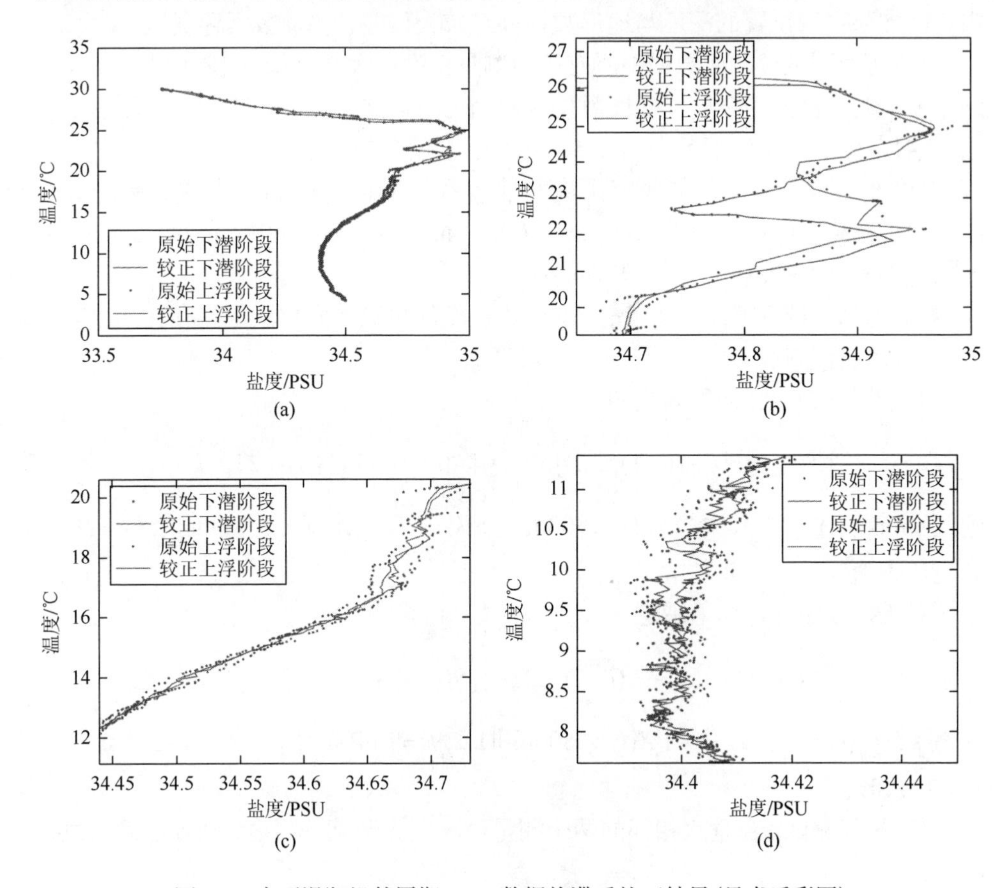

图 6.6 水下滑翔机某周期 CTD 数据热滞后校正结果(见书后彩图)

6.3.2 数据质量测试

本节将水下滑翔机的质量控制过程分成 11 步。

(1)时间测试。水下滑翔机上浮或下潜剖面的时间在 2010 年 1 月 1 日与当前检测时间［协调世界时(coordinated universal time，UTC)］之间，如果在这个范围之外，该剖面数据应标注为“4”(表示坏数据)，并且该剖面上的所有数据都应舍弃不用。

(2)位置测试。位置测试包括三点：①水下滑翔机数据的经纬度应在 -90°～90° 和 −180°~180° 范围内，经度或者纬度任一值有问题，该剖面数据应标注为“4”(表示坏数据)，并且该剖面上的所有数据都应舍弃不用；②水下滑翔机观测数据的位置应在海洋中，地形图数据采用 ETOPO5，即全球 5 分地形数据，如果观测位置不在海洋中，该剖面数据应标注为坏数据，并且该剖面上的所有数据都应舍弃不用；③如果观测位置的深度与地形数据存在较大偏差，当前数据存疑。

(3) 压力测试。剖面数据中所有压力测量值都应大于 0m，如果有小于 0m 的测量值，则该剖面中温度和盐度数据应标记为坏数据。

(4) 范围测试。温度范围在–2.5～40℃，盐度范围在 0～40PSU。

(5) 堆积测试。一条剖面上温度和盐度数据的最大值和最小值之差应大于 CTD 的精度，例如，如果出现 $\max(T(i))-\min(T(i))<0.001℃$ 或者 $\max(S(i))-\min(S(i))<0.001\text{PSU}$，则数据有问题。

(6) 毛刺测试。现有一个测量序列，当一个测量点与它周围的点存在明显差异时，称该点有毛刺。

对于温度 $T(i)$，如果满足

$$|T(i)-[T(i+1)+T(i-1)]/2|-|[T(i+1)+T(i-1)]/2|>k$$

则置 $\text{temp}_{\text{flag}}(i)=4$。其中当 $Z(i)<500\text{m}$ 时，$k=6℃$；当 $Z(i)\geqslant 500\text{m}$ 时，$k=2℃$。Z 是压力值。

对于盐度 $S(i)$，如果满足

$$|S(i)-[S(i+1)+S(i-1)]/2|-|[S(i+1)+S(i-1)]/2|>k$$

则置 $\text{salt}_{\text{flag}}(i)=4$。其中当 $Z(i)<500\text{m}$ 时，$k=1.0\text{PSU}$；当 $Z(i)\geqslant 500\text{m}$ 时，$k=0.5\text{PSU}$。

(7) 梯度测试。当垂直相邻的两个测量值梯度大于某一阈值，则表示没通过梯度测试。

对于温度，如果满足

$$|[T(i+1)+T(i)]/[Z(i+1)+Z(i)]|>k$$

则置 $\text{temp}_{\text{flag}}(i)=4$ 及 $\text{temp}_{\text{flag}}(i+1)=4$。$k$ 取值为

$$k=\begin{cases}2℃/\text{m} & Z(i+1)\leqslant 5\text{m}\\ 8℃/\text{m} & 5\text{m}<Z(i+1)\leqslant 500\text{m}\\ 2℃/\text{m} & Z(i+1)>500\text{m}\end{cases} \tag{6.2}$$

对于盐度，如果满足

$$|[S(i+1)+S(i)]/[Z(i+1)+Z(i)]|>k$$

则置 $\text{salt}_{\text{flag}}(i)=4$ 及 $\text{salt}_{\text{flag}}(i+1)=4$。$k$ 取值为

$$k=\begin{cases}0.3\text{PSU}/\text{m} & Z(i+1)\leqslant 5\text{m}\\ 1.7\text{PSU}/\text{m} & 5\text{m}<Z(i+1)\leqslant 500\text{m}\\ 0.15\text{PSU}/\text{m} & Z(i+1)>500\text{m}\end{cases} \tag{6.3}$$

(8)运行标准差测试。从$i=4,5,\cdots,N-3$，N为一个剖面数据内包含点数，以第i个点为中心加上前后各四个点共九个点的值来计算温度或盐度的均值$T_{\text{ave}}(i),S_{\text{ave}}(i)$，以及温度和盐度的标准差$T_{\text{std}}(i),S_{\text{std}}(i)$。

计算均值和标准差的方法如下(以Q表示T或S)：

$$\begin{aligned}Q_{\text{ave}}(i)&=\sum_{j=i-4}^{j=i+4}w(j)Q(j)\Big/\sum_{j=i-4}^{j=i+4}w(j)\\ Q_{\text{std}}(i)&=\sum_{j=i-4}^{j=i+4}[w(j)Q(j)-Q_{\text{ave}}(i)]^2\Big/\sum_{j=i-4}^{j=i+4}w(j)\end{aligned} \tag{6.4}$$

式中，$w(j)$为权重，当$Q(j)$标记为“1”时，$w(j)=1$，否则$w(j)=0$。

对于温度，如果同时满足

$$|T(i)-T_{\text{ave}}(i)|>2.2\times T_{\text{std}}(i)$$

和

$$|T(i)-T_{\text{ave}}(i)|>0.001℃$$

则置$\text{temp}_{\text{flag}}(i)=4$。上式中0.001℃为温度传感器的精度。

对于盐度，如果同时满足

$$|S(i)-S_{\text{ave}}(i)|>2.2\times S_{\text{std}}(i)$$

和

$$|S(i)-S_{\text{ave}}(i)|>0.001\text{PSU}$$

则置$\text{salt}_{\text{flag}}(i)=4$。上式中0.001PSU为盐度传感器的精度。

(9)盐度反转测试。盐度反转(inversion)测试之前，先用seawater工具包计算出位盐(potential salinity)的值。从上到下，如果在压力更大的$Z(i+1)$处位盐的值比$Z(i)$处的值小超过 0.03kg/m^3，则$Z(i)$和$Z(i+1)$处的温盐数据都标记为坏数据。

(10)垂向速度测试。当水下滑翔机垂直下降速度小于 0.03m/s 时，剖面标记为坏数据。

(11)气候态测试。水下滑翔机搭载的传感器长时间运行有可能造成传感器漂移，因此在实时质量控制过程中有必要进行气候态测试。气候态数据采用美国国家海洋和大气管理局发布的 WOA18 数据集。下载的 WOA18 数据集包括温度、盐度变量的月平均和月标准差数据，分辨率为$1/4°$。测试时，将水下滑翔机的观测剖面数据与 WOA18 数据进行比较，如果二者差异大于$n_{\text{std}}\times Q_{\text{std}}(i)$，则将该剖面标记为“3”，表示为可疑数据。$Q_{std}(i)$ 为 WOA18 数据中温度或盐度剖面对应点的标准差，n_{std} 是调节因子，取 $n_{std}=6$。

6.3.3 数据质量控制结果

本节针对“海翼”号水下滑翔机文件和数据结构建立数据质量控制程序。“海翼”号水下滑翔机搭载的传感器是CTD，观测剖面文件分为两个部分：一是记录水下滑翔机每条剖面任务相关信息，称为“任务文件”，包括任务执行日期、任务号、出入水经纬度、开始时间、结束时间；二是每条剖面的温度、盐度和深度对应数据，称为“数据文件”。进行数据质量控制流程时，首先读取任务文件中的一个任务条目，再读取任务对应的数据文件。

结合6.3.2节的测试顺序和测试分析，本节主要进行时间测试、位置测试、压力测试、范围测试、毛刺测试、梯度测试、运行标准差测试、垂向速度测试和气候态测试。其中时间测试和位置测试在读取任务文件后进行，其他测试在读取数据文件后进行。

测试数据为2017年南海北部12台水下滑翔机的观测数据，测试参量为温度和盐度。设置的标识号包括剖面标识(flag)、每条剖面内温度标识号 $\text{temp}_{\text{flag}}(i)$ 和盐度标识号 $\text{salt}_{\text{flag}}(i)$。如果剖面标识为4，则整个剖面的所有数据都不可信。相应地，每条剖面内某个采样点对应的温度或盐度标识号为4表示该点的测量值不可信。与剖面标识相关的测试主要包括：时间测试、位置测试、压力测试等。

图6.7给出了水下滑翔机1000K003温度、盐度数据经过质量控制后的剖面图，图6.8中给出了数据质量控制完成后，水下滑翔机1000K003的每个有效剖面(即剖面标志号为1)中，被标记温度和盐度错误测量点的个数，以及错误测量点数在剖面观测点总数中所占的比例。

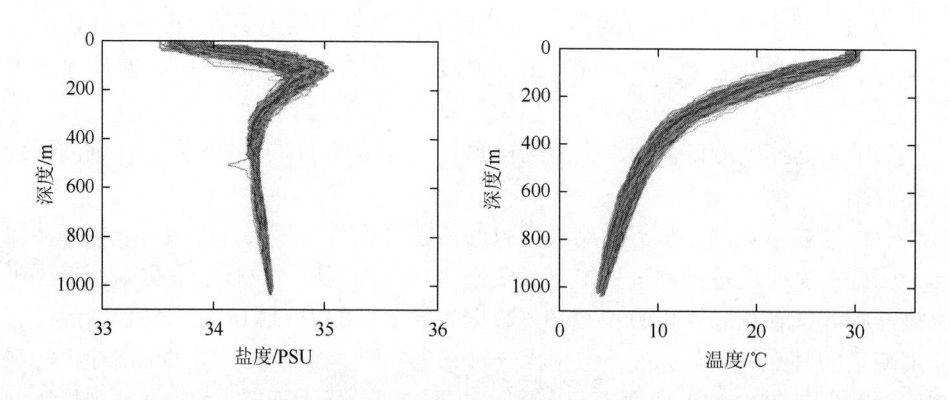

图6.7　经过质量控制后水下滑翔机1000K003温度、盐度剖面图

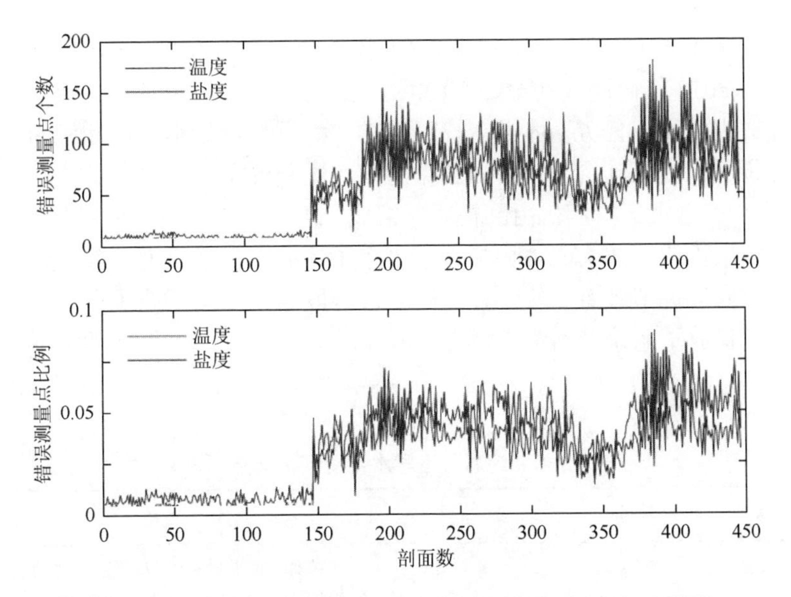

图 6.8 水下滑翔机 1000K003 数据质量控制结果(见书后彩图)

6.4 基于水下滑翔机的声学特性分析

虽然水下滑翔机相对螺旋桨驱动的 AUV 而言更加安静，但是其在运动过程中不可避免地仍会产生一些工作噪声[7, 8]。搭载水听器的声学水下滑翔机可以用于记录人工或自然声学信号，例如，在 PhilSea10 实验期间部署的声学 Seaglider 水下滑翔机主要用于记录来自锚系声源的发射声信号以辅助开展声层析研究[9]。声学水下滑翔机也曾用于时域水声环境采样以探测人类活动[10]及探测鲸鱼的叫声[11]。上述研究都没有考虑水下滑翔机工作噪声的影响,但是当水下滑翔机电机产生的噪声类似于海洋哺乳动物探测器的探测信号时，探测器的性能会受到水下滑翔机噪声的影响[12, 13]。因此，了解水下滑翔机的声学特性可以更好地指导其在声场测量中的应用。

水下滑翔机没有螺旋桨，主要噪声源可分为两类：机械噪声和水动力噪声[14]。当利用 Slocum 水下滑翔机探测海底火山和热液活动噪声时，接收信号中水下滑翔机的自噪声通过互相关技术滤除[15, 16]。为了避免机械噪声的影响，Teledyne Webb Research 在 Slocum 水下滑翔机上增设了“comatose mode”，其工作机制是在水下滑翔机收集声学数据期间关闭产生噪声的水下滑翔机上的声学组件，但是这种模式是以损失控制性能为代价的[17]。

第一台“海翼”声学水下滑翔机由中国科学院沈阳自动化研究所和中国科学

院声学研究所于 2017 年联合研制，在“海翼”号水下滑翔机的艉部搭载一个声学水听器。自 2017 年研制成功至 2020 年初，已开展多次海上试验，旨在进行性能验证及完成声学作业任务。本节对已开发的“海翼”声学水下滑翔机的自噪声特性进行分析，为提高其搭载水听器数据的有效性和可靠性提供支撑[7]。

“海翼”声学水下滑翔机由圆柱壳体组成，壳体上装有一对水平翼、一个垂直舵及一个拖尾天线。压力壳体内搭载了多个子系统，包括浮力调节装置、俯仰调节装置、方向舵调节装置、声学接收子系统、嵌入式控制子系统、通信和导航子系统、紧急释放子系统及科学传感器。表 6.1 总结了“海翼”声学水下滑翔机的主要参数。

表 6.1　“海翼”声学水下滑翔机参数列表

项目	参数
尺寸	壳体直径 0.22m，长度 2m，翼展 1.2m
重量	65kg
最大工作深度	1000m
巡航速度	0.25m/s，最大 0.5m/s
航程	＞1100km
通信	铱星、无线电和声学通信
导航	GPS、高度计和电子罗盘
科学传感器	CTD、水听器和声学通信机

声学水听器安装在水下滑翔机艉部舱段，部分位于导流罩内。水听器由中国科学院声学研究所开发，灵敏度约为 −170dB re 1V/μPa，前置放大器增益为 4.5，稳态频率响应区间为 50Hz～4kHz，数据采样率设置为 8kHz。

“海翼”号水下滑翔机在垂直面内沿锯齿轨迹运动。一个航行周期包括两个过程：下潜和上浮。在航行过程中，通过运行方向舵调节装置来保持航向，以抵抗海流的影响，有时俯仰调节装置也会工作以改变水下滑翔机的重心。在下潜初始阶段，即在海面位置附近，浮力调节装置开始抽油，将液压油从外部油囊抽到内部油囊，直至达到所需的负浮力，俯仰调节装置将俯仰角调节至所需的下潜角度。在上浮初始阶段，即在反转点(最大下潜深度)附近，浮力调节装置开始排油，将液压油从内部油囊排到外部油囊，俯仰调节装置将俯仰角调节至所需的上浮角度。水下滑翔机在海洋中重复这一航行周期，直至作业任务结束。

6.4.1 基于 CFD 的流噪声计算

目前关于水下滑翔机流噪声的预报与评估主要有两种方法：自航模型试验法和拘束模型试验法。自航模型试验法就是直接使用比例模型通过物理试验进行计算，需要建立物理水池、配套试验装备，仪器精度要求较高，耗时耗力，试验成本较高，并且存在模型与实际载体间的尺度效应问题。此外，当平台的线型需要微调时，要重新建造模型进行实验。利用拘束模型试验法的 CFD 数值模拟技术将实际具体问题抽象成物理模型：以质量守恒方程(非稳态连续性方程)和动量守恒方程(黏性流体纳维-斯托克斯方程)作为基本控制方程；利用雷诺平均纳维-斯托克斯(RANS)湍流模型来描述复杂多变的湍流运动，并通过壁面函数法处理近壁面区域内的低雷诺不充分流体运动；利用有限体积法对计算域进行空间和数值离散，得到离散方程组。CFD 数值模拟方法具有建模方便、计算周期短、可重复性好等优点，其计算精度亦达到了实际工程要求，故采用 CFD 数值模拟方法进行水下滑翔机流噪声计算。所采用的 CFD 分析软件 FLUENT 为专业流体力学计算软件，已被广泛应用于航天、车辆及船舶等领域。

1. 数值计算模型

水下滑翔机流噪声数值模拟采用模型尺度比为 1∶1 的同比计算模型，为分析其流噪声，将水下滑翔机浸没在足够大的流场中，如图 6.9 所示，虚拟边界所包络的区域为 CFD 计算的流域，保证流场充分发展而不受边界的影响，且高效利用计算资源。其中 D 为水下滑翔机壳体直径。水下滑翔机前方设置为速度入口，入口边界距水下滑翔机的艏部 15D；水下滑翔机后方设置为压力出口，出口边界距水下滑翔机的艉部 25D；四周设置为远场自由滑移壁面条件，计算域直径为 20D；水下滑翔机表面设置为无滑移壁面条件。

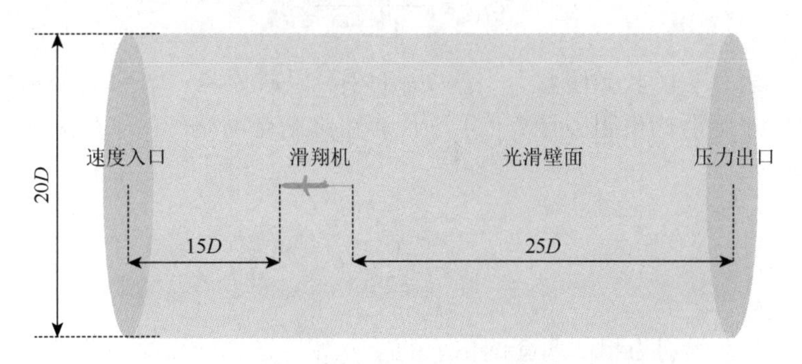

图 6.9 “海翼”声学水下滑翔机流噪声分析模型

2. 网格划分及网格无关性测试

在 CFD 分析中，网格划分得越精细，即网格分辨率越高，数值计算结果的精度越高，但是相应计算的时间成本也越高，一套合适的网格划分需要综合考虑计算精度和计算效率间的平衡。为此，在 CFD 分析前进行网格无关性测试就显得尤为重要。在 CFD 分析中，常用的网格无关性测试手段有两种：一种是采用基于 Richardson 外推理论[18]的网格收敛指数(grid convergence index，GCI)评价不同网格分辨率方案间的收敛性[19]；另一种相对简单的方式是直接对比不同网格分辨率划分方案下 CFD 计算结果的相对误差变化趋势，并选择一套合理的网格划分方案[20]。

本节采用 GCI 法进行 CFD 分析的网格无关性测试。通常，针对某一问题，通过不同的网格细化方式可以得到一系列网格分辨率不同的解决方案，并希望随着网格的细化和分辨率的提高，数值计算结果可以逐渐收敛到一个渐近值，渐近值即是当前问题的解。为了进行网格优化研究，Roache[21]提出 GCI 来评估两个或两个以上的网格方案间的数值预报结果间的相关性，进行不同网格间的网格收敛不确定性的测量。GCI 代表了数值计算值与理想渐近值间误差的百分比度量值，表示随着网格分辨率的进一步细化，解决方案的计算精度发生的变化。GCI 值越小说明计算值越接近理想的渐近值。

GCI 可以定义为

$$\mathrm{GCI} = F_s \left| E_{\mathrm{fine}} \right| \tag{6.5}$$

式中，F_s 代表安全系数，取值越大，计算越保守。当两套网格比较时，F_s 建议取为 3.0；当超过两套网格比较时，F_s 建议取值为 1.25。E_{fine} 代表网格划分方式的 Richardson 误差估计，其定义为

$$E_{\mathrm{fine}} = \frac{r^p (f_1 - f_2)}{1 - r^p} \tag{6.6}$$

式中，p 代表算法的收敛阶数，根据文献[18]可以取为 2；f_1 和 f_2 分别为粗细两套网格下的水下滑翔机阻力计算值；r 代表粗细两套网格间的细化因子，可以表示为

$$r = \left(\frac{N_1}{N_2} \right)^{1/d} \tag{6.7}$$

其中，N_1 和 N_2 分别为粗细两套网格下的单元数，d 为计算模型的维数，这里对水下滑翔机进行三维数值模拟，因此 d 取值为 3。

本节采用 6 套不同网格分辨率的网格划分方案进行网格无关性测试。CFD 数值模拟的阻力值 f 、相对变化量 $(f_1-f_2)/f_1$ 及相邻粗细两套网格下的 GCI 值见表 6.2。通过表中结果对比可以发现，随着网格单元数的增加，水下滑翔机阻力计算结果具有收敛趋势。随着网格的逐渐细化，相邻两套网格间的 GCI 值逐渐减小，且当网格单元数达到 6×10^6 时，GCI 值减小到 2.2%。综合考虑计算精度和时间成本，本书后续水下滑翔机流噪声计算采用的网格单元数确定为 6×10^6 。

表 6.2 网格无关性测试结果

网格数 $N/(\times10^6)$	f / N	$(f_1-f_2)/f_1$	GCI
1.63	1.6485	—	—
2.11	1.6434	3.1%	5.9%
3.69	1.6339	5.8%	5.5%
4.24	1.6317	1.4%	4.6%
6.00	1.6291	1.5%	2.2%
7.60	1.6286	0.3%	0.6%

图 6.10 给出了计算域内网格划分及水下滑翔机载体表面的网格划分示意图。采用多面体非结构网格划分，在远离载体处设置较为粗糙的网格，在载体周围区域设置加密网格，在壁面处设置边界层网格，为保证壁面 $Y+$ 值小于 5[22]，第一层壁面网格的高度设置为 0.2mm，增长率设为 1.05。放大图中显示了水下滑翔机艏部、艉部的边界层网格及周围的局部加密区域。

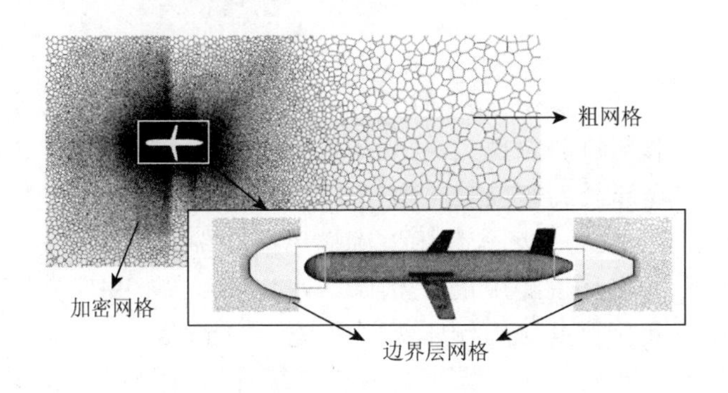

图 6.10 计算域内网格划分及水下滑翔机载体表面的网格划分示意图

3. 数值计算方法及过程

基于 Lighthill 声类比理论[23, 24]，水下滑翔机流噪声的计算可以和流场的计算相结合，通过求解水下滑翔机流场信息推算得到其流噪声信息。首先利用大涡模拟(large eddy simulation，LES)或分离涡模拟(detached eddy simulation，DES)的CFD方法计算水下滑翔机航行过程中周围流场的流动情况。然后在求得的流场中采用FWH(Ffowcs Williams and Hawkings)声学模型进行流噪声的计算,其中FWH声学模型是在Lighthill声类比理论上发展的流场-声场求解方程。这种混合CFD方法初始用于航天领域的气动声学计算[25]，近年来已经成为水下滑翔机噪声预测领域应用较广泛的方法之一[26]。Qin等[27]对混合CFD数值模拟的可靠性进行测试，模拟的声压级与螺旋桨噪声测量的实验结果基本吻合。

基于现有服务器的计算能力，本节采用混合LES-FWH方法对水下滑翔机航行过程中周围的流场进行计算，并对产生的流噪声进行预报。整个数值预报流程分为三个步骤：

(1)定常模拟。给定来流速度0.5m/s的情况下采用RANS方程和剪切应力输运(shear stress transport，SST) k-ω 湍流模型对水下滑翔机周围流场进行定常计算，直至流场充分收敛。计算中选用不可压缩流体，并采用压力耦合方程组的半隐式方法(semi-implicit method for pressure linked equations，SIMPLE)计算压力速度耦合方程，动量和湍动能均采用二阶迎风格式。

(2)大涡模拟。待定常计算充分收敛后，以定常解作为初值，在定常流场结果的基础上，启用LES方法对流场进行非定常精确模拟。设定时间步长为10^{-4} s以便捕捉高频噪声。同时采集随时间变化的流场数据和压力数据并存储到文件中。

(3)声学模拟。打开FWH声学类比计算模型，通过在水下滑翔机实际水听器安装位置处设置噪声接收点，对预先定义的可渗透表面上的声压进行数值积分。计算时基准声压取为1μPa。

4. 结果分析

图6.11给出了流速为0.5m/s时，水下滑翔机周围流场速度分布情况。可以看出，在水下滑翔机的艏部过渡区及水平翼附近流速较高，因此水听器的安装位置选择在艉部低流速位置。图6.12为流噪声接收点处(即实际水听器位置)流噪声的三分之一倍频程频谱。流噪声谱级随频率增加呈下降趋势。与经典的Knudsen海洋环境噪声谱[28]相比，在150Hz～10kHz频带内，水下滑翔机的流噪声谱级低于0级海况下海洋环境噪声谱级。另外，流噪声谱的变化趋势与南海东北部海洋环境噪声级的长期统计特性相似[29]，但是流噪声谱级显著低于环境噪声级。此外，在实际的海试中，“海翼”声学水下滑翔机的速度通常设置为0.25m/s，比CFD模拟计算中采用的0.5m/s的速度产生更低的流噪声[30]。因此，分析受水下滑翔机自噪声污染的海试数据时，流噪声的影响可以忽略。

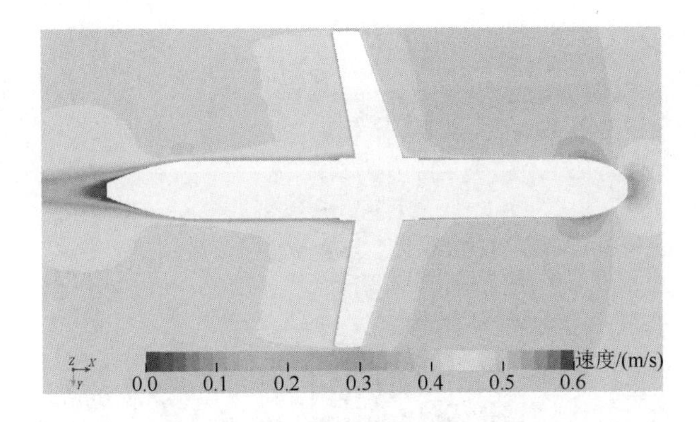

图 6.11 流速 0.5m/s 时水下滑翔机周围流场速度分布图(见书后彩图)

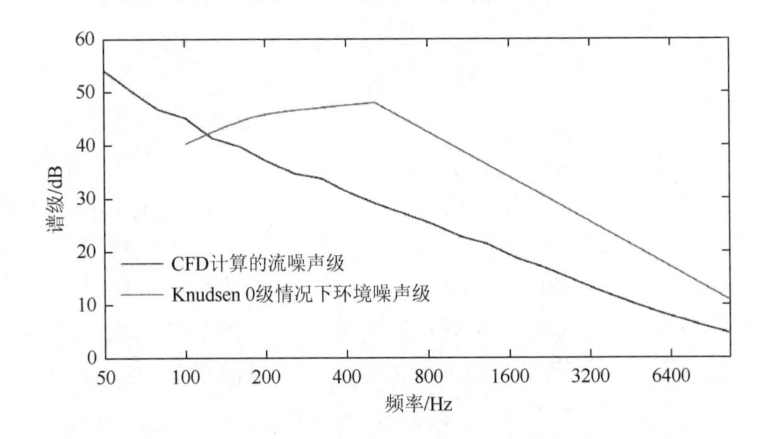

图 6.12 CFD 计算流噪声的三分之一倍频程频谱

6.4.2 消声水池实验噪声分析

1. 实验设置

2018 年 10 月在中国科学院声学研究所消声水池开展水下滑翔机机械噪声测量实验，旨在对各机械噪声进行定量描述。实验环境如图 6.13 所示。将一台“海翼”声学水下滑翔机浸没在水中，采用分步测量手段，每次打开一个组件记录其噪声数据。根据噪声源的不同，实验划分为六个部分：俯仰调节、方向舵调节、浮力减小和浮力增大调节(对应于不同的调节机构)、CTD 水泵工作及背景噪声测量。水下滑翔机上搭载的水听器记录的每个过程至少持续 10min。

图 6.13 消声水池水下滑翔机机械噪声测量实验环境

2. 频谱特性分析

利用短时傅里叶变换算法分析噪声的时频域特性，并计算其谱级。例如，图 6.14 给出了浮力调节噪声时频谱，其中浮力减小过程持续时间短、噪声低，浮力增加过程持续时间长、噪声高。对所有记录的数据计算相应噪声的功率谱密度(power spectral density，PSD)，考虑水听器的稳态频率响应区间及设置采样率，数据分析带宽为 50Hz～4kHz，频率分辨率为 $\Delta f = 1/(5\text{s}) = 0.2\text{Hz}$。表 6.3 给出每种机械噪声包含机械装置起动状态的信号片段的时域波形和时频谱。

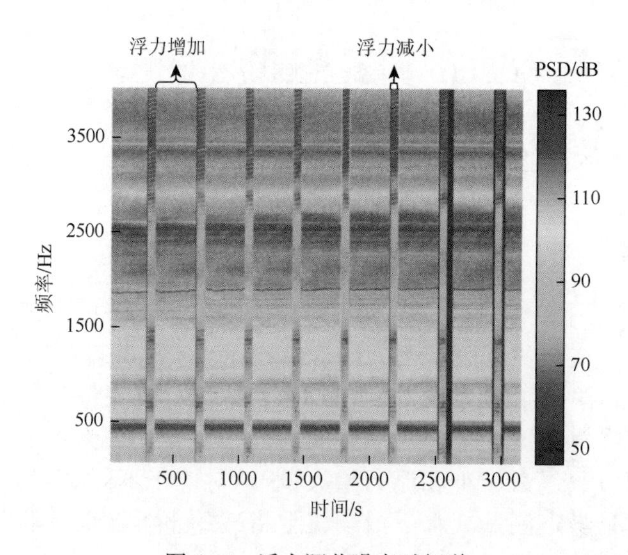

图 6.14 浮力调节噪声时频谱

表 6.3　不同机械噪声时域波形及时频谱

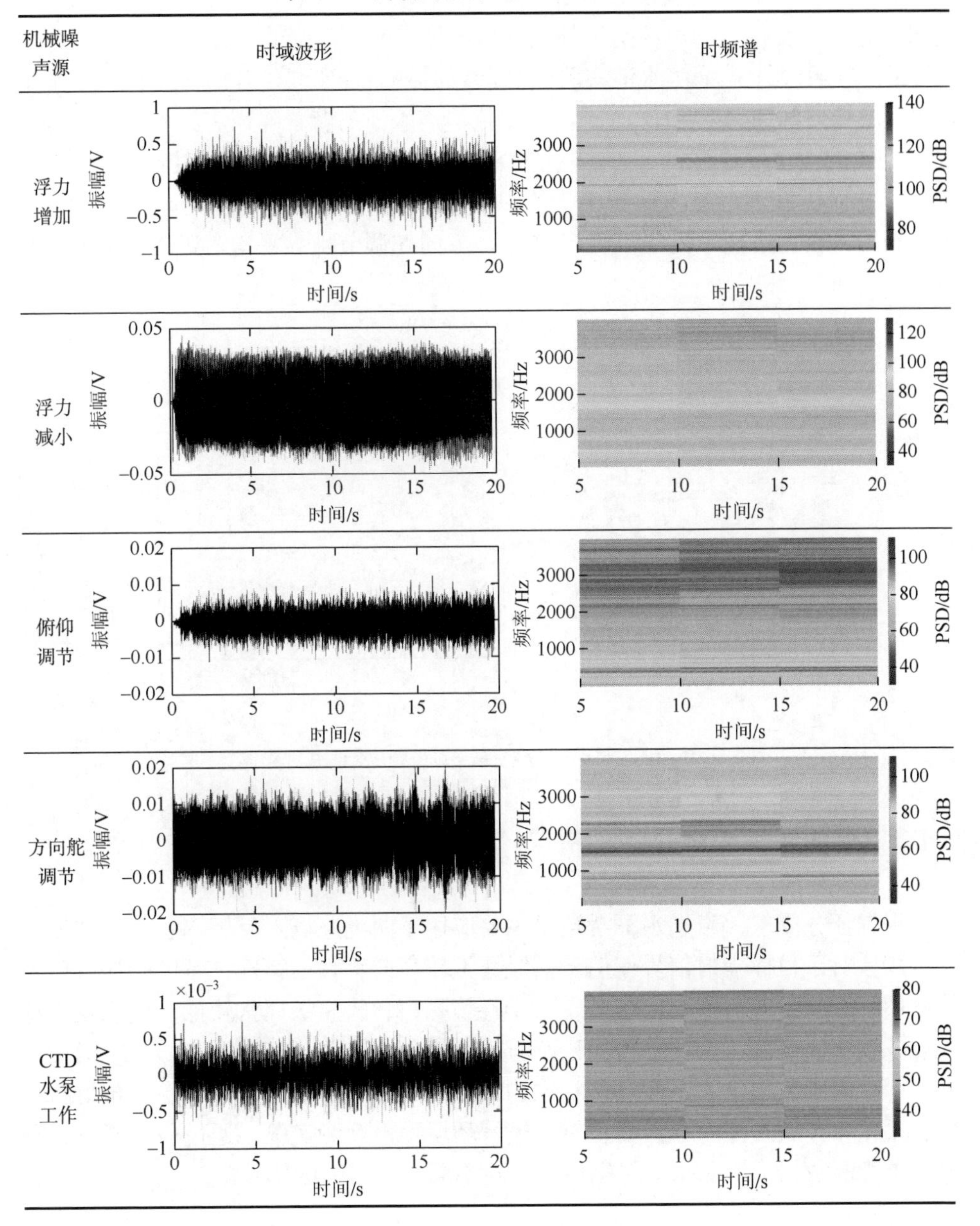

对于浮力增加调节而言，提取所有数据以估计平均噪声谱级，并对其他五个过程重复相同的操作。将所有六种情况的数据分为 18 个三分之一倍频程频段，如图 6.15 所示。从 300Hz 到 3.2kHz，浮力减小或浮力增大对应的噪声谱级明显高于其他机械噪声谱级，并且高于消声水池背景噪声级超过 30dB。但是考虑浮力电机

只在周期开始水面附近及最大下潜深度反转点附近工作，因此在水下滑翔机的航行过程中，主要机械噪声源是另外三种机械噪声：俯仰调节、方向舵调节和CTD水泵调节噪声。根据消声水池实验的测量数据，CTD水泵工作时产生的噪声强度非常低，在300Hz到4kHz范围内，仅比消声水池的背景噪声高约5dB。在分析海试记录的声学信号时，可以忽略CTD噪声。然后分析对比俯仰调节和方向舵调节噪声：对于低于约700Hz频率，俯仰调节噪声占主导，平均谱级较方向舵调节噪声高12dB；对于高于约700Hz频率，方向舵调节噪声平均谱级较俯仰调节高21dB。

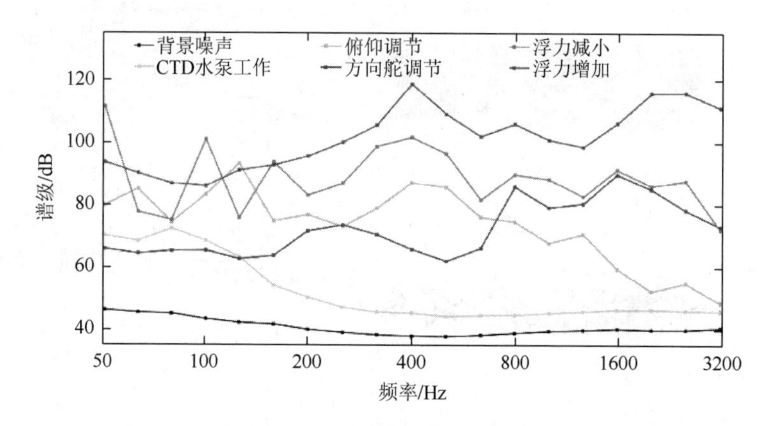

图6.15　机械噪声三分之一倍频程频谱(见书后彩图)

6.4.3　南海实验噪声影响分析

根据任务需求，声学水下滑翔机主要应用于两类声场：目标辐射声场和环境噪声场。对于目标辐射信号，信号谱级通常较高或者频谱特殊，有助于提取信号特性用于进一步的定位或追踪[31]；对于环境噪声，噪声级通常较低，而且频谱特性为各组成成分(风、航船、波浪等)的叠加混合结果[32]。2018年7月31日至9月4日“海翼”声学水下滑翔机在中国南海海域开展了海上测量实验，包括两部分：第一天开展目标声源实验；然后进行环境噪声观测实验。通过后处理方式分析两类实验数据，说明水下滑翔机噪声对不同声场实验的影响。

1. 实验介绍

实验采用一台“海翼”声学水下滑翔机连续作业方式，图6.16给出整个实验期间所有航行轨迹的水平面投影。航行周期总数为241，总航程为836km。所有周期对应的反转点深度均为1000m。

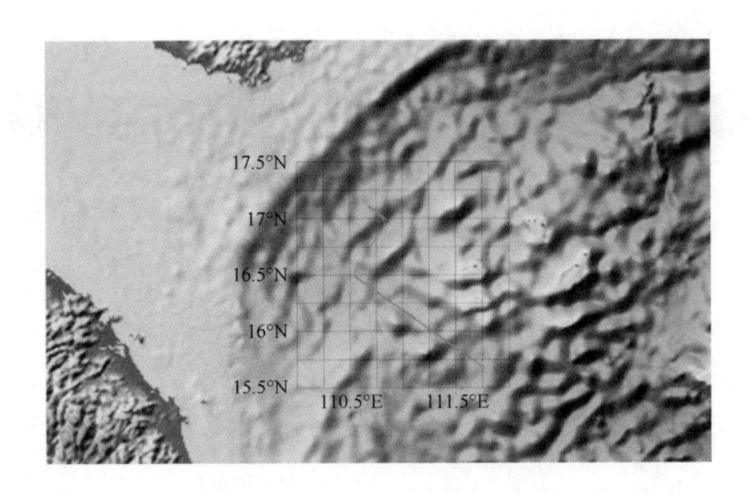

图 6.16　实验位置及轨迹水平面投影

基于 6.4.2 节的分析，对于海试数据中水下滑翔机噪声影响的分析，需要考虑四种噪声：浮力增大、浮力减小、俯仰调节及方向舵调节噪声。计算整个实验期间所有航行周期内的各噪声时长所占的比例，如图 6.17 所示。浮力调节所占比例的平均值为 2.97%。对于每个航行周期，油泵工作两次，一次是在海面附近，另一次是在反转点附近，分别对应浮力减小和浮力增大。俯仰调节和方向舵调节所占比例的平均值分别为 0.96%和 4.94%。对于每个航行周期，俯仰调节和方向舵调节工作多次，每次时长分别约为 2s 和 1s。方向舵调节所占比例最高，因为水下滑翔机不停调节方向抵抗海流的影响，以保持预设轨迹航行。在海流较小或者对观测轨迹要求较低时，方向舵调节所占比例会降低。图 6.17 还给出了每种噪声的时频谱示例。

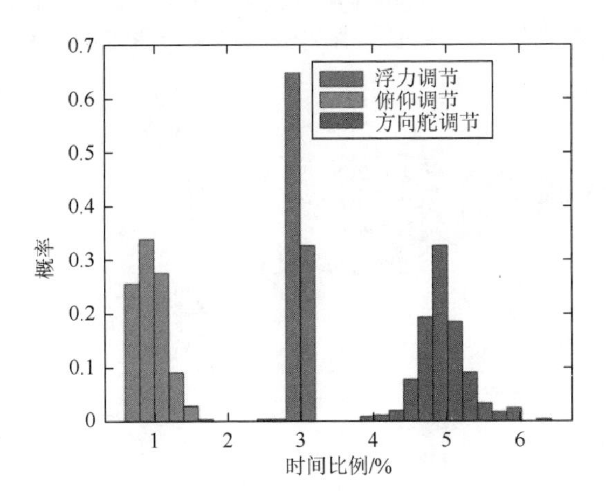

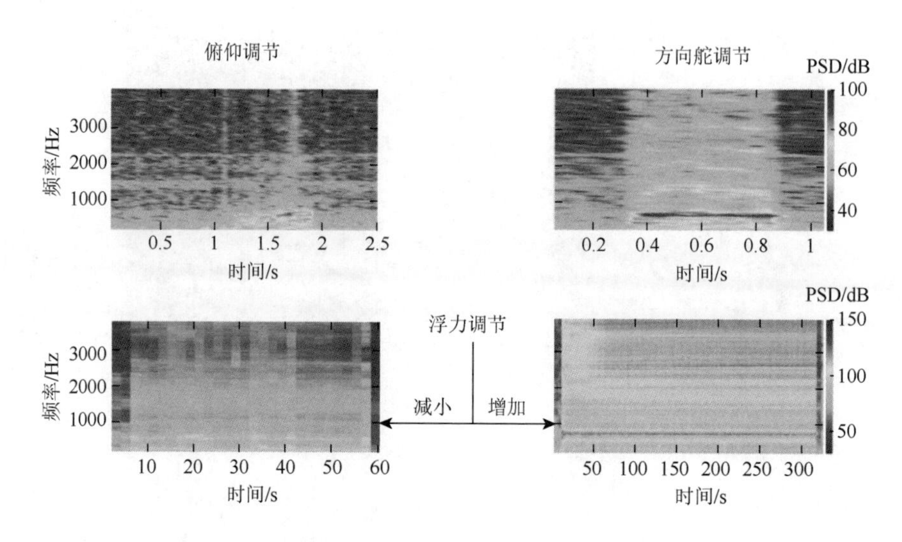

图 6.17　各噪声每周期内所占比例统计分布及时频谱示例(见书后彩图)

2. 受水下滑翔机噪声影响的目标声源信号识别

2018 年 7 月 31 日，“海翼”声学水下滑翔机开展了目标声源实验，如图 6.18 所示。目标声源的位置标记为圆点，同一声源在不同时间布放在三个位置点，按从红色圆点到蓝色圆点朝向海岸的方向部署。在实验过程中，水下滑翔机朝远离声源的方向共完成三个下潜周期，对应声源信号接收的轨迹标注为与声源位置颜色相同的线条。水下滑翔机上水听器所记录的目标信号受水下滑翔机自噪声的影响。具体来说，红色位置对应的接收时间段包含了浮力增大调节过程，对应的水下滑翔机与目标声源之间的距离为 17～19km；绿色位置对应的接收时间段包含了浮力减小调节过程，对应的水下滑翔机与目标声源之间的距离约为 28km；蓝色位置点处的目标声源发射作为远距离的对比，水下滑翔机与目标声源之间的距离超过 50km。

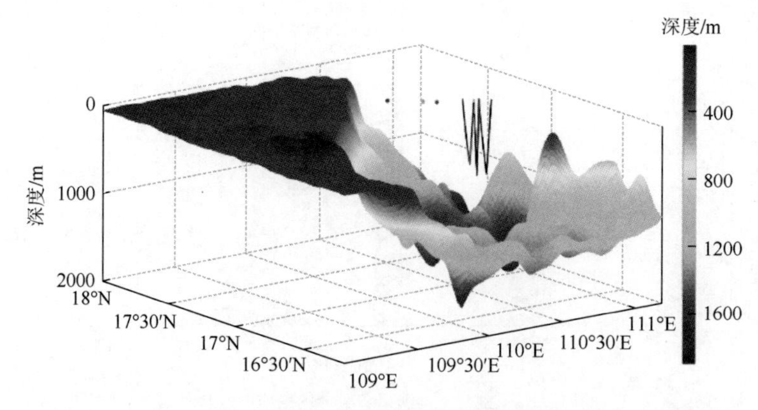

图 6.18　目标声源实验位置、地形及水下滑翔机轨迹(见书后彩图)

选择线性调频(linear frequency modulated，LFM)信号作为目标信号。LFM 信号通常在水下声通信处理中作为同步头插入信号头中。载波频率设置为 400Hz，带宽 100Hz。1m 处声源级约为166.7dB re 1μPa 。信号发射周期为 120s，其中线性调频信号持续 5s，信号保护间隔为 20s，其他时间内发射其他预设信号。图 6.19 给出了水听器所记录 LFM 信号的示例，从频谱中可看到扫频信号特性，其频谱分析所对应的 LFM 信号用矩形框标注，时长 5s。

为了提取目标信号，对水听器接收信号进行卷积滤波处理。图 6.20 给出对应图 6.18 中红色标注轨迹的部分记录信号的卷积滤波结果，除了浮力增大调节期间外的卷积峰都清晰可见。预期可识别卷积峰为 22 个，实际有 3 个峰因为浮力调节噪声级过高而被浮力电机工作噪声淹没。因此，在下面的分析中，直接去掉浮力调节期间记录的声信号。俯仰调节和方向舵调节噪声对目标信号识别没有影响，因为噪声级低于目标谱级，并且频谱特性与目标信号不同。

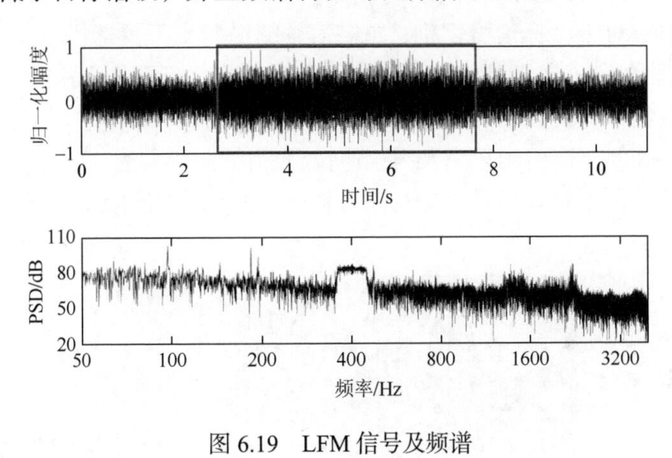

图 6.19　LFM 信号及频谱

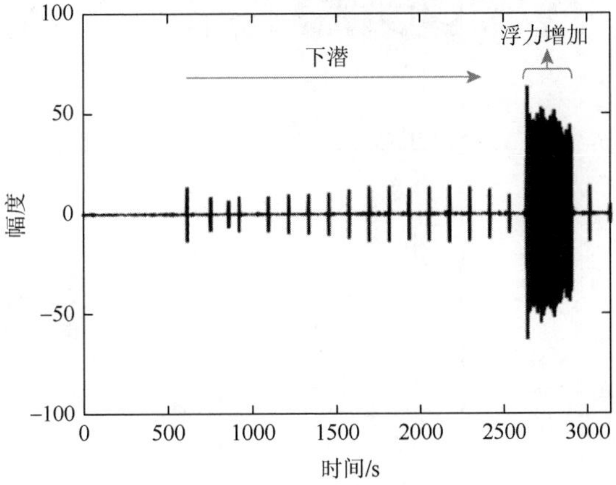

图 6.20　对应图 6.18 中红色标注轨迹的部分记录信号的卷积滤波结果

图 6.21(a)给出沿图 6.18 中绿色标注轨迹的接收信号的时频谱，其中空白区域对应浮力减小过程，由于其对应噪声级高，故已去除。水下滑翔机在 550s 到 1700s 期间处于水面漂浮状态，海表波浪起伏、海流等环境噪声及俯仰调节机制频繁工作噪声导致漂浮阶段噪声级较高。当水下滑翔机再次潜入水中继续下一航行周期，即 1700s 之后，接收信号受附近海域石油勘探噪声影响严重。图 6.21(b)给出绿色标注轨迹接收信号的卷积滤波结果，可以看出由于信噪比较低，几乎无法识别出卷积峰。有两个卷积峰(分别位于前一航行周期内的约 365s 和 485s 的位置)没有受伪峰影响，之后的卷积峰要么被伪峰混淆，要么被强环境噪声淹没。因此，对于绿色标注轨迹对应的接收信号，噪声影响因素主要是强环境噪声。图 6.18 中蓝色标注轨迹紧跟绿色标注轨迹，前半段接收信号仍然受石油勘探噪声影响，但噪声级较低［图 6.21(c)］，除了水下滑翔机在海面漂浮阶段记录的信号外，能识别出对应的大部分卷积峰［图 6.21(d)］。

综上所述，对于目标信号识别，如果信号频谱与水下滑翔机自噪声频谱不同，则在航行期间的俯仰调节和方向舵调节噪声可忽略；而在水下滑翔机海面漂浮期间，较差的接收环境及频繁的俯仰调节导致无法识别目标信号。当浮力电机在海面或者反转点工作时，产生的较高噪声会淹没目标信号。因此，在后续实验中，避免在海面漂浮期间测量目标信号，并且需要移除浮力调节期间记录的声学信号。

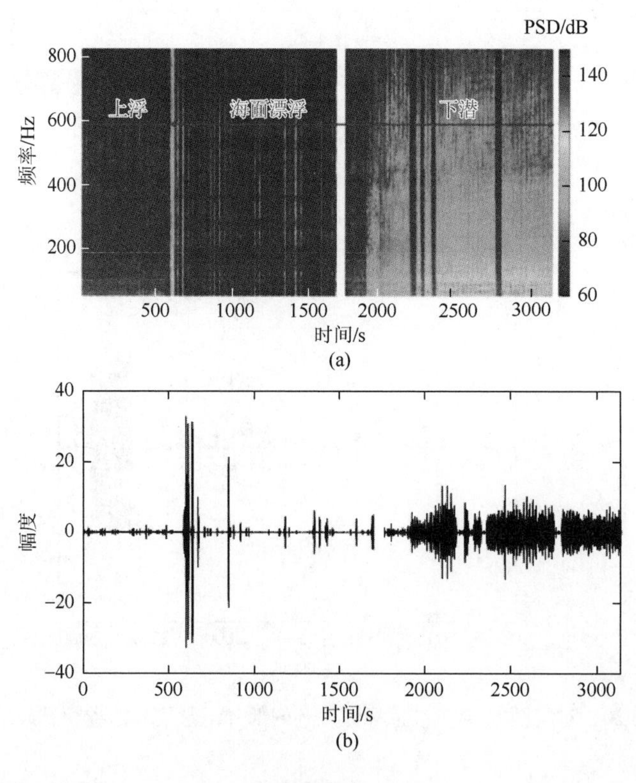

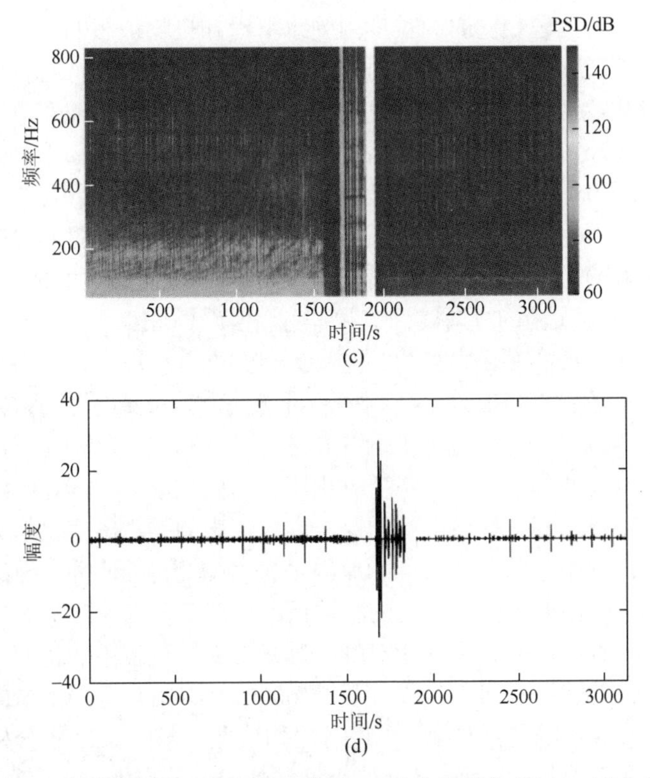

图 6.21　分别对应图 6.18 中绿色［(a)、(b)］和蓝色［(c)、(d)］标注轨迹的时频谱和卷积滤波结果(见书后彩图)

3. 受水下滑翔机噪声影响的环境噪声分析

2018 年 8 月，“海翼”声学水下滑翔机开展了海洋环境噪声观测实验。从前面目标信号识别的分析中已知浮力调节噪声会严重影响接收信号，因此接下来对环境噪声的分析中直接移除浮力电机工作期间记录的声信号。图 6.22 给出水下滑翔机的一个航行周期内接收信号的时频谱及对应的深度变化曲线，其中俯仰调节和方向舵调节对应的时间在时频谱横轴上通过竖线标注(黑色代表方向舵调节，紫色代表俯仰调节)。与此航行周期相对应的海况为三到四级。

在整个实验期间，水下滑翔机上水听器记录的环境噪声数据都受附近石油勘探信号的影响。对于图 6.22 给出的航行周期，除了在到达反转点之前的 6000s 到 7600s 之间，石油勘探信号几乎覆盖了整个记录周期。因此选取 6000s 到 7600s 之间记录的水下滑翔机噪声进行分析，图 6.23(a)和图 6.23(c)分别给出该时间段内的方向舵调节和俯仰调节的示例。记录这些数据时，水下滑翔机一直在移动，因此无法在同一位置获取受水下滑翔机噪声影响的环境噪声及不受水下滑翔机噪声影响的环境噪声来进行对比分析。为了分析方向舵调节及俯仰调节对记录的环境噪声数据的影响，比较相同时间长度内受水下滑翔机噪声影响的记录数据和不受水下滑翔机噪声影响的相邻时间段内的接收数据。图 6.23(b)给出对应图 6.23(a)中两个红框标注数据段的频谱：红色虚线框内数据为受方向舵调节噪声影响的记录数据［图 6.23(a)］，其三分之一倍频程频谱用红色虚线表示［图 6.23(b)］；红色实线框内数据为不受方向舵调节噪声影响的记录数据［图 6.23(a)］，其三分之一倍频程频谱用红色实线表示，而黑色实线为环境噪声谱［图 6.23(b)］。受方向舵调节噪声影响的记录数据对应的谱级明显高于相邻时段内的环境噪声谱级；与 6.4.2 节中消声水池实验的方向舵调节频谱(蓝色实线)相比，海试数据分析得到的红色虚线代表的频谱的变化趋势与其左移后得到的蓝色虚线代表的频谱的变化趋势相吻合，尤其是在 500Hz 以上的频率。可能是由于海流的影响，方向舵的转速低于消声水池实验中方向舵的转速。图 6.23(d)为俯仰调节结果：与 6.4.2 节中消声水池实验的俯仰调节频谱(绿色实线)相比，海试数据分析得到的红色虚线代表的频谱的变化趋势与其右移后得到的绿色虚线代表的频谱的变化趋势相吻合，尤其是在 1200Hz 以下的频率。可能的原因是海试中变化的俯仰角导致电池组移动的阻力发生变化，不同于消声水池的实验情况。对于任何情况下的环境噪声频谱约在 640Hz 和 1280Hz 存在两个相对峰，这是在航行过程中变化的海流引起水下滑翔机振动导致的结果。图 6.24 给出整个 6000s 到 7600s 之间记录的方向舵调节和俯仰调节噪声频谱的统计结果，可以看出均值曲线与图 6.23 中分析的单次调节噪声对应的频谱趋势相同，而标准差较小说明各次调节产生的噪声频谱差异很小，不再逐一分析。

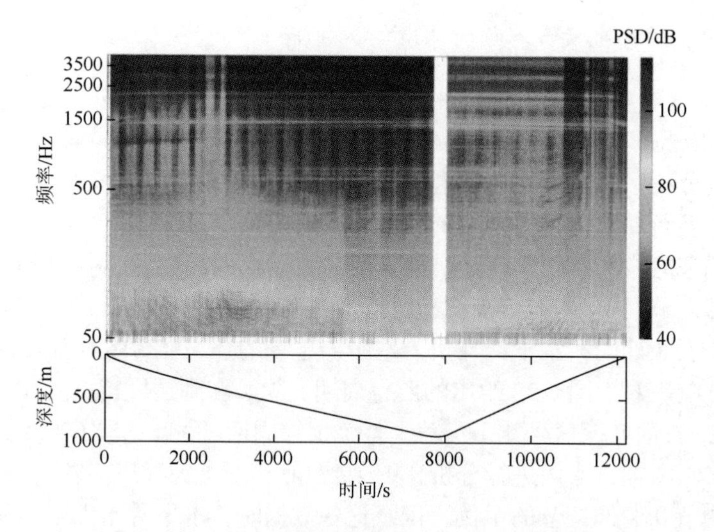

图 6.22　一个航行周期内记录噪声的时频谱及深度变化曲线(见书后彩图)

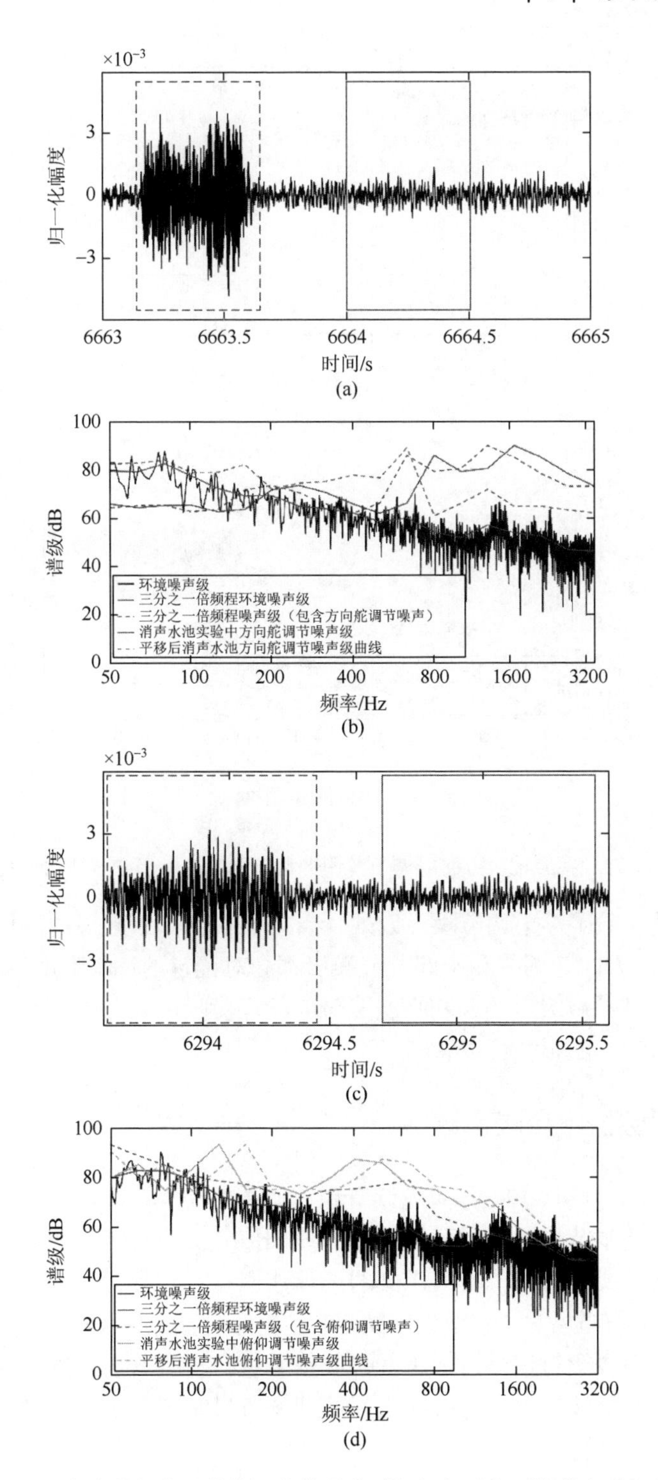

图 6.23 实验记录方向舵调节及俯仰调节信号分别与相邻时段环境噪声对比(见书后彩图)

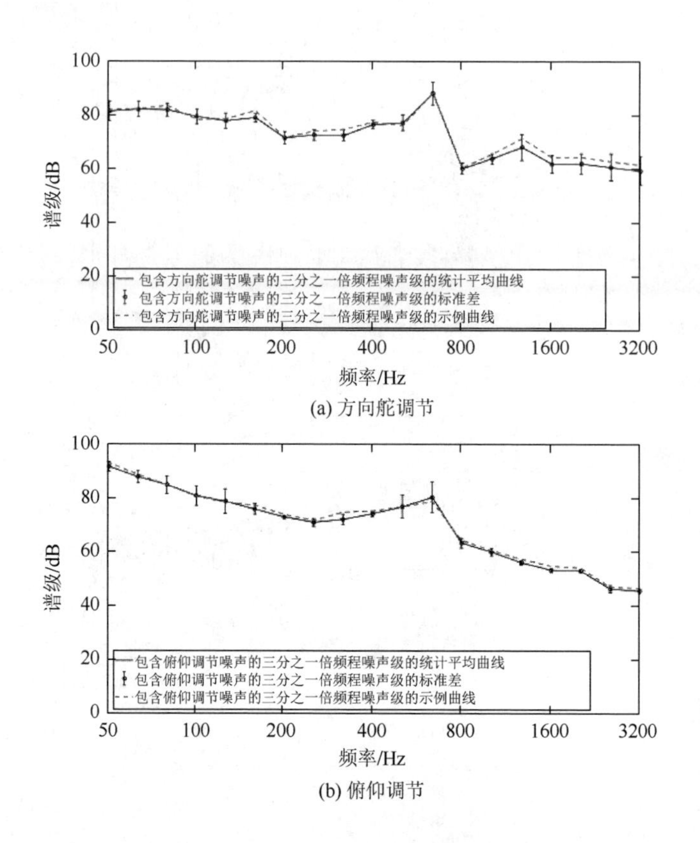

(a) 方向舵调节

(b) 俯仰调节

图 6.24 实验记录方向舵调节及俯仰调节三分之一倍频程频谱统计

综上所述，除了浮力调节噪声以外，当在 50～100Hz 频段内环境噪声谱级大概为 80dB 时，方向舵调节和俯仰调节噪声都会对记录的环境噪声数据产生影响。对于更高的环境噪声级，例如六级海况对应的环境噪声级，方向舵调节和俯仰调节噪声对环境噪声的影响可以忽略。

6.4.4 海试数据中自噪声滤除

通过 6.4.3 节分析可知，方向舵调节和俯仰调节噪声会对记录的环境噪声数据产生影响，因此本节提出一种联合卷积滤波阈值方法的自噪声滤除方法，用来去除受方向舵调节或俯仰调节噪声污染的记录数据。

从消声水池实验数据中提取方向舵调节和俯仰调节噪声的核。类似于 6.4.3 节中通过使用目标声源辐射信号对水听器接收信号进行识别的卷积滤波算法，这里提取的核用于卷积滤波以定位每次舵机和俯仰调节机制工作时间。对于记录数据 f 和卷积核 k，卷积的结果为

$$y(n)=\sum f(m)k(n-m) \tag{6.8}$$

式中，m、n 为不同的时刻，m 范围由 $f(n)$、$k(n)$范围共同决定。

图 6.25 给出所提取的卷积核。考虑舵机或俯仰调节机制每次工作时间并不相同，所提取的卷积核包括调节噪声的开始阶段，时长小于海试实验中所有舵机或俯仰调节机制工作时间的最小值。方向舵调节噪声卷积核长度设定为 0.3s，而俯仰调节噪声卷积核长度设定为 0.5s。

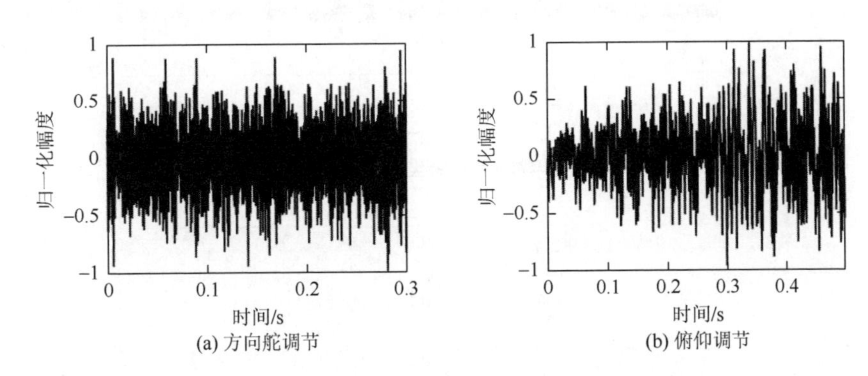

(a) 方向舵调节　　(b) 俯仰调节

图 6.25　从消声水池实验数据中提取的卷积核

在信号处理领域，以适当的阈值进行阈值处理被认为是数据去噪的有效方法，例如减少局部维纳滤波器中出现的均方误差[33]，通过对小波系数进行阈值化来降低噪声[34]及通过空间相关阈值处理增强结构[35]等。对于水下滑翔机记录数据中的自噪声滤除，如果计算出的卷积幅值超过设定阈值，则可定位舵机或俯仰调节机制动作，这里阈值通过目测卷积结果设定。

如果所记录的环境噪声数据受水下滑翔机自噪声影响，则时域中噪声幅值将大于无自噪声影响的情况，如图 6.23(a)、(c)所示。通过设定能量阈值，可以去除已记录数据中被水下滑翔机噪声污染的部分。为了不遗漏及不过度过滤数据，需要考虑两个问题以完全滤除方向舵调节和俯仰调节噪声。一是能量积分时间：如果积分时间太短，则由于时域声信号的波动，累积的能量值可能过小；如果积分时间太长，则由短时间内舵机或俯仰调节机制动作造成的噪声幅度增大可能无法被识别。二是搜索时间的长短：每次动作搜索时间覆盖整个动作时间，但不能涵盖相邻动作时间。通过统计分析每次方向舵调节及俯仰调节时间，最终设定积分时间分别为 0.3s 和 0.5s，而相应的搜索时间分别设定为 1.6s 和 6s。能量阈值根据相同积分时间内的环境噪声能量值设定。

图 6.26 给出联合卷积滤波阈值方法的自噪声滤除结果。图 6.26 中红色和蓝色数字标注的卷积峰即为定位的动作位置。红色数字对应舵机动作，而蓝色数字对应俯仰调节机制动作。其中图 6.26(a) 中所有的方向舵调节和俯仰调节噪声都能够

从记录数据中移除，残留的较小峰值并不是水下滑翔机噪声造成的，而是环境噪声成分；图 6.26(b)给出一个残留较小峰附近信号段的局部放大。滤波后的信号比原始记录信号明显更干净，但是因为移除的水下滑翔机自噪声影响的信号段相应时间内没有进行数据填充，所以信号时间变短。

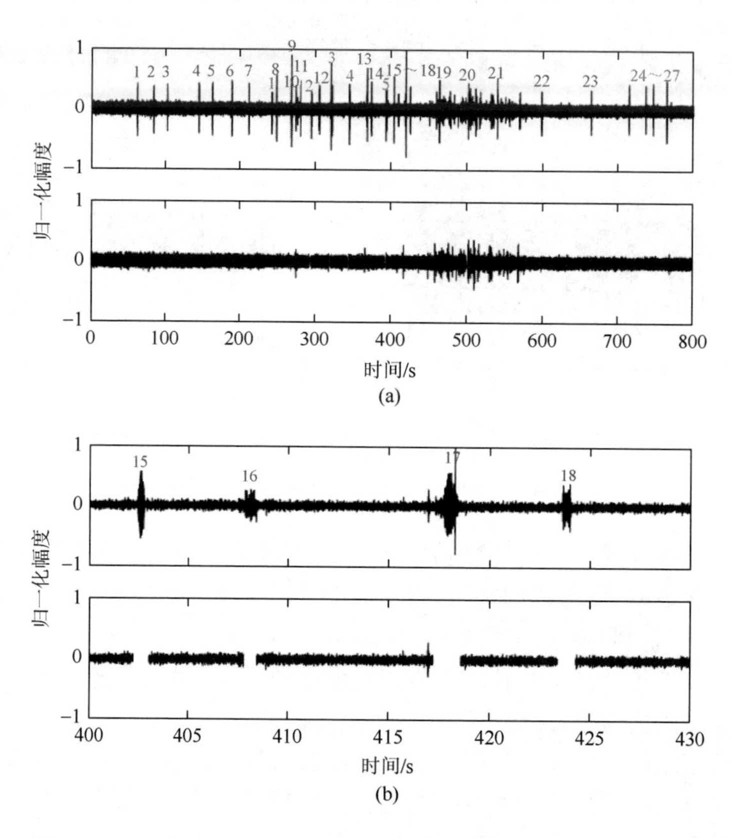

图 6.26　记录数据中方向舵调节和俯仰调节噪声滤除(见书后彩图)

6.5　典型应用场景

6.5.1　海洋环境观测应用

基于“海翼”号水下滑翔机三个阶段发展所积累的雄厚技术基础和丰富经验，通过对耐压结构和浮力调节装置等核心部件进一步优化，针对不同使用需求，中国科学院沈阳自动化研究所开发出了“海翼 300”“海翼 1000”“海翼 3000”“海翼 4500”“海翼 7000”等不同工作深度的“海翼”系列水下滑翔机，并成功完成了由技术到应用的重大转变。“海翼”系列水下滑翔机总体技术水平处于国内领先、国际先进水平。“海翼”系列水下滑翔机已被广泛应用于我国实际海洋观测任务，取得了重要科学成果，先后参加十余次海洋科考航次，为国内十多家用户单位的海洋科学家提供了大量珍贵的观测数据。

在成果推广应用方面，将“海翼”号水下滑翔机技术与海洋科学深度结合，通过高强度海上实际观测应用，获得了大量重要观测数据，增强了我国海洋环境信息实时获取能力。2014 年至今，“海翼”号水下滑翔机已经在东海、南海、西太平洋、印度洋、白令海海域完成多次海上试验性应用，创造多项国内首次和新纪录。通过多次海上试验与试验性应用，验证了“海翼”号水下滑翔机的可靠性和稳定性，已经达到了产品化水平，为后期推广应用打下了坚实基础。

“海翼”号水下滑翔机推广应用实例如下。

1. 南海西边界流环境观测应用(2014～2016 年)

2014 年 9 月 15 日～10 月 15 日，“海翼”号水下滑翔机在南海西沙海域开展了为期 30 天的连续观测，共获得了 229 个观测剖面数据。航程达到 1022.5km，持续时间达到 30 天，创造了我国水下滑翔机海上作业航程最远、作业时间最长的新纪录。

2015 年 3 月 22 日～4 月 15 日，结合潜标站位设计水下滑翔机观测断面。两台“海翼”号水下滑翔机在南海西北部开展南海边界流观测应用。其中一台水下滑翔机按照设定观测路径连续工作 7 天，获得了 145 个 300m 深剖面观测数据，航行距离 180 多公里。另一台水下滑翔机按照设定观测路径连续工作 25 天，获得 167 个 1000m 剖面观测数据，航行距离 740 余公里。

2016 年 4 月 21 日～5 月 6 日，“海翼”号水下滑翔机在南海西边界流区域进行了多参数断面观测，获得 4 个 100km 的观测断面。

2. 南海北部中尺度涡观测应用(2015～2017 年)

2015 年 5 月 12 日～5 月 24 日，“海翼”号水下滑翔机成功观测到一个高温高盐水团，其特性明显不是南海水，结合同时间卫星高度异常资料判断为中尺度涡[36]。图 6.27 为水下滑翔机观测路径，图 6.28 为水下滑翔机获取的观测数据。

2016 年 7 月 2 日～7 月 16 日，三台“海翼”号水下滑翔机在南海成功完成协同观测同一中尺度涡。“海翼”号水下滑翔机搭载有 CTD、溶解氧传感器、浊度计、叶绿素荧光计、硝酸盐传感器。三台水下滑翔机累计连续工作天数 44 天，获得了 321 个不同深度的剖面观测数据，累计航行距离 1043km。三台水下滑翔机中尺度涡同步观测轨迹如图 6.29 所示。

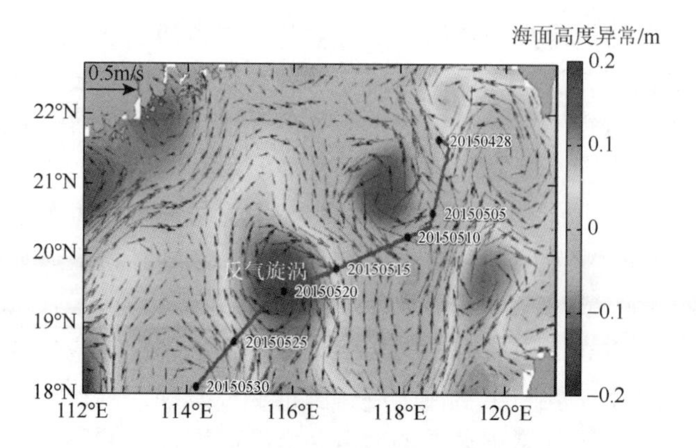

图 6.27　卫星观测海表高度异常和地转流(见书后彩图)

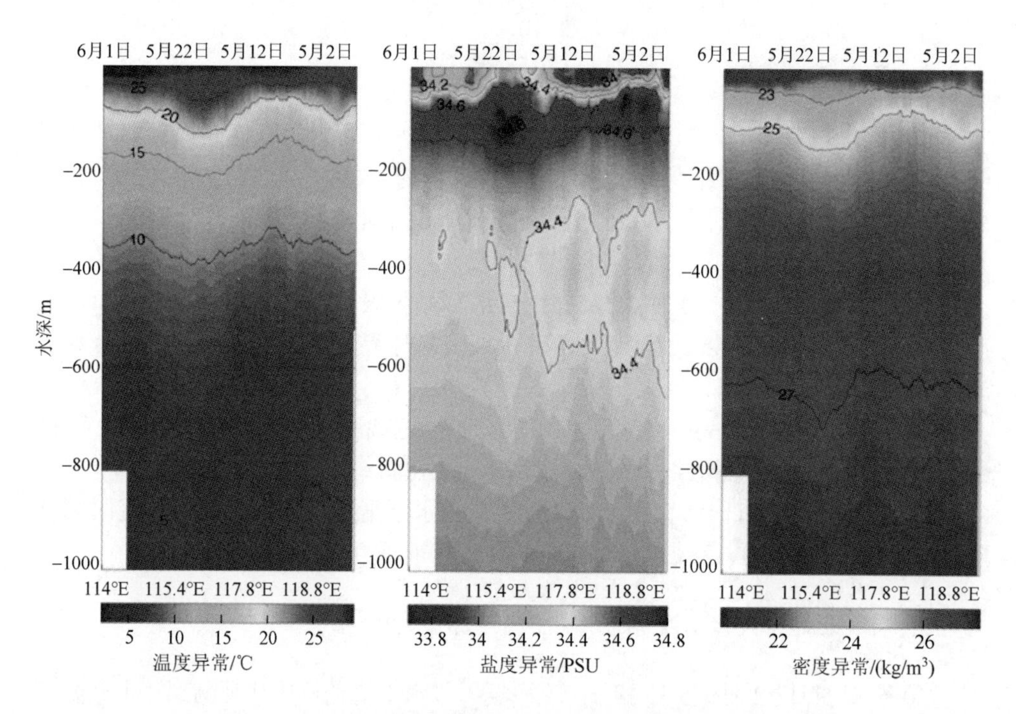

图 6.28　水下滑翔机观测的温度、盐度、密度异常(见书后彩图)

2017 年 6 月～2017 年 8 月，12 台“海翼”号水下滑翔机在南海开展了中尺度涡组网观测，获得了大量的剖面数据。截至 2017 年 8 月 14 日，12 台水下滑翔机群累计航行近 7891km、累计航行天数 340 多天，共获得了 3720 多个不同深度剖面的观测数据。12 台水下滑翔机群已航行的路径如图 6.30 所示。水下滑翔机获取的观测数据如图 6.31 所示。

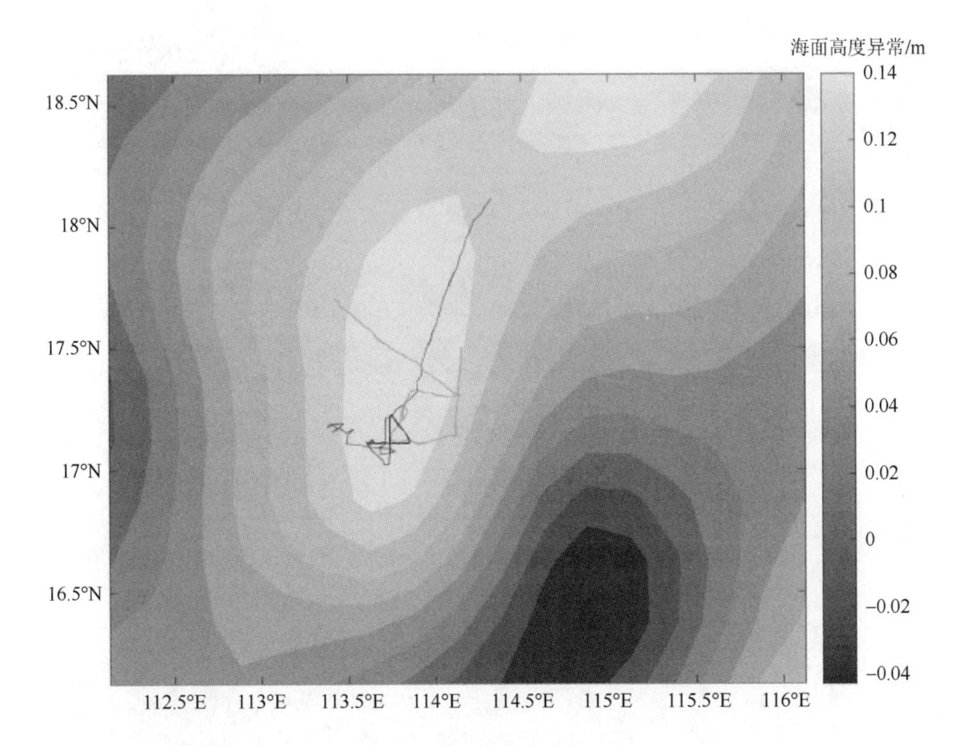

图 6.29　三台水下滑翔机中尺度涡同步观测轨迹(见书后彩图)

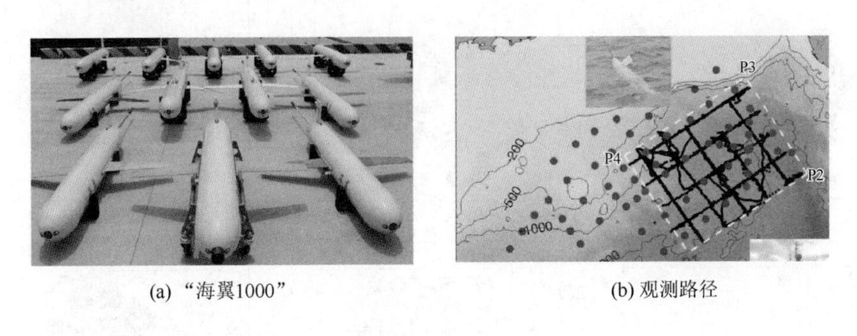

(a) “海翼1000”　　(b) 观测路径

图 6.30　参与组网观测任务的 12 台水下滑翔机及其观测海域

3. 西北太平洋强流区观测应用

2016 年 9 月～10 月，3 台“海翼”号水下滑翔机搭乘“科学”号科考船开展了结合航次的西太平洋海洋观测应用。本次应用累计获得 337 个剖面的观测数据，是国内水下滑翔机首次在西太平洋强流区域得以成功应用，为用户单位提供了敏感海区的观测数据。

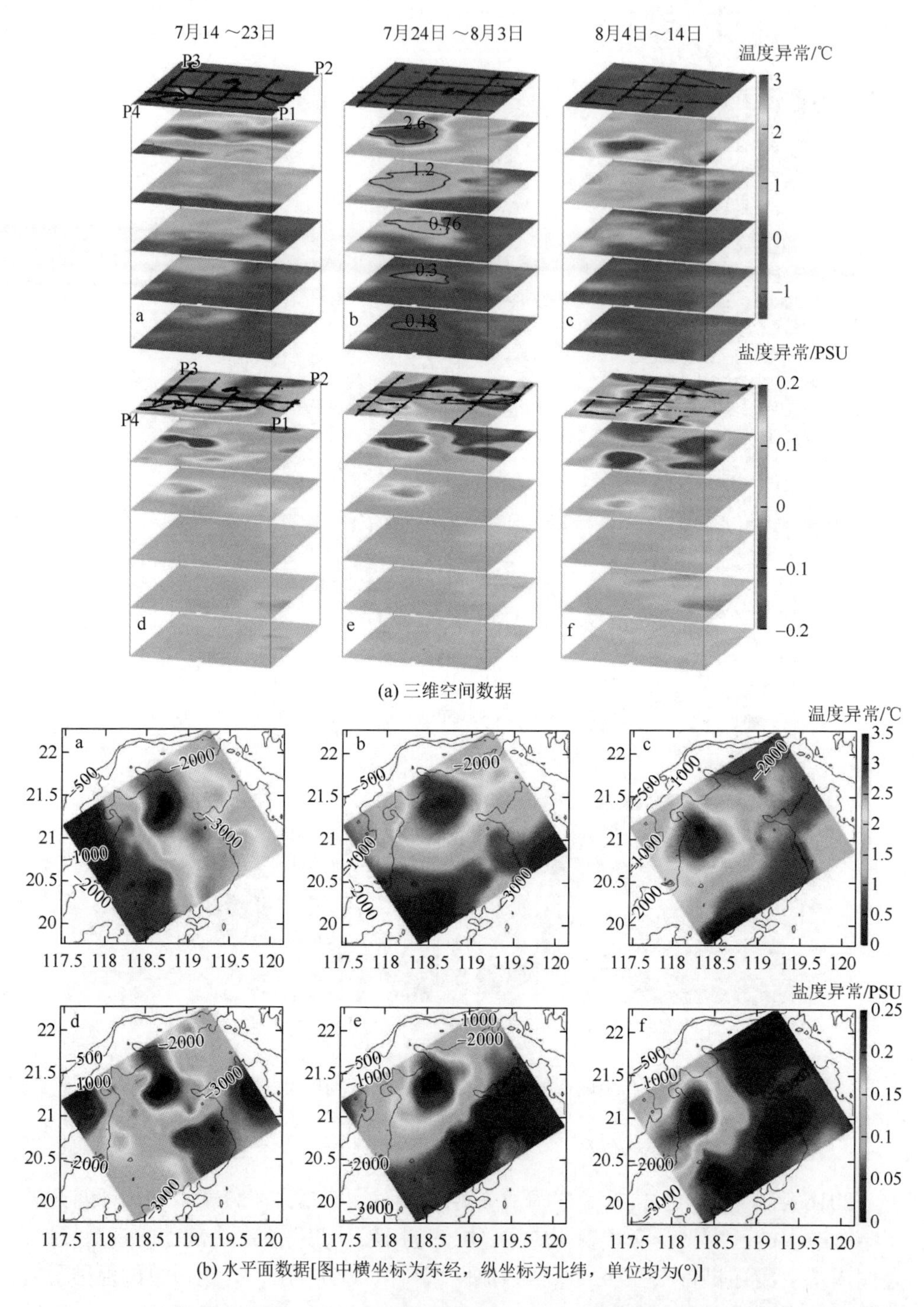

图 6.31　首次获得南海北部中尺度涡动态演化过程三维立体精细结构数据[5](见书后彩图)

图中数据表示水深。

4. 白令海陆坡区精细温盐结构观测应用

2018年8月，“海翼”号水下滑翔机搭载“雪龙”号破冰船参加第九次北极科考航次，在白令海海域连续工作超过一个月时间。“海翼”号水下滑翔机观测到白令海海盆与陆坡区精细温盐结构，这在我国极地考察中尚属首次。白令海是太平洋和北冰洋海水交换的必由之路，此次观测数据对研究北冰洋动力环境和水温结构具有重要科学研究价值。

基于“海翼”号水下滑翔机观测数据，我国海洋科学家已经取得多项重要科学研究成果，部分成果已发表在 *Deep-Sea Research I*、*SCIENCE CHINA Earth Sciences* 等海洋科学领域国际知名期刊。“海翼”系列水下滑翔机的成功研制与应用表明我国已经掌握了水下滑翔机核心技术，打破了国际对我国的技术封锁，使我国水下滑翔机技术达到了世界先进水平，部分单项指标达到国际领先水平。“海翼”系列水下滑翔机在南海、太平洋、印度洋、白令海等海域观测应用中取得成功，创造了包括水下滑翔机最大下潜深度世界纪录、国内最大集群组网规模、国内最大续航力等多项国际、国内新纪录，使我国成为继美国之后第二个具有跨季度自主移动海洋观测能力的国家，产生了显著的社会与经济效益和国际影响力。

6.5.2 海洋声场观测应用

虽然目前关于水下滑翔机用于海洋声场测绘的研究刚刚起步，但是随着平台技术的发展，利用平台的移动性和可控性进行声场测绘将成为获知声学参数空间场分布特性的重要手段。水下滑翔机作为一种以净浮力和水动力驱动的特殊水下滑翔机，具有长时间、大范围且低工作噪声作业的特点，已经被应用于各类大型观测项目，作为辅助声学观测手段。持久近海水下监视网络（PLUSNet）利用多台声学水下滑翔机（两类，一类是搭载单个宽频全向水听器的声学 Seaglider，另一类是搭载低频水听器阵列的声学 Slocum 水下滑翔机）作为移动节点，在目标海域内来回移动，监测海洋环境，并根据海洋环境自适应观测声音传播路径随时间和空间的变化进行战术传感和声学通信[37]，还能够对环境自适应观测以获得更好的目标探测、分类和定位信息。美国海洋观测计划（Ocean Observatories Initiative，OOI）中声学水下滑翔机同时扮演数据骡子和采样平台的角色，在水下锚系附近巡游，通过声学调制解调器与这些锚系节点进行通信，获取数据，再将数据传给其他水下节点，或者水面节点/岸基。北冰洋全流域观测系统下的声学观测项目 ACOBAR（Acoustic Technology for Observing the Interior of the Arctic Ocean，北冰洋内部声学观测技术）通过声学手段获取同化数据，对北冰洋内部的环境进行监测，例如热交换、水团及淡水交换，固定层析节点可以实现高时间分辨率的观测，而声学水下滑翔机可以对固定节点层析结果进行补充，实现高空间分辨率的测量[38]。2009～2011 年实施的菲律宾海声层析实验是典型的声学水下滑翔机应用实验，利用四台声学 Seaglider 在五角形固定节点布放范围内运动，主要研究锋面、中尺度涡时空变化规律的声学监测方法，同时结合声层析数据、水下滑翔机和潜标等海洋动力环境测量数据及海洋模式进行数据同化，给出该海区海洋中尺度过程海洋水文环境及声场时空特性，以及对深海传播的影响等[39]。北冰洋全流域观测系统及 PhilSea10 实验如图 6.32 所示。

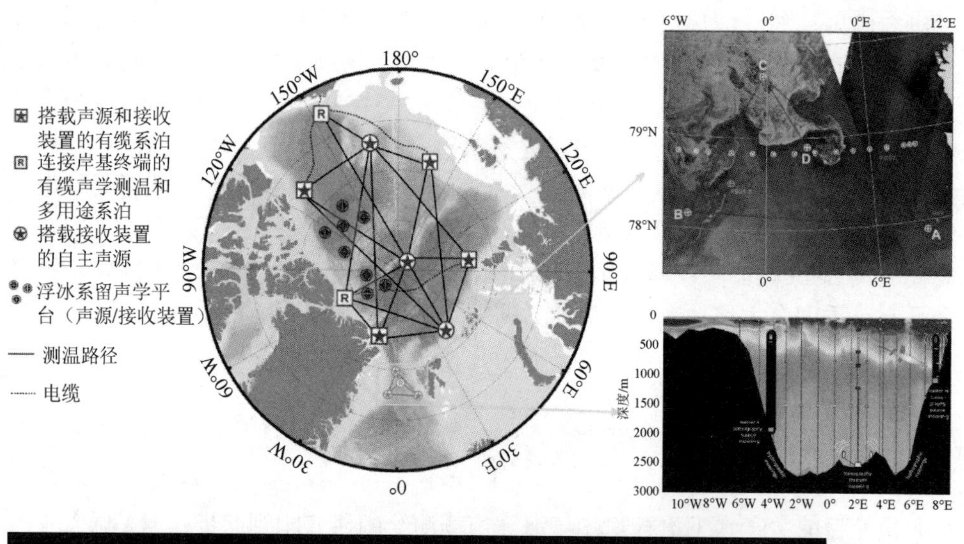

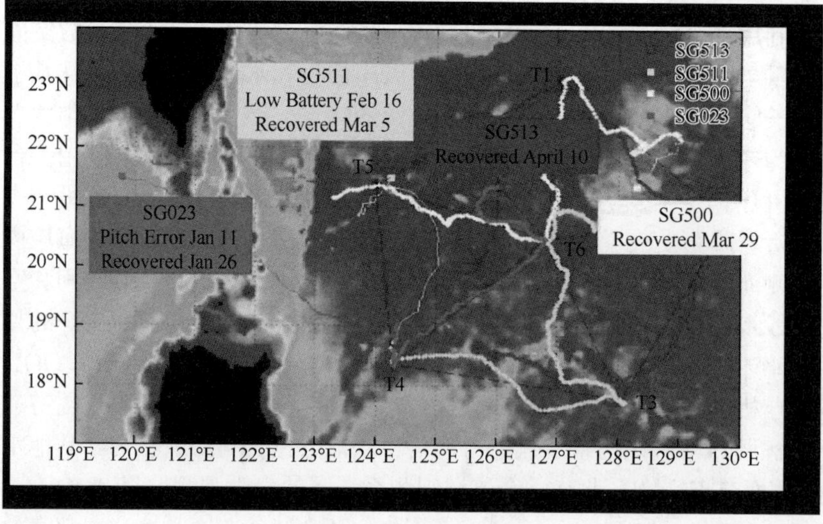

图 6.32 北冰洋全流域观测系统及 PhilSea10 实验图

6.5.3 水下目标探测应用

海洋作为国防屏障，直接影响国家安全，因此在水下目标进入有效攻击距离前获取其信息，进行探测、分类、定位和跟踪，进而决策是否开展围捕、防御等，对保障海洋安全至关重要。随着近几十年减震降噪技术的不断发展，水下目标的辐射噪声水平不断降低，隐身能力不断加强，例如舰艇辐射噪声正以平均每年0.5～1.0dB 的速度降低，并且随着人类海洋活动和海底地质运动的日益频繁，海洋环境噪声尤其是低频噪声正以每年 0.2～0.3dB 的速度增加，这对目标探测技术提出了越来越高的要求。

水下机器人由于其隐身性和机动性成为近年来新兴的优势声学探测平台，相对于固定探测阵列与声呐浮标而言，水下机器人具有可控移动性和智能自主能力，能够针对不同探测任务与目标特性调整探测策略，优化探测性能。国内外对于水下机器人的应用近几十年迅速增长，尤其近几年已经开展大规模水下滑翔机长时间海上作业应用试验，单次布放规模已达 50 台，持续时间超过 6 个月。利用水下滑翔机集群对目标进行探测已成为国际上重要的发展趋势，美国等国家已启动多个基于水下滑翔机的目标监视预警项目。

针对目标探测的应用需求，水下机器人需要搭载声学传感器。可用于目标探测的水下声学传感器包括很多种，比如单个标量水听器、单个矢量水听器、水听器线阵、平面阵、立体阵等，需要根据水下机器人的能力特点进行选择。例如，水下滑翔机适合大范围、长期水下作业，需要搭载能耗低的声学载荷(单个标量水听器、单个矢量水听器等)；AUV 配备螺旋桨，噪声较高，需要搭载指向性较强的声学载荷(水听器线阵、单个矢量水听器等)，但其机动性强，可用于追踪；无人船可在海面长期作业，可搭载通信载荷，作为水下机器人探测信息交互的网关节点。不同的声学载荷探测信息处理方法不同，并且需要结合水下机器人的特点分析所搭载的声学载荷的探测能力，然后在此基础之上，再进行水下机器人的控制优化，最终实现基于多水下机器人的目标监视预警。

2003 年美国海军实施了海军转型计划——21 世纪海上力量(海权 21，Sea Power 21)计划，其中的“海基”(Sea Basing)战略是转型计划的支柱。“海基”战略提出了一个安全、可移动和网络化的海基概念。在目标经常活动的浅海区域，浅水环境特征明显，有着复杂的水声传播条件，并且过往商船、鱼类、生物制剂及天气都会带来较大的各向异性噪声。为了找到并定位这些安静的海底威胁，必须在几天之内秘密部署一套传感器系统，运行数周到数月，并适应当前位置环境状况，提供能够比得上有人操作平台的探测、分类、定位和跟踪能力。

2005 年，持久监视和反潜任务的自动化网络 PLUSNet 项目正式开始实施，

PLUSNet 的目的是在沿岸的近海地区，利用固定(如固定的水听器、矢量传感器、电场传感器等)与移动(如 AUV、水下滑翔机等)传感器和设备，搭建一个能够长期部署并执行水下监视和反潜作战任务的自动化网络。该网络需要具备持久、稳定、可靠的对敌方目标的探测、分类、定位和跟踪能力，还要具备探测设备自主分析和自主决策能力，以及水下设备之间的通信能力和协作能力。

同样是针对防御水下隐身能力强的安静型目标的突然快速袭击，美国国防高级研究计划局随后在 2010 年正式启动了分布式敏捷猎潜(Distributed Agile Submarine Hunting，DASH)项目，目的是为己方航母战斗群、船只和潜器提供海上防御，防止其受到敌方安静隐身目标的攻击，其中深海子系统由海底固定声呐节点和数十个水下机器人构成。该项目在开阔的海域、足够深度的海底安置深海声呐节点，提供一个广阔范围的上方视野，探测在上方经过的目标，每一个节点都等同于一个深海卫星，深海节点与海面上方的浮标建立声学通信，浮标可与卫星建立通信。在足够深的海域内，视野范围足够宽广，噪声足够低，可以部署可变数量的传感器平台相互协作，在大范围内探测和跟踪敌方目标。2016 年美国首次在冲绳海槽开展实兵反潜试验。

北约科学与技术组织下属的海洋研究与实验中心(Centre for Maritime Research and Experimentation，CMRE)于 2005 年左右开始开展关于水下机器人(主要是水下滑翔机、AUV 等)搭载声学传感器(线性拖曳阵和矢量水听器)用于目标探测的关键技术研究：在沿岸的近海地区，利用浮标或船载主动声源发射声信号，基于水下机器人组成的多基地探测系统开展对目标的实时探测、分类、定位、跟踪等，实现沿岸监视任务的自主化运行系统。

欧盟于 2015 年启动了 WiMUST(Widely scalable Mobile Underwater Sonar Technology，可扩展移动水下声呐技术)项目，该项目旨在扩大和改进当前合作的水下机器人系统的功能，使分布式声学阵列技术用于勘探和岩土工程应用的地球物理勘测。WiMUST 提案远景是开发先进的合作和网络化控制与导航系统，使大量水面和水下海洋机器人通过共享信息作为一个协调合作的团队进行交互。此外，欧盟还启动了由意大利 Leonardo 公司领导的 OCEAN2020 海上监视与防御研究项目。OCEAN2020 项目的参与单位来自 5 个不同国家，同时还受到瑞典、法国、英国和荷兰等国军事部门的赞助与支持。OCEAN2020 项目系统包括设立在岸上的控制中心、无人飞行器、无人探测器、海军直升机、通信系统、武器系统、水面及水下滑翔机等，各无人平台与控制中心之间通过卫星传输数据。

我国也曾多次利用多水下滑翔机开展了目标协同探测实验，初步验证了水下滑翔机具备对安静型目标的探测能力，为相关部门提供了水下目标预警信息。

由上述可见，随着水下滑翔机技术的迅猛发展，国际上各军事强国已开展各种应用水下滑翔机集群组网进行目标监视、探测和跟踪的大型项目，旨在提高水下战场的透明度，不论是在技术研究还是在体系化目标探测应用方面，水下滑翔机的应用已经成为绝对的热点和发展趋势。我国经过近 20 年对水下滑翔机平台及相关关键技术的研究发展，已经取得了卓越进展，现阶段水下滑翔机平台的成熟，使下一阶段大规模的组网探测应用成为发展的重点。

6.6 本章小结

本章针对水下滑翔机的系统组成、测量载荷、观测数据质量控制、声学特性分析及三类典型应用场景进行了论述和分析，大量的应用实践表明水下滑翔机是一种理想的水文环境和声场环境探测平台，随着水下滑翔机平台技术和协同探测能力的进步，未来水下滑翔机必将得到更广泛的应用。

参考文献

[1] 沈新蕊, 王延辉, 杨绍琼, 等. 水下滑翔机技术发展现状与展望[J]. 水下无人系统学报, 2018, 26(2): 89-106.

[2] UNESCO. Tenth report of the joint panel on oceanographic tables and standards[J]. Technical Papers in Marine Science, 1970, 37: 1-144.

[3] Garau B, Ruiz S, Zhang W G, et al. Thermal lag correction on Slocum CTD glider data[J]. Journal of Atmospheric and Oceanic Technology, 2011, 28(9): 1065-1071.

[4] Morison J, Andersen R, Larson N, et al. The correction for thermal-lag effects in Sea-Bird CTD data[J]. Journal of Atmospheric and Oceanic Technology, 1994, 11(4): 1151-1164.

[5] Lueck R G, Picklo J J. Thermal inertia of conductivity cells: observations with a sea-bird cell[J]. Journal of Atmospheric and Oceanic Technology, 1990, 7(5): 756-768.

[6] Mensah V, Le Menn M, Morel Y. Thermal mass correction for the evaluation of salinity[J]. Journal of Atmospheric and Oceanic Technology, 2009, 26(3): 665-672.

[7] 孙洁. 水下机器人海洋声场测绘方法研究[D].北京：中国科学院大学, 2020.

[8] Silva A, Matos A, Soares C, et al. Measuring underwater noise with high endurance surface and underwater autonomous vehicles[C]//OCEANS'13, San Diego, IEEE, 2013: 1-6.

[9] Worcester P F, Dzieciuch M A, Mercer J A, et al. The North Pacific Acoustic Laboratory deep-water acoustic propagation experiments in the Philippine Sea[J]. Journal of the Acoustical Society of America, 2013, 134(4): 3359-3375.

[10] Ferguson B G, Lo K W, Rodgers J D. Sensing the underwater acoustic environment with a single hydrophone onboard an undersea glider[C]//OCEANS'10, Sydney, IEEE, 2010: 1-5.

[11] Moore S E, Howe B M, Stafford K M, et al. Including whale call detection in standard ocean measurements: application of acoustic seagliders[J]. Marine Technology Society Journal, 2007, 41(4): 53-57.

[12] Wall C C, Lembke C, Mann D A. Shelf-scale mapping of sound production by fishes in the eastern Gulf of Mexico, using autonomous glider technology[J]. Marine Ecology Progress Series, 2012, 449: 55-64.

[13] Dassatti A, Van Der Schaar M, Guerrini P, et al. On-board underwater glider real-time acoustic environment

sensing[C]//OCEANS'11, Spain, IEEE, 2011: 1-8.

[14] Ross D. Mechanics of underwater noise[J]. Journal of the Acoustical society of America, 1989, 86(4): 1626.

[15] Matsumoto H, Stalin S E, Embley R W, et al. Hydroacoustics of a submarine eruption in the Northeast Lau Basin using an acoustic glider[C]//OCEANS'10, Seattle, IEEE, 2010: 1-6.

[16] Matsumoto H, Haxel J H, Dziak R P, et al. Mapping the sound field of an erupting submarine volcano using an acoustic glider[J]. Journal of the Acoustical Society of America, 2011, 129(3): EL94-EL99.

[17] Rogers E O, Genderson J G, Smith W S, et al. Underwater acoustic glider[C]//2004 IEEE International Geoscience and Remote Sensing Symposium, IEEE, 2004: 2241-2244.

[18] Richardson L F, Gaunt J A. The deferred approach to the limit[J]. Philosophical Transactions of the Royal Society of London, Series A, 1927, 226(636-646): 299-361.

[19] Witte M, Hieke M, Wurm F H. Identification of coherent flow structures and experimental analysis of the hydroacoustic emission of a hubless propeller[J]. Ocean Engineering, 2019, 188: 106248.

[20] Gao T, Wang Y X, Pang Y J, et al. A time-efficient CFD approach for hydrodynamic coefficient determination and model simplification of submarine[J]. Ocean Engineering, 2018, 154: 16-26.

[21] Roache P J. Quantification of uncertainty in computational fluid dynamics[J]. Annual Review of Fluid Mechanics, 1997, 29(1): 123-160.

[22] Salim S M, Cheah S. Wall $y+$ strategy for dealing with wall-bounded turbulent flows[C]//Proceedings of the International MultiConference of Engineers and Computer Scientists, 2009: 2165-2170.

[23] Williams C K, Barber D. Bayesian classification with Gaussian processes[J]. IEEE Transactions on Pattern Analysis and Machine Intelligence, 1998, 20(12): 1342-1351.

[24] Kaltenbacher M, Escobar M, Becker S, et al. Numerical simulation of flow-induced noise using LES/SAS and Lighthill's acoustic analogy[J]. International Journal for Numerical Methods in Fluids, 2010, 63(9): 1103-1122.

[25] Crow S C. Aerodynamic sound emission as a singular perturbation problem[J]. Studies in Applied Mathematics, 1970, 49(1): 21-46.

[26] Ianniello S, Muscari R, Dimascio A. Ship underwater noise assessment by the Acoustic Analogy. Part Ⅱ: hydroacoustic analysis of a ship scaled model[J]. Journal of Marine Science and Technology, 2014, 19(1): 52-74.

[27] Qin D, Pan G, Lee S, et al. Underwater radiated noise reduction technology using sawtooth duct for pumpjet propulsor[J]. Ocean Engineering, 2019, 188: 106228.

[28] Knudsen V O, Alford R, Emling J. Underwater ambient noise[J]. Journal of Marine Research, 1948, 7(3): 410-429.

[29] Shi Y, Yang Y X, Tian J W, et al. Long-term ambient noise statistics in the northeast South China Sea[J]. Journal of the Acoustical Society of America, 2019, 145(6): EL501- EL507.

[30] Lauchle G C, Mceachern J F, Jones A R, et al. Flow-induced noise on pressure gradient hydrophones[J]. AIP, 1996, 368(1): 202-225.

[31] Jensen F B, Kuperman W A, Porter M B, et al. Computational Ocean Acoustics[M]. Brussels: Springer Science & Business Media, 2011.

[32] Wenz G M. Acoustic ambient noise in the ocean: spectra and sources[J]. Journal of the Acoustical Society of America, 1962, 34(12): 1936-1956.

[33] Kazubek M. Wavelet domain image denoising by thresholding and Wiener filtering[J]. IEEE Signal Processing Letters, 2003, 10(11): 324-326.

[34] Jansen M. Noise Reduction by Wavelet Thresholding[M]. Belgium: Springer Science & Business Media, 2012.

[35] Zhang L, Bao P. Denoising by spatial correlation thresholding[J]. IEEE Transactions on Circuits and Systems for

Video Technology, 2003, 13(6): 535-538.

[36] Shu Y Q, Xiu P, Xue H J, et al. Glider-observed anticyclonic eddy in northern South China Sea[J]. Aquatic Ecosystem Health & Management, 2016, 19(3): 233-241.

[37] Grund M, Freitag L, Preisig J, et al. The PLUSNet underwater communications system: acoustic telemetry for undersea surveillance[C]//OCEANS'06, Singapore, IEEE, 2006: 1-5.

[38] Freitag L, Koski P, Morozov A, et al. Acoustic communications and navigation under Arctic ice[C]//OCEANS'12, Yeosu, IEEE, 2012: 1-8.

[39] Van Uffelen L J, Howe B M, Nosal E M, et al. Long-range glider localization using broadband acoustic signals and a linearized model of glider motion[C]//OCEANS'13, San Diego, IEEE, 2013: 1-4.

索　引

B

北极科考 …… 273

C

长续航 …… 18
敞水性能 …… 81
重叠网格技术 …… 67

D

动力学建模 …… 93
堆积测试 …… 246
多周期预测 …… 195

F

反向传播神经网络 …… 194
仿生水下滑翔机 …… 13
非线性自回归模型 …… 202
浮力驱动模式 …… 160
附加质量 …… 110

G

观测剖面 …… 269
广义水动力 …… 139

H

海洋观测 …… 1
航行效率 …… 153
航位推算 …… 195
环境噪声 …… 254
混合驱动模式 …… 165
混合驱动水下滑翔机 …… 28

J

机器学习 …… 203
机械噪声 …… 249
机翼布局优化 …… 29
经验模态分解 …… 194
局部流场构建 …… 236

K

可折叠螺旋桨 …… 72

L

理想净经济航行量 …… 157
流噪声 …… 251
路径规划 …… 195
路径跟踪 …… 195
螺旋桨驱动模式 …… 159

M

毛刺测试 …… 246
目标探测 …… 275
目标信号 …… 261

N

能量法 …… 172

P

频谱分析 …… 261

Q

气候态测试 …… 247

R

热滞后校正 …… 243

S

深平均流估计 ························ 198
声场观测 ························ 273
时间测试 ························ 245
数据质量控制 ························ 248
水动力布局 ························ 44
水动力系数 ························ 106
水下滑翔机 ························ 1
水下滑翔机集群 ························ 14
水下滑翔机系统组成 ························ 240
水下滑翔机载荷 ························ 242

T

梯度测试 ························ 246

W

位置测试 ························ 245
稳态滑翔特性 ························ 111

X

西边界流环境观测 ························ 269
消声水池实验 ························ 255
小型水下滑翔机 ························ 12

Y

压力测试 ························ 246
运动机理 ························ 24
运行标准差测试 ························ 247

Z

噪声影响 ························ 258
中尺度涡观测 ························ 269
自噪声滤除 ························ 266
自主水下机器人 ························ 23
组网观测 ························ 270
最小二乘支持向量机 ························ 194

彩　　图

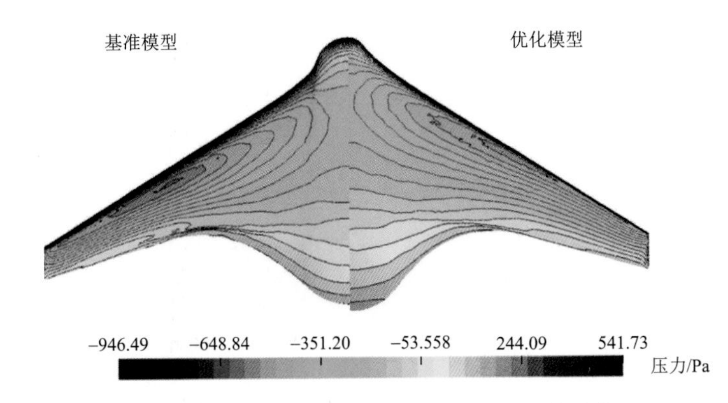

图 2.43　优化前后翼型水下滑翔机的压力分布

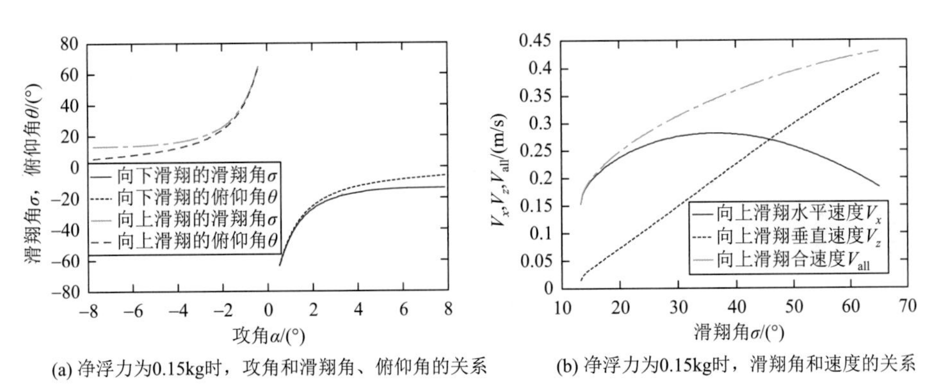

(a) 净浮力为0.15kg时，攻角和滑翔角、俯仰角的关系　　(b) 净浮力为0.15kg时，滑翔角和速度的关系

图 3.10　平衡滑翔状态时，攻角、俯仰角、滑翔角和速度之间的关系

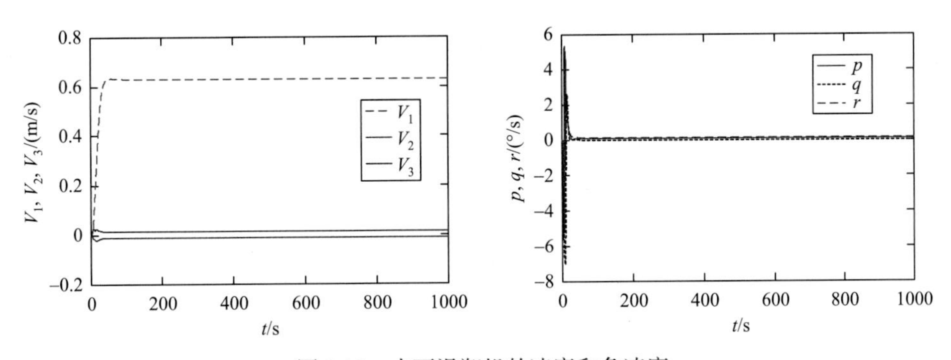

图 3.15　水下滑翔机的速度和角速度

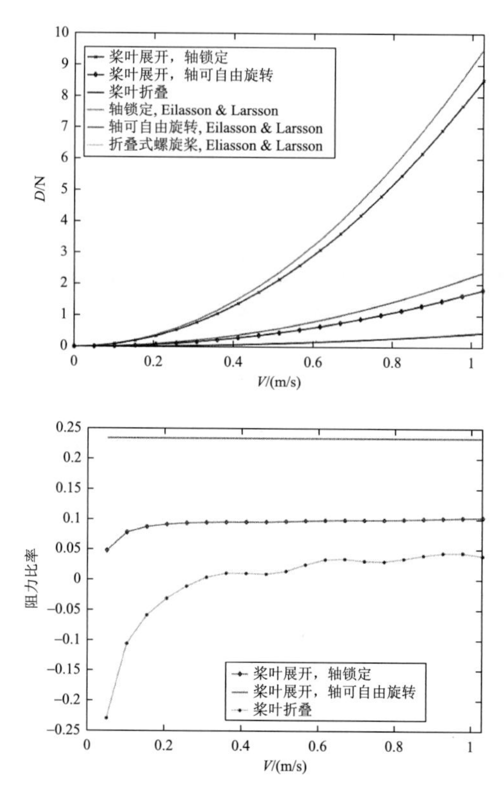

图 3.22　可折叠螺旋桨推进器在不同状态下的阻力及阻力比率

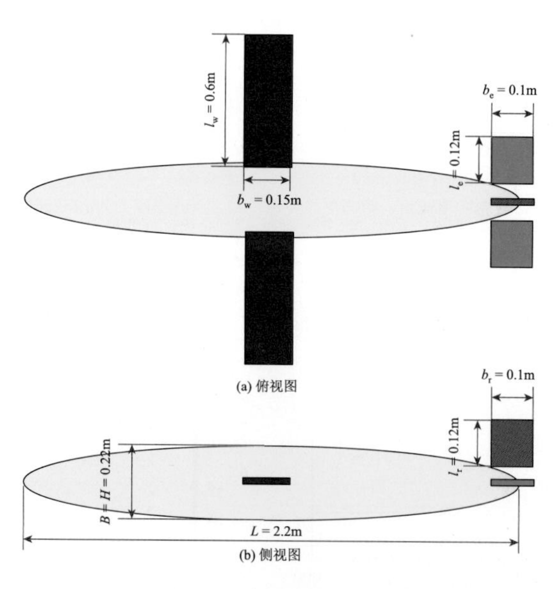

图 3.27　混合驱动水下滑翔机水动布局及参数

b 为翼板的弦长；l 为翼板的展长；L 为滑翔机主体长度；下标 w 表示机翼，e 表示水平舵，r 表示垂直舵。

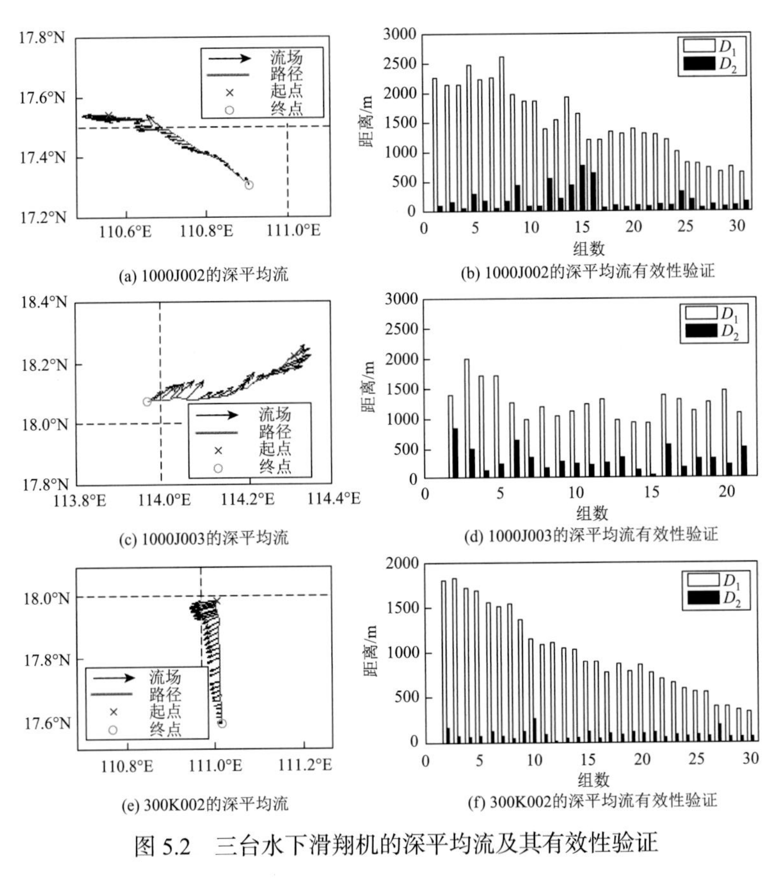

(a) 1000J002的深平均流　(b) 1000J002的深平均流有效性验证

(c) 1000J003的深平均流　(d) 1000J003的深平均流有效性验证

(e) 300K002的深平均流　(f) 300K002的深平均流有效性验证

图 5.2　三台水下滑翔机的深平均流及其有效性验证

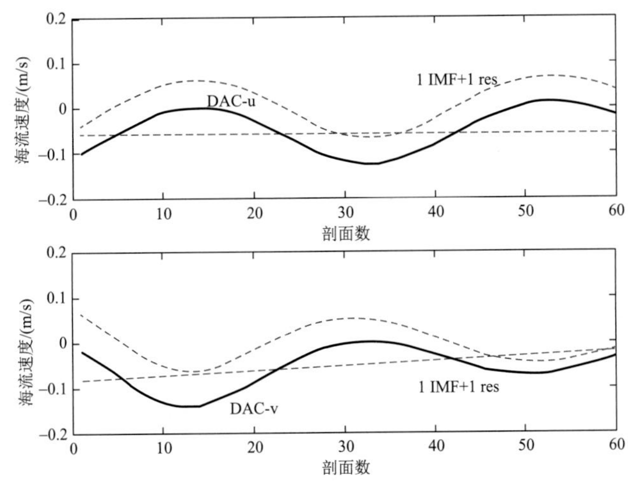

图 5.5　60 组深平均流数据及其 EMD(海流较平稳)

黑色线代表深平均流数据(DAC-u 表示深平均流东向分量，DAC-v 表示深平均流北向分量，下同)，蓝色虚线表示 IMF 子序列(1 IMF 表示 1 个 IMF 分量，下同)，红色虚线表示剩余子序列(1 res 表示 1 个残余分量，下同)。

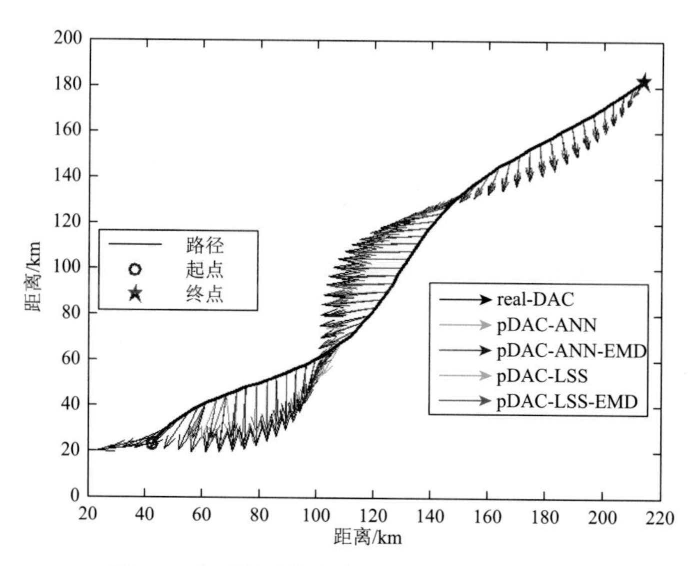

图 5.6　实时深平均流单周期预测(海流较平稳)

real-DAC 表示真实深平均流，pDAC-ANN 表示采用神经网络方法预测的深平均流，pDAC-ANN-EMD 表示采用经验模态分解-神经网络方法预测的深平均流，pDAC-LSS 表示采用最小二乘支持向量机方法预测的深平均流，pDAC-LSS-EMD 表示采用经验模态分解-最小二乘支持向量机方法预测的深平均流，下同。

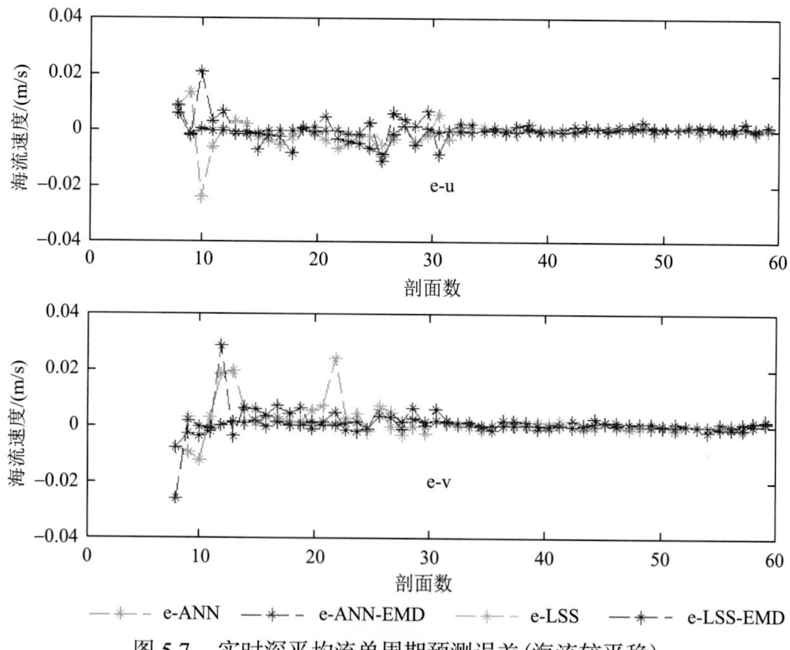

图 5.7　实时深平均流单周期预测误差(海流较平稳)

e-ANN 表示神经网络方法预测误差，e-ANN-EMD 表示经验模态分解-神经网络方法预测误差，e-LSS 表示最小二乘支持向量机方法预测误差，e-LSS-EMD 表示经验模态分解-最小二乘支持向量机方法预测误差，e-u 表示深平均流东向分量预测误差，e-v 表示深平均流北向分量预测误差，下同。

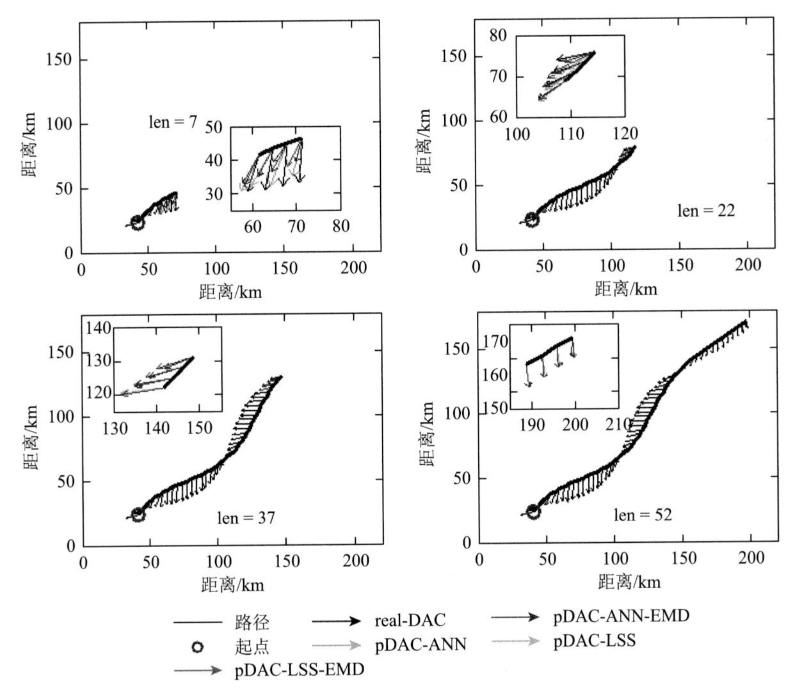

图 5.8　实时深平均流四周期预测(海流较平稳)

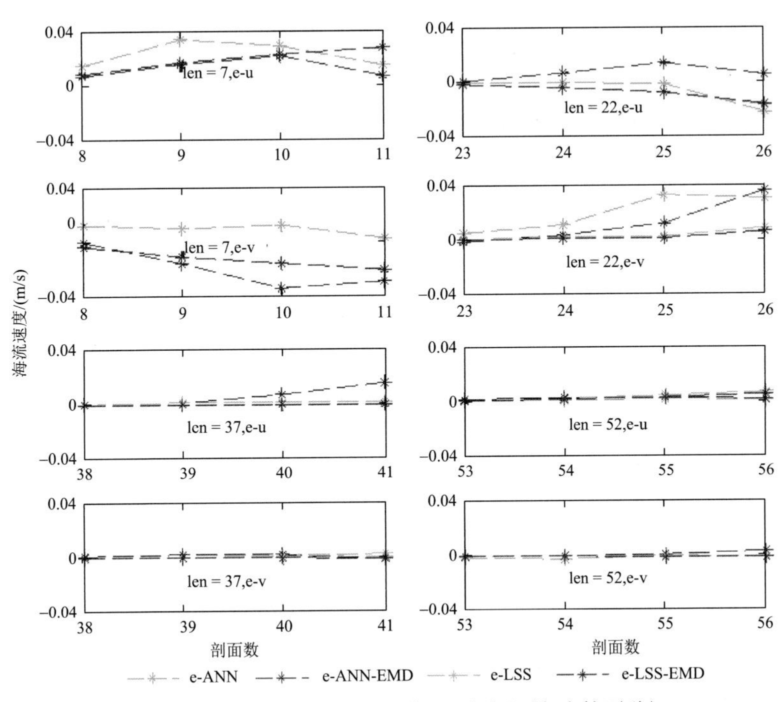

图 5.9　实时深平均流四周期预测误差(海流较平稳)

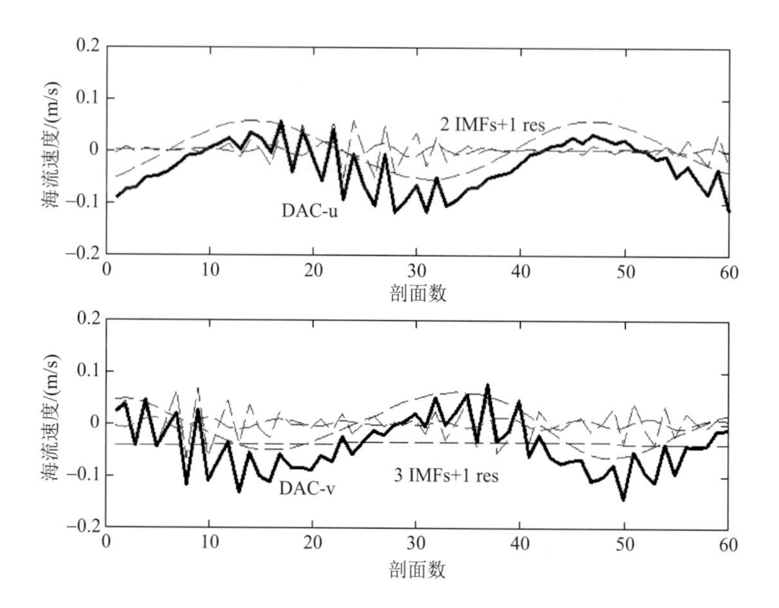

图 5.10 深平均流数据及其 EMD(海流紊乱)

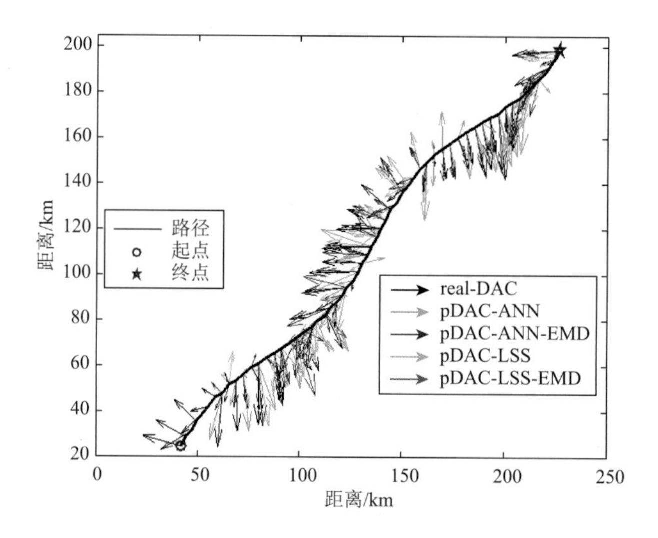

图 5.11 实时深平均流单周期预测(海流紊乱)

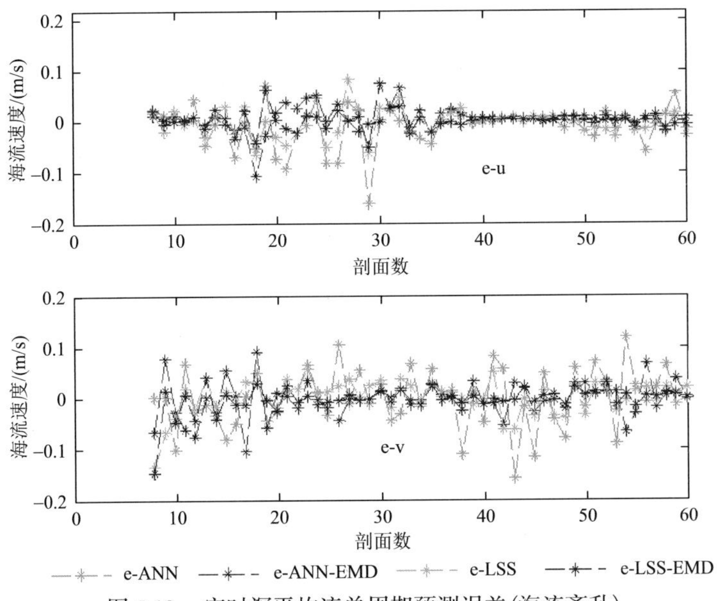

图 5.12　实时深平均流单周期预测误差(海流紊乱)

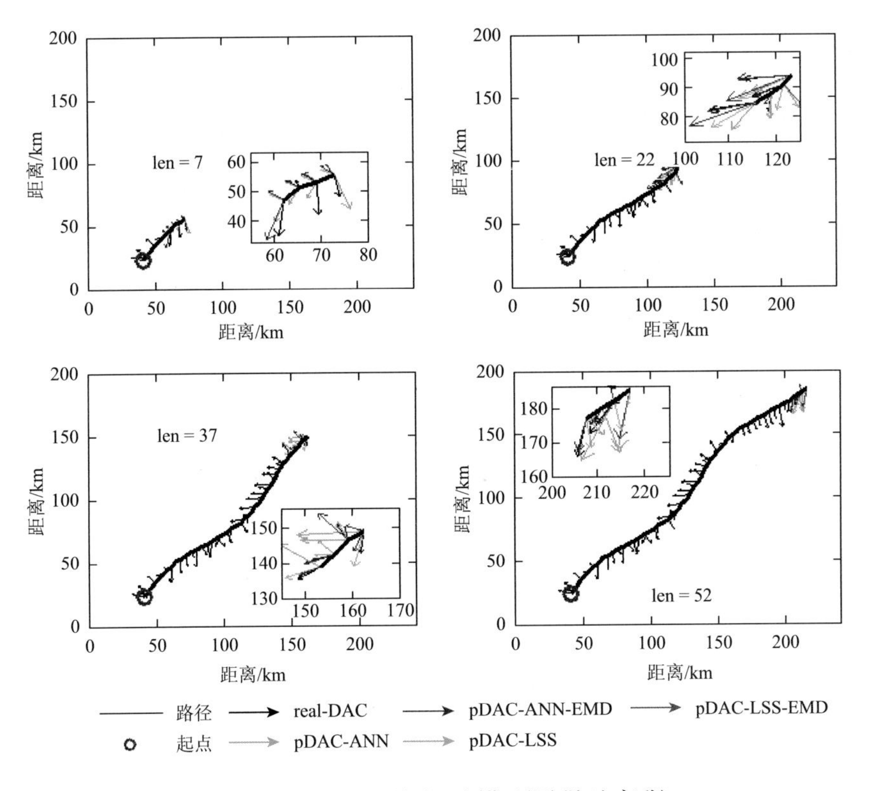

图 5.13　实时深平均流四周期预测(海流紊乱)

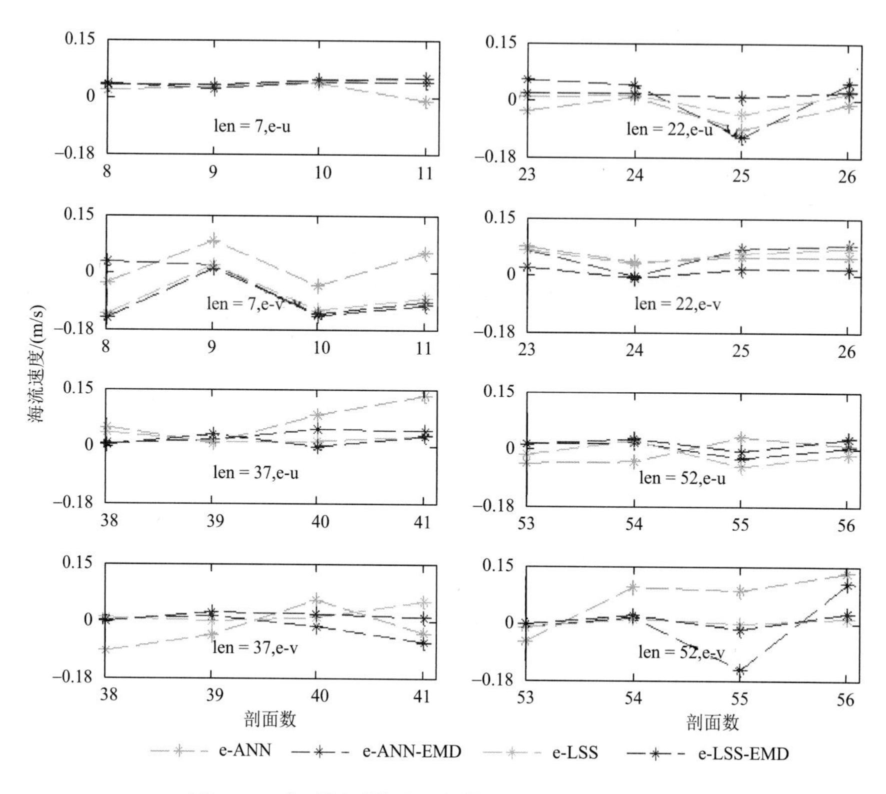

图 5.14　实时深平均流四周期预测误差(海流紊乱)

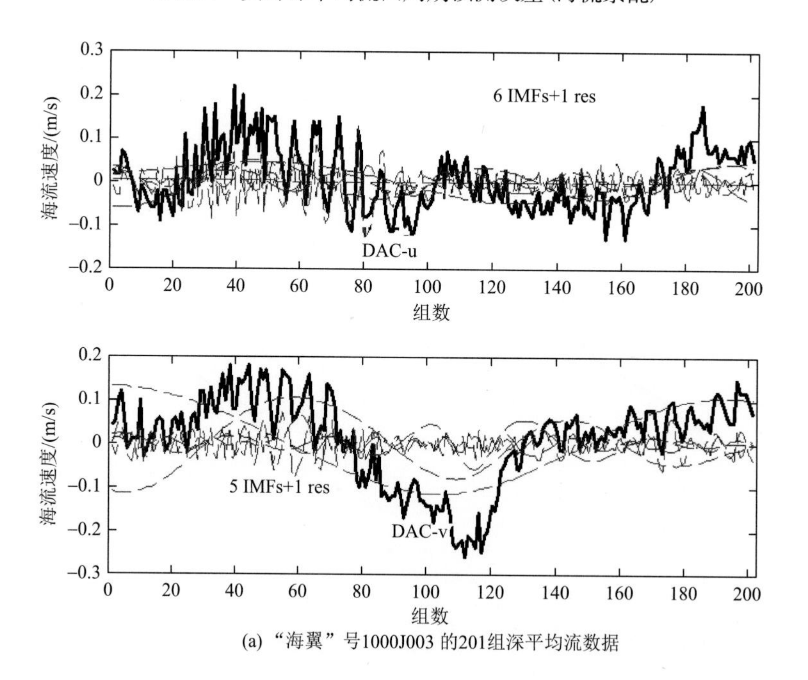

(a) “海翼”号1000J003 的201组深平均流数据

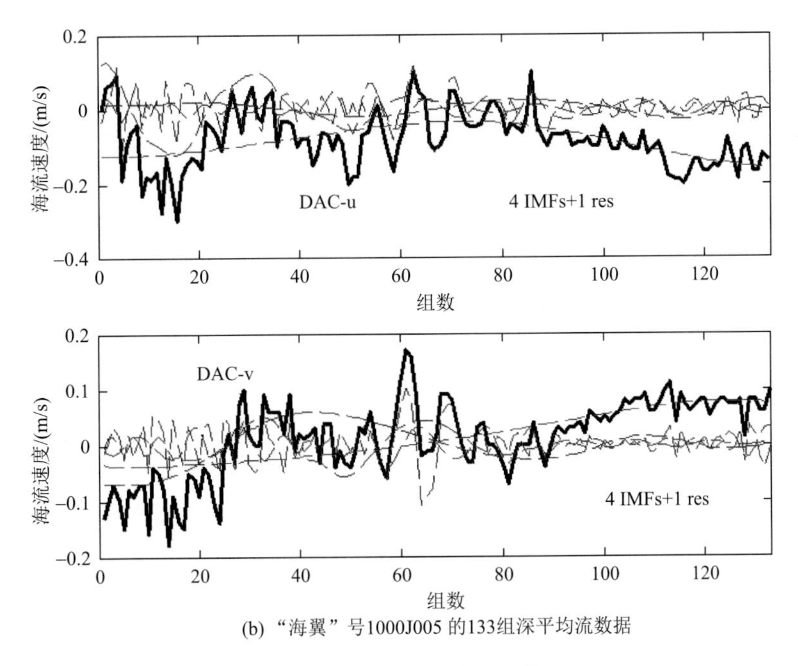

(b) “海翼”号1000J005 的133组深平均流数据

图 5.15 两组深平均流数据及其 EMD

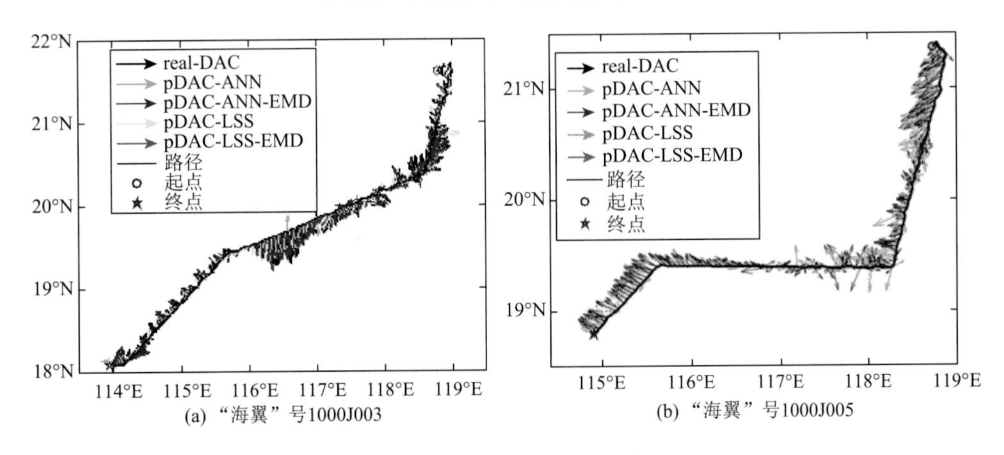

(a) “海翼”号1000J003

(b) “海翼”号1000J005

图 5.16 两组海试数据的单周期预测

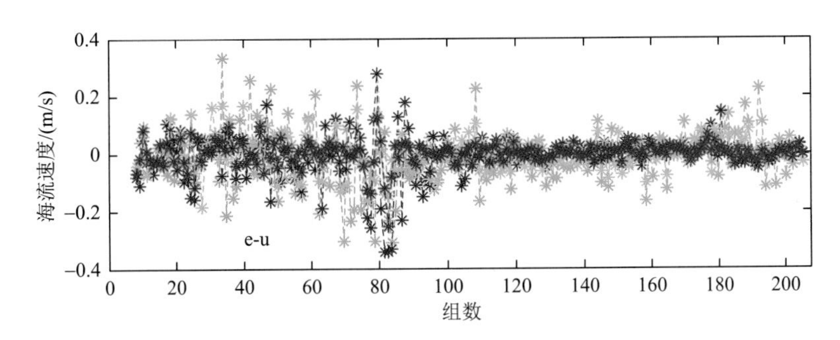

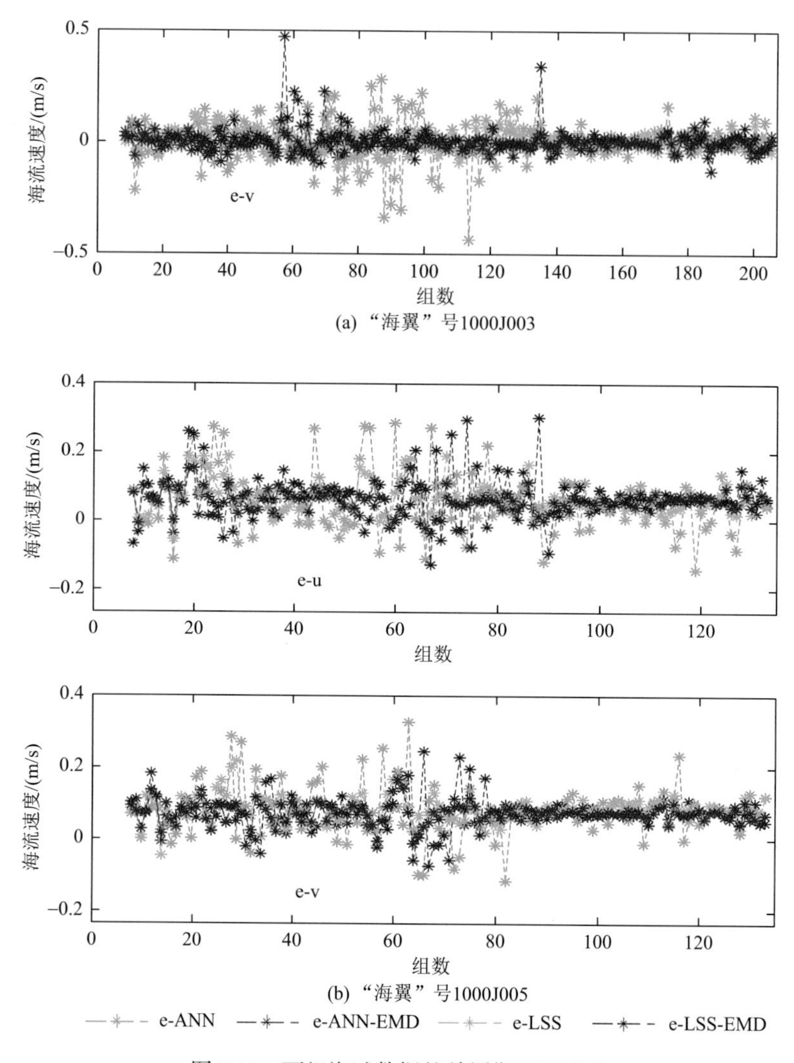

图 5.17　两组海试数据的单周期预测误差

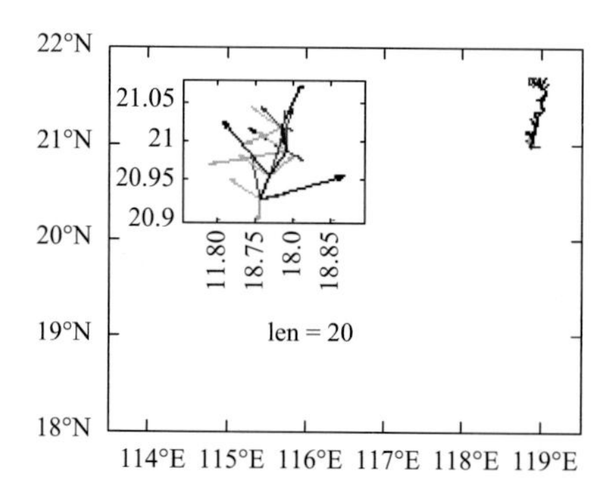

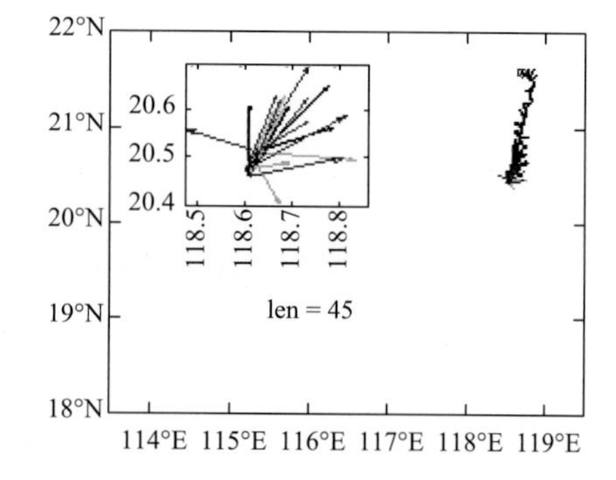

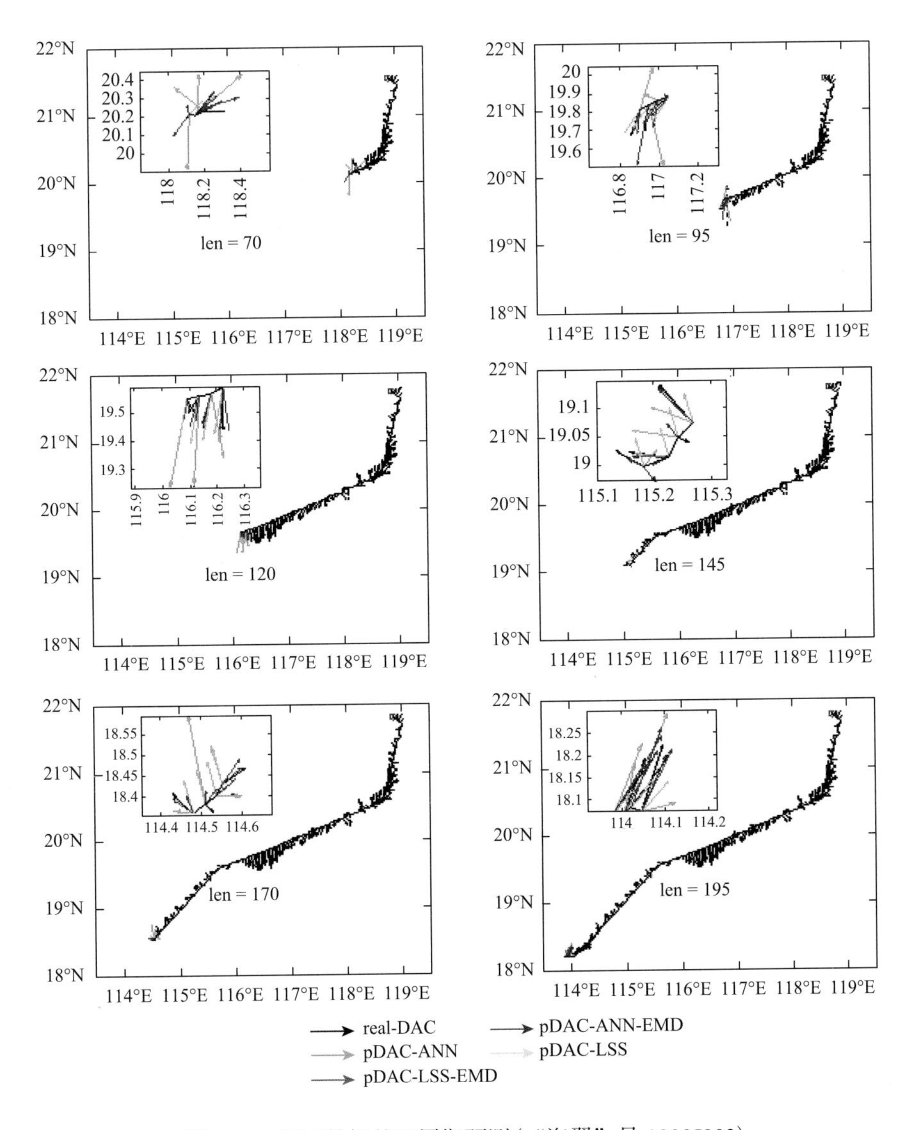

图 5.18　海试数据的四周期预测（“海翼”号 1000J003）

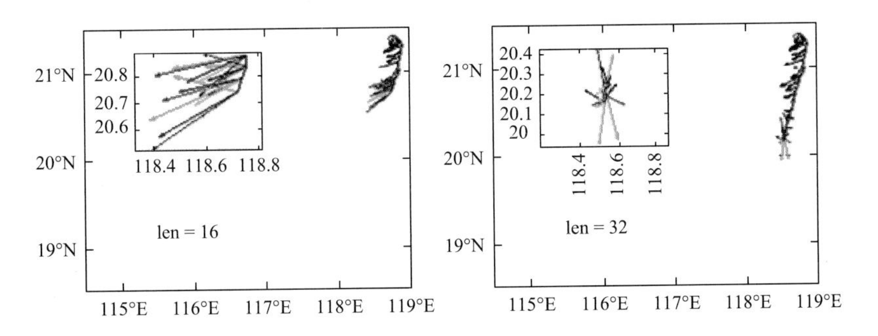

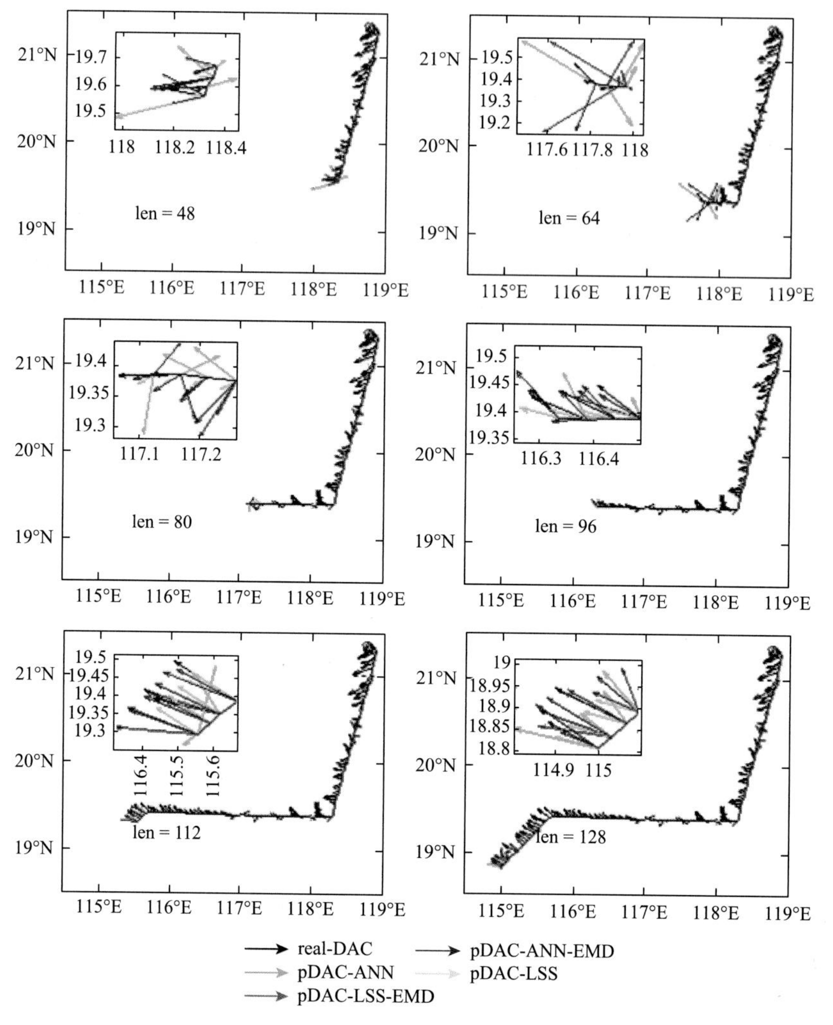

图 5.19　海试数据的四周期预测（“海翼”号 1000J005）

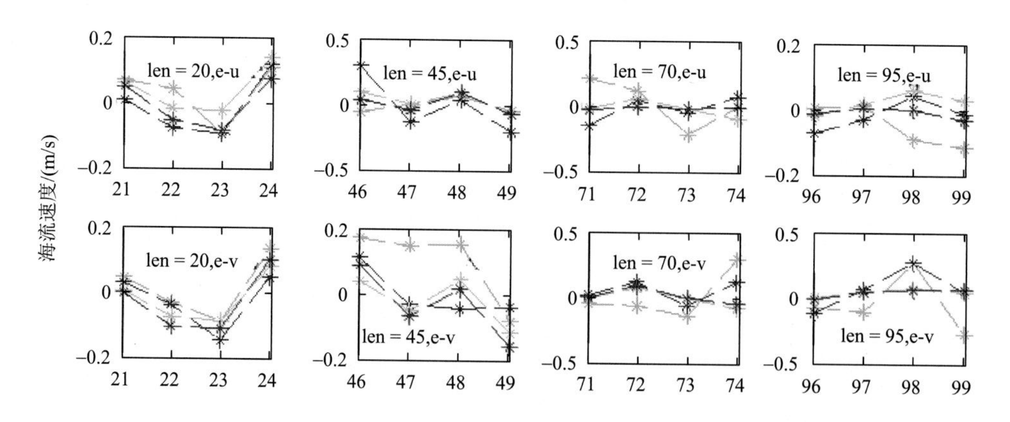

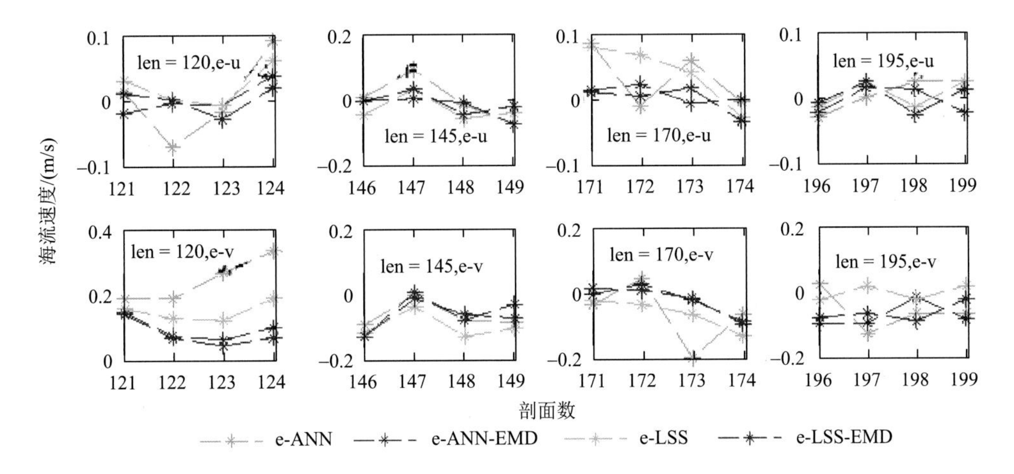

图 5.20 海试数据的四周期预测误差（“海翼”号 1000J003）

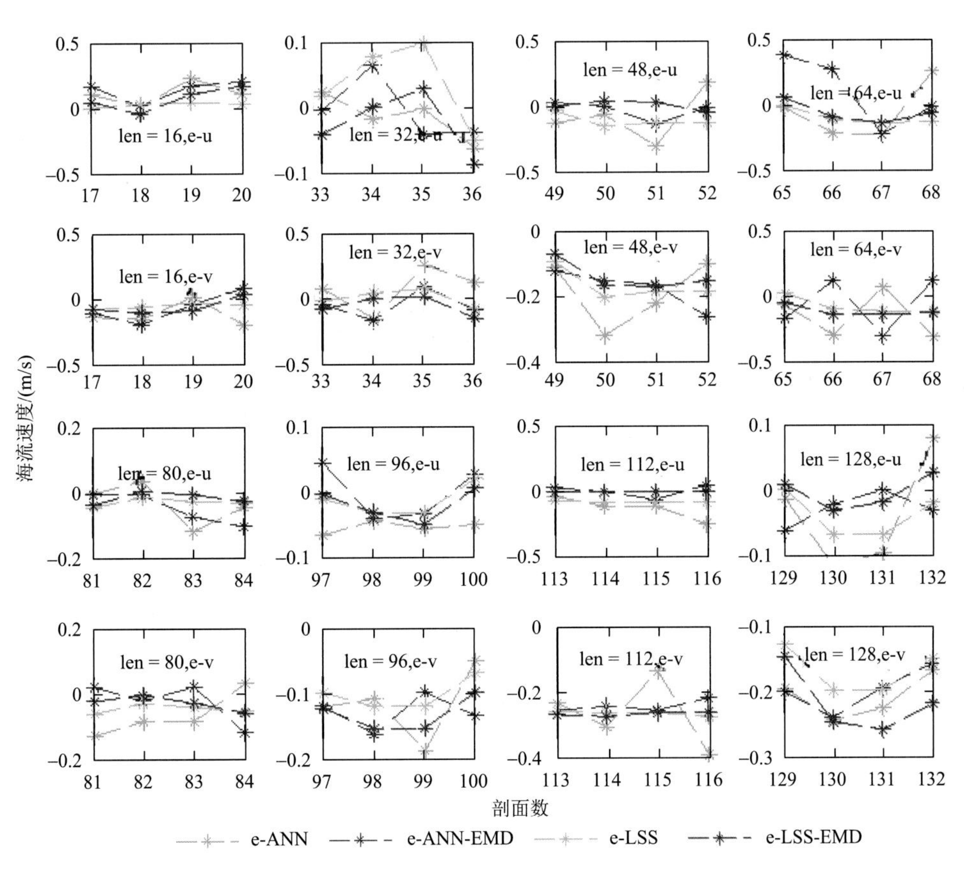

图 5.21 海试数据的四周期预测误差（“海翼”号 1000J005）

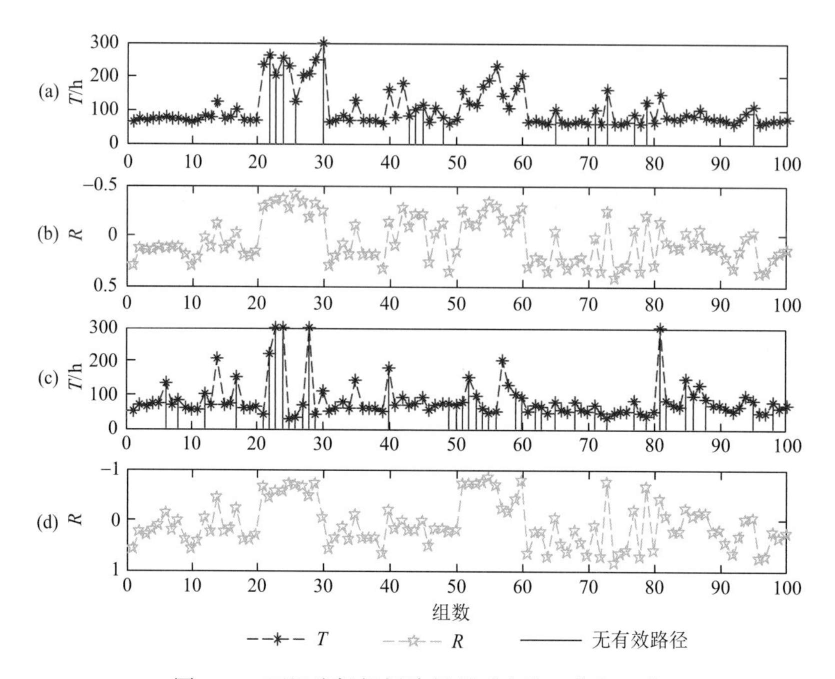

图 5.24　两组流场规划路径所对应的 T 值与 R 值

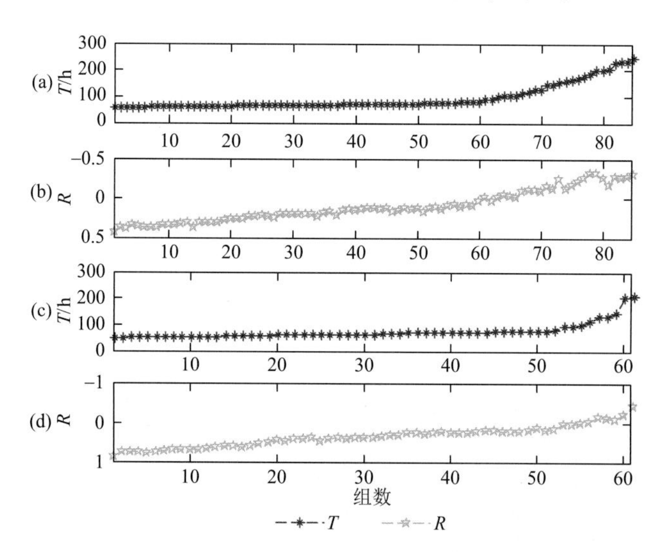

图 5.25　两组流场规划路径(有效)所对应的 T 值与 R 值

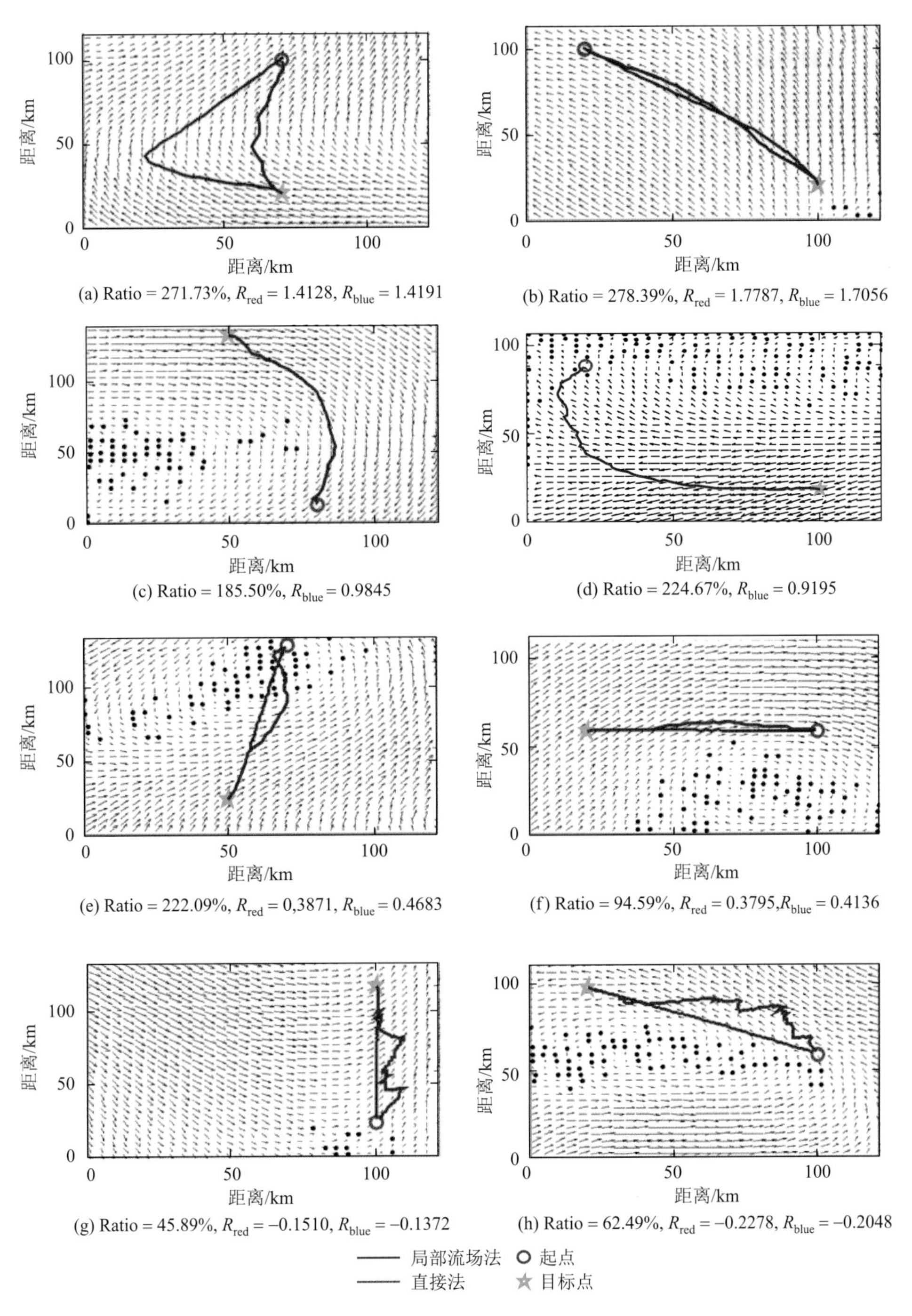
距离/km
(a) Ratio = 271.73%, R_{red} = 1.4128, R_{blue} = 1.4191
(b) Ratio = 278.39%, R_{red} = 1.7787, R_{blue} = 1.7056
(c) Ratio = 185.50%, R_{blue} = 0.9845
(d) Ratio = 224.67%, R_{blue} = 0.9195
(e) Ratio = 222.09%, R_{red} = 0,3871, R_{blue} = 0.4683
(f) Ratio = 94.59%, R_{red} = 0.3795,R_{blue} = 0.4136
(g) Ratio = 45.89%, R_{red} = −0.1510, R_{blue} = −0.1372
(h) Ratio = 62.49%, R_{red} = −0.2278, R_{blue} = −0.2048
局部流场法
起点
直接法
目标点

图 5.26　八个不同流场中的路径规划结果

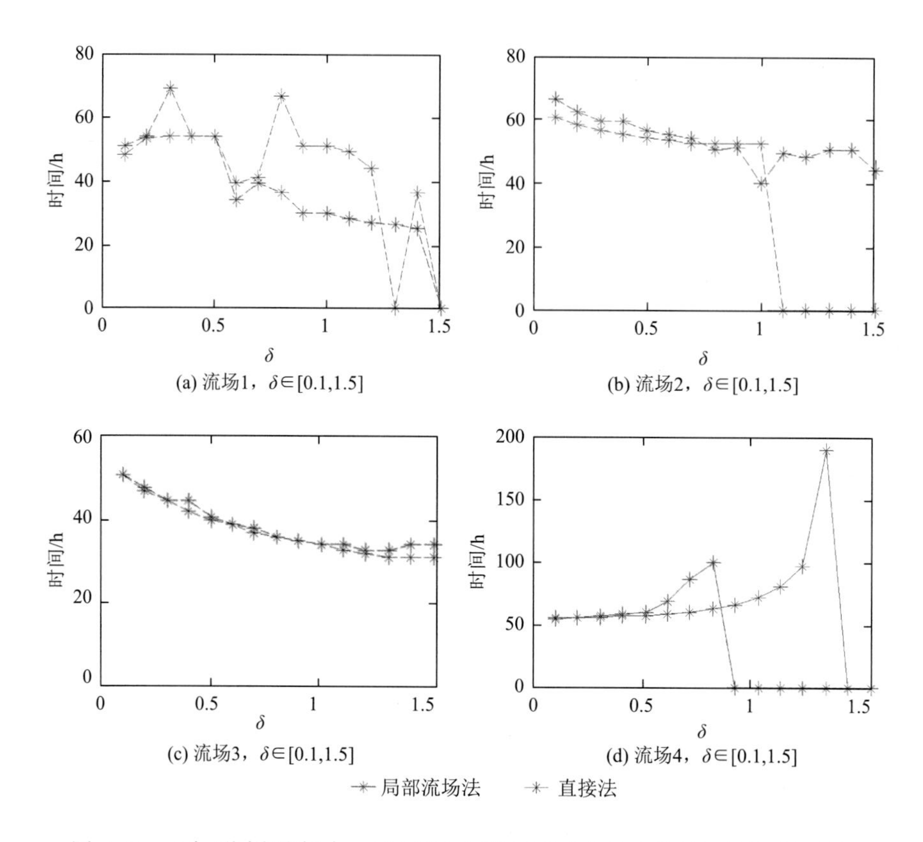

图 5.27　四个不同海流场中，调节流场幅值所对应两种路径规划的敏感性分析

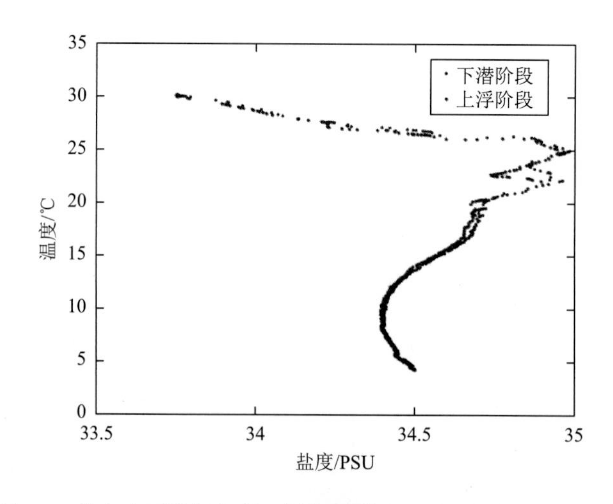

图 6.5　某台水下滑翔机某一周期下潜和上浮过程的 T-S 关系图

PSU（practical salinity units，实用盐度单位）是海洋学中表示盐度的标准，为无量纲单位，一般用‰表示。

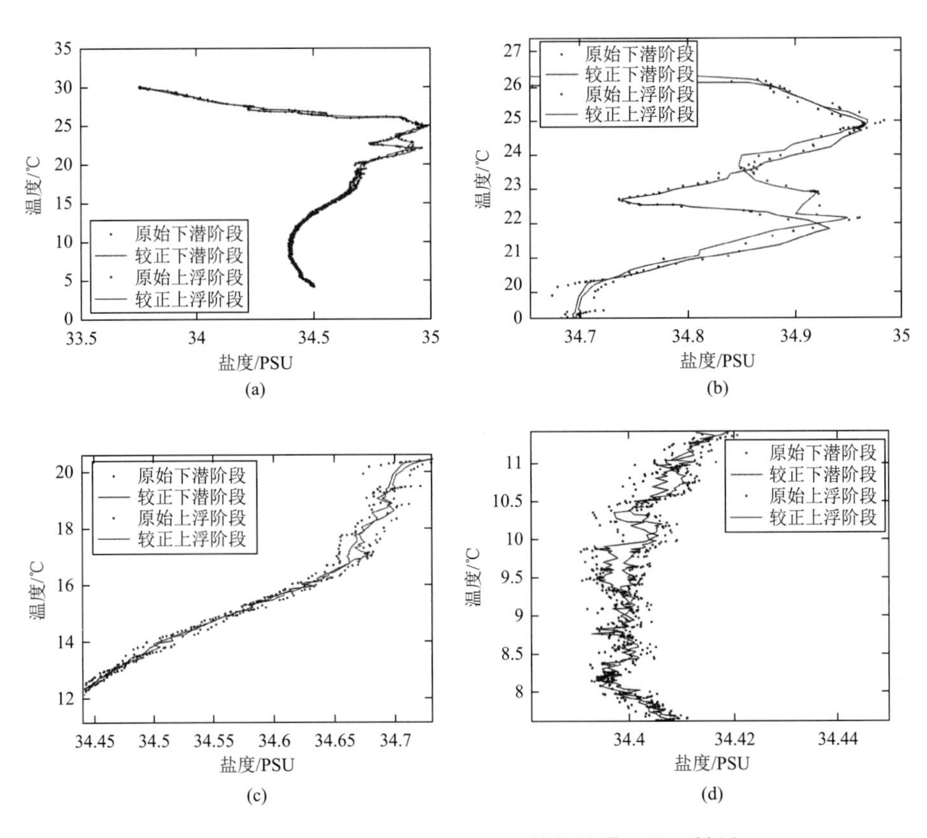

图 6.6　水下滑翔机某周期 CTD 数据热滞后校正结果

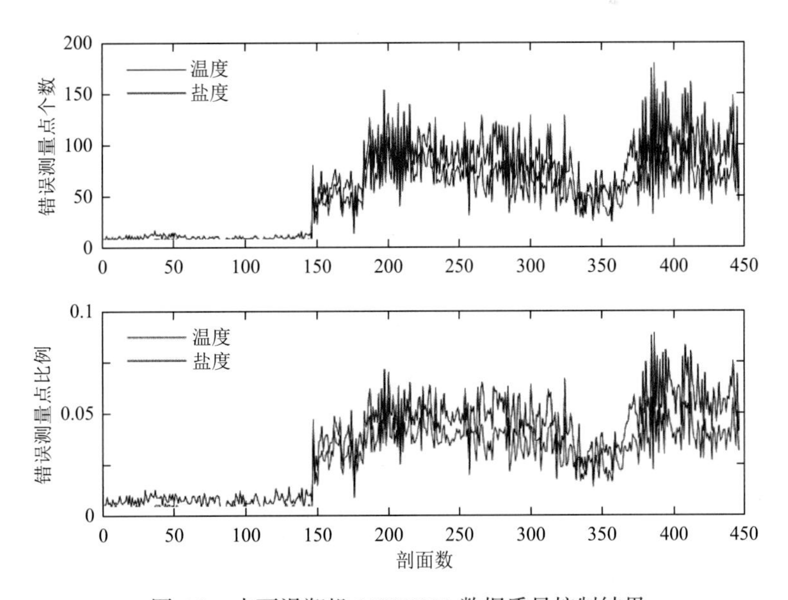

图 6.8　水下滑翔机 1000K003 数据质量控制结果

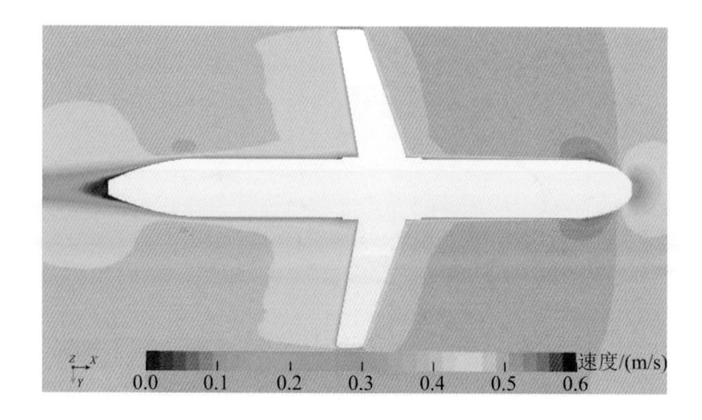

图 6.11　流速 0.5m/s 时水下滑翔机周围流场速度分布图

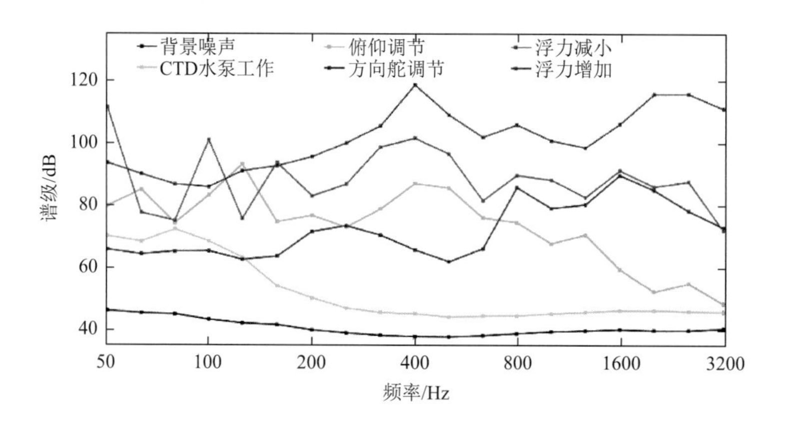

图 6.15　机械噪声三分之一倍频程频谱

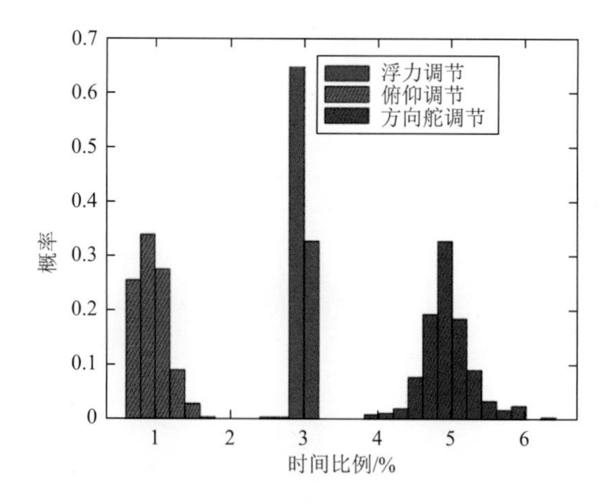

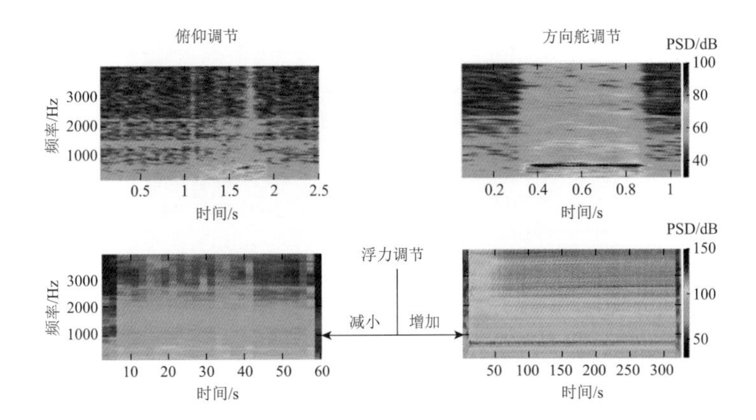

图 6.17　各噪声每周期内所占比例统计分布及时频谱示例

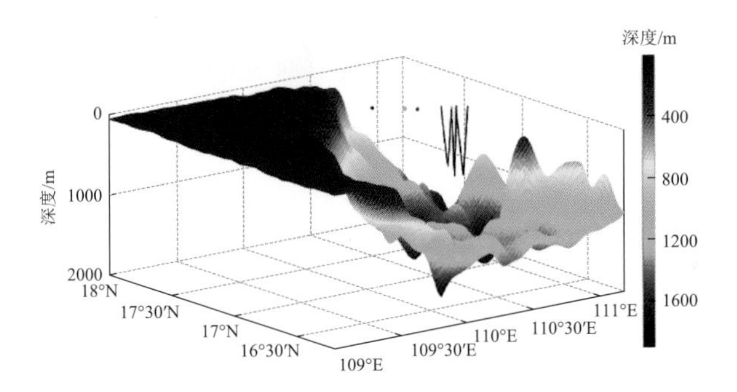

图 6.18　目标声源实验位置、地形及水下滑翔机轨迹

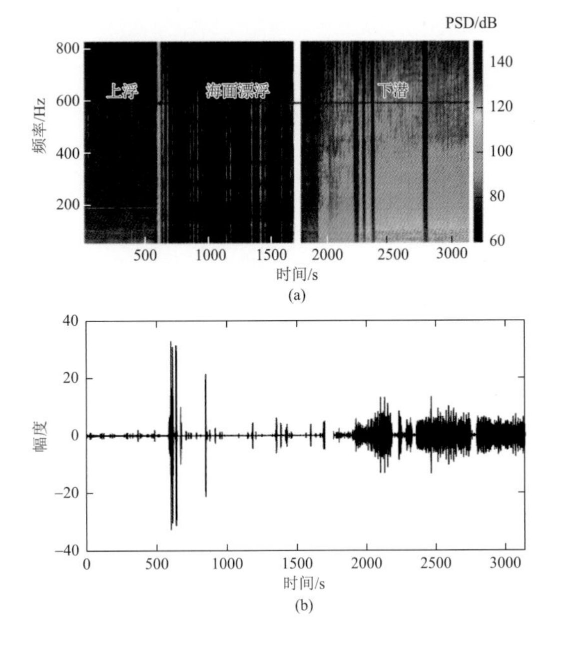

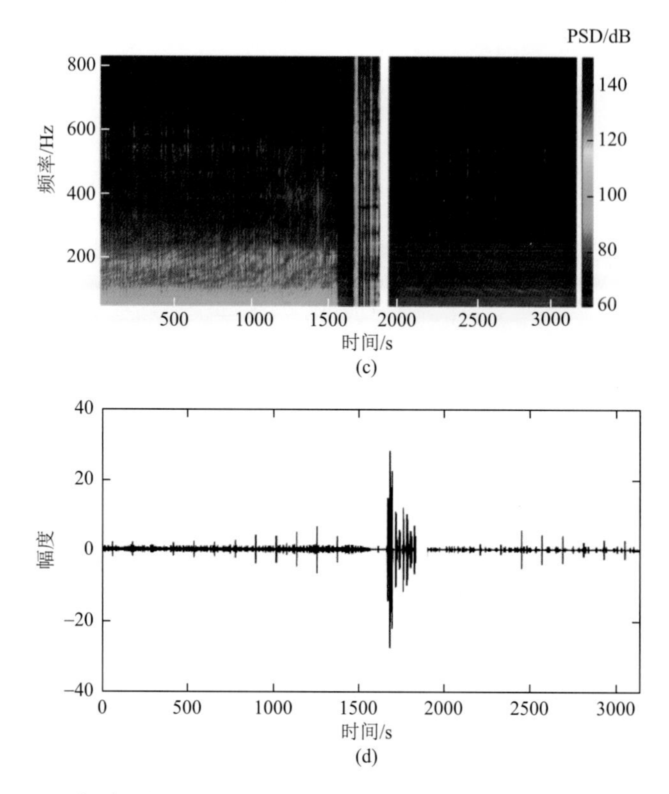

图 6.21　分别对应图 6.18 中绿色［(a)、(b)］和蓝色［(c)、(d)］标注轨迹的时频谱和卷积滤波结果

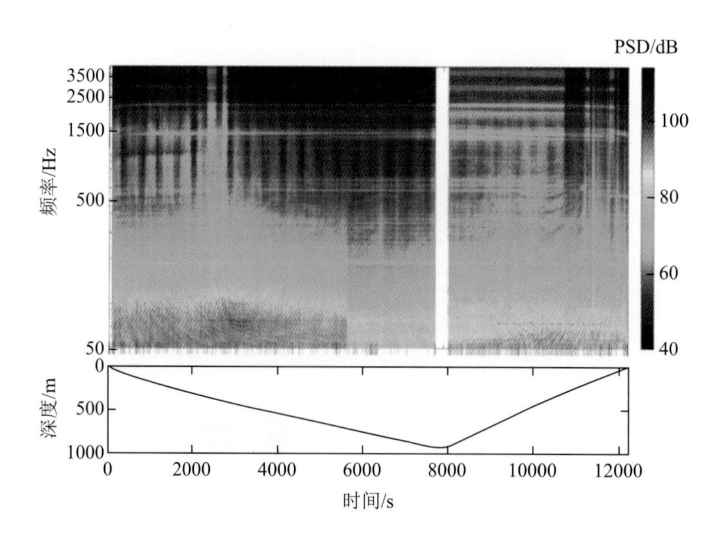

图 6.22　一个航行周期内记录噪声的时频谱及深度变化曲线

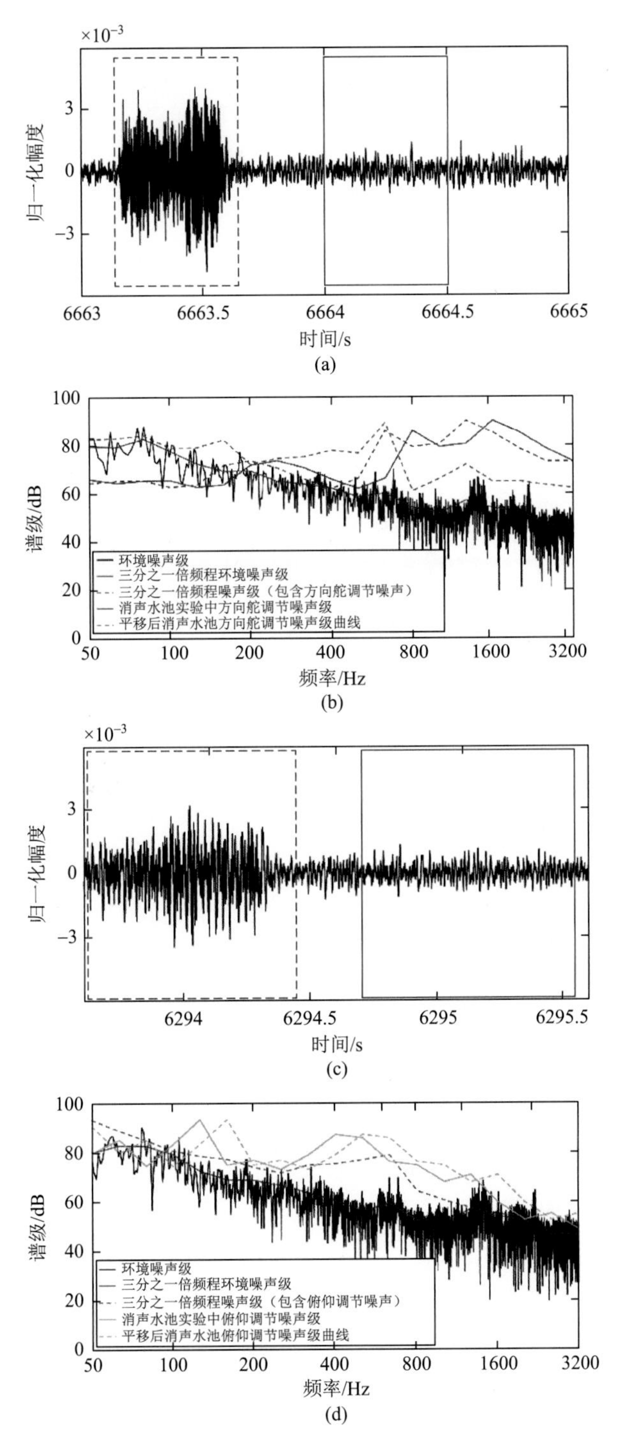

图 6.23　实验记录方向舵调节及俯仰调节信号分别与相邻时段环境噪声对比

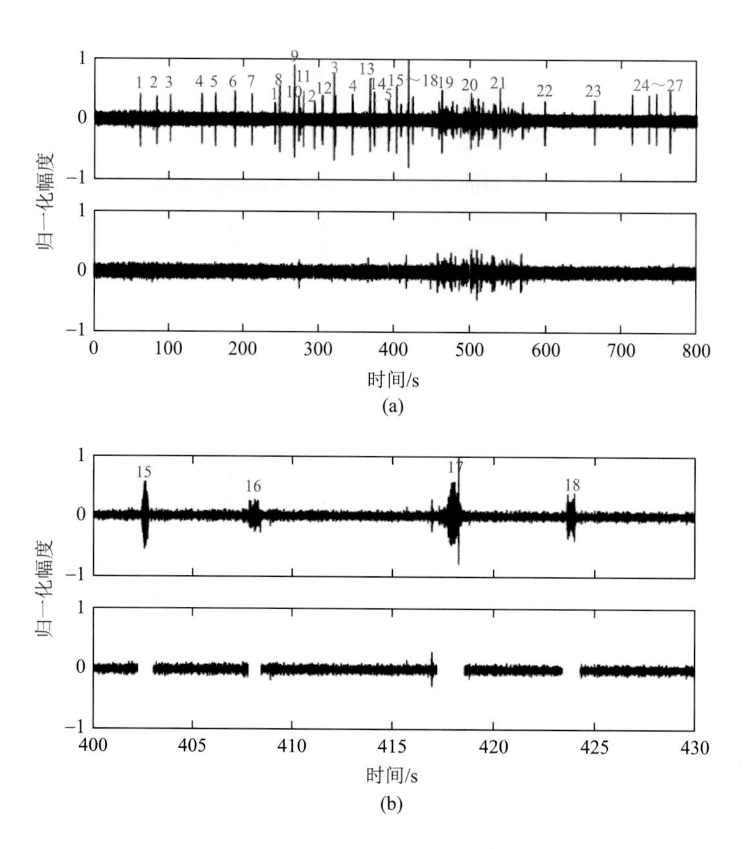

图 6.26　记录数据中方向舵调节和俯仰调节噪声滤除

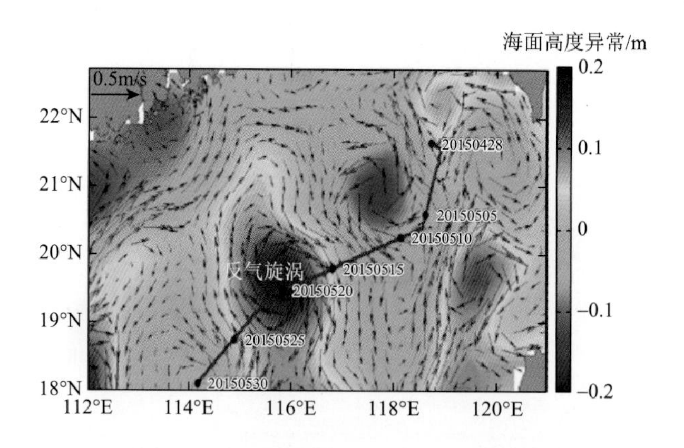

图 6.27　卫星观测海表高度异常和地转流

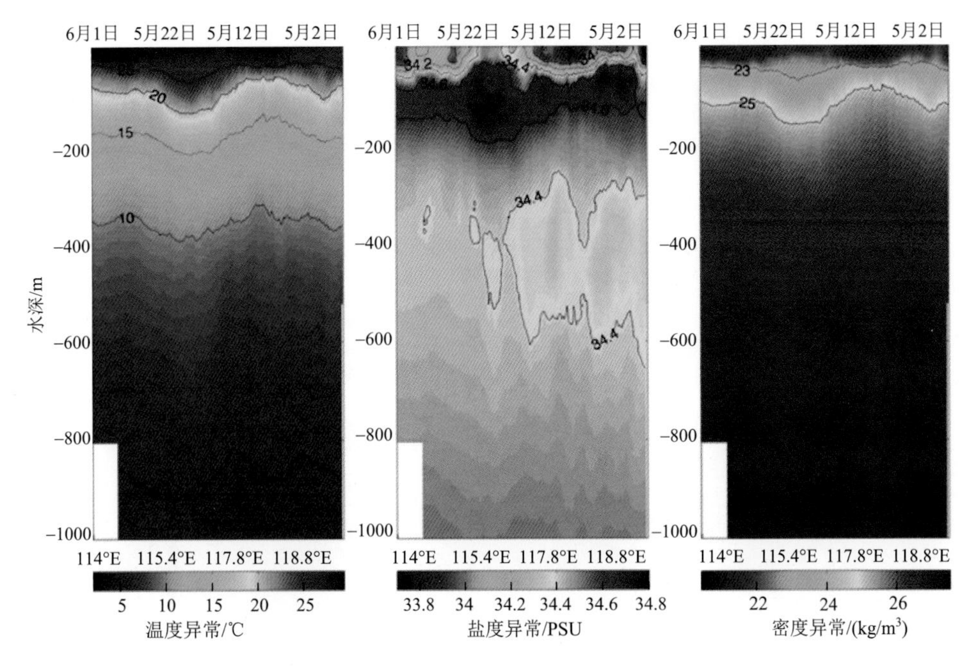

图 6.28 水下滑翔机观测的温度、盐度、密度异常

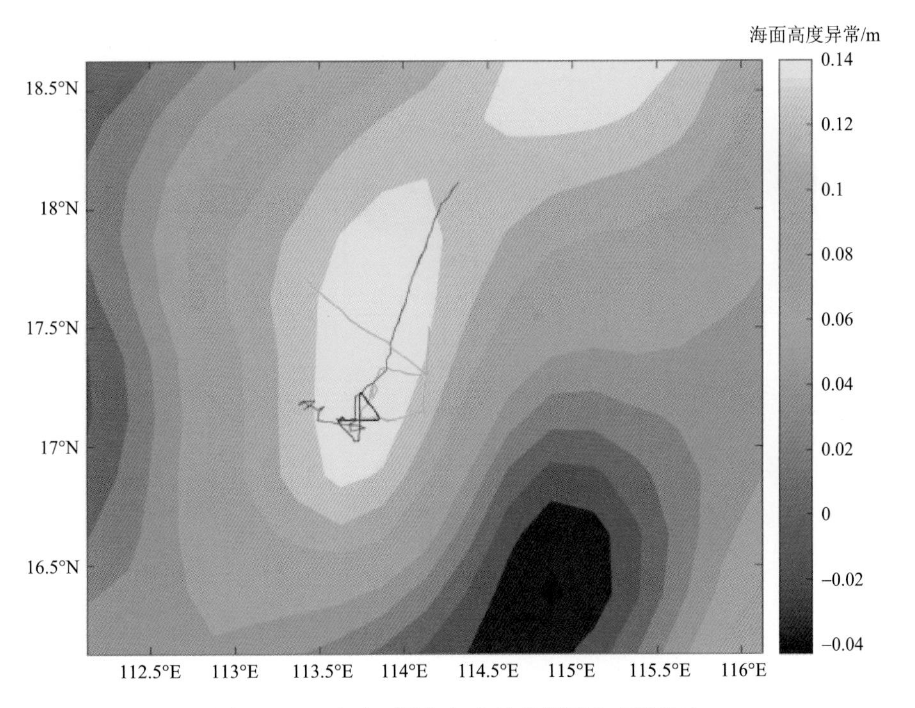

图 6.29 三台水下滑翔机中尺度涡同步观测轨迹

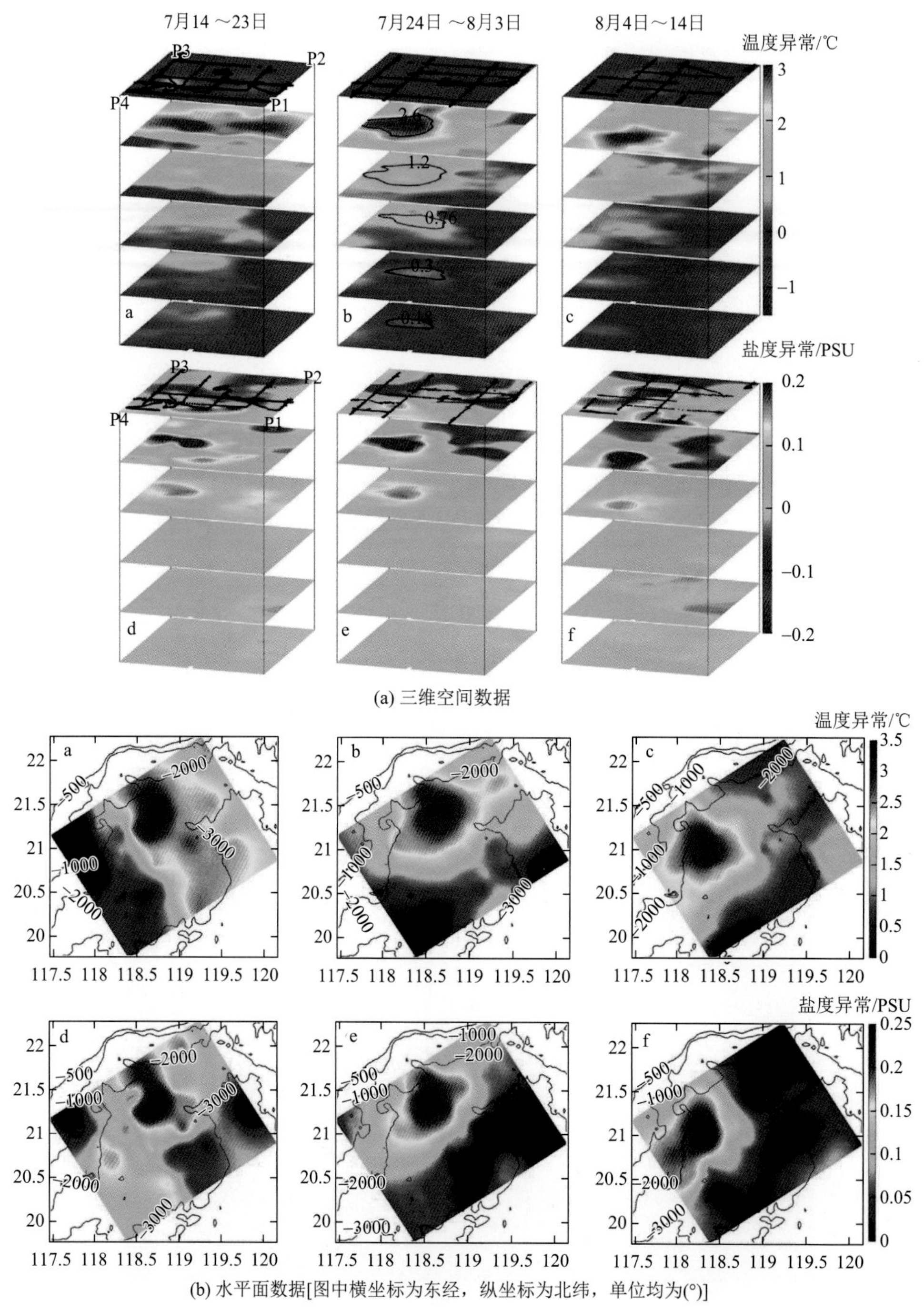

(a) 三维空间数据

(b) 水平面数据[图中横坐标为东经，纵坐标为北纬，单位均为(°)]

图 6.31　首次获得南海北部中尺度涡动态演化过程三维立体精细结构数据[5]

图中数据表示水深。